普通高等教育"十一五"国家级规划教材
高等院校园林专业通用教材

园林植物遗传学

（第2版）

戴思兰　编著
张启翔　包满珠　主审

中国林业出版社

内容简介

本教材在编写过程中考虑到园林和观赏园艺专业人才培养的需要，根据园林和观赏园艺专业学生知识体系和认知过程进行编写。全书分为15章，主要内容包括：遗传的细胞学基础，孟德尔式遗传分析，连锁遗传与染色体作图，数量性状的遗传，细胞质遗传，遗传物质的改变，遗传的分子基础，群体遗传与进化，花色的遗传调控，彩斑现象的遗传分析，花朵直径的遗传，花发育的遗传调控，重瓣性的遗传和花型的发展，抗性遗传。每章附有本章提要、思考题和推荐阅读书目。

图书在版编目（CIP）数据

园林植物遗传学/戴思兰编著．–2版．–北京：中国林业出版社，2010.2（2023.1重印）
普通高等教育"十一五"国家级规划教材．高等院校园林专业通用教材
ISBN 978-7-5038-5536-8

Ⅰ.①园… Ⅱ.①戴… Ⅲ.①园林植物-植物学：遗传学-高等学校-教材 Ⅳ.①Q943

中国版本图书馆CIP数据核字（2009）第220057号

中国林业出版社·教材建设与出版管理中心

策划、责任编辑：康红梅
电话：83143551　　　传真：83143516

出版发行	中国林业出版社（100009　北京市西城区刘海胡同7号）	
	E-mail：jiaocaipublic@163.com　电话：（010）83143500	
	网　址：www.forestry.gov.cn/lycb.html	
经　销	新华书店	
印　刷	廊坊市海涛印刷有限公司	
版　次	2005年8月第1版（共印2次）	
	2010年11月第2版	
印　次	2023年1月第7次印刷	
开　本	850mm×1168mm　1/16	
印　张	19.75	
字　数	456千字	
定　价	52.00元	

未经许可，不得以任何方式复制或抄袭本书之部分或全部内容。

版权所有　侵权必究

高等院校园林专业通用教材
编写指导委员会

顾　问　陈俊愉　孟兆祯
主　任　张启翔
副主任　王向荣　包满珠
委　员（以姓氏笔画为序）

弓　弼	王　浩	王莲英	包志毅
成仿云	朱建宁	刘　燕	刘庆华
刘青林	芦建国	李　雄	李树华
张文英	张彦广	张建林	杨秋生
何松林	沈守云	卓丽环	高　翅
高亦珂	高俊平	唐学山	程金水
蔡　君	戴思兰		

第 2 版前言

多年从事园林植物遗传育种教学工作，深感园林与园艺专业的学生们需要一本具有专业特色的遗传学教材。为此，笔者以园林植物遗传育种学教学教案为核心，在参阅大量文献的基础上，编写了《园林植物遗传学》。该书于2005年作为普通高等教育"十五"国家级规划教材正式由中国林业出版社出版。

第1版出版后，得到了师生们的好评。同时，也得到了很多老师和同学们的积极建议。此次教材修订工作力求保持原书的知识系统，在教材内容的编排上仍然力求根据园林专业知识结构的特点，采用符合学生认知过程的编排顺序，由易到难，由一般问题到特殊问题。使学生们尽可能在有限的课程学习时间里，全面系统地掌握和理解园林植物主要观赏性状的遗传变异规律，为进行园林植物育种实践储备知识，并培养学生们独立思考问题和分析问题的能力。本书在第1版的基础上，引入了园林植物遗传学研究的最新进展资料，特别是在色素代谢途径和开花调控研究上补充了新的研究内容。为了便于学生们学习，本书还补充了中英文名词索引、植物中文名称索引和植物拉丁名索引。本书除适于一般本科生阅读，也可供有兴趣从事观赏植物遗传学研究的研究生和教师参考。

本教材修订版再次被列为教育部"普通高等教育'十一五'国家级规划教材"。教材编写和修订过程中始终得到北京林业大学教务处、北京林业大学园林学院和中国林业出版社等领导和朋友的积极协助和大力支持。教材修订过程中承蒙张启翔和包满珠先生审阅，提出宝贵的修改意见和建议。中国林业出版社的编辑为此书的再版付出了艰辛的努力。在此致以衷心感谢！

另外，还要感谢北京林业大学菊花育种课题组的博士研究生张莉俊、王顺利、丁焱、胡可、曹华雯、王子凡、韩科厅、李崇晖、黄河、王翊，硕士研究生王娟、姜宁宁、裴红美、赵莉、李芳、王琳琳、牛雅静、唐杏娇等同学，在完成学业的同时协助进行了大量资料整理和文字校对工作，是他们对园林植物遗传变异现象抱有的好奇心和探索热情，提高了本书资料的严谨性和准确性。

本书对第1版中出现的错误和疏漏做了尽可能全面的更正，并补充了部分近年来该领域研究的最新成果，限于篇幅很多研究进展未能收录进来。由于编者水平有限，错误和疏漏之处依然难免，敬希各位同仁批评指正。

戴思兰

2010 年 9 月

PREFACE

As a teacher of genetics and breeding of ornamentals for many years, I feel that the students and teachers need a textbook, which introduces principles and practice of modern genetics in this field. Based on my teaching experience and the teaching drafts, I completed the manuscript of 'Genetics of Landscape Plants' referring lots of literatures. It was published in the year of 2005 by the Forestry Publishing House of China as the National Ordinary Higher Education Textbook in the 'Tenth Five-Year Plan'.

The first edition is used as a main textbook of university course and has been recommending by many teachers and students who have given a lot of useful suggestions. The new edition still keeps the knowledge integrally and systematically. Considering easy learning for students, the contents in this book are arranged from simple to complex and from general to special. Our aim is to let students to learn the concept of modern genetics in a short time, to understand the inheritance of ornamental traits and to acquire the ability of analyzing and thinking independently. Exercises are still given at the end of each chapter. Some new scientific results in this field are introduced either, especially on genetic control of pigment biosynthesis pathway and flowering time. For study convenient, glossary, index of plants by Latin neme and index of plants by Chinese name are given. This book can be used not only as a textbook for students but also as a reference for graduate students and teachers.

This new edition has also been listed as the National Ordinary Higher Education Textbook in the "Eleventh Five-Year Plan". The author appreciates the supports of the Education Department, the College of Landscape Architecture of Beijing Forestry University and the Forestry Publishing House of China. Thanks are given to Professors Zhang Qixiang and Bao Manzhu for their proofreading in this edition, and to the editors in the Forestry Publishing House of China for their efforts as well.

Appreciation is expressed to my Ph. D. students Zhang Lijun, Wang Shunli, Ding Yan, Hu Ke, Cao Huawen, Wang Zifan, Han Keting, Li Chonghui, Huang

He, Wang Yi and graduate students Wang Juan, Jiang Ningning, Pei Hongmei, Zhao Li, Li Fang, Niu Yajing, Tang Xingjiao etc. for their checking during the preparation of this book.

Though many revisions have been done and some advanced knowledge was taken into consideration, it is hardly to make the book as perfect as expectant. Any comment and suggestion is acceptable for the next edition.

Dai Silan
Sep 2010

第1版前言

近年来，随着国民经济和科学技术的发展，人民生活水平不断提高，花卉消费需求日益增长，这就对观赏园艺工作者提出了更高的要求，必须不断地培育出观赏植物新品种，以提高我国花卉产业的竞争实力，并为园林绿化和美化工作提供更多的植物材料。这就迫切要求广大观赏园艺工作者掌握现代遗传学基础理论，以指导观赏植物育种实践。

植物遗传学是园林、观赏园艺专业的重要专业基础课，是观赏植物育种工作的理论基础。然而迄今为止，还没有一本适合园林、观赏园艺专业本科教学需要的相应教材供学生参考。《园林植物遗传学》是笔者在多年从事园林植物遗传学教学工作的基础上编写而成的。

本教材主要内容包括七个部分：①遗传的细胞学基础和遗传的基本规律；②数量性状的遗传；③细胞质遗传；④遗传基础的变异；⑤遗传的分子基础；⑥群体遗传与进化；⑦园林植物主要观赏性状的遗传规律。

本书力求系统地向学生们介绍现代遗传学的主要基础理论，而且较全面地反映主要植物观赏性状的遗传学研究进展。在内容的编排上根据园林、观赏园艺专业知识结构的特点，采用符合学生认知过程的顺序，由易到难，由一般问题到特殊问题。使学生在有限的课程学习时间里全面系统地掌握现代遗传学的基本知识，理解观赏植物主要观赏性状的遗传变异规律，为进行花卉育种实践储备知识，同时培养独立思考问题和分析问题的能力。

本教材为教育部"普通高等教育'十五'国家级规划教材"。在教材编写过程中得到北京林业大学教务处、北京林业大学园林学院和中国林业出版社等领导和朋友的积极协助和大力支持。教材定稿过程中承蒙陈俊愉、程金水、张启翔、苏雪痕和王莲英等先生多方指点，提出了宝贵的意见和建议。在教材编写过程中，徐清燏、许莹修、白新祥、马月萍、王顺利分别参与了第8章、第9章、第10章、第12章和第15章的编写工作；孟丽、张莉俊、宁慧娟、陈龙涛、丁焱、张明姝、王彩侠参与了部分章节资料整理和文字校对工作。在此致以衷心的感谢！

多年从事园林植物遗传育种学教学工作，感到如何让遗传学知识为我国园林事业的发展助力始终是一个值得探讨的课题。现代遗传学飞速发展，新知识层出不穷。介绍现代遗传学原理的中外文版本的教科书亦多种多样。本教材编写过程中参考了大量相关教科书，也曾得到多方建议。由于编者水平有限，错误和疏漏之处在所难免，敬希各位同仁予以指正。

戴思兰
2004 年 10 月

目 录

第 2 版前言
第 1 版前言

第 1 章 绪 论 ……………………………………………………………（1）
  1.1 园林植物遗传学研究的对象及任务 …………………………（1）
  1.2 遗传学的基本概念和基本内容 ………………………………（2）
  1.3 遗传学发展简史 ………………………………………………（5）
  1.4 园林植物在遗传学研究中的特殊作用 ………………………（7）
  1.5 学习和应用 ……………………………………………………（8）
  思考题 ………………………………………………………………（9）
  推荐阅读书目 ………………………………………………………（9）

第 2 章 遗传的细胞学基础 …………………………………………（10）
  2.1 细胞 ……………………………………………………………（10）
  2.2 染色体 …………………………………………………………（12）
  2.3 细胞分裂 ………………………………………………………（17）
  2.4 配子的形成与受精 ……………………………………………（22）
  2.5 高等植物染色体周史 …………………………………………（24）
  思考题 ………………………………………………………………（25）
  推荐阅读书目 ………………………………………………………（25）

第 3 章 孟德尔式遗传分析 …………………………………………（26）
  3.1 分离定律 ………………………………………………………（26）
  3.2 自由组合定律（独立分配定律） ………………………………（33）
  3.3 基因互作的遗传分析 …………………………………………（37）
  思考题 ………………………………………………………………（42）
  推荐阅读书目 ………………………………………………………（43）

第 4 章 连锁遗传与染色体作图 ……………………………………（44）

4.1 遗传的染色体学说 ……………………………………………………… (44)
    4.2 连锁和交换定律 ………………………………………………………… (50)
    4.3 基因组染色体作图 ……………………………………………………… (56)
    思考题 …………………………………………………………………………… (61)
    推荐阅读书目 …………………………………………………………………… (61)

第 5 章 数量性状的遗传 …………………………………………………………… (62)
    5.1 数量性状的特征 ………………………………………………………… (62)
    5.2 数量性状的遗传学分析 ………………………………………………… (63)
    5.3 分析数量性状的基本统计方法 ………………………………………… (68)
    5.4 遗传变异和遗传力 ……………………………………………………… (74)
    5.5 近亲繁殖与杂种优势 …………………………………………………… (77)
    思考题 …………………………………………………………………………… (82)
    推荐阅读书目 …………………………………………………………………… (83)

第 6 章 细胞质遗传 ………………………………………………………………… (84)
    6.1 母性影响 ………………………………………………………………… (84)
    6.2 细胞质遗传 ……………………………………………………………… (84)
    6.3 细胞质遗传的物质基础 ………………………………………………… (86)
    6.4 细胞质遗传与植物雄性不育系 ………………………………………… (91)
    6.5 细胞质遗传系统的相对独立性 ………………………………………… (95)
    思考题 …………………………………………………………………………… (96)
    推荐阅读书目 …………………………………………………………………… (96)

第 7 章 遗传物质的改变 …………………………………………………………… (97)
    7.1 染色体结构的改变 ……………………………………………………… (97)
    7.2 染色体数目变异 ………………………………………………………… (104)
    7.3 基因突变 ………………………………………………………………… (109)
    思考题 …………………………………………………………………………… (115)
    推荐阅读书目 …………………………………………………………………… (116)

第 8 章 遗传的分子基础 …………………………………………………………… (117)
    8.1 DNA 是遗传物质的证据 ………………………………………………… (117)
    8.2 核酸的化学结构 ………………………………………………………… (122)
    8.3 DNA 的半保留复制 ……………………………………………………… (126)
    8.4 DNA 与遗传密码 ………………………………………………………… (128)
    8.5 蛋白质的生物合成 ……………………………………………………… (130)
    8.6 现代基因的概念 ………………………………………………………… (135)

  8.7 基因表达的调控 ……………………………………………………… (137)
  8.8 基因突变的分子基础 …………………………………………………… (140)
  思考题 …………………………………………………………………………… (144)
  推荐阅读书目 …………………………………………………………………… (144)

第9章 群体遗传与进化 …………………………………………………… (145)
  9.1 理想群体中的基因行为 ………………………………………………… (145)
  9.2 影响群体遗传组成的因素 ……………………………………………… (150)
  9.3 栽培群体的遗传 ………………………………………………………… (155)
  9.4 自然群体中的遗传多态性 ……………………………………………… (156)
  9.5 物种形成 ………………………………………………………………… (160)
  9.6 分子进化与中性学说 …………………………………………………… (165)
  思考题 …………………………………………………………………………… (170)
  推荐阅读书目 …………………………………………………………………… (170)

第10章 花色的遗传调控 ………………………………………………… (171)
  10.1 自然界的花与花色 …………………………………………………… (171)
  10.2 花色表型的测定方法 ………………………………………………… (173)
  10.3 花色的化学基础 ……………………………………………………… (176)
  10.4 花色变异的机理 ……………………………………………………… (187)
  10.5 花色的遗传学基础 …………………………………………………… (192)
  10.6 花色的遗传改良 ……………………………………………………… (198)
  思考题 …………………………………………………………………………… (201)
  推荐阅读书目 …………………………………………………………………… (202)

第11章 彩斑现象的遗传分析 …………………………………………… (203)
  11.1 植物体上的花斑与条纹 ……………………………………………… (203)
  11.2 规则性花瓣彩斑的遗传 ……………………………………………… (204)
  11.3 不规则彩斑的遗传 …………………………………………………… (206)
  11.4 嵌合体的遗传 ………………………………………………………… (209)
  思考题 …………………………………………………………………………… (212)
  推荐阅读书目 …………………………………………………………………… (212)

第12章 花朵直径的遗传 ………………………………………………… (213)
  12.1 增加花朵直径的途径 ………………………………………………… (213)
  12.2 花朵直径与多基因系统 ……………………………………………… (214)
  12.3 多基因系统的作用机理 ……………………………………………… (216)
  12.4 多基因系统的鉴定 …………………………………………………… (221)

思考题 …………………………………………………………………… (224)
　　推荐阅读书目 …………………………………………………………… (224)

第 13 章　花发育的遗传调控 ………………………………………………… (225)
　13.1　花发育概述 ………………………………………………………… (225)
　13.2　影响植物成花的因素 ……………………………………………… (228)
　13.3　花转变的顺序和基因对成花的控制 ……………………………… (232)
　13.4　植物成花过程中各因子之间的互作 ……………………………… (236)
　13.5　成花逆转现象 ……………………………………………………… (237)
　　思考题 …………………………………………………………………… (240)
　　推荐阅读书目 …………………………………………………………… (240)

第 14 章　重瓣性的遗传和花型的发展 ……………………………………… (241)
　14.1　花被和雄蕊的进化趋势 …………………………………………… (241)
　14.2　重瓣花的起源 ……………………………………………………… (244)
　14.3　重瓣花的遗传 ……………………………………………………… (247)
　14.4　花型的发展趋势 …………………………………………………… (248)
　　思考题 …………………………………………………………………… (254)
　　推荐阅读书目 …………………………………………………………… (254)

第 15 章　抗性遗传 …………………………………………………………… (255)
　15.1　植物对逆境的反应 ………………………………………………… (255)
　15.2　园林植物抗病性 …………………………………………………… (257)
　15.3　植物抗虫性 ………………………………………………………… (262)
　15.4　低温胁迫与园林植物的抗寒性 …………………………………… (265)
　15.5　热胁迫与植物的耐热性 …………………………………………… (267)
　15.6　植物对水分胁迫的耐受能力 ……………………………………… (269)
　15.7　水涝对植物的作用 ………………………………………………… (275)
　15.8　环境污染与氧化胁迫 ……………………………………………… (279)
　　思考题 …………………………………………………………………… (282)
　　推荐阅读书目 …………………………………………………………… (282)

参考文献 ………………………………………………………………………… (284)
索引 ……………………………………………………………………………… (285)
　索引Ⅰ　英文名词索引 …………………………………………………… (285)
　索引Ⅱ　中文名词索引 …………………………………………………… (289)
　索引Ⅲ　植物拉丁名称索引 ……………………………………………… (292)
　索引Ⅳ　植物中文名称索引 ……………………………………………… (295)

CONTENTS

Preface

Chapter 1　Introduction ……………………………………………………… (1)
 1.1　Objects and tasks ……………………………………………………… (1)
 1.2　Main concepts and contents of genetics ……………………………… (2)
 1.3　Development and history of genetics ………………………………… (5)
 1.4　Special role of landscape plants in the research of genetics ………… (7)
 1.5　Learn and use genetics ………………………………………………… (8)

Chapter 2　Essential cytology ………………………………………………… (10)
 2.1　Cell ……………………………………………………………………… (10)
 2.2　Chromosome …………………………………………………………… (12)
 2.3　Cell division …………………………………………………………… (17)
 2.4　Gamete formation and fertilization …………………………………… (22)
 2.5　Chromosome cycle of higher plants …………………………………… (24)

Chapter 3　Mendelian genetics ………………………………………………… (26)
 3.1　Law of segregation …………………………………………………… (26)
 3.2　Law of independent assortment ……………………………………… (33)
 3.3　Gene interaction ……………………………………………………… (37)

Chapter 4　Linkage and chromosome mapping ……………………………… (44)
 4.1　Chromosomal genetics ………………………………………………… (44)
 4.2　Law of linkage and exchange ………………………………………… (50)
 4.3　Chromosome mapping ………………………………………………… (56)

Chapter 5　Quantitative genetics ……………………………………………… (62)
 5.1　Quantitative characters ………………………………………………… (62)
 5.2　Quantitative inheritance ……………………………………………… (63)
 5.3　Analysis of polygenic traits …………………………………………… (68)
 5.4　Variance and heritability ……………………………………………… (74)
 5.5　Inbreeding and heterosis ……………………………………………… (77)

CONTENTS

Chapter 6　Cytoplasmic inheritance (84)
　　6.1　Maternal inheritance (84)
　　6.2　Cytoplasmic inheritance (84)
　　6.3　Material base for cytoplasmic inheritance (86)
　　6.4　Male sterility (91)
　　6.5　Comparative independence of cytoplasmic inheritance (95)

Chapter 7　Genetic variation (97)
　　7.1　Chromosome mutation: variation in arrangement (97)
　　7.2　Chromosome mutation: variation in number (104)
　　7.3　Gene mutation (109)

Chapter 8　Molecular genetics (117)
　　8.1　Characteristics of the genetic material (117)
　　8.2　Molecular structure of DNA (122)
　　8.3　Semi-conservative replication (126)
　　8.4　DNA and genetic code (128)
　　8.5　Biosynthesis of protein (130)
　　8.6　Morden concept of gene (135)
　　8.7　Regulated gene expression (137)
　　8.8　Molecular mechanism of gene mutation (140)

Chapter 9　Population genetics and evolution (145)
　　9.1　Populations and gene pools (145)
　　9.2　Factors that alter alleles frequencies in population (150)
　　9.3　Inheritance and evolution of cultivated population (155)
　　9.4　Genetic polymorphisms of natural population (156)
　　9.5　Speciation (160)
　　9.6　Molecular evolution and neutral mutation (165)

Chapter 10　Genetic control on flower color (171)
　　10.1　Flowers and flower color in nature (171)
　　10.2　Flower color mensuration (173)
　　10.3　Chemical mechanism of flower color (176)
　　10.4　Variation in flower color (187)
　　10.5　Genetic basis of flower color (192)
　　10.6　Genetic modification of flower color (198)

Chapter 11　Color spots and strips ……(203)
11.1　Color spots and strips on plants ……(203)
11.2　Regular spots and strips ……(204)
11.3　Irregular spots and strips ……(206)
11.4　Chimaeras ……(209)

Chapter 12　Flower Diameter ……(213)
12.1　Approaches to increase flower diameter ……(213)
12.2　Flower diameter and plygenic system ……(214)
12.3　Mechanism of polygenic system ……(216)
12.4　Calculating the number of genes ……(221)

Chapter 13　Genetic control on flower development ……(225)
13.1　Concept ……(225)
13.2　Influencing factors on flower formation ……(228)
13.3　Flowering determination and gene control ……(232)
13.4　Interaction of flowering factors ……(236)
13.5　Flowering reversion ……(237)

Chapter 14　Genetic basis of overlapping petal flower and flower type development ……(241)
14.1　Genesis and evolution of perianth ……(241)
14.2　Origin of overlapping petal ……(244)
14.3　Inheritance of overlapping petal flower ……(247)
14.4　Trends of flower type development ……(248)

Chapter 15　Genetic basis of stress resistance ……(255)
15.1　Environment stress and plant resistance ……(255)
15.2　Resistance to disease ……(257)
15.3　Resistance to insects attack ……(262)
15.4　Resistance to low temperature ……(265)
15.5　Resistance to high temperature ……(267)
15.6　Resistance to water stress ……(269)
15.7　Water logging and oxygen shortage ……(275)
15.8　Air pollution and oxidization ……(279)

References ……(284)
Index ……(285)

第1章 绪 论

[**本章提要**] 园林植物遗传学是人们理解园林植物千姿百态的观赏性状的产生和发展规律的基础，也是进行园林植物育种的基础。本章介绍了园林植物遗传学研究的对象和任务、现代遗传学的主要内容及其发展历程和园林植物遗传学研究的主要内容。

园林植物遗传学（genetics of ornamental plants）是园林植物与观赏园艺学科一门重要的专业基础课程，着重在基本原理上阐述观赏植物主要观赏性状的遗传和变异机理。

1.1 园林植物遗传学研究的对象及任务

我们所要研究的园林植物（landscape plants）即观赏植物（ornamental plants），定义为具有一定观赏价值，用于室内外布置以美化环境并丰富人们生活的植物。园林植物是园林事业的重要组成部分。

首先，园林植物是造园的基本要素。丰富的园林景观依赖于植物的合理搭配。园林绿地中丰富多彩、欣欣向荣、万紫千红的植物在向人们展示物种多样性和生态景观多样性的同时还展示了自然之美的神奇魅力。没有植物就没有园林。没有丰富多彩的园林植物就没有变化万千的园林景观。大自然的春华秋实、鸟语花香、山清水秀是因为披上了绿装才如此美丽。西方人士称誉中国为"园林之母"，即指中国野生和栽培的园林植物资源极为丰富，曾经对世界园艺事业作出了重要贡献。在现代化园林城市（城市的园林）的建设中各类园林植物无疑将继续发挥其在造园中的主导作用。

第二，中华民族是一个爱花的民族。在数千年的农耕文化中积累了丰富的栽培经验和种植技艺，也形成了独具特色的"花文化"。在此基础上形成了许多独树一帜的品种群。梅花（*Prunus mume*）、牡丹（*Paeonia suffruticosa*）、菊花（*Chrysanthemum* × *morifolium*）、兰花（*Cymbidium* spp.）等独特丰富的品种群无不表现出中华民族的文化内涵。这些将继续影响我们的花卉园艺事业，也是中华花卉园艺走向世界的优势。

第三，现代园林植物已经深入到人们的日常生活中。观赏植物已成为人们日常消费的一部分。室内盆花、鲜切花、花木盆景装点着日益富裕起来的人民生活。随着人们对花卉需求的增长，对花卉种类和品种质量的要求也日益提高。园林工作者对观赏植物的研究内容也日益深化。

现代园林植物不仅包括室外种植的木本植物、草本花卉、草坪和各种地被植物，还包括各种室内外盆花、鲜切花、花木盆景，甚至是干花。这些植物在生长发育中表现出各自独特的观赏性状。各类植物变化万千的观赏性状组成了丰富多彩的观赏植物品种群。园林中从植物的姿态到色彩，从枝、干到花、叶，甚至果实，均是观赏对象。中华百花园中各类花卉的色彩、芳香、花型、瓣型、花期等观赏性状均是观赏植物观赏价值的组成要素。这些美丽的音符组成了花园中花的乐章。不同的生物学特性和生态习性使观赏植物在各种生活条件下表现出千姿百态的美。

园林植物遗传学以上述各类观赏植物为研究材料，以各种观赏性状为研究对象，以植物个体为研究单位，研究观赏植物性状遗传变异的基本规律。这些知识将为更好地栽培各类园林植物，培育优新品种提供理论依据。

1.2 遗传学的基本概念和基本内容

1.2.1 遗传与变异现象

自然界的生物种类繁多，形形色色。但无论是高等动植物还是低等微生物，其共同的特征之一就是自我繁殖：老的个体成长并繁殖新的后代，最终死亡。物种在这种不断繁殖的过程中得以延续。生物依靠这种自我繁殖，繁衍了种族，同时又将自身的特征特性传递下去。这种上下代之间性状的相似现象，即生物体世代间的连续性就是"遗传"（heredity），亦即物生其类，"种瓜得瓜，种豆得豆"。在有性繁殖情况下，遗传通过性细胞实现，而在无性繁殖情况下，遗传通过体细胞实现。生物体通过遗传，不仅传递了与亲代相似的一面，同时也传递了与亲代相异的一面。同种生物亲代与子代之间以及子代不同个体之间的差异称为变异（variation）。

遗传和变异是有机体在繁殖过程中同时出现的两种普遍现象，是对立与统一的一对矛盾。两者相互依存，相互制约，贯穿于个体发育与系统发育的始终，在一定的条件下又可以相互转化，矛盾对立统一的结果，使生物向前发展。遗传和变异现象是生命活动的基本特征之一，是生物进化发展和品种形成的内在原因。在生命运动过程中，遗传是相对的、保守的，而变异是经常的、发展的。没有变异，生物界就失去了进化的动力，遗传只能是简单的重复。没有遗传，就不可能保持物种的相对稳定性，变异不能积累，变异将失去意义，生物也就不可能进化。

1.2.2 遗传物质

遗传是一种生命活动，生命活动是物质运动的一种形式，因此遗传也是一种物质的运动形式。生物在进行有性繁殖时，亲代和子代之间的唯一物质联系是配子（gamete）。雌配子（macrogamete）（卵细胞，egg）和雄配子（male gamete）（精子，sperm）的细胞核内的染色体由蛋白质和脱氧核糖核酸（deoxyribonucleic acid，DNA）分子组成。DNA分子构成的基因将亲代特征的遗传信息传递给子代。DNA就是沟通生物体上下代之间遗传信息的物质载体。来自双亲的配子结合形成的合子包含了该种生物体发育的全部遗传信息。获得这种遗传信息的合子将发育成与亲代属于同一物种的个体。当生物体的遗传物质及其组成发生变化时，会相应影响个体性状的表达。生物体的可遗传的变异归根到底是遗传物质的改变造成的。

1.2.3　遗传、变异与环境

生物体所遗传的是一整套遗传物质，这些物质具有与特殊环境因素发生特殊方式反应的能力。亦即子代从亲代获得的遗传物质具有一种潜在的能力，能够按照一定的方式对外界环境条件产生一定的反应。在环境条件适合时，遗传物质与环境条件共同作用，发育成特定的性状。通常把生物体内具有发育成性状潜在能力的遗传物质的总和称为遗传基础，为便于分析，一般称为遗传型或基因型（genotype）。遗传基础得到必需的环境条件发育成具体的性状称为表现型（phenotype）。因此，表现型是基因型和环境条件共同作用的产物。基因型是生物性状遗传的可能性，表现型是遗传基础在外界环境条件的作用下最终表现出来的现实性。一般情况下，生物体的遗传特性具有相对的稳定性，不容易受环境条件的影响而改变，同一种基因型在不同的环境条件下能保持相同的表现型。由于遗传物质这种相对稳定的特性，物种才能保存下来，一个优良品种才能保持其优良特性而在生产上长期被使用。遗传物质在环境条件的作用下，在一定的范围内发生变化，所以子代不会同亲本完全一样，同时子代个体之间也会存在差异。这进一步说明遗传和变异现象是由遗传信息决定的。

生物在生长发育过程中，环境条件的作用影响体内新陈代谢，所以也会引起性状的改变。这种影响程度较轻，没有引起遗传物质的变化。因此，变异只限于当代，不遗传给后代。如果引起变异的条件消失，变异也就消失，这类变异称为不遗传的变异。通常情况是基因型改变，表现型随之改变；但有时环境条件改变，表型也随之改变，而基因型并未发生改变。环境改变所引起的表型改变有时与某些基因引起的变化很相似，但是这种表型改变是不能遗传给后代的。这种现象叫做表型模写，或称饰变（phenocopy）。

1.2.4　遗传信息

遗传信息是以密码子的形式贮存在构成基因的 DNA 分子中的。生物体上下代之间传递的遗传信息由 DNA 分子中的 4 种碱基［腺嘌呤（A）、鸟嘌呤（G）、胞嘧啶（C）、胸腺嘧啶（T）］按每 3 个一组通过不同组合编码。每 3 个碱基（一个三联体）构成一个氨基酸的密码子，4 种碱基构成的不同三联体密码子的不同排列组合形成的 DNA 分子，决定不同数目的 20 种氨基酸的排列组合，从而决定产生不同的蛋白质分子。因此，基因的结构决定遗传信息，基因结构发生改变，其所携带的遗传信息也就随之发生改变。

1.2.5　遗传与个体发育

生物体表现的性状都是由其自身的基因决定的。生物体的性状是从受精卵开始逐步形成的，这就是个体发育过程（individual development）。在一个生物体的生命周期中，形态逐渐发生变化，这是细胞分化过程（cell differentiation）。分化的细胞通过遗传控制的形态建成（morphogenesis）构成一个结构和功能完美协调的个体。所以，细胞分化是个体发育的基础。基因包含的遗传信息按照精确的时间和空间程序表达为性状。不同发育阶段，胚胎的不同部位分化出不同类型的细胞，因此基因的时空表达是细胞分化和个体发育的根本原因。基因的表达是受环境条件影响的。基因在环境条件的作用下进行时空表达，通过个体发育最终表达为性状。生物体的性状是由基因决定的。

基因决定性状并非简单的一对一的关系。基因表达的时空性说明基因的表达也受其他因子控制。这些因子往往是其他基因的产物。一个基因的产物启动或关闭另一个或另一批基因，而该基因自身的表达活性又受到另一些基因的调控。因此，基因与基因之间形成了一个十分复杂又十分精细的相互作用的网络。这个网络系统又受到环境因子的影响。生物体能有序地生长、发育和繁殖是基因调控表达的结果，各种性状是基因和基因以及基因和环境相互作用的产物。

1.2.6 变异的类型

遗传和变异是生物界两种普遍现象。在个体发育过程中，遗传物质发生改变或者由于外界环境条件的影响，引起新陈代谢的改变，都会引起性状的改变，这就是变异产生的原因。根据变异在繁殖过程中能否遗传，将其分成遗传的变异和不遗传的变异两大类。

(1) 遗传的变异

生物体的遗传物质发生变化导致的生物体表现型的改变属于可遗传的变异，即变异的性状可以传递给子代。这些变异包括如下几个方面：

基因的重组和互作　基因在减数分裂过程中，随同源染色体的分离和非同源染色体的自由组合而重新组合到新的合子中。新形成的合子与亲本以及不同配子结合形成的合子不同。因此，遗传重组是生物体变异的重要来源。

基因分子结构或化学组成上的改变（基因突变）　DNA序列上的碱基顺序在生物体内外环境的作用下会发生改变，这些发生变异的遗传信息能从亲代传递到子代。

染色体结构和数量的改变　正常生物体的染色体组的染色体数是一定的。当染色体数目发生改变时，生物体的表现型也会随之发生可遗传的变异；每一染色体组的每条染色体均具有一定的形态结构特征，当其结构发生改变时也会引起相应的遗传学效应。

细胞质变异　生物体的细胞质内也有遗传物质。这些遗传物质也会在生物体内外环境的作用下发生变化，导致生物体发生可遗传变异。

(2) 不遗传的变异

生物在生长发育过程中，环境条件的作用会影响体内新陈代谢，引起性状的改变。但这种影响程度较轻，没有引起遗传物质的变化。因此变异只限于当代，不遗传给后代。如果引起变异的条件消失，变异也就消失，这类变异称为不遗传的变异。表型模写或称饰变就是一种不遗传的变异。

(3) 如何区分两类变异

在自然界里，上述两类变异往往同时存在，或者同时影响一个性状，有时容易区分，有时比较困难。育种工作者必须善于区分这两类变异。一种方法是控制外界环境条件，把试验材料栽培在尽可能一致的环境条件下，由此观察到材料之间的差异是由于遗传基础的不同造成的；另一种方法是将遗传基础相对一致的材料，栽培在不同环境条件下，由此获得的差异往往是不遗传的，属于不遗传的变异，这些变异可以帮助我们分析基因表达的差异。

掌握了变异的种类和实质，就可以准确地选择自然界出现的可遗传的变异，作为育种的原始材料或直接培育成新品种；对那些不遗传的表型变异，就不必花费过多精力进行选择。

1.2.7　遗传学的基本内容

遗传学（genetics）是研究生物体遗传与变异规律的科学。遗传和变异是由遗传信息决定的，因此遗传学也就是研究生物体遗传信息的组成、传递和表达规律的一门科学。遗传信息是由基因的结构决定的，遗传信息表达为具体性状则是基因功能的实现，生物体的性状是基因结构与功能之间因果关系的体现。遗传学的主题是研究基因的结构与功能以及两者之间的关系。从这个意义上说，遗传学是研究基因的结构、功能、传递与表达规律的一门科学。遗传学也可称为基因学。

遗传学研究的内容大体上应包括如下4个方面：

① 基因和基因组的结构分析，构成基因和基因组的核苷酸的排列顺序及与之相对应的生物学功能的关系；

② 基因在世代之间传递的方式和规律；

③ 基因转化为性状所需的内外环境，基因表达的规律；

④ 根据上述知识能动地改造生物，使之符合人类需求。

园林植物遗传学就是在掌握上述遗传学知识的基础上，对园林植物主要观赏性状的遗传和变异规律进行研究的科学。

1.3　遗传学发展简史

遗传学是一门古老而又年轻的学科。与所有的学科一样，遗传学也是在人类的生产实践活动中发展起来的。我国是世界上最早的作物和家畜的起源中心之一。在新石器时代的遗址中发现了粟（*Setaria italica* var. *germanica*）、小麦（*Triticum aestivum*）和高粱（*Sorghum bicolor*）的种子以及家畜——猪、羊、狗等骨头的化石。古巴比伦人和亚细亚人很早就掌握了人工授粉的技术，但并未形成完整的遗传学理论。19世纪中叶，达尔文（C. Darwin）对野生和家养的动植物进行了研究，总结出以自然选择为中心的进化学说，使生物学有了突破性发展。同期（1865年）孟德尔（G. Mendel）在前人工作的基础上，进行了连续8年的豌豆（*Pisum sativum*）杂交试验，提出了遗传因子分离和重组的假设。孟德尔应用统计方法分析和验证这个假设，将遗传学研究从单纯的描述推进到数量化的分析。但是孟德尔的工作在当时并未引起重视。直到1900年，3位植物学家：荷兰的迪·佛里斯（H. de Vries）、德国的柯伦斯

（C. Correns）和奥地利的切尔马克（E. von S. Tschermark），经过大量的植物杂交工作，在不同的地点、不同的植物上得出和孟德尔完全相同的遗传规律，并重新发现了孟德尔那篇被遗忘已久的重要论文。此时，遗传学作为一门独立的科学分支诞生了。

1903年萨顿（W. S. Sutton）和博维里（T. Boveri）首先发现了染色体的行为与遗传因子的行为存在平行关系，提出了染色体是遗传物质的载体的假设。1909年约翰逊（W. L. Johannsen）称遗传因子为基因（gene）。1910年，摩尔根（T. H. Morgan）用果蝇（*Drosophila melanogaster*）作材料，研究性状的遗传方式，得出连锁交换定律，确定基因排列在染色体上。与此同时，埃莫森（Emerson）等在玉米（*Zea mays*）研究工作中也得到同样的结论。这样，就形成了一套经典的遗传学理论体系——以遗传的染色体学说为核心的基因论。在基因决定性状问题上，米勒（H. J. Muller）用射线处理果蝇，研究基因的本质，证明X射线可以诱发基因突变。以后彼得尔（G. Beadle）和泰特姆（E. L. Tatum）又研究了链孢霉（*Neurospora crassa*）的生化突变型，于1941年提出"一个基因一个酶"的学说，把基因与蛋白质的功能结合起来，这又把遗传学向前推进了一步。此后，英格曼（Ingram）通过试验证明镰状细胞贫血症（sickle cell anemia）的病因是编码血红蛋白的基因发生了突变，从而改变了血红蛋白的氨基酸组成。当一种蛋白质是由多亚基构成的聚集体时，需要对彼得尔（G. Beadle）和泰特姆（E. L. Tatum）的假说进行修改：对于异源多聚体蛋白质，"一个基因一个酶"假说应精确地表述为"一个基因一条多肽链"。

1944年阿委瑞（O. Avery）、麦克罗德（C. Macleod）和麦卡蒂（M. Mccarty）等从肺炎双球菌（*Diplococcus pneumoniae*）的转化试验中发现，转化因子是DNA，而不是蛋白质，接着又积累了大量事实，证明DNA是遗传物质。特别是1953年沃森（J. Watson）和克里克（F. Crick）提出了DNA双螺旋结构模型，用来阐明基因论的核心问题即遗传物质的自我复制，从而开创了分子遗传学这一崭新的科学领域。20世纪60年代，遗传密码的破译、蛋白质和核酸的人工合成、中心法则的提出、断裂基因的发现、基因调控机理的阐明以及突变的分子机理的揭示等，都极大地推进了人们对基因的结构与功能的认识，使遗传学的发展走在了生命科学的前面。70年代以后逐步完善的DNA序列分析技术和DNA体外连接技术与人工合成基因技术，使人类可以利用细胞融合、转化、遗传工程等新技术，朝着定向地改造生物的遗传结构的新水平迈进。90年代初，美国率先实施的"人类基因组计划"，旨在15年内测定人类基因组全部30亿个核苷酸对的排列顺序；同时还将测定一些模式生物的基因组全序列。

目前遗传学已成为自然科学中进展快、成果多的最活跃的学科之一。随着人类基因组草图的问世，"功能基因组时代"和"后基因组时代"的到来，现代遗传学无限广阔的发展前景已越来越清晰地展现在我们面前。彻底弄清DNA序列所包含的遗传信息及其生物学功能，将使人类在认识自然和改造自然上有一个巨大的飞跃。

在基础遗传学飞速发展的今天，观赏植物遗传学研究也在日益向纵深发展。观赏植物遗传学的任务就是在上述遗传学研究的基础上，对观赏植物主要观赏性状的遗传变异规律进行研究。掌握遗传学的基本理论和研究方法，了解遗传物质对观赏性状控制表达的机理，对于开展观赏植物的品种改良具有重要意义。

1.4 园林植物在遗传学研究中的特殊作用

在遗传学研究的历史发展过程中，包括一些遗传规律的发现，若干学说和假说的建立等方面，许多是以园林植物作为试验材料。

(1) 园林植物种类繁多

从物种的意义上说，据统计，目前在园林上应用的植物约20 000种，涉及裸子植物和被子植物（双子叶植物和单子叶植物）等；从生态习性上看，既有一、二年生植物又有多年生植物，既有草本植物也有木本植物。它们除了在自然界通过自然选择和进化而形成稳定的物种以外，在品种类型上，由于经过长期的人工选择和培育，形成了极其丰富的类型。园林植物种和品种的多样性和特异性，以及产生变异的普遍性为园林植物的遗传和变异的研究提供了极其丰富的素材和内容。因此园林植物的遗传学研究也必将在指导园林植物的育种和生产实践中发挥重要作用。

(2) 园林植物的繁殖方式多样

园林植物既可以通过种子进行有性繁殖［如金鱼草（*Antirrhinum majus*）、三色堇（*Viola tricolor*）和半支莲（*Portulaca grandiflora*）等］，也可以用营养器官进行无性繁殖。人工条件下可通过扦插、嫁接、分株、压条等方法进行无性繁殖；有些植物本身具有无性繁殖器官如鳞茎、球茎、根茎、假珠芽等。此外，随着现代生物技术的发展，很多园林植物可通过细胞和组织培养以及原生质体培养等方法进行繁殖。凡此种种都足以说明园林植物繁殖方式的多样性。这一方面增加了发生广泛变异的可能性，另一方面也为保存各种类型的变异提供了条件。因此，用园林植物进行遗传学研究较其他作物更为方便。

(3) 园林植物的变异多种多样

园林植物的变异来源于有性过程和体细胞突变。在园林植物生长过程中的任何时期都有可能发生变异。诱导园林植物变异的手段也是多种多样的。一些畸形变异的植物在自然选择中将被淘汰，但在人类花园中由于其奇特的观赏价值而被繁殖保存，甚至人们还会有意识地去创造特殊的变异，以增加新类型。这些变异有可能是花型、花色的改变，也可能是叶型、叶色、株型等的改变。除了观赏性状上的变化外，其生物学特性、生态习性等方面也会发生改变，如开花期、产花量、开花持久期、抗寒性、抗旱性、耐阴性、耐水涝能力等。观赏植物的特殊变异还在于多为肉眼可观察到的性状，便于遗传学研究。

(4) 保护地栽培

观赏植物多数是在保护地条件下栽培的，很容易实现人工调控，性状的观察与追踪也相对容易。经过遗传改良的产品仅仅用于观赏，不存在食用的危险性，严格的繁殖控制也可以有效防止遗传改良品种的逸生。因此，很多观赏植物是遗传学研究的极好材料。

(5) 生命周期相对较短

相对于一些林木来说，大多数观赏植物的生命周期较短，有些在保护地栽培条件下还可以实现周年开花，一年繁殖多次。这就给遗传学研究提供了方便。

总之，园林植物的观赏特性是多方面的，变异也是多种多样的。园林植物具有许多不同于其他作物的特性，为遗传学研究提供了极其丰富的可取素材，其中还有许多重要的遗传变异规律尚未被人们发现和认识，这就要求我们必须从其所具有的特点和园林应用的要求来进行研究。园艺工作者应积极掌握遗传学基本原理进行品种改良，同时在从事园林植物遗传育种的实践中为丰富和发展遗传学研究做出贡献。

1.5 学习和应用

遗传学作为现代生命科学的基础学科，是所有生物类学生必备的知识，也是园林植物与观赏园艺专业学生的必修课程。学习和掌握遗传学知识对于园林与园艺专业的学生具有重要意义。

(1) 生命科学的基础知识

生命现象的高度有序性通过新陈代谢、生长发育、应激反应、生命的延续和自然进化等特征表现出来。通过对生命现象的遗传调控、遗传与发育、遗传与进化等方面的研究，科学家们日益认识到遗传问题是生命科学的核心问题。任何生命现象如果不能进入遗传过程则不能存在下去，也没有意义。认识生命现象要从遗传的本质上开始，只有遗传学能将各种生命现象联系起来，构成我们对自然生命的完整理解。

(2) 园艺学育种实践的理论基础

遗传学理论是在育种实践中发展起来的，现代遗传学对育种实践具有指导作用。由于传统的育种过程充满不确定性而被认为其特性是"艺术胜于科学"，它主要依赖于育种家的经验和直觉而非理性推断，这使得育种学更像是一门艺术而非科学。随着现代遗传学的发展，我们对生物体遗传变异规律的了解日益深入，并在此基础上不断发展和完善育种技术，使育种工作更具有目的性和预见性。育种学变成一门"科学胜于艺术"的学科。我们相信未来的育种学将是科学与艺术的完美结合。我们用艺术的理念设计植物，用科学的实践改造植物。

(3) 遗传学与当代大学生的知识构成

21世纪是生命科学的世纪，今日的生命科学正以前所未有的速度发展。生命科学的发展有可能对人类思想和观念带来巨大冲击，改变以往建立的传统的科学认识路线和思维模式。"科学的历史表明：科学越是不局限于直接的观察，越是深入到自然界的规律中，它就越与人接近、越富有人性"（董光璧，1996）。生命现象的极端复杂性和对其探索的艰巨性使之成为现代自然学科群中最富有挑战性的课题。人类对自然界的认识愈是深入到自然界的规律，也就愈能引起人类本性的共鸣。科学遗传学在揭示生命现象的基本问题上无疑是迄今为止最具说服力的一种诠释。在科学遗传学发展史上，无数科学家为之付出了毕生的精力，尽管他们之中有成功和失败、有经验和教训、有成名和被埋没，但他们对科学不懈的追求精神是永恒的，这也正是人类的伟大品格所在。

学习遗传学的基本理论，研究观赏植物主要观赏性状遗传与变异的规律，有效把握观赏植物育种的方向和进程，对育种实践将起到事半功倍之效。

要学好这门课程，并使之为园林植物栽培及应用服务，需要尽量熟悉植物学、植物生理学、植物分类学、植物生态学以及栽培学等多方面基础知识。随着生物科学向纵深发展，遗传学已从细胞水平进入分子水平。在这种情况下，要学好遗传学，还需要熟悉细胞学、生物化学、分子生物学等知识。同时注重实验技能的培养，灵活运用理论知识，积极进行育种实践，在掌握现代遗传学知识的基础上为培育观赏植物新品种作出贡献。

思考题

1. 简要回答以下基本概念：
   遗传，变异，基因型，表型，遗传物质，个体发育，细胞分化，形态建成。
2. 简述基因型和表现型与环境和个体发育的关系。
3. 简述生物体发生遗传变异的途径。
4. 简述观赏植物在遗传学研究中的作用。

推荐阅读书目

遗传学. 王亚馥，戴灼华. 高等教育出版社，2001.
园林植物遗传育种学. 程金水. 中国林业出版社，2000.
基因的故事. 陈章良. 北京大学出版社，2000.

第 2 章　遗传的细胞学基础

[**本章提要**] 细胞是生物体基本的结构单位、功能单位和遗传单位。细胞内的染色体是遗传物质的主要载体，细胞分裂过程中染色体的动态变化导致遗传物质的重组。高等植物的世代交替实质上是染色体从单倍体到二倍体再到单倍体的周而复始的过程。本章介绍了植物细胞的基本结构与功能；染色体的基本结构；细胞分裂的主要方式和过程；高等植物的染色体周史。

各种生物之所以能够表现出复杂的生命活动，主要是由于生物体内遗传物质的表达，推动生物体内新陈代谢过程的结果。生命之所以能够世代延续，也主要是由于遗传物质能够绵延不断地向后代传递的缘故。遗传物质 DNA（或 RNA）主要存在于细胞中，其贮存、复制、表达、传递和重组等重要功能都是在细胞中实现的。

2.1　细　胞

2.1.1　细胞的重要性

细胞是生命存在的基本结构单位、功能单位和遗传单位，既是生物体结构中的一个形态学单位和生理学单位，又是生物个体发育和系统发育的基础，还是生物体遗传变异的基本单位。因此，要了解植物的遗传变异规律，就必须了解植物的基本结构单位——细胞。

一个植物细胞（体细胞），包含植物体生长发育的全部遗传信息，具有在适宜条件下发育成完整个体的潜在能力，这就是植物细胞的全能性。

一个细胞不是闭关自守的，它不断与外界环境进行物质和能量交换，摄入一些原材料，合成其生长、发育和繁殖所需要的有机物质，同时排除废物，这就是细胞的新陈代谢。因此细胞是生命最基本的结构和功能单位。

生物体繁殖也是以细胞为单位的。细胞内遗传物质 DNA 准确地复制自己，并有规律地分配到子细胞中去，这就保证了生命现象在世代间的连续性。因此细胞是生物体遗传的基本单位。细胞（受精卵或体细胞）从外部吸收物质，其内部发生一系列代谢变化，结果导致细胞的生长、增殖和分化。这些变化在时间和空间上严格有序，保证了细胞沿一定途径发育成一定的个体，具有一定的结构和功能，并与外界环境保持一定联系。生物体的这种结构和功能在不同的生物体间存在差异，这取决于最初那个细胞遗传结构的不同和随之而来的代谢过程的差别。可见，细胞也是遗传过程中产生变异的基本单位。

2.1.2 原核生物和真核生物

根据细胞的复杂程度,可以把细胞分为两类:原核细胞(prokaryotic cell)和真核细胞(eukaryotic cell)。由原核细胞构成的生物体称为原核生物(prokaryote),如支原体、细菌、放线菌和蓝藻等,通常是单细胞生物或者是由单细胞生物构成的群体。由真核细胞构成的生物称为真核生物(eukaryote),如真菌、高等动植物和人类,多数真核生物是多细胞生物,也有单细胞生物。两类细胞的主要区别见表2-1。

表2-1 原核细胞与真核细胞的主要区别

特 性	原核生物	真核生物
细胞大小	较小(1~10μm)	较大(10~100μm)
染色体	由裸露的DNA构成	由DNA与蛋白质联结在一起
细胞核	DNA集中的区域称为拟核,无固定结构	为真核,有核膜和核仁
细胞器	有简单的内膜系统	有复杂的内膜系统、线粒体、质体和细胞骨架等
细胞分裂	无丝分裂	有丝分裂及减数分裂
转录与翻译	同一时间与地点	转录在细胞核,翻译在细胞质

2.1.3 细胞的基本结构与功能

动物细胞与植物细胞的基本结构大体相似(图2-1),只是动物细胞没有细胞壁、质体(或叶绿体)和大液泡,而且大部分动物细胞具有中心粒,细胞与细胞之间有细胞间质存在;而植物细胞有细胞壁、质体和大液泡,一般没有中心粒,而且细胞与细胞之间主要靠胞间连丝联系。

现以植物细胞为例介绍细胞的基本结构。细胞壁是由纤维素、半纤维素和果胶质等构成的刚性结构,对细胞起着定形及定位的作用,也对整个植株起着支持作用。细

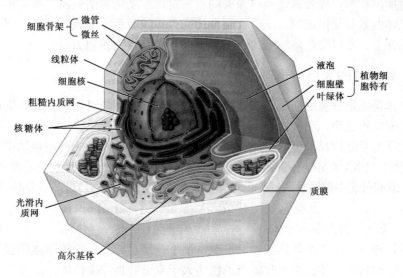

图2-1 植物细胞的结构

(引自 Neil A. Campbell 和 Jane B. Reece, 2002)

胞膜是细胞的界膜，有选择透性，控制着细胞内外的物质交换。细胞质基质和细胞器中存在着有机物质合成、转化和分解的酶，是物质和能量代谢的中心。叶绿体是植物细胞特有的细胞器，是光合作用的场所。线粒体通过氧化磷酸化作用进行能量转换，为细胞内各项生命活动提供能量。核糖体是蛋白质合成的场所，其分为两类：一类为游离核糖体，分布在细胞质中；另一类为附着核糖体，结合在内质网上。内质网不仅与蛋白质的合成和物质的转运有关，而且还与蛋白质的修饰、加工、新生多肽链的折叠与组装有关。已经知道，线粒体、叶绿体及动物细胞的中心粒内含有 DNA，RNA 和核糖体，控制着相关的细胞质遗传。细胞核中的染色质是由 DNA 与蛋白质构成的复合体，其中的 DNA 是遗传物质；此外，mRNA 和 tRNA 也是在细胞核中合成的，而核仁则是 rRNA 合成的场所。因此细胞核是遗传控制的中心。

具有一个大的中央液泡是成熟的植物生活细胞的显著特征，也是植物细胞与动物细胞在结构上的明显区别之一。液泡是由单层膜与其内的细胞液组成的细胞器。中央大液泡对生活的植物细胞有着重要意义。液泡内的细胞液中含有糖类、无机盐、色素、蛋白质等物质，可以达到很高的浓度。它对细胞内的环境起着调节作用，可以使细胞保持一定的渗透压，保持膨胀状态。它不仅储存有机代谢产物，还参与细胞中物质的生化循环、植物体水分的吸收和运输等过程。

2.2 染色体

细胞核中的染色质（chromatin），在光学显微镜下是一团无特定结构的易被碱性染料染色的物质，在细胞分裂时期形成有特定形态结构的染色体（chromosome）。染色体是 1848 年霍夫梅斯特（W. Hofmeister）在鸭跖草（*Commelina communis*）花粉母细胞中首先发现的，直到 1888 年才由瓦尔德耶尔（W. Waldeyer）定名，用来特指细胞分裂时期出现的一种被碱性染料深染的有一定形态结构的细胞器。每一种生物的细胞中染色体的数目是恒定的，配子细胞中的染色体数目是体细胞的一半。因为基因存在于染色体上，所以染色体的结构和功能与遗传和变异密切相关。

2.2.1 染色体的大小与形态结构

染色体是细胞分裂中期出现的结构，因其极易被碱性染料染色，故称染色体。现代遗传学的观点认为：细胞核内的染色体是遗传物质的主要载体。

染色体主要由 DNA、蛋白质及 RNA 这 3 类化学物质组成。每条染色体单体的骨架是一个连续的 DNA 大分子，许多蛋白质分子结合在这个 DNA 骨架上，形成 DNA 蛋白质纤丝。细胞分裂中期所看到的染色单体就是由一条 DNA 蛋白质纤丝重复折叠而成的。

2.2.1.1 染色体的大小

不同物种染色体大小差异较大。一般情况下，染色体数目少的则体积较大，植物染色体大于动物染色体，单子叶植物染色体大于双子叶植物染色体，如鱼类染色体数量多而体积小，小麦染色体大于水稻染色体。通常以单倍体染色体组中的 DNA 含量来表示基因组的大小，称为生物体的 C 值（C-value）。C 值是单倍体染色体的 DNA

总量。同一物种的 C 值是恒定的，不同物种之间的 C 值差异很大，如人的基因组 C 值大小为果蝇的 20 倍，而有尾两栖类的平均基因组 C 值要比人的大 10 倍。

不同处理方式影响染色体的大小。染色体只有通过制片，借助显微镜才能观察到，故制备方法对观察结果影响很大。用秋水仙素或高温处理能使染色体缩短。

2.2.1.2 染色体形态结构

典型的染色体通常由长臂、短臂、着丝粒、随体及端粒等几部分组成（图2-2）。

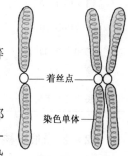

图 2-2 染色体模式图

(1) 着丝粒

在光学显微镜下观察细胞分裂中期的染色体时，会发现都有一个相对不着色的缢缩部位，称为主缢痕（primary constriction）。在这个区域两侧的染色体部分成为染色体臂（arm）。染色体臂着色较深，将主缢痕区域明显地显现出来。着丝粒（centromere）是主缢痕处的染色质部位，是纺锤丝附着的部位。在有丝分裂的前期和中期，着丝粒把两个姊妹染色单体连在一起。到后期，两个姊妹染色单体的着丝粒分开，纺锤丝把两条染色单体拉向两极。

目前普遍的观点认为，着丝粒是两个染色体臂一段高度重复的 DNA 序列，该序列不能与组蛋白结合，却与其他蛋白质结合形成动粒（kinetochore），从而与纺锤体的微管蛋白结合，参与有丝分裂后期的染色体移动。如果染色体上没有着丝粒，中期染色体就不能在赤道板上取向排列，后期也不能向两极移动。通常每个染色体只有一个着丝粒，而且其位置恒定。但不同染色体上的着丝粒的位置则不同，所以常用着丝粒作为描述一个染色体组每一条染色体的标记。习惯上根据着丝粒的位置将染色体分为几种类型：

中着丝粒（metacentric）染色体　其着丝粒位置大约位于染色体的中部，使两个染色体的臂大致相等（臂比值 1.0~1.7），有丝分裂后期染色体呈现"V"形；

近中着丝粒（submetacentric）染色体　是指着丝粒的位置虽然靠近中部，但与两端的距离不等，使两臂具有明显不等的长度（臂比值 1.7~3.0）；

近端着丝粒（subtelocentric）染色体　是指着丝粒靠近染色体端部。但仍然有一定的距离（臂比值 3.0~7.0）。中着丝粒和近端着丝粒染色体在有丝分裂后期呈现"L"形；

端着丝粒（telocentric）染色体　着丝粒在染色体的端部，形成只有一个染色体臂的染色体。有丝分裂后期染色体呈现棒状。

通常着丝点在每条染色体上只有 1 个，且位置恒定，常作为描述染色体的一个标记。根据着丝点的位置，可以将染色体划分为不同的类型（图2-3，表2-2）。

图 2-3 有丝分裂后期染色体的形态
(a) 棒形染色体　(b), (c) L形染色体　(d) V形染色体　(e) 粒形染色体

表 2-2 各类染色体形态的基本参数

长臂/短臂	染色体形态	着丝点位置	染色体分类	缩写
1.00	V 形	正中	正中着丝点染色体	M
1.01~1.70	V 形	中部	中着丝点染色体	m
1.71~3.00	L 形	近中	近中着丝点区染色体	sm
3.01~7.00	L 形	近端	近端着丝点区染色体	st
>7.01	棒形	端部	端着丝点区染色体	t
长短臂极粗短	粒形	端部	端着丝点染色体	T

（2）次缢痕、核仁组织区和随体

在一些植物（尤其是大染色体的植物）的一个细胞染色体中，至少有一对染色体除有着丝点外还有一个不发生卷曲的、染色很淡的区域，这个区域称为次缢痕（secondary constriction）。主要位于染色体短臂上。

核仁组织区（nucleolus organizing region，NOR） 顾名思义是负责组织核仁的区域，含有 rDNA 基因，能合成 rRNA。次缢痕与核仁组织区几乎可作同义词，只是在使用上有差别。通常在对染色体一般形态描述时用次缢痕，表明是染色体的一个构件，而在讨论其功能时常用核仁组织区，表明次缢痕具有组织核仁的特殊功能。一个真核生物细胞中至少有一对染色体具有核仁组织区，没有核仁组织区的细胞不能成活，因核仁组织区功能是组织核仁。一个核仁组织区可以组织一个核仁，但核仁数目常少于核仁组织区数，因核仁极易发生融合。

随体（satellite） 是指次缢痕区至染色体末端的部分，犹如染色体的小卫星。随体主要由异染色质组成，是高度重复的 DNA 序列。一些资料报道的某些物种中没有随体，这可能与制片技术有关。

（3）端粒

端粒（telomere）是指染色体的自然末端。不一定有明确的形态特征，只是对染色体起封口作用，使 DNA 序列终止。

端粒是染色体不可缺少的组成部分，保持染色体在遗传上的独立性。无端粒的染色体往往与其他无端粒染色体连接起来，造成后期染色体的缺失或重复。

根据染色体的形态特征，可以对物种进行核型分析。所谓核型是指个体或物种的染色体的构成，包括染色体的大小、形态、数目，即体细胞染色体在光学显微镜下所有可测定的表型特征的总称。对一组染色体的形态特征进行细胞学研究（进行定性和定量的描述）称为核型分析。核型分析以有丝分裂中期染色体为标准，也有采用粗线期染色体。核型分析对于研究种内或种间的核型变化、染色体的数量或结构的变异、生物的起源和进化及鉴定不同品种染色体变异等具有重要的作用。

（4）同源染色体

生物的染色体在体细胞内通常是成对存在的，即形态、结构、功能相似的染色体都有两条，它们称为同源染色体（homologous chromosome）。形态、结构、功能彼此不同的染色体称为非同源染色体（non-homologous chromosome）。

体细胞内染色体成对出现是双亲雌雄配子受精结合的必然结果。每对同源染色体的2条染色体分别来自父本和母本。受精使它们在合子内成为一对。既然染色体是遗传物质的载体，雌雄配子分别携带了母本和父本的染色体，因此，它们在合子中的成对出现必然使双亲的遗传物质在合子内也成对，子代的表现也必然要同时受到双亲遗传物质的影响。

2.2.2 染色体的数目

2.2.2.1 染色体的数目特征

同种生物的不同个体，同一个体不同器官的细胞中的染色体数目是恒定的。染色体在体细胞中是成对的，在性细胞中总是成单的。通常用 $2n$ 表示体细胞，n 表示性细胞，如水稻 $2n=24$，$n=12$；普通小麦 $2n=42$，$n=21$。不同物种染色体数目差异很大。在植物中，菊科植物纤细单冠菊（*Haplopappus gracilis* A. Gray）只有2对染色体，而隐花植物瓶尔小草属（*Ophioglossum*）的一些物种含有400~600对以上的染色体。一些常见园林植物的染色体数见表2-3。

表2-3 一些常见园林植物的染色体数

种 类	染色体数	种 类	染色体数
翠菊（*Callistephus chinensis*）	$2n=18$	一串红（*Salvia splendens*）	$2n=32$
矮牵牛（*Petunia hybrida*）	$2n=2x, 4x, 5x = 14, 28, 35$	菊花	$2n=2x, 4x, 6x, 8x, 10x = 18, 36, 54, 72, 90$
芍药（*Paeonia lactiflora*）	$2n=10$	金鱼草	$2n=2x, 4x=16, 32$
大丽花（*Dahlia pinnata*）	$2n=16$	唐菖蒲（*Gladiolus gandavensis*）	$2n=30$
百合（*Lilium brownii* var. *viridulum*）	$2n=24$	月季（*Rosa chinensis*）	$2n=2x, 3x, 4x, 5x, 6x, 8x = 14, 21, 28, 35, 42, 56$
朱顶红（*Hippeastrum rutilum*）	$2n=22$	鸡冠花（*Celosia cristata*）	$2n=36$
仙客来（*Cyclamen persicum*）	$2n=48, 96$	郁金香（*Tulipa gesneriana*）	$2n=2x, 3x, 4x=24, 36, 48$
荷花（*Nelumbo nucifera*）	$2n=16$	香石竹（*Dianthus caryophyllus*）	$2n=30$
山茶（*Camellia japonica*）	$2n=30$	牡丹	$2n=10, 20$

2.2.2.2 A染色体和B染色体

有些生物的细胞中除具有正常恒定数目的染色体以外，还常出现额外的染色体。通常把正常恒定数目的染色体称为A染色体；把这种额外的染色体统称为B染色体，也称为超数染色体（supernumerary chromosome）或副染色体（accessory chromosome）。目前已经在640多种植物和170多种动物中发现B染色体，最常见的有玉米、黑麦（*Se-*

cale cereale)、卵穗山羊草(*Aegilops ovata*)等。B 染色体较 A 染色体小，多由异染色质组成，不载有基因，但能自我复制并传给后代。B 染色体一般对细胞和后代生存没有影响，但其增加到一定数量时就会有影响。玉米含有 B 染色体超过 5 个时，不利于其生存。

2.2.3 染色体的结构

生物化学分析和电子显微镜观察均已证实，除了个别多线染色体外，每一条染色单体(相当于复制前的染色体)只含有一个 DNA 分子，这一特性称为染色体的单线性(mononemy)。DNA 与蛋白质结合形成染色质，直至形成有一定形态结构的染色体。1974 年科恩伯格(Kornberg)提出了串珠模型(beads on-a-string model)来解释 DNA-蛋白质纤丝的结构。1977 年贝克(Bak A. L.)提出了目前被认为较为合理的四级结构学说，解释从 DNA-蛋白质纤丝到染色体的结构变化。其后，许多研究工作的进展又对四级结构进行补充和修正(图 2-4)。

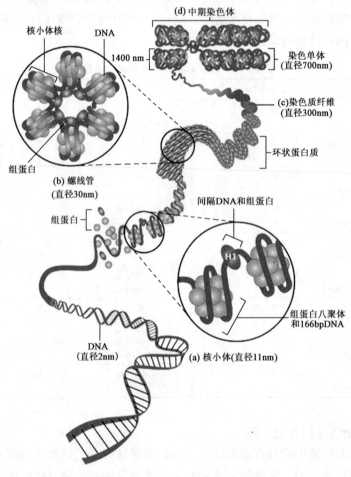

图 2-4 从 DNA 到染色体的四级结构模型示意
(引自 William S. Klug 和 Michael R. Cummings, 2002)

(1)核小体

染色质是一种纤维状结构,它是由最基本的单位——核小体(nucleosome)成串排列而成的,使得 DNA、蛋白质、RNA 组成为一种致密的结构形式。核小体包括:166 个碱基对的 DNA,1 个组蛋白八聚体,1 分子的组蛋白(H_1)。现在把包括 H_1 在内的核小体称为染色质小体(chromotosome)。由核小体串联的 11nm 的染色质纤维称为核丝,也就是染色质的初级结构。

(2)螺线管

由核小体的长链进一步螺旋缠绕形成直径约 30nm 的染色质纤维,即螺线管(solenoid),为染色质的二级结构。

(3)超螺线管

30nm 的染色线(螺线管)进一步压缩形成 300nm 染色线,称为超螺线管(supersolenoid),为染色质的三级结构。

(4)染色体

超螺线管再次折叠和缠绕形成染色体。

由 DNA 到核小体——目前公认的观点是:30nm 染色质纤维是按螺旋方式缩集的,染色体的最高层次结构是由 300nm 左右的染色线以螺旋方式缩集的,这 4 个等级的演变都是通过螺旋化实现的,因此称为多级螺旋模型(multiple coiling model)。

2.3 细胞分裂

细胞是靠分裂来增殖的。在高等生物中,由 2 个配子结合而成的合子是 1 个细胞,该细胞发育成胚,最后长成 1 个成熟的个体,这一过程是由 1 个细胞分裂成 2 个,2 个分为 4 个,最后成为具有亿万个细胞的个体。

2.3.1 有丝分裂

有丝分裂(mitosis)是植物体细胞增殖过程中进行的一种细胞分裂方式。其过程是把遗传物质从一个细胞均等地分向两个新形成的子细胞。有丝分裂过程是一个连续的过程,为说明方便起见,通常分为间期、前期、中期、后期和末期(图 2-5,图 2-6)。

2.3.1.1 有丝分裂的过程

(1)间期

间期(interphase)是指两次分裂的中间时期。通常讲的细胞形态和结构中的细胞核,都是指的间期核。间期时细胞核中一般看不到染色体结构,这时细胞核在生长增大,所

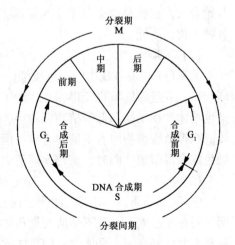

图 2-5 细胞的周期

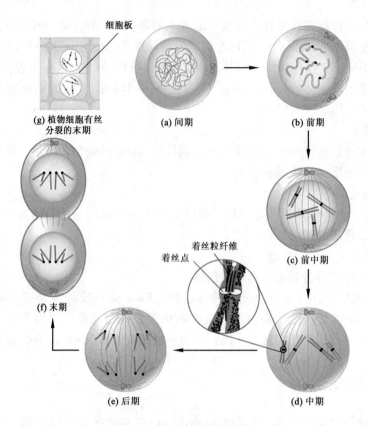

图 2-6 细胞有丝分裂过程

以代谢很旺盛,贮备细胞分裂时所需的物质。很多试验证明,DNA 在间期进行复制合成,使以 DNA 为主体的染色体由原来的一条成为两条并列的染色单体。间期又可细分为 3 个时期,即合成前期(G_1),这时 DNA 尚未合成,进入合成期(S)时 DNA 才开始合成,也就是说染色体开始复制,然后是合成后期(G_2)。这 3 个时期的长短因各种生物而不同。

(2) 前期

前期(prophase)核内的染色质细丝开始螺旋化。染色体缩短变粗,染色体逐渐清晰起来,着丝粒区域也变得相当清楚了。每一染色体有 1 个着丝粒和纵向并列的 2 条染色单体。在动物和低等植物细胞中,核旁的两个中心粒向相反方向移动而形成纺锤体。高等植物细胞内看不到中心粒,但仍可看到纺锤体的出现。到了前期快结束时,染色体缩得很短。同时,核仁逐渐消失,最后核膜也崩解。

(3) 中期

中期(metaphase)时染色体开始向赤道面移动,最后染色体排列在赤道面上。所谓排列在赤道面上,并不是所有染色体都平铺在一个平面上,而是每一染色体的着丝粒基本上排列在一个平面上,染色体的两臂仍可上下、左右自由地分布在细胞的空间内。这时染色体的着丝粒和纺锤体的细丝——纺锤丝连接起来。

(4) 后期

后期(anaphase)每一染色体的着丝粒分裂为二。着丝粒分开后，即被纺锤丝拉向两极，同时纵列的染色单体也跟着分开，分别向两极移动，形成两条单染色体，也可以称为子染色体。

(5) 末期

末期(telophase)两组染色体分别到达两极，染色体的螺旋结构逐渐消失，出现核的重建过程，这正是前期的倒转；最后2个子核的膜重新形成，核旁的中心粒又成为2个，核仁重新出现，纺锤体消失。从前期到末期的过程合称分裂期。分裂期经历的时间长短，也随生物的种类而异。

(6) 胞质分割

胞质分割(cytokinesis)是2个子核形成后，接着发生的细胞质分割过程。植物细胞由两个子核中间残留的纺锤丝先形成细胞板，最后成为细胞膜，把母细胞分隔成2个子细胞，到此一次细胞分裂结束。

2.3.1.2 有丝分裂的遗传学意义

(1) 维持个体的正常生长和发育

多细胞生物的生长主要是通过细胞数目的增加和细胞体积的增大实现的，这两种方式正是靠有丝分裂增加细胞数目，靠间期细胞活动来增大体积。所以有丝分裂有时也称体细胞分裂。有丝分裂在遗传学上具有重要的意义。首先是核内每个染色体准确地复制分裂为二，保证了形成的2个子细胞在遗传组成上与母细胞完全一样。其次复制后的每条染色单体有规则而均匀地分配到2个子细胞核中去，从而使2个子细胞与母细胞具有同样质量和数量的染色体。

(2) 保证物种的连续性和稳定性

在无性繁殖和个体增大的情况下，染色体通过有丝分裂准确而有规律地分配到子细胞中去，从而保障了世代之间以及生物个体细胞组织之间染色体数目的恒定性。细胞的有丝分裂过程也保证了细胞中其他重要成分向子细胞中的分配。因此，有丝分裂从根本上保证了无性繁殖的生物体世代间物质上、功能上的连续性。

2.3.2 减数分裂

减数分裂(meiosis)是一种特殊的细胞分裂方式，在配子形成过程中发生。减数分裂的第一个特点是连续进行2次核分裂，而染色体只复制1次，结果形成4个核，每个核只含有单倍数的染色体，即染色体数目减少一半；另一个特点是，前期特别长，而且变化复杂，其中包括同源染色体的配对、交换与分离等。

2.3.2.1 减数分裂的过程

减数分裂的整个过程可分为下列各个时期(图2-7)：

(1) 第一次减数分裂

①细线期(leptotene) 第一次分裂开始时，染色质浓缩为几条长的细线，但相互

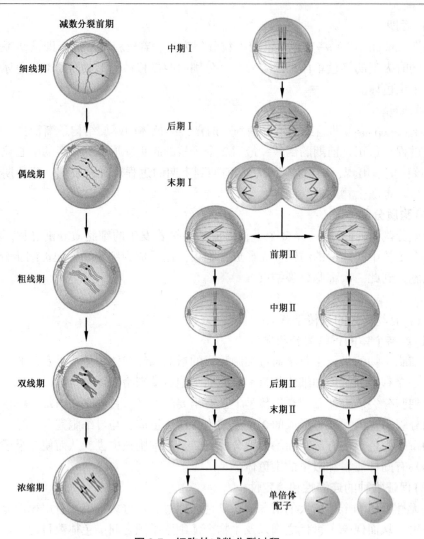

图 2-7 细胞的减数分裂过程

间往往难以区分。虽然染色体已在上一间期时复制,每条染色体应该已有两条染色单体,但在细线期的染色体上还看不出双重性。

②偶线期(zygotene) 染色体的形态与细线期相比变化不大。分别来自 2 个亲本的大小相同的染色体,即 1 对同源染色体(homologous chromosomes)开始在两端先行靠拢配对,或者在染色体全长的各个不同部位开始配对。这种配对是专一性的,只有同源染色体才会配对,配对最后扩展到染色体的全长上,这种现象也称联会(synapsis)。

③粗线期(pachytene) 两条同源染色体此时配对完毕。原有的 2n 条染色体,经配对后形成 n 组染色体,每一组含有 2 条同源染色体,这种配对的染色体叫做双价体(bivalent),每个双价体有 2 个着丝粒。染色体继续短缩变粗。

到了粗线期末期,双价体更加粗短,可看到每条染色体的双重性。这时着丝粒的地方仍未分开,每条染色体含有 2 条染色单体(姊妹染色单体 sister chromatids),因此，双价体含有4条染色单体，称为四分体(tetrad)，这4条染色单体相互绞扭在一起。

④双线期(diplotene) 双价体中的2条同源染色体开始分开，但分开又不完全，并不形成2个独立的单价体，而是在2个同源染色体之间仍有若干处发生交叉而相互连接。后经试验知道，交叉的地方是非姐妹染色单体发生了交换的结果，而且交换只发生在2条染色单体之间。

在双线期中，交叉数目逐渐减少，在着丝粒两侧的交叉向两端移动，这种现象称为交叉端化(chiasma terminalization)或简称端化。同时，染色体也跟着缩短变粗，螺旋化程度加深，也就是DNA-蛋白质纤丝的折叠程度不断加强。

⑤浓缩期(diakinesis) 也称终变期。2条同源染色体交叉端化现象仍旧继续进行，所以仍为n个双价体。染色体更为粗短，螺旋化达到最高程度，以致有时每条染色体中的两条染色单体都看不清了。这时核仁和核膜开始消失，双价体开始向赤道面移动，纺锤体开始形成。分裂进入第一次中期。

⑥中期Ⅰ 各个双价体排列在赤道面上，纺锤体形成，纺锤丝把着丝粒拉向两极。两个同源染色体上的着丝粒逐渐远离，双价体开始分离，但仍有交叉联系，一般都在端部，不过交叉数目已大为减少。

⑦后期Ⅰ 双价体中的2条同源染色体分开，分别向两极移动，每条染色体有1个着丝粒，带着2条染色单体(相当于有丝分裂前期的1条染色体)。这样，每一极得到n条染色体，所以说在后期Ⅰ时染色体发生了减数。至于双价体中哪一条染色体移向哪一极，则完全是随机的。

⑧末期Ⅰ 核膜重建，核仁重新形成，接着进行胞质分裂，成为2个子细胞。染色体渐渐解开螺旋，纤丝折叠程度降低，又变成细丝状。

末期Ⅰ与有丝分裂末期的区别在于：末期Ⅰ的细胞中只有n个染色体，每个染色体具有2条染色单体；而有丝分裂末期的细胞中有$2n$个染色体，每个染色体只有1条染色单体(称为子染色体)。

⑨减数分裂间期 在第二次分裂开始以前，2个子细胞进入间期，这时细胞核的形态与有丝分裂间期没有区别。但许多生物进行成熟分裂时，末期Ⅰ结束后并不进入间期，而是立刻进入第二次分裂，有的则间期很短。

(2) 第二次减数分裂

⑩前期Ⅱ 前期Ⅱ的情况和有丝分裂前期完全一样，也是每条染色体具有2条染色单体。所不同的是只有n个染色体，而且每条染色体的两条染色单体并不是在减数间期进行复制，而是在减数分裂开始前的间期中已复制好了。

⑪中期Ⅱ至末期Ⅱ 中期Ⅱ、后期Ⅱ和末期Ⅱ的过程和有丝分裂完全一样，因此不再细述。所不同的就是染色体在第一次分裂过程中已经减数，所以第二次分裂时只有n条染色体。

2.3.2.2 减数分裂的遗传学意义

减数分裂第二次分裂与一般的有丝分裂相似，而第一次分裂与有丝分裂有明显的区别。这在遗传学上具有重要的意义。

首先，减数分裂时核内染色体按严格的规律分到4个子细胞中，这4个子细胞发育为雄性细胞（花粉）或1个发育为雌性细胞（胚囊），它们各自具有半数的染色体。雌雄配子受精结合为合子，又恢复为全数的染色体（2n）。这样从根本上保证了亲代与子代间染色体数目的恒定性，为后代个体的正常发育和性状的稳定遗传提供了物质基础；同时保证了物种的相对稳定性。

其次，第一次减数分裂中，同源染色体在中期 I 的排列是随机的，每对同源染色体的两个成员在后期 I 分向两极时也是随机的，非同源染色体之间可以自由组合分配到子细胞中。n 对染色体，就可能有 2^n 种自由组合方式，这说明各个子细胞之间在染色体组成上将可能出现多种多样的组合。不仅如此，同源染色体的非姐妹染色单体之间的片段还可能出现各种方式的交换，这就更增加了差异的复杂性。因而为生物的变异提供了重要的物质基础，为生物的生存及进化创造了机会，也为人工选择提供了丰富的材料。

2.4　配子的形成与受精

植物的生殖方式主要有3种：无性生殖、有性生殖和无融合生殖。无性生殖也称营养生殖，是利用块茎、鳞茎、球茎、芽眼、枝条或一些变态的营养器官进行后代的繁殖。有性生殖是生物界最普遍的重要生殖方式，大多数动植物都是有性生殖的。

高等动物的生殖细胞在胚胎发生时已形成，但直到个体发育成熟时，这些生殖细胞才继续发育，经减数分裂生成精子（n）和卵细胞（n）。而高等植物只是到个体发育成熟时，才由特殊的体细胞分化成生殖细胞。

2.4.1　高等植物雌雄配子体的形成

(1) 雄配子体的形成

在幼小的雄蕊花药内，首先分化出孢原细胞，经有丝分裂后分化为花粉母细胞（或小孢子母细胞）。花粉母细胞经过减数分裂形成4个小孢子。每一个小孢子发生有丝分裂后形成二核花粉粒，包括营养细胞和生殖细胞。随后生殖细胞又经过一次有丝分裂形成成熟的三核花粉粒，即雄配子体，包括2个精细胞和1个营养核。

(2) 雌配子体的形成

在雌蕊子房里着生胚珠，在胚珠的珠心组织里分化出胚囊母细胞（或大孢子母细胞）。胚囊母细胞经过减数分裂形成呈直线排列的4个大孢子，其中近珠孔端的3个大孢子自然解体，而远离珠孔端的1个大孢子继续发育，经过连续3次有丝分裂，依次形成2核胚囊、4核胚囊和8核胚囊。成熟的8核胚囊即雌配子体，其中包括3个反足细胞、2个极核、2个助细胞和1个卵细胞。

2.4.2　受精

雌雄配子体融合为1个合子的过程即为受精（fertilization）（图2-8）。根据植物的

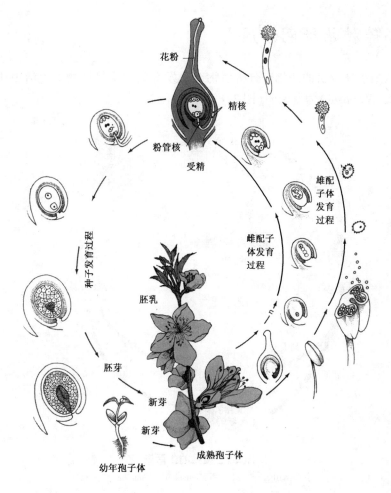

图 2-8 桃(*Prunus persica*)的受精过程
(引自 Scott. Foresman, 1983)

授粉方式不同,有自花授粉和异花授粉两类。同一朵花内或同一植株上花朵间的授粉,称为自花授粉。不同株的花朵间授粉,称为异花授粉。一般以天然异花授粉率来区分植物的授粉类型。

授粉后,花粉粒在柱头上萌发,随着花粉管的伸长,营养核与精核进入胚囊内,随后1个精核与卵细胞结合成合子,将来发育为胚($2n$);另1个精核与2个极核结合为胚乳核($3n$),将来发育成胚乳($3n$),这一过程被称为双受精(double fertilization)。双受精现象是被子植物有性繁殖过程中特有的现象。通过双受精最后发育成种子。种子的主要组成是:

胚($2n$)　受精产物;

胚乳($3n$)　受精产物;

种皮($2n$)　母本的珠被,为营养组织。

2.5 高等植物染色体周史

可以从染色体数目的变化来分析植物个体发育的周史。植物的生活史比较复杂，现以水仙属(*Narcissus*)为例说明(图2-9)。

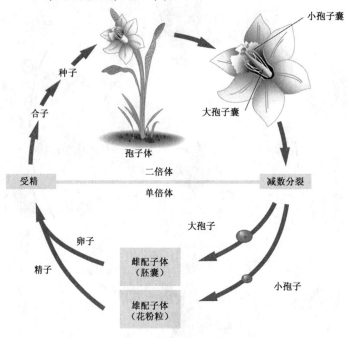

图 2-9 植物的生活史
(引自 William S. Klug 和 Michael R. Cummings, 2002)

桃花的同一朵花上着生雄蕊和雌蕊，它们分别产生小孢子和大孢子，所以桃花是雌雄同株的孢子体(sporophyte)。

雄蕊花药的表皮下出现孢原细胞。孢原细胞经过几次有丝分裂，成为小孢子母细胞(microsporocyte, $2n$)。小孢子母细胞经过一次减数分裂，形成4个小孢子花粉粒(n)。小孢子经过一次有丝分裂，产生2个单倍体核。其中一个核不再分裂，成为管核或营养核(n)，另一核再进行一次有丝分裂，成为2个雄核(n)。这样，雄配子体(成熟花粉粒)含有3个单倍体核。

在桃花里，雌蕊基部的子房中出现孢原细胞，这个孢原细胞发育成为大孢子母细胞(megasporocyte, $2n$)。大孢子母细胞经过1次减数分裂，产生4个单倍体核(n)，其中3个退化。留下来的大孢子又经过3次有丝分裂，形成有8个单倍体核的胚囊(雌配子体)。在这8个核中，位于顶端的3个核继续分裂为反足细胞(antipodal cells)；2个核移至中部，成为极核(polar nuclei)；还有3个核移至胚囊底部，构成2个助核和1个卵核(female gametic nucleus)。

授粉后，花粉萌发，花粉管沿着花柱长到胚囊。在此，一个雄核与卵核结合，产生二倍体核($2n$)，另1雄核与2个极核结合，产生1个三倍体核($3n$)。2个雄核分别跟胚囊中的卵核和极核结合的过程，叫做双重受精。

通过多次的有丝分裂，二倍体核形成了胚，三倍体核成了胚乳。胚和胚乳合在一起，就构成种子。种子萌芽，长成新的植株。新的植株继续上述生长发育过程。这一过程称为世代交替。

思考题

1. 列出本章的主要名词术语，并予以解释。
2. 简述染色体的亚显微结构。
3. 简述细胞有丝分裂和减数分裂的异同点及其遗传学意义。
4. 水稻(*Oryza sativa*)正常的孢子体组织染色体数是12对，问下列各种组织的染色体数目是多少？
①胚乳；②花粉管的管核；③胚囊；④根尖细胞。
5. 某物种细胞的染色体数为$2n=24$，分别说明下列各细胞分裂时期中有关数据：
① 有丝分裂前期和后期染色体的着丝点数；
② 减数分裂前期Ⅰ、后期Ⅰ、前期Ⅱ和后期Ⅱ染色体着丝点数；
③ 减数分裂前期Ⅰ、中期Ⅰ和末期Ⅰ细胞中的染色体数。
6. 回答以下问题：
(1) 在高等植物中，10个小孢子母细胞、10个大孢子母细胞、10个小孢子和10个大孢子能分别产生多少个配子？
(2) 在动物细胞中，100个精原细胞、100个初级精原细胞、100个卵原细胞和100个次级卵母细胞能分别产生多少个精子或卵子？

推荐阅读书目

普通遗传学．杨业华．高等教育出版社，2006．
植物遗传与育种．梁红．高等教育出版社，2002．
遗传学．王亚馥，戴灼华．高等教育出版社，2001．

第3章 孟德尔式遗传分析

[**本章提要**] 孟德尔作为科学遗传学的奠基人，以他富于开创性的工作提出了自然界生命现象遗传和变异的普遍法则。这一法则成为现代遗传学发展的基石。本章介绍了由孟德尔发现并由其后来者再次发现的分离定律和自由组合定律；通过对基因互作的方式进行遗传分析，阐述了基因和生物体性状之间的关系。

科学遗传学的伟大创始者格雷戈尔·约翰·孟德尔（Gregor Johann Mendel，1822—1884）是奥地利古老的布隆（Brünn）城的修道士。他的父亲擅长园艺技术，孟德尔受父亲的影响自幼就酷爱园艺。1851年获得到维也纳大学学习的机会，这为他后来从事植物杂交工作奠定了坚实的基础。他看到当时杂交育种方法已在农业、园艺方面广泛应用，且有相当成就，但还未能总结出一种"杂种形成与发展的普遍适用的规律"，于是想提供一些精密可靠的试验，以便找到这些规律。

3.1 分离定律

在孟德尔之前，至少有100年的时间里，许多科学家进行过植物的杂交试验，试图说明遗传的普遍法则。孟德尔能在前人已经研究的领域里取得成功，应当归功于他卓越的洞察力和科学的试验方法。他在分析前人的工作时发现了他们的试验都有缺点：①没有对杂种子代中不同类型的植株进行计数；②在杂种后代中没有明确地把各代分别统计，统计每一代不同类型的植株数；③也没有明确肯定每一代中不同类型植株数之间的统计关系。他认为要真正解决杂交中的遗传问题，必须克服前人的这些缺点。他在1856—1864年间进行了大量的试验工作，以豌豆为主要材料，辅以菜豆（*Phaseolus vulgaris*）、石竹（*Dianthus chinensis*）等其他材料。孟德尔于1857年，在教堂后面的园地里栽培了34个不同品种的豌豆，从中挑选了22个纯系（pure line）品种。这些品种的"性状"表现都很稳定。所谓性状（character），即指生物体的形态特征和生理特性。在孟德尔的杂交试验中，主要研究了豌豆7对"相对性状"的遗传规律。所谓相对性状（contrast character），即指同一性状的不同表现形式。如豌豆的花色有红花和白花之分；子叶的颜色有黄色和绿色之分；着花的位置有腋生和顶生之分等。他选用豌豆为试验材料，有两个理由：

(1) 豌豆具有稳定的可以区分的性状

豌豆各品种间有着明显的差异，如有些品种的植株开红花，有些开白花；有些结黄色种子，有些结绿色种子；有些是顶生花序，有些是腋生。这些品种在这些性状上都很稳定，都能真实遗传（true breeding）。就是说，亲本怎样，它们的子代个体也就怎样。更重要的是，这些性状都很容易区分，使研究者能进行简明直接的分析。

(2) 豌豆是自花授粉植物，而且是闭花授粉的

没有外来花粉混杂，因此如果进行人工去雄，用外来花粉授粉也容易。孟德尔对花粉混杂问题特别注意。他指出，如果忽略了这个问题，有外来花粉混入，而试验者却不知道，那就会得出错误的结论。

3.1.1 分离现象

3.1.1.1 显性性状和隐性性状

豌豆品种中，有开白花的和开红花的。开红花的植株自花授粉，后代都开红花；开白花的植株自花授粉，后代都开白花。也就是说白花植株和红花植株的花色都是真实遗传的（true breeding）。如把开红花的植株与开白花的植株杂交，那么这两个植株就叫做亲代（parental generation），记做 P。试验时，在开花植株上选一朵或几朵花，在花粉未成熟时，把花瓣仔细掰开，用镊子除去全部雄蕊。套袋一天后，从开另一颜色花的植株上取下成熟花粉，授到去雄植株花朵柱头上。继续套上袋，待豆荚成熟后取下。这个豆荚中结的种子就是子一代（first filial generation，F_1）的种子。把这种种子种下，长成的植株就是 F_1 植株。

孟德尔发现，无论用红花作母本，白花作父本，还是反过来（即反交，reciprocal cross），以红花为父本，白花为母本，F_1 植株都是全部开红花，没有开白花的，也没有开其他颜色的花。这样，红花对白花来讲，是个显性性状（dominant character），因为红花的性状在 F_1 中显示出来；白花对红花来讲，是个隐性性状（recessive character），因为白花在 F_1 中没有显示出来。红花和白花是一对相对性状（图3-1）。

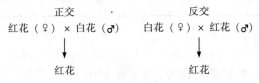

图3-1 孟德尔的杂交试验

3.1.1.2 分离现象

F_1 的红花植株自花授粉，所得的种子和由这些种子长成的植株叫做子二代（F_2）。F_2 中除红花植株外，又出现了白花植株，这种白花植株和亲代的白花植株是一样的。在 F_2 中，隐性的白花性状又出现了，这种现象叫做分离（segregation）（图3-2）。

从这个事实可以看到：F_1 植株虽然表现为红花而没有表现出白花亲本的性状，但显然从白花亲本得到了白花的遗传因子，而且这个遗传因子在体内没有起变化，在这个个体的整个生活中始终没有和代表红花的遗传因子相混合，未受红花因子的

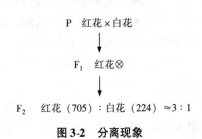

图3-2 分离现象

"沾染"，因为 F_2 中的白花跟亲本的白花一样白，完全不带红色。这说明遗传绝不是"混合式"的，由此孟德尔得出"颗粒式遗传"（particulate inheritance）的一个重要概念：代表一对相对性状（如红花对白花）的遗传因子在同一个体内各自存在，而且互不沾染，不相混合。这个概念与混合式遗传的概念尖锐对立，以后遗传学的发展愈来愈显示出这个概念的正确性和重要性。

孟德尔在豌豆试验中除了研究红花和白花这一对相对性状外，还对其他6对相对性状进行了研究，发现它们的遗传方式和上述试验很相似。在 F_1 中可以看到显性性状，在 F_2 中出现分离现象。他的试验结果如表3-1所示。在这7对相对性状中，每对相对性状之间都可以相互区分。7对相对性状在 F_2 中的分离比都是3:1，很有规律。怎样来说明这个现象呢？

表3-1 孟德尔豌豆杂交试验主要结果

相对性状	亲本表型	F_1 表型	F_2 表型	F_2 分离比例
种子形状	圆形×皱缩	圆形	5474 圆形，1850 皱缩	2.96:1
子叶颜色	黄色×绿色	黄色	6022 黄色，2001 绿色	3.01:1
种皮颜色	灰色×白色	灰色	705 灰色，224 白色	3.15:1
荚果形状	饱满×皱缩	饱满	882 饱满，299 皱缩	2.95:1
荚果颜色	绿色×黄色	绿色	428 绿色，152 黄色	2.82:1
着花位置	腋生×顶生	腋生	651 腋生，207 顶生	3.14:1
茎的长度	长茎×短茎	长茎	787 长茎，277 短茎	2.84:1

3.1.2 孟德尔假说

孟德尔为了解释这些结果，提出了下面的假设：

① 相对的性状都是由细胞中的遗传因子（genetic factor）决定的。遗传因子彼此间是独立的，互不粘连，即遗传因子具有"颗粒性"。

② 遗传因子在体细胞（somatic cells）中成对存在，一个来自父本，一个来自母本。

③ 成对的遗传因子间具有显隐性关系。

④ 成对的遗传因子形成配子时彼此分离，并且分配到不同的子细胞中去，每个配子中只含有成对因子中的一个。

⑤ 杂种产生的不同类型配子的数目相等，各种雌雄配子形成合子（zygote）时随机结合，机会均等。

孟德尔用R（Red）表示显性表型为红色的基因，r表示隐性表型为白色的基因。图3-3可以完整地说明孟德尔的上述思想。

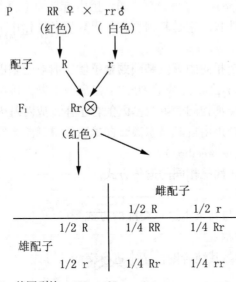

图 3-3 遗传因子分离假说

符号说明：P 表示亲本，♀ 表示母本，♂ 表示父本，× 表示杂交，⊗ 表示自交，F 表示杂种后代，F_1 为杂种第一代，F_2 为杂种第二代

3.1.3 孟德尔试验的关键概念

(1) 基因

现代生命科学用"基因"（gene）一词取代了孟德尔的"遗传因子"（genetic factor）概念。基因位于染色体上，是具有功能的特定核苷酸顺序的 DNA 片段，是贮存遗传信息的功能单位，基因可以突变，基因之间可以发生交换。随着现代遗传学的发展，人们对基因概念的认识日益深入。

(2) 基因座（locus）

基因在染色体上所处的位置。

(3) 等位基因（allele）

在同源染色体上占据相同座位的两个不同形式的基因，是由突变造成的许多可能的状态之一。

(4) 显性基因（dominant gene）

在杂合状态中能够表现其表型效应的基因，一般以大写字母表示。

(5) 隐性基因（recessive gene）

在杂合状态中不能表现其表型效应的基因，一般以小写字母表示。

(6) 基因型（genotype）

生物体的遗传组成。是生物体在环境条件的影响下发育成特殊性状的潜在能力。

(7) 表型（phenotype）

生物体所表现出的性状。它是基因型在外界环境条件作用下的具体表现。

(8) 纯合体（homozygote）

等位基因座上有两个相同的等位基因的合子体，成对的基因都是一样的。

(9) 杂合体（heterozygote）

等位基因座上有两个不相同的等位基因的合子体，成对基因不一样，或称基因的异质结合。

(10) 真实遗传（true breeding）

子代性状永远与亲代性状相同的遗传方式。

(11) 回交（back cross）

杂交产生的 F_1 个体与其亲本进行交配的方式。

(12) 测交（test cross）

杂交产生的 F_1 个体与其纯合隐性亲本进行交配的方式。

3.1.4 分离假说的验证

孟德尔的伟大之处不仅在于提出了分离假说，还亲自验证了其假说的合理性。分离定律的实质是杂交种的体细胞在形成性细胞时成对的遗传因子发生分离，产生两种不同类型而且数目相等的配子。因此，分离假说的验证在于：是否产生了带有不同遗传因子的配子。遗传学的基本试验是杂交，分离定律最初也是用杂交法验证的。

3.1.4.1 测交法

这种方法也叫回交法，即杂种或杂种后代与纯合隐性个体交配，以测定杂种或杂种后代的基因型。

如果假定 F_1 的基因型 Cc，在形成性细胞时，产生了两种类型配子 C、c。用双隐性亲本回交，其只产生一种类型配子 c，由于无遮盖作用，子代应有一半基因型为 Cc，开红花，另一半基因型为 cc，开白花（图3-4）。孟德尔的杂交试验结果与预期完全相同。很好地说明了杂合子的确产生了两种类型的配子，且数目相等。

```
红花    白花
Cc  ×   cc
     ↓
Cc ： cc = 1 ： 1
```

图3-4 测交试验

孟德尔发明的测交方法极为巧妙，有效地证明了 F_1 杂种确实产生了两种数目相等的配子。这在理论上是十分重要的，因为由此可以引申出如下结论：成对的遗传因子在杂合状态下互不粘连，保持其独立性；当它形成配子时相互分离，从合子到配子，遗传因子由双变单，这种变化称为分离；遗传因子（基因）的分离是性状传递过程中最为普遍和基本的规律。

3.1.4.2 自交法

孟德尔用测交的方法证明 F_1 个体是由两种不同遗传因子组成的异质结合，在形成配子时彼此分离，分配到不同的配子中，于是形成了两种不同的配子（图3-5）。

如果能证明在 F_2 表型为显性性状的个体中有 1/3 是纯合子，则说明 F_1 形成的两种不同配子在形成合子时是随机的。遗传学上称相同基因型之间的交配为自交。绝对的自交是自花授粉（self-pollination）。

F_2 中表现隐性性状的个体自交后仍然是隐性性状，真实遗传。F_2 中表现显性性状的个体自交后有 1/3 真实遗传，有 2/3 出现分离现象，出现分离的个体其分离比仍然是 3∶1。说明在 F_2 显性性状个体中有 1/3 是纯合子，另有 2/3 是杂合子。孟德尔连续做了很多代，其结果都是一致的。而其他 6 对相对性状的分离结果也如此（表 3-2）。

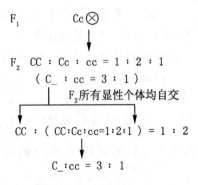

图 3-5　自交试验

表 3-2　豌豆 F_2 显性植株自交分离和不分离的种类及其比例

相对性状	F_2 显性个体总数	后代出现 3∶1 分离的 F_2 个体数	后代不出现分离的 F_2 个体数	比例
种子形状	100	64	36	1.80∶1
子叶颜色	565	372	193	1.93∶1
种皮颜色	519	353	166	2.13∶1
荚果形状	100	71	29	2.44∶1
荚果颜色	100	60	40	1.50∶1
着花位置	100	67	33	2.03∶1
茎的长度	100	72	28	2.50∶1

3.1.4.3　花粉测定法

按照孟德尔假说，成对遗传因子的分离是在形成配子时发生的，遗传因子分离的验证只能等到个体生长发育的某个时候，当分离的因子控制的性状表达时，通过性状的分离来推知因子在形成配子时的分离。但如何在形成配子时找到因子分离的直接证据呢？后人通过花粉测定法解答了这一问题。

在水稻、玉米、高粱等农作物中，有两种类型淀粉：糯性与非糯性。糯性为支链淀粉，遇碘呈棕红色反应；非糯性为直链淀粉，遇碘呈蓝黑色反应。这些种类不同的淀粉，不仅在种子胚乳中存在，而且在配子体花粉粒中也存在。因此用碘液就可区鉴定它们。现已知：控制糯性支链淀粉形成并遗传的为隐性基因（wx），控制非糯性的为显性基因（WX）。用这两种类型的纯合体杂交，F_1 应为杂合子（WXwx），F_1 减数分裂形成配子时，根据孟德尔假说，相对因子两两分离，形成 1∶1 的配子，于是 WXwx 两两分离形成 WX∶wx = 1∶1 的配子，即在显微镜下用稀碘液给花粉粒染色后，应形成棕红色∶蓝黑色 = 1∶1 的花粉粒。事实果然如此，于是证明了分离是发生在 F_1 形成生殖细胞（配子）时，是成对遗传因子在减数分裂时发生了分离的结果。

这样，孟德尔分离假说经孟德尔反复验证，也经孟德尔以后广泛实践的验证，证明其为客观规律，普遍存在于一切生物的遗传过程中。从此，孟德尔的分离假说被称为孟德尔分离定律（law of segregation）。

归纳孟德尔分离定律时我们可以这样表述：一对基因在杂合状态下互不污染，保持其独立性；在形成配子时，又按原样分离到不同的配子中去。一般情况下，配子分离比是 1∶1，F_2 基因型分离比是 1∶2∶1，F_2 表型分离比是 3∶1。

3.1.5 分离定律实现的条件

孟德尔通过严谨的试验，提出并验证了分离定律。后来的许多生物学试验进一步证明了这一规律的正确性，但并非所有试验都能明显表现出这一规律。分离定律的实现是有条件的，除了前面所述应进行严格选材外，还要有其他几方面的条件：

① 研究的生物体是二倍体，其性状区分明显，显性作用完全；
② 减数分裂时形成两种类型的配子数相等，配子的生活力相等；
③ 配子结合成合子时，各类配子的结合机会相等；
④ 各种合子及由合子发育形成的个体具有同等生活力；
⑤ 供分析的群体足够大。

此外，随着遗传学研究的发展，人们发现分离定律的实现有更多的限制因子。正是由于诸多的例外现象的发现，才使科学遗传学不断发展。孟德尔法则为科学遗传学的发展奠定了坚实的基石。

3.1.6 孟德尔的贡献

孟德尔在 1856—1864 年间，连续 8 年进行了豌豆杂交试验。1865 年，他发表了《植物杂交试验》一文，但并未引起足够重视。34 年后（他死后 16 年）即 1900 年，孟德尔法则被 3 位不同国籍的学者几乎同时发现［荷兰的德弗里斯（Hugo De Vries）、德国的柯伦斯（Carl Correns）和奥地利的切尔马克（Erich Tschermark）］，并使之重放异彩。从此揭开了现代遗传学的帷幕。如今现代科学遗传学经历了百余年的风风雨雨，已成为一棵根深叶茂的大树，它是由孟德尔法则这颗强有力的种子成长起来的。孟德尔是当之无愧的科学遗传学之父。

孟德尔之所以能发现遗传的基本规律，主要有以下几个原因：

① 他具有严谨的科学态度。孟德尔设计了一系列严谨的试验，经过连续 8 年锲而不舍的努力得出了完整的试验结果，提出了科学假说，并进行验证；
② 进行了科学严格的选材，并以 7 对易于明显区分的性状为观察对象；
③ 由于具有扎实的数学功底，他成为第一个用数学方法分析遗传学问题的人，因而使遗传学真正具有了科学性，成为现代生物科学的基础学科；
④ 孟德尔在借鉴前人失败的经验教训的同时，吸取了道尔顿"原子说"理论，得出"颗粒式"遗传这一重要概念。因此说遗传法则的发现是因为孟德尔站在了巨人的肩膀上。

孟德尔对科学遗传学的贡献在于：①"颗粒说"的提出为现代遗传学指明了方

向。随着现代遗传学的深入发展,"颗粒说"日益显出其合理性和重要性;②孟德尔建立的杂交试验和统计分析的方法成为现代遗传学研究的基本方法。

3.2 自由组合定律(独立分配定律)

前面一节所分析的实例都是亲本间只有一对相对性状的差异。如果同时考虑两对相对性状的差异时,其遗传规律又将是怎样呢?孟德尔在分析一对相对性状的遗传规律的同时,用具有两对相对性状的豌豆植株进行杂交试验,总结出了遗传学第二条规律——自由组合规律(law of independent assortment)。

3.2.1 自由组合定律

3.2.1.1 两对性状的自由组合

孟德尔在试验中用的一个亲本是子叶黄色而种子饱满的豌豆,另一个亲本是子叶绿色而种子皱瘪的豌豆,他将两个纯合亲本杂交,得到F_1。F_1豆粒全是黄色子叶而饱满的。F_1自花授粉得到F_2种子,一共有4种类型(图3-6)。

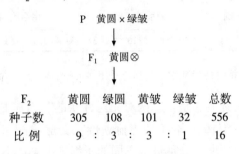

图 3-6 豌豆两对相对性状杂交试验

其中黄圆和绿皱两种是亲本原有的性状组合,叫做亲组合(parental combination),而黄皱和绿圆是原来亲本所没有的性状组合,叫做重组合(recombination)。进一步分析发现显、隐性性状的分离仍遵循分离定律:

① 圆形和皱皮这一对相对性状中共计556粒种子,其中圆种子为413粒(305 + 108),占总数76.1%,约为3/4;皱皮种子数为133粒(101 + 32),占总数23.9%,约为1/4。

② 黄色种子为406粒(305 + 101),占总数的74.8%,约为3/4;绿色种子140粒(108 + 32),占总数25.2%,约为1/4。

从上面的分析中得出颗粒式遗传的另一个基本概念:决定着不相对应性状的遗传因子在遗传上具有相对独立性,可以完全拆开,并可以重新组合,这种重新组合是随机的,即是自由组合的。

3.2.1.2 对自由组合现象的分析

和前面的分析一样,这里仍用字母来表示相对性状的基因。在孟德尔定律重新发现后，贝特森（Bateson）和布奈特（Punnett）将其公式化，这种图解方法称为布奈特棋盘方格（Punnett square）。这种方法使我们能更清晰地理解遗传规律。按图 3-7 顺序填写棋盘格。

雌配子	雄配子			
	1/4 YR	1/4 Yr	1/4 yR	1/4 yr
1/4 YR	1/16 YYRR 黄圆	1/16 YYRr 黄圆	1/16 YyRR 黄圆	1/16 YyRr 黄圆
1/4 Yr	1/16 YYRr 黄圆	1/16 YYrr 黄皱	1/16 YyRr 黄圆	1/16 Yyrr 黄皱
1/4 yR	1/16 YyRR 黄圆	1/16 YyRr 黄圆	1/16 yyRR 绿圆	1/16 yyRr 绿圆
1/4 yr	1/16 YyRr 黄圆	1/16 Yyrr 黄皱	1/16 yyRr 绿圆	1/16 yyrr 绿皱

总计：9/16 黄圆：3/16 黄皱：3/16 绿圆：1/16 绿皱

图 3-7　两对相对性状基因的分离与重组［示布奈特棋盘格（Punnett square）］

理解上述图解的关键概念是：①两对相对性状的基因在 F_1 杂合状态（YyRr）中虽然同处一体，但互不混淆，各自保持独立性；②形成配子时，同一对基因 Y、y（或 R、r）各自独立地分离，分别进入不同的子细胞中去；不同对的基因是自由组合的。即 Y、y 的分离与 R、r 的分离是各自独立进行的，不同对的基因是随机组合的：Y 可以形成 YR，也可以形成 Yr，y 可以进入一个配子形成 yR，也可以与 r 进入一个配子，形成 yr。这 4 种类型的配子在数量上是相等的，其比率为 1：1：1：1。

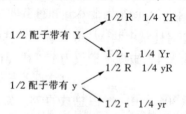

雌雄配子均如此随机结合。雌、雄两种性细胞都可以产生 4 种类型配子，这 8 种配子自由组合可产生 9 种基因型 4 种表现型。

3.2.1.3　自由组合规律的验证

孟德尔依然用测交法，即 F_1 与双隐性亲本回交，测出 F_1 共产生 4 种类型配子（表 3-3）。表 3-3 中数据有力地证明，F_1 杂合体（雌或雄）产生同样数目的 4 种配子。

表 3-3　两对基因杂种测交结果

F_1 的配子	黄圆（YyRr）		×	绿皱（yyrr）	
	YR	Yr		yR	yr
亲本植株的配子 yr	YyRr	Yyrr		yyRr	yyrr
测交后代表型	黄圆	黄皱		绿圆	绿皱	总数
测交 1	31	27		26	26	110
测交 2	24	22		25	26	97
总　数	55	49		51	52	207
比　率	1 :	1 :		1 :	1	

3.2.2　分支法分析遗传比率

孟德尔定律可以说是概率定律。从概率论的原理来考虑孟德尔的遗传比率可以发现其主要是概率相加定律和概率相乘定律。由这两条基本定律推演出来的分支法可以更简便、迅速地把杂交子代的基因型和表现型比例推算出来。这种方法是首先分别算出每对基因的基因型和表型概率，然后把这些概率（probability）相乘。由此，可以推算出许多独立分配的不同基因型的亲本杂交后代中某一特定基因型的概率。例如在 RrYy×RrYy 杂交中，我们要推算出子代全部基因型（或表型）的概率，则可分别做如下计算：

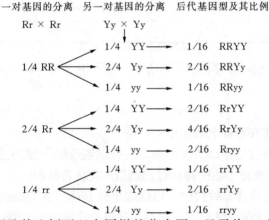

关于它们的表型及其比例可以有同样的分支图，只需将 F_2 的表型比分别以 3/4 与 1/4 代入即可：

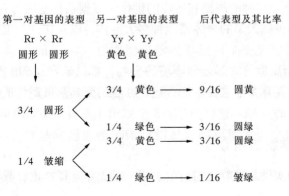

掌握分支法的要点是：记住只有一对相对性状的差异时，孟德尔比率分别为：F_2 基因型分离比 1∶2∶1，表型分离比 3∶1，测交分离比为 1∶1。在思考一对基因独立分配的基础上再考虑另一对基因的分离。

3.2.3 多基因杂种的分离

3.2.3.1 多对基因分离比率

从上述看，1 对基因杂合体自交产生 2 种配子，3 种基因型，2 种表现型；2 对基因杂合体自交产生 4 种配子，9 种基因型，4 种表现型；3 对基因杂合体就会产生 8 种配子，64 种组合，27 种基因型。总结一下可以看出，它们的比数是 $(3∶1)^n$ 的展开（表 3-4）。

表 3-4 杂交中包括的基因对数与基因型和表型的关系

杂交中包括的基因对数	显性完全时 F_2 表型数	F_1 杂种形成的配子种类	F_1 配子可能的组合数	F_2 的基因型种类	分离比
1	2	2	4	3	$(3/4+1/4)$
2	4	4	16	9	$(3/4+1/4)^2$
3	8	8	64	27	$(3/4+1/4)^3$
4	16	16	256	81	$(3/4+1/4)^4$
⋮	⋮	⋮	⋮	⋮	⋮
n	2^n	2^n	4^n	3^n	$(3/4+1/4)^n$

因此，杂交是增加变异组合的主要方法，育种上常用这种方法培育对人类有利的新品种。

3.2.3.2 孟德尔定律在育种上的应用

① 根据性状优缺点互补原则选配亲本，可以创造综合优良性状的新品种。育种实践中常常通过有性杂交（品种间）过程创造新的优良品种。

② 在混杂群体连续自交后代中，可以选出纯合体。自交的遗传学效应是造成基因型的纯合，纯合体在杂种优势的利用中具有很大价值。同时纯合体也是遗传研究的良好材料。

③ 可以估计杂交育种的规模和所需的世代。根据各种基因型在群体中所占比例，可推测出要获得某种基因型的个体需栽种多大群体，以及在几个世代后该基因型才能出现。

④ 研究性状所属遗传的部分和环境的影响，可以确定遗传的变异。一个变异的性状如果能够稳定而真实地遗传，那么这个性状的变异是可遗传的变异，对这个性状进行选择将是有效的。

3.2.4 孟德尔学说的核心

孟德尔学说的实质是颗粒式遗传的思想。孟德尔定律指出，具有一对相对性状的亲本杂交后，隐性性状在杂种 F_1 中并不消失，在 F_2 中按一定比例重新分离出来。孟德尔设计了巧妙的试验，证明了遗传因子在杂合状态下互不沾染、互不融合、各自保持其纯洁性。基因的颗粒性强调基因在世代间进行传递时，其行为和功能均具有相对独立性。孟德尔遗传因子的颗粒性概括起来体现在如下几个方面：

① 每个遗传因子是相对独立的功能单位。亦即控制性状发育的因子具有其独立的功能和行为。

② 遗传因子的纯洁性。决定性状的若干遗传因子同处一体时，各自保持其纯洁性，互不沾染。

③ 遗传因子的等位性。等位性指的是在有性生殖的二倍体生物中，控制成对性状的基因是成对存在的，形成配子时，只有成对的等位基因才相互分离。这是遗传因子的独立性和纯洁性的基础。

上述 3 个基本属性充分体现了基因的颗粒性，这是孟德尔遗传学的精髓。

现代遗传学的发展深化了人们对基因的颗粒性的认识。"一个基因一条多肽链"的学说是对基因的颗粒性概念的最明确的阐述。分子遗传学和基因工程的兴起，从根本上证实了基因的颗粒性。现代遗传学的深入发展，正在从各个角度诠释基因的颗粒说。

3.3 基因互作的遗传分析

继孟德尔之后，很多遗传学家进行杂交试验，有些与孟德尔试验结果相同，也有很多不同。这些结果不同的试验都从各个方面不断地丰富了孟德尔的思想，使其日臻完善。从现代基因论观点出发，基因和性状一对一的关系极少，多基因共同影响一个性状则是更为普遍的现象。

3.3.1 等位基因间相互作用

(1) 完全显性（complete dominance）

从孟德尔的豌豆杂交试验结果可以看出，表现 1 对相对性状差异的 2 个纯合亲本杂交后，F_1 只表现出 1 个亲本的性状。这样的显性表现被称为完全显性。孟德尔研究了典型化的例子，得出了 3∶1 和 9∶3∶3∶1 的分离比例，这是分析其他基因互作的出发点。

(2) 不完全显性（incomplete dominance）

在研究纯系紫茉莉（*Mirabilis jalapa*）红花品种同白花品种杂交时，F_2 分离比例出现异常现象。红花×白花 F_1 为粉红色花，不同于任何一个亲本。表面上看起来好像红花与白花基因发生混合，但当粉红色的 F_1 植株自交产生 F_2 时，出现 1/4 红花，1/2 粉花，1/4 白花（图3-8）。F_2 的粉红花植株在 F_3 中继续按 F_2 的 1∶2∶1 的比例分离，完全符合孟德尔的分离律，所不同的仅是在 Rr 杂合体中显性表现得不完全。从这个例子看，F_1 出现粉花，好像是 R 与 r 混合，而实际上，红花和白花在 F_2 中重新

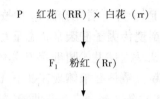

图 3-8　紫茉莉花色的遗传

出现，因此并没有发生混合。

（3）超显性（overdominance）

在这种情况下，杂种的表现型并不是介乎两亲本之间，而是超过任何一个亲本。这种现象也叫做杂种优势（heterosis），在生产上广泛应用于提高产量和抗性。

（4）共显性（codominance）

一对等位基因的两个成员在杂合体中都表达的遗传现象叫做共显性遗传。人类ABO血型中的AB型是典型的例子。观赏植物中花色素在花瓣片中往往以共显性形式存在。

（5）镶嵌显性（mosaic dominance）

一对等位基因的两个成员分别与不同的物质形成及其存在的位置有关。这两种物质同时在杂合体中出现，有关杂合子往往同时表现父、母本的性状，如花叶、花色的某些镶嵌现象。

（6）致死基因（lethal genes）

指那些使生物体不能存活的等位基因。出生较晚才导致死亡的基因称为亚致死或半致死基因。隐性致死基因在杂合时不影响个体的生活力，但在纯合状态下具有致死效应。如植物中的白化基因 c，在纯合状态 cc 时，幼苗缺乏合成叶绿素的能力，子叶中的养料耗尽就会死亡。显性致死基因杂合状态即表现致死基因的作用。致死基因的作用可以发生在个体发育的不同阶段，也与个体所处的环境条件有关。

（7）复等位基因（multiple alleles）

遗传学早期研究只涉及一个基因的两种等位形式。进一步的研究发现，在动物、植物或人类群体中，一个基因可以有很多种等位形式。但就一个二倍体生物而言，最多只能占有其中的任意两个，而且分离的原则同一对等位基因完全一样。在群体中占据某同源染色体同一座位的两个以上的、决定同一性状的基因定义为复等位基因。

3.3.2　非等位基因间相互作用

（1）互补基因（complementary gene）（分离比为 9∶7）

两种独立的显性基因互补，共同决定某一性状，当两者任缺一个，或都缺少时则表现隐性性状。例如，香豌豆（*Lathyrus odoratus*）两个白花纯合体杂交后，F_1 表现紫花，用基因互补可以解释这种返祖现象（atavism）。

$$
\begin{array}{c}
\text{P} \quad \text{白花} \quad \times \quad \text{白花} \\
\text{(CCpp)} \qquad \text{(ccPP)} \\
\downarrow \\
\text{F}_1 \quad \text{紫花} \\
\text{(CcPp)} \\
\downarrow \\
\text{F}_2 \quad 9\ \text{紫花}:7\ \text{白花} \\
(9C\_P\_)\ (3C\_pp+3ccP\_+1ccpp)
\end{array}
$$

(2) 加性基因（additive gene）（分离比为 9∶6∶1）

当两个显性基因同时存在时表现最为强烈，双隐性基因型表现最弱。例如南瓜（*Cucurbita moschata*）的果形：

$$
\begin{array}{c}
\text{P} \quad \text{圆球形 1} \quad \times \quad \text{圆球形 2} \\
\text{(AAbb)} \qquad \text{(aaBB)} \\
\downarrow \\
\text{F}_1 \quad \text{扁球形} \\
\text{(AaBb)} \\
\downarrow \\
\text{F}_2 \quad 9\ \text{扁球形}:6\ \text{圆球形}:1\ \text{长形} \\
(9A\_B\_):(3A\_bb+3aaB\_):(aabb)
\end{array}
$$

(3) 重复基因（duplicate gene）（分离比为 15∶1）

两对基因的表现型相同，只有双隐性才表现不同。例如大豆（*Glycine max*）果荚的颜色：

$$
\begin{array}{c}
\text{P} \quad \text{GGyy} \quad \times \quad \text{ggYY} \\
\text{绿色} \qquad \text{绿色} \\
\downarrow \\
\text{F}_1 \quad \text{GgYy} \\
\text{绿色} \\
\downarrow \\
\text{F}_2 \quad 15\ \text{绿色}\ (9G\_Y\_+3ggY\_+3G\_yy):1\ \text{黄色}\ (ggyy)
\end{array}
$$

(4) 显性上位基因（epistatic dominant gene）（分离比为 12∶3∶1）

当性状是由两对非等位基因控制时，一个基因对另一个非等位基因的显性称为显性上位。例如黄瓜（*Cucumis sativus*）果皮颜色：

$$
\begin{array}{c}
\text{P} \quad \text{白皮 (WWYY)} \quad \times \quad \text{绿色 (wwyy)} \\
\downarrow \\
\text{F}_1 \quad \text{白皮 (WwYy)} \\
\downarrow \\
\text{F}_2 \quad 12\ \text{白皮}\ (9W\_Y+3W\_yy):3\ \text{黄皮}\ (wwY\_):1\ \text{绿皮}\ (wwyy)
\end{array}
$$

在这里显性基因 W 对另一个非等位显性基因 Y 有抑制作用，只有当 W 基因不存在时，Y 才表现为显性。因此 W 对 Y 有上位作用。

(5) 隐性上位基因（epistatic recessive gene）（分离比为 9∶3∶4）

当性状由两对非等位基因控制时，一对纯合的隐性基因对另一对非等位基因的显性称隐性上位。例如向日葵（*Helianthus annuus*）花色：

P　黄花（LLAA）× 柠檬黄花（llaa）
↓
F₁　黄花（LlAa）
↓
F₂　9 黄花（L_A_）：3 橙黄色花（llA_）：4 柠檬黄花（3 L_aa + 1llaa）

在这里隐性基因 aa 对显性基因 L 有抑制作用，当 aa 存在时 L 无法表达。

（6）抑制基因（inhibiting gene）

抑制基因自身不形成相应表型，但其存在对其他基因表达有抑制作用。有很多种抑制基因，例如三色堇花瓣上花斑的形状由 S 和 K 基因控制，另外还有 I 和 H 两个基因控制花斑形成与否。

为了便于描述，上述实例以 2 对基因为例进行讨论，事实上基因的互作绝不限于 2 对基因，很多情况下性状是由 3 对甚至是 3 对以上基因互作造成的，基因与性状的相互关系也是非常复杂的。

3.3.3 基因的多效性

一个基因往往可以影响若干个性状，上面谈到的豌豆的红花基因就不只与一个性状有关。这个基因（C）不但控制红花，而且还控制叶腋的红色斑点，种皮的褐色或灰色，以及其他性状，只是没有上述 3 个性状这样明显而已。我们把单一基因的多方面表型效应叫做基因的多效性（pleiotropism）。基因的多效现象是极为普遍的，几乎所有的基因都是如此。为什么会这样呢？这是因为生物体发育中各种生理生化过程都是相互联系、相互制约的，基因通过生理生化过程而影响性状，所以基因的作用也必然是相互联系和相互制约的。由此可见，一个基因必然影响若干性状，只不过程度不同罢了。

3.3.4 多基因效应

有时一个性状是许多不同基因共同作用的结果。由许多基因影响同一性状表现的现象称为多基因效应（multigenic effect）。如番茄（*Lycopersicon esculentum*）的果实颜色性状是由影响颜色的多基因互相影响决定的，与果实颜色有关的基因对中，起主要作用的是影响果肉和果皮颜色的两对基因（表3-5）。

表 3-5　番茄果实颜色组成成分和基因效应

果皮颜色 + 果肉颜色				果实颜色	
基因型	表现型	基因型	表现型	基因型	表现型
Y_	金黄	R_	粉红	Y_R_	火红
yy	透明	R_	粉红	yyR_	粉红
Y_	金黄	rr	淡黄	Y_rr	金黄
yy	透明	rr	淡黄	yyrr	淡黄

3.3.5 基因型与表现型

(1) 外界环境条件与性状表现

基因型与表现型并不总是呈现"一对一"的关系，不同的环境条件可以对相同基因型的植株及某些器官、组织产生不同的表型效应，从而引起性状的变化和显隐性关系的转化。

在园林植物中，这种现象比较普遍。了解到基因型在不同条件下的反应规范，可以选择最适的自然环境，提供最适栽培条件，使植物的性状、特性有最好的表现。同时，可以在不同的生态条件下研究品种的遗传稳定性，为品种的区域化栽培提供依据。对于一、二年生花卉，可以通过调节播种期或人为控制温度、光照及其他栽培条件来达到控制基因表达的目的（表3-6）。

表3-6 环境条件与园林植物的表现型

植物种类	研究材料	栽培条件	性状表现
欧洲慈姑 (*Sagittaria sagittifolia*)	同一植株的叶形	水　中	叶条形
		水面上	叶箭形
八仙花 (*Hydrangea macrophylla*)	无性系单株花色	碱性土	花蓝色
		酸性土	花红色
蒲公英 (*Taraxacum mongolicum*)	无性系单株株形	平　原	株形高大
		高　山	株形低矮
菊　花	无性系单株花期	短日照	花期提早
		长日照	花期延长
金鱼草	红花×乳黄花 F_1的花色	低温强光	花红色
		高温遮光	花乳黄色
曼陀罗 (*Datura stramonium*)	茎紫色×茎绿色 F_1的茎色	高温强光	茎紫色
		低温弱光	茎浅紫色
须苞石竹 (*Dianthus barbatus*)	白花×暗红花 F_1的花色	开花初	花纯白
		花末期	花暗红

(2) 个体发育与性状表现

植株性状的表现，除了受基因型和环境条件的影响外，还受到直接控制该性状发育以外的其他基因的影响。其他基因影响该基因对性状所起的作用主要通过造成一定的植物体细胞内部的生理环境而实现的。实际上，环境条件影响基因的表型效应，也必须通过一定的细胞内部条件。基因通过酶的产生，控制生化代谢，完成细胞、组织和器官的分化，从而才有性状的发育。在这个过程中，植物体常常受到内在、外在环境条件的影响，基因所起的作用也随时间和空间的变化而异。表现型是个体发育过程中基因顺序表达的过程。因此，基因的表达具有时间和空间特异性。

(3) 表型模写

表型是基因型和环境相互作用的结果。这就是说，表型受两类因子控制：一个是基因型；另一个是环境。常常遇到这样的情况：基因型改变，表型随着改变；环境改变，有时表型也随着改变。环境改变所引起的表型改变，有时与由某基因突变引起的表型变化很相似，这种现象叫做表型模写，或称饰变。

上述事实说明基因作用的复杂性。孟德尔规律只是少数典型化的基因规律。多数性状是由许多基因共同控制的。多基因的作用也是多方面的。基因与基因，基因与环境，基因与生物体个体发育过程等诸多方面构成了基因表达的网络关系。另外，基因互作的那些实例所用的亲本都是纯合体，可以真实遗传。一般园艺植物，尤其是花卉，多是经过数次杂交所得后代，基因型十分复杂，有些又是营养繁殖的，用这样的材料做杂交亲本，是不会得出那些典型的分离比例的。仅用简单的孟德尔定律无法概括生物体复杂的遗传现象。孟德尔的贡献主要在于指出了遗传学研究的方向和一些研究方法。

思考题

1. 萝卜（*Raphanus sativus*）块根的形状有长形的、圆形的、椭圆形的，以下是不同类型的杂交的结果：

  长 形×圆 形——596 椭圆形

  长 形×椭圆形——205 长形，201 椭圆形

  椭圆形×圆 形——198 椭圆形，202 圆形

  椭圆形×椭圆形——58 长形，112 椭圆形，61 圆形

请说明萝卜块根性状属于什么遗传类型，并自定基因符号，标明上述各杂交组合亲本及其后代的基因型。

2. 番茄的红果色（R）对黄果色（r）为显性。分别选用黄果番茄和红果番茄作亲本进行杂交，后代出现了不同比例的表现型。请注明下列杂交组合亲代和子代的基因型。

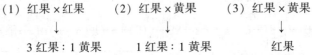

3. 讨论分离规律的表现形式（3:1，1:2:1，1:1）。为什么有这些不同？在一对基因的遗传中，如果找到1:2:1的比例，为什么不能说就是对分离规律的否定？

4. 给你一些玉米种子，你用什么方法可以确定它们的基因型？

5. 在人类中，惯用右手（R）对惯用左手（r）表现显性遗传。父亲是惯用左手，母亲是惯用右手，他们有一个小孩是惯用左手。写出这一家三口的基因型。

6. 分离规律是怎样发现的？它的实质是什么？怎样验证分离规律？

7. 基因与性状的区别怎样？你对显性和隐性的看法怎样？

8. 大豆的紫花基因 P 对白花基因 p 为显性，紫花×白花的 F_1 全为紫花，F_2 共有 1653 株，其中紫花 1240 株，白花 413 株。试用基因型说明这一试验的结果。

9. 小麦无芒基因 A 为显性，有芒基因 a 为隐性。写出下列各杂交组合中 F_1 的基因型和表现型。每一组合的 F_1 群体中，出现无芒或有芒个体的机会各为多少？

  （1）AA×aa （2）AA×Aa （3）Aa×Aa （4）Aa×aa （5）aa×aa

10. 小麦毛颖基因 P 为显性，光颖基因 p 为隐性。写出下列杂交组合的亲本基因型。
    (1) 毛颖×毛颖，后代全部毛颖；
    (2) 毛颖×毛颖，后代 3/4 毛颖: 1/4 光颖；
    (3) 毛颖×光颖，后代 1/2 毛颖: 1/2 光颖。
11. 名词解释
    等位基因，基因互作，多因一效，一因多效，表型模写，反应规范。
12. 自由组合定率的概念是什么？它的实质是什么？
13. 番茄的红果（Y）对黄果（y）为显性，二室（M）对多室（m）为显性。两对基因是独立遗传的。当一株红果，二室的番茄与一株红果，多室的番茄杂交后，F_1 的群体内有：3/8 的植株为红果、二室的；3/8 是红果、多室的；1/8 是黄果、二室的；1/8 是黄果、多室的。试问这两个亲本植株是怎样的基因型？
14. 4 个豌豆的种皮灰色（D）对白色（d）是显性，各杂交组合的试验结果如下：
    白×白→50 白；
    灰×灰→118 灰，39 白；
    灰×白→82 灰，78 白；
    灰×灰→90 灰；
    灰×白→74 灰。
    写出各亲代和子代的基因型。
15. 花生（*Arachis hypogaea*）的种皮紫色（R）是红色（r）的显性，厚壳（T）是薄壳（t）的显性。两对基因自由组合，现有下列杂交自由组合：
    TTrr × ttRR；
    TtRr × ttRR；
    ttRr × Ttrr；
    TtRr × ttrr。
    指出它们子代的表型及比例是怎样的。
16. 一个豌豆品种的性状是高茎（DD），花开在叶腋（AA）和花紫色（BB），另一个豌豆品种的性状是矮茎（dd），花开在顶端（aa）和花白色（bb）。让它们杂交，F_1 如何？F_2 如何？
17. 如果一个植株对 4 个显性基因是纯合的，另一植株对相应的 4 个隐性基因是纯合的，把这 2 个植株相互杂交，问 F_2 中基因型、表型全部像亲代父母本的各有多少？

推荐阅读书目

遗传学. 2 版. 浙江农业大学. 中国农业出版社, 1999.

遗传学. 李宝森, 胡庆宝. 南开大学出版社, 1991.

遗传学三百题解. 刘国瑞, 等. 北京师范大学出版社, 1984.

普通遗传学. 方宗熙. 科学出版社, 1984.

遗传学. 季道藩. 中国农业出版社, 2000.

第4章 连锁遗传与染色体作图

[**本章提要**] 摩尔根和他的学生们用精巧的试验证明了基因在染色体上，因而提出了遗传的染色体学说。本章介绍：遗传的染色体学说的主要内容；同源染色体上的基因间连锁和交换的遗传机制；介绍通过计算交换值和连锁值，对不同生物基因组染色体作图的方法。

4.1 遗传的染色体学说

孟德尔的分析之美，是因为用杂交试验得到的资料可以说明分离定律和自由组合定律；而且根据这两个定律可以预测一些杂交试验的结果。孟德尔的分析都是用假设的遗传因子（或基因）来表示，但基因的物质基础是什么呢？基因在细胞中的什么位置，什么细胞器可以和基因相对应？这些问题孟德尔都没有谈到。

早在1900年以前，生物学家已经观察到了细胞分裂过程中染色体的动态变化。孟德尔定律在1900年被重新发现以后，美国萨顿（W. S. Sutton）和德国鲍威尔（T. Boveri）在1902年注意到杂交试验中基因的行为同配子形成和受精过程中染色体的行为完全平行，并各自独立地提出染色体是基因的载体。这一重要概念的提出，标志着遗传学和细胞学的结合。这一学说所阐述的遗传机理至今仍是遗传分析的重要内容。

4.1.1 平行现象

在研究了生物体配子形成和受精过程中染色体的行为以及杂交试验中基因的变化规律后，萨顿和鲍威尔发现染色体和基因之间有平行现象，这种平行现象至少归纳为以下几点：

① 染色体可以在显微镜下看，有一定的形态结构，能够复制出与其完全相同的结构，因而能保证世代间的连续性与稳定性；基因是遗传学单位，每对基因在杂交中仍保持其独立性和完整性，也能复制出跟自己相同的因子。

② 染色体在体细胞中成对存在，基因也是成对的；在配子中每对基因只有一个，每对同源染色体也只有一个。

③ 个体中成对的基因一个来自父本，一个来自母本；两条同源染色体也是分别来自父本和母本。

④ 成对的遗传因子在形成性细胞时彼此分离；同源染色体在形成性细胞时也是彼此分离的。

⑤ 不同对基因在形成配子时的分离与不同对染色体在减数分裂后期的分离，都

是独立分配的,即形成配子时是自由组合的。

4.1.2 遗传的染色体学说

基于孟德尔的遗传因子与性细胞在减数分裂过程中的染色体行为有着上述平行关系,美国遗传学者萨顿和德国的鲍威尔在1903年各自提出了细胞核内的染色体可能是基因的载体的学说,认为基因位于染色体上。萨顿指出,如果假定基因在染色体上,那么就可以十分圆满地解释孟德尔的分离定律和自由组合定律。其基本内容概括为图4-1。

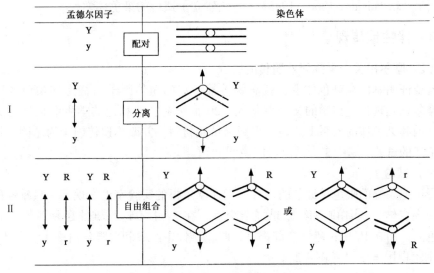

图4-1 染色体与基因的平行关系

图4-1(Ⅰ)表示一对基因杂合体形成配子时,染色体的分离和基因的分离。分离定律,即1对基因杂合体的配子的分离比为1∶1。假定控制豌豆叶的黄绿颜色的1对基因Y和y在某对同源染色体上,我们就把注意力集中到这对染色体上。这样,亲代黄子叶豆粒长成的植株中,每个细胞内这对染色体的2个成员都带有Y,经过减数分裂后每个配子中只有1个这种染色体,所有配子在这条染色体上都带有基因Y。亲代绿子叶植株的所有配子在这个染色体上都带有y。F_1植株的每个细胞内也有这样1对染色体,其中黄子叶植株带有Y,绿子叶植株带有y。F_1植株的初级性母细胞中的染色体和体细胞一样,因为是从合子中来的。在减数分裂中期Ⅰ时,这对染色体各有2条染色单体,相互配对。在第一次分裂后期,这对同源染色体分别进入1个次级母细胞。1个次级母细胞带有Y,而它产生的2个配子也带有Y;另1个次级母细胞带有y,由它所产生的两个配子也带有y,F_1植株的每个初级母细胞都产生4个配子,其中2个带有Y,2个带有y。n个初级母细胞产生$4n$个配子,其有$2n$带Y,$2n$带y,即1∶1。可见基因的分离是由于染色体的分离所引起的。

再看自由组合定律,就是2对基因杂合体的配子分离比为1∶1∶1∶1。图4-1(Ⅱ)表示豌豆中黄圆和绿皱杂交所得的F_1,YyRr植株中母细胞的减数分裂。设基因 Y 和 y 在一对较长的染色体上，而基因 R 和 r 在一对较短的染色体上。就这 2 对染色体而论，初级性母细胞的第一次减数分裂有 2 种可能，它们的机会是相等的，即各为 1/2。一半性母细胞按图 4-1（Ⅱ）左边的方式分裂，每个细胞所产生的 4 个配子中，2 个是 YR，2 个是 yr，另一半性母细胞按图 4-1（Ⅱ）右边的方式分裂，每个母细胞所产生的 4 个配子中，2 个是 Yr，2 个是 yR。所以 4 种配子比数是 1∶1∶1∶1。可见，基因的自由组合就是由于染色体的独立分配所引起的。所以只要假定基因在染色体上，就可以十分圆满地解释孟德尔的两个定律，但要证实这个假设，进一步自然要把某一特定基因同特定染色体联系起来，首先做到这一点的是美国实验胚胎学家摩尔根（T. H. Morgan, 1866—1945）。至此建立了遗传的染色体学说。

4.1.3 伴性遗传现象

4.1.3.1 摩尔根关于果蝇伴性遗传的研究

若要证明基因在染色体上，就需要将某特定的遗传因子与特定的染色体联系起来。摩尔根是现代遗传学的又一奠基人。20 世纪初，他和他的学生们把注意力放在研究基因和染色体的关系上。他以果蝇为试验材料，并改称遗传因子为基因，做了一系列精巧的试验，其中 3 个试验最能说明问题。

(1) 试验 1

野生型果蝇的眼色是红色的。有一天在摩尔根的实验室里发现了一只雄性的白眼果蝇（突变体）。当白眼和红眼果蝇杂交后，在 F_1 中不论是雄性还是雌性，眼睛都是红色的；而在 F_2 中，雌性全部都是红眼，雄性中红眼和白眼各占一半。若不管♀、♂，红眼∶白眼 = 3∶1（图 4-2）。

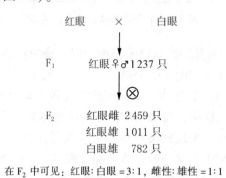

图 4-2 果蝇眼色的遗传试验 1

如果考虑隐性的白眼果蝇的生活力较低，则可以认为上述 F_2 的比率接 2∶1∶1。在这个试验中值得注意的是：隐性的白眼性状只在雄性中出现，所有的雌性都为红眼。这一现象显然不是简单的孟德尔定律能解释的。

(2) 试验 2

摩尔根把试验 1 所得的 F_1 雌性（红眼）和最初的那只雄性白眼果蝇回交，得到如下结果（图 4-3）：

这是一个典型的孟德尔测交比，红眼∶白眼 = 1∶1，雄性∶雌性 = 1∶1。这一结果

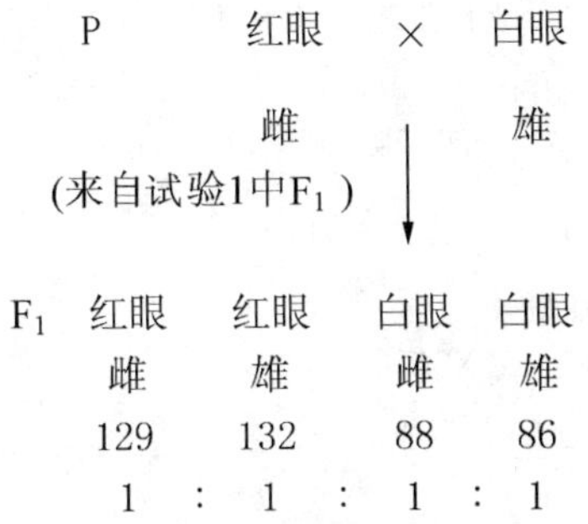

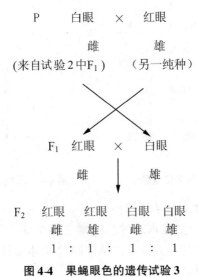

P 红眼 × 白眼
雌 雄
(来自试验1中F1)
F1 红眼 红眼 白眼 白眼
雌 雄 雌 雄
129 132 88 86
1 : 1 : 1 : 1

图 4-3 果蝇眼色的遗传试验 2

不仅证明了红眼雌性果蝇是杂合体，而且其中同样出现了白眼性状，同时证明了原来那只白眼雄蝇是一个带有隐性基因的纯合体。

(3) 试验 3

摩尔根把上述测交试验所得的白眼雌蝇和一个毫无血缘关系的纯种红眼雄蝇杂交（图 4-4）。

P 白眼 × 红眼
雌 雄
(来自试验 2 中F1) (另一纯种)
F1 红眼 × 白眼
雌 雄
F2 红眼 红眼 白眼 白眼
雌 雄 雌 雄
1 : 1 : 1 : 1

图 4-4 果蝇眼色的遗传试验 3

杂交 F_1 的结果出乎意料，雌性都为红眼，雄性都为白眼。这种母亲把性状传递给儿子，父亲把性状传递给女儿的现象称为交叉遗传（criss-cross inheritance）。将这种红眼雌蝇和白眼雄蝇杂交，其结果和上述试验 2 所得 F_1 杂种回交结果一样。

摩尔根假设：控制白眼性状的基因 w 位于 X 染色体上。Y 染色体上不带有这个基因的显性等位基因。这样果蝇白眼性状遗传的特殊现象得到了圆满的解释（图 4-5）。此外，摩尔根还预计白眼雌蝇与白眼雄蝇交配时，F_1 应为白眼，而且永远真实遗传。试验结果验证了摩尔根的假设（图 4-6）。

像果蝇白眼性状这样由性染色体所携带的基因在遗传时与性别相联系的遗传方式称为伴性遗传（sex-linked inheritance），或称 X 连锁遗传。

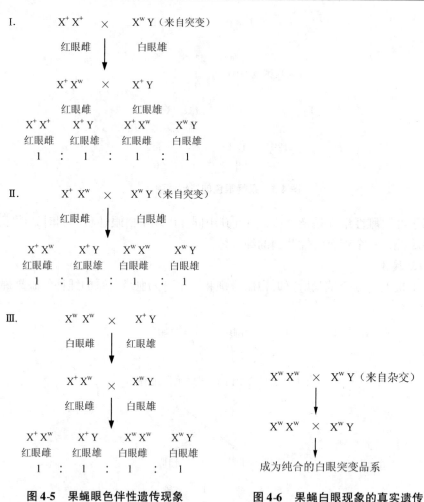

图 4-5 果蝇眼色伴性遗传现象　　图 4-6 果蝇白眼现象的真实遗传

伴性遗传可以归纳为以下两条规律：

① 当同配性别传递纯合显性基因时，F_1 雌、雄个体均为显性。F_2 性状的分离呈 3 显性∶1 隐性；性别的分离比呈现 1∶1，其中隐性个体的性别与祖代隐性个体一样，即外祖父的性状传递给外孙。

② 当同配性别传递纯合隐性基因时，F_1 表现交叉遗传，即母亲的性状传递给儿子，父亲的性状传递给女儿。F_2 性状与性别的比例均为 1∶1。

显然，伴性遗传与非伴性遗传相比较时有以下特点：决定性状的基因在性染色体上；性状的遗传与性别有关；正交与反交的结果不同；表现交叉遗传规律。

摩尔根在分析黑腹果蝇的白眼性状遗传时第一次把一个特定的白眼基因（w）和一条特定的染色体（X）染色体联系起来，为遗传的染色体学说提供了第一个试验证据，开辟了细胞遗传学研究的新方向。

此后的遗传学研究，发现了人类伴性遗传现象、动物伴性遗传现象和植物伴性遗传现象。摩尔根的进一步工作提供了遗传的染色体学说的直接证据。对雌雄异体生物性染色体的性别决定的研究，进一步证明了染色体是基因的载体。

4.1.3.2 植物的伴性遗传

研究发现女娄菜（*Silene aprica*）有宽叶型和窄叶型两种，这种差别与 X 染色体上一对基因 B，b 有关，窄叶型（X^b）为隐性，花粉粒不孕死亡。当雌性宽叶纯合体植株与窄叶雄株杂交，子代将产生全是宽叶的雄株。如果雌株为杂合体的宽叶亲本与窄叶的雄株交配，子代同样全是雄性，但是，半数是宽叶，半数是窄叶。若将一株杂合的宽叶雌株与宽叶雄株杂交，子代产生雄株和雌株，但雌株全是宽叶，雄株中半数是宽叶，半数是窄叶（图 4-7）。

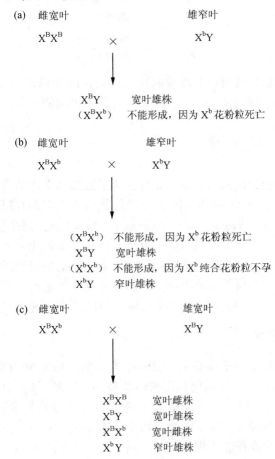

图 4-7 女娄菜的宽叶型与窄叶型的伴性遗传

需要特别注意的是在植物界，配子体世代或为雄性或为雌性，而与之相交替的孢子体世代是无性的，带有孢子，与动物相比雌雄间的差别不明显。大多数种子植物，雌雄配子体着生在同一植株上（孢子体）上，甚至着生在同一朵两性花内，是雌雄同花植物（hermaphrodite）。在许多情况下，雌蕊和雄蕊着生在同一植株的不同花内，因此称为雌雄同株（monoecism）。典型的雌雄异花植物（unisexual plant）如玉米。自然界的植物在雌雄同花和雌雄同株间有许多中间状态，出现十分复杂的现象。典型的雌雄异株植物（dieocism）如，大麻（*Cannabis sativa*）、啤酒花（*Humulus lupulus*）和段模草（*Rumex angiocarpus*）等，其雌性染色体组成为XX，雄性染色体组成为XY。

葫芦科的一个种称为喷瓜（*Ecballium elaterium*），其性别是由3个基因a^D，a^+，a^d决定的，a^D对a^+为显性，a^+对a^d为显性。a^D是决定雄性的基因，a^+是决定雌雄同株的基因，a^d基因决定雌性。

基因型	性别表型
$a^D a^+$	雄性植物
$a^D a^d$	雄性植物
$a^+ a^+$	两性植物
$a^d a^+$	两性植物
$a^d a^d$	雌性植物

由此可见，这种植物既可以是雌雄同株又可以是雌雄异株的（不存在$a^D a^D$纯合子，因为它只能由两个雄性杂交产生，事实上这是不可能的）。

4.2 连锁和交换定律

遗传的染色体学说提出以后，虽然充分证明了孟德尔定律的合理性，但另一方面又提出了新的问题。生物体一个细胞中的染色体数目是固定和有限的，最多的物种也只有100多个，如甘蔗（*Saccharum officinarum*），$2n=126$，而生物体的性状几乎是无限的，有人估计高等植物的性状至少上万个。因此，如果让一个染色体代表一个基因显然是远远不够的。进一步研究证明：实际上染色体是基因的载体，即每个染色体上都集结了许多基因。不同染色体上的基因的遗传符合上述规律。而位于同一条染色体上的基因常常有联系在一起遗传的倾向，这种倾向称为连锁遗传（linkage heredity）。

4.2.1 连锁遗传现象

连锁遗传现象最初是在香豌豆杂交试验中发现的。1906年贝特森（Bateson）和布奈特（Punnett）用香豌豆的花色和花粉形状做杂交试验，F_2并未表现出预期的9:3:3:1的分离比例，而得到了如下的结果（图4-8）。这一结果表明：F_2中4种类型的个体数同理论数相差很大，原来组合在两个亲本中的性状在F_2中仍然多数连在一起遗传，这种现象称为连锁遗传现象。

P	紫花、长花粉	×	红花、圆花粉		
	（显性）（显性）		（隐性）（隐性）		
	↓				
F_1		紫花、长花粉			
	↓⊗				
F_2	紫、长	紫、圆	红、长	红、圆	Σ
实际数	4 831	390	393	1 338	6 952
依9:3:3:1理论数	3 910	1 303	1 303	434	

图4-8 香豌豆杂交试验

4.2.2 重组频率的计算

既然上述同样是 2 对相对性状，为什么 F_2 不表现 9∶3∶3∶1 的比例呢？其原因也必须从 F_1 产生的各类配子的比例中去寻找，用测交的方法能得出 F_1 所产生的各类配子数。玉米的测交试验得出了这样的结论：F_1 产生的各类配子数目是不相等的。玉米籽粒有色（C）对无色（c）是显性，正常（或饱满）胚乳（Sh）对凹陷胚乳（sh）是显性，两对性状杂交及其回交结果如图 4-9。

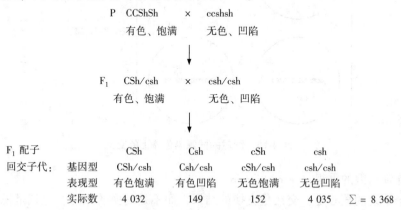

图 4-9　玉米杂交试验

在连锁遗传试验中，基因组合依据它们进入合子的形式来写，
来自母本的写在线上，来自父本的写在线下面

由上述结果可看出，回交子代的 4 种表现型反映出 F_1 产生的 4 类配子的基因组合。其中新组合的配子 Csh，cSh 的百分率仅为 3.6%，远远少于在独立分配情况下的 50%，而亲本组合的配子 CSh 和 csh 占 96.4%，大大超过独立分配情况下的 50%，说明亲本配子所带有的两个基因 C 和 Sh（或 c 和 sh）在 F_1 植株进行减数分裂时没有独立分配，而是常常连在一起出现，而且带有两个显性基因（C 和 Sh）的配子和带有两个隐性基因（c 和 sh）的配子数相等。同样，2 类新组合配子的数目也相同，这反映了连锁遗传的基本特征。

4.2.3 连锁及交换的遗传机制

1909 年，詹森斯（Janssens）根据细胞学观察提出了交叉型假设（chiasmatype hypothesis），其要点如下：

① 减数分裂前期，尤其是双线期，配对中的同源染色体不是简单地平行靠拢，而是在非姊妹染色单体间某些位点上出现交叉缠结的现象，每一点上这样的图像称为一个交叉（chiasma），这是同源染色单体间相对应的片段发生交换（crossing over）的地方（图 4-10）。

② 处于同源染色体的不同座位的相互连锁的基因之间如果发生交换，就会导致

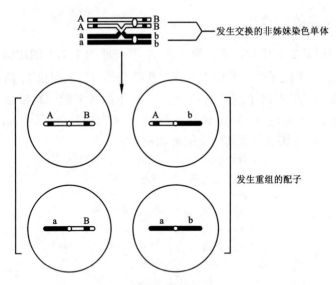

图 4-10 配对的同源染色体上的交叉

这两个连锁基因的重组（recombination）。

这个学说的核心是：交叉是交换的结果，而不是交换的原因，也就是说遗传学上的交换发生在细胞学上的交叉出现之前。如果交换发生在两个特定的基因之间，则出现染色体内重组（intrachromosomal recombination）形成交换产物。若交换发生在所研究的基因之外，则得不到特定基因的染色体内重组产物。

一般情况下，染色体愈长，显微镜下可以观察到的交叉数愈多，一个交叉代表一次交换。图 4-11 说明了重组类型产生的细胞学机制：F_1 植株的性母细胞在减数分裂时，如交叉出现在 sh-c 之间，表示有一半的染色单体在这两对基因间发生过交换，所形成的配子中有一半是亲本型，一半是重组型。

如果 F_1 植株的性母细胞在减数分裂时，有 8% 的性母细胞在 sh-c 之间形成交叉，表示有一半的染色单体发生过交换，所形成的配子中，有 4% 是亲代没有的重组型。sh-c 间有 4% 的重组，所以 sh-c 间的交换值为 4%。图 4-12 可以很好地说明这一结果。

4.2.4 连锁率和交换值的计算

根据遗传试验和细胞学观察，连锁遗传是由于连锁的基因位于同一条染色体上的结果。如果杂种 F_1 的性母细胞在减数分裂过程中位于同一条染色体上的两个连锁基因的位置保持不变，则 F_1 产生的配子只有 2 种，回交结果只能得到和亲本相同的两种性状组合，不会有新组合出现，这种现象称为完全连锁。这种情况在实际中很少出现。更多的情况是同源染色体之间交换部分片段，2 个连锁基因之间发生交换，产生新组合的配子，这种现象称为部分连锁。交换的频率用产生新组合配子占总的配子数的百分数来表示，遗传学上称为交换值或交换率，例如前述玉米试验里 C 和 Sh 之间的交换值为 3.6%，而 C 和 Sh 的连锁率为 96.4%。

有很多因素会影响交换，如温度、化学物质、性别、射线等。交换值虽然受各种

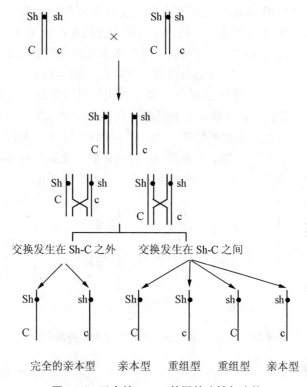

图 4-11 玉米的 sh，c 基因的连锁与交换

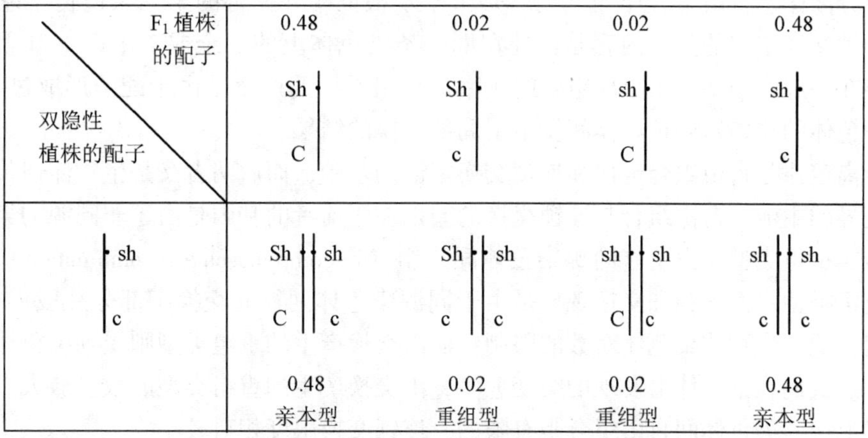

图 4-12 玉米的 sh，c 基因的连锁遗传测交图式

因素影响，但在一定条件下，相同基因之间的交换值是相对稳定的。目前的研究发现，无交换的染色体都无联会复合体。联会复合体是同源染色体准确配对和交换的一个重要结构。

上述情况是在同源染色体的 2 个基因之间出现 1 个交叉，只涉及 2 条非姊妹染色单体，由此产生的 4 条染色单体有 2 条已发生交换，另有 2 条是没有发生交换的，因而重组型占 1/2。如果 100% 的性母细胞在 2 个基因之间都出现 1 个交叉，则重组型频率为 $1/2 \times 100\% = 50\%$。这是 2 个基因间的最大交换值。

当 2 个基因间距离较远时，其间可能会发生 2 次或 2 次以上的交换，不同交叉点上涉及的染色单体不限于 2 条。双交换具有以下特点（图 4-13）：

① 双交换概率显著低于单交换概率。如果 2 次同时发生的交换互不干扰，各自独立，根据概率相乘定律，双交换发生的概率应是 2 个单交换概率的乘积。

② 3 个连锁基因发生双交换的结果，旁侧基因无重组，3 个基因中只有处在中央位置的基因 B 改变了位置，末端 2 个基因 A，C 的位置不变。只有 A-B 和 B-C 之间同时发生了 2 次交换，因此 A，C 之间的重组频率低于实际交换值。

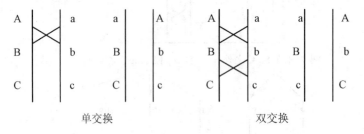

图 4-13　A，C 两基因座之间发生单交换和双交换

4.2.5　连锁交换定律

连锁和交换这一对名词在遗传学上被沿用下来。连锁交换定律作为与孟德尔定律中基因分离律、自由组合律而并列，是由摩尔根证明并完善的第三条遗传学基本规律。连锁交换定律的基本内容是：处在同一条染色体上的 2 个或 2 个以上基因遗传时，连在一起的频率大于重新组合的频率。重组类型的产生是由于配子形成过程中，同源染色体的非姊妹染色单体间发生了局部交换的结果。

分离定律是自由组合定律和连锁交换定律的基础，而后两者又是生物体遗传性状发生变异的主流。自由组合与连锁交换的差别在于前者的基因是由于非同源的染色体所遗传，重组类型是由于非同源染色体间重组（interchromosome recombination）所产生的重组类型；而连锁和交换现象是由于同源染色体间彼此交换了部分片段。另外，自由组合受到生物体染色体对数的限制，而由交换产生的重组类型则受到染色体长度的限制。我们在染色体上发现的突变愈多，由交换产生的重组类型的数量愈大。从这个意义上说，染色体间自由组合是有限的，连锁交换限度相对较小。

4.2.6　连锁遗传在园林植物上的应用

连锁遗传现象与生物体性状的相关现象有一定关系。连锁的基因在性状上表现一定程度的相关性，因此可以根据一个性状选取另一个性状。这在栽培和选择育种中具有很重要的实践意义，特别是前期性状和后期经济性状相关时，对于单株选择很有帮助，可以根据前期性状表现及早制定田间管理措施，但是这种相关性在已定型的纯合材料中容易看出，而在杂合的群体中由于显隐性分离和交换的缘故不容易看出。根据连锁和交换的知识，特别是根据交换率，可以预算出在多大的后代群体中，才能选出理想组合单株，避免育种工作的盲目性。但是必须明确，具有相关性的性状并不都是连锁遗传的结果，在判断时需观察较多的个体，甚至进行必要的遗传学试验。

园林植物中的连锁遗传现象除形态性状之间的连锁，如前例中花色与花粉粒形态之间的连锁外，还有形态与生活力之间的连锁、形态和生理特性之间的连锁等一些重要的连锁现象。

例 1　形态和成活力之间的连锁遗传

形态—成活力连锁系统是高等植物广泛存在的现象（Grant，1975）。不仅形态性状的基因间可以连锁，形态性状的基因和成活力基因也可能位于同一条染色体上，属于同一个连锁群，在这种情况下，植物的成活力或生长速度等也就可能与某一形态上的特定性状相伴存在。当然这种情况的出现有可能是成活力基因（viability gene）具有形态上的多效性，但也有可能是某一形态基因具有影响生活力的多效性，因此在实际工作中需要区分基因的多效性和形态成活力连锁遗传。下面是一个连锁遗传的实例。

两个亲缘关系相近的物种，刘易斯沟酸浆（*Mimulus lewisii*）和红花沟酸浆（*M. cardinalis*），前者原产山区，适应寒冷气候；后者原产山下海滨地带，喜温和的气候。形态上前者花为粉红色，后者花为橘黄色。这种差异是由一对等位基因造成的，粉红色对橘黄色是显性。此外，两者幼苗成活力在不同气候条件下也有显著差异；在高山试验站，*M. lewisii* 成活率60%，死亡率为40%；*M. cardinalis* 成活率为0。在海滨试验站，*M. lewisii* 死亡率90%，成活率10%，*M. cardinalis* 100%成活，这种差异是由不同成活力基因决定的。

当人工杂交两种植物后，杂种 F_1 为粉红色花。F_2 在条件适宜的温室中栽培时，花色按3∶1比例分离，但当 F_2 幼苗暴露地栽在2个试验站时，花色分离比出现强烈偏差，偏差方向随试验地条件而变化，如表4-1。

表 4-1　生长在不同环境下 *Mimulus cardinalis* × *M. lewisii* 杂种 F_2 花色的分离

种子发芽和幼苗生长的气候	幼苗死亡率（%）	粉红花对橘红花比例
海岸地区，夏季播种	89	1.7∶1.0
海岸地区，冬季播种	71	4.4∶1.0
山区（海拔1 402m）夏季播种	71	2.5∶1.0
山区（海拔3 048m）夏季播种	78	8.7∶1.0

假设成活力基因与花色基因位于同一条染色体上，即连锁遗传，则上述结果是可以理解的；环境条件选择性地消除了一些幼苗，剩下的幼苗中对条件适应的亲本类型的花色增多，其比例加大。

形态与成活力之间的连锁遗传在园林植物育种中具有实践意义，当我们播种时务求让所有种子都能发芽生长，直到开花结果。过早死去的幼苗可能代表着一些重要的形态与生理类型，使育种者失去即将到手的理想性状。这种情况在远缘杂交的种子中尤为突出，杂种成活力差异较大，因此应根据连锁遗传知识，考虑原亲本的适应范围，选择适宜地点和气候播种杂种种子。

例2 形态与生理性状之间的连锁遗传

观赏植物中存在着的花柱异长现象和自交不亲和现象是一种复杂的生理性状，很多学者对这一性状进行了研究。如矮小报春（*Primula minima*），这个种的群体中有针式型（pins）和线式型（thrums）两种类型的花。针式型有长花柱、低位花药和大的柱头突；而线式型则为短花柱、高位花药和小柱头突。这些特点的结合减少了类型内授粉机会，从而促进了相互授粉。另外还有一种亲和机制即线式型×线式型或针式型×针式型不亲和，只有针式型×线式型或线式型×针式型才亲和，能产生良好的种子。花柱异长现象在达尔文时代只能用进化论来解释，现代遗传学揭示了这一现象的本质。原来连锁遗传还有一种类型：超级基因（supergene）或称基因集团（gene block）。以报春花为例，线式型是永久的杂合体（Ss），针式型是隐性纯合体（ss），Ss×ss 产生 Ss 和 ss 后代分离比为 1:1，自交不亲和基因和控制花朵授粉机制的基因成紧密连锁状态。因此，通常用"S"代表所有这些性状的综合体，这个性状的综合体由于连锁而成为一个独立的分离单位，称为超级基因。在超级基因内部偶然发生的交换及其引起的性状重组，揭示了这种基因集团的内部组成，其基因顺序如下：

G	花柱长度
SP	柱突长度
I	自交不亲合性
P	花粉粒大小
A	花药高度

由偶然发生的线式型×线式型授粉 F_2 的分离比为 3:1（T:P）得知线式型为杂合子（Ss）。用同样方法（针式型×针式型）可知针式型为纯合子（ss），可以真实遗传。

4.3 基因组染色体作图

4.3.1 连锁群和染色体图

位于同一条染色体上的全部基因组成一个连锁群（linkage group）。一般细胞中有几对染色体就有几个连锁群。重组值反映了基因在染色体上的相对位置。根据重组值确定不同基因在染色体上的相对位置和排列顺序的过程称为基因定位（gene mapping）。依据基因之间的交换值（或重组值）确定连锁基因在染色体上的相对位置，绘制出来的简单线性示意图称为染色体图（chromosome map），又称基因连锁图（linkage map）或遗传图（genetic map），两个基因在染色体上相对距离的数量单位称为图距（map distance）。交换值去掉百分数的数值定义为一个图距单位（map unit, mu）。后人为了纪念现代遗传学奠基人摩尔根，将一个图距单位定义为"厘摩"（centimorgan, cM）。通过仔细安排的杂交试验和种植并测定后代大量群体不同性状的连锁程度，记录不同性状之间结合在一起遗传的频率，可以标出基因在染色体上的相对位置，即做出染色体图。

理解了连锁基因的交换率可以代表基因在同一染色体上的相对位置，人们就可以根据基因彼此之间的交换率来确定它们在染色体上的相对位置。这个设想可以用试验来验证。为此，至少要考虑3个基因之间的交换关系。

例如，在一条染色体上有3个基因，a，b，c。经过测交得知 a-b 的交换值为 5.3%，a-c 的交换值为 0.2%，b-c 的交换值为 5.5%。这样经过3次两点测交就可以将3个基因在染色体上的相对距离确定下来。即这3个基因的排列顺序应为 b a c。这就是摩尔根的学生斯迪文特（A. H. Stertevant）第一次提出的"基因的直线排列"原理。这一原理为后来绘制真核生物染色体图奠定了基础。

4.3.2 三点测交与染色体作图

为了进行基因定位，摩尔根和他的学生斯迪文特改进了两点测交试验，创造了一种新的测交方法。将3个基因包括在同一次交配中。例如用3个基因的杂合体 a b c/＋＋＋与3个基因的隐性纯合体 a b c/a b c 做测交。这样一次试验等于3次两点试验。分析测交子代结果，可以计算出重组值，确定图距。例如测交结果见表4-2。

表4-2　abc/＋＋＋ × abc/abc 测交后代的数据

序号	表型	实得数	备注
1	a b c	2 125	亲本型
2	＋＋＋	2 207	
3	a ＋ c	273	单交换Ⅰ型
4	＋ b ＋	265	
5	a ＋＋	217	单交换Ⅱ型
6	＋ b c	223	
7	＋＋ c	5	双交换型
8	a b ＋	3	
合计		5 318	

结果分析：

(1) 归类

实得数最低的第7、8两种类型为双交换的产物；实得数最高的第1、2两种是亲本型，其余为单交换类型。

(2) 确定正确的基因顺序

用双交换型与亲本类型相比较，发现改变了位置的那个基因一定是处在中间的基因。将 a b ＋，＋＋ c，a b c 比较时可见只有基因 c 变换了位置，可以断定这3个基因的排列顺序是 a c b。

亲本型：　a　b　c
　　　　　＋　＋　＋

双交换型：＋　＋　c
　　　　　a　b　＋

(3) 计算重组值，确定图距

① 计算 b-c 的重组值，忽视表中第一列（a/+）的存在，将它们放在括弧中，比较第二、三列：

(a)	b	c	2 125	非重组
(+)	+	+	2 207	
(a)	+	c	273	重组
(+)	b	+	265	
(a)	+	+	217	非重组
(+)	b	c	223	
(+)	+	c	5	重组
(a)	b	+	3	
			5 318	

重组率 Rf(b-c 间) = (273 + 265 + 5 + 3)/5 318 × 100% = 10.26%，10.26cM。

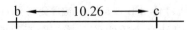

② 计算 a-c 的重组值，忽视表中第二列（b/+）的存在，将它们放在括弧中，比较第一、三列：

a	(b)	c	2 125	非重组
+	(+)	+	2 207	
a	(+)	c	273	非重组
+	(b)	+	265	
a	(+)	+	217	重组
+	(b)	c	223	
+	(+)	c	5	重组
a	(b)	+	3	
			5 318	

重组率 Rf(a-c 间) = [(217 + 223 + 5 + 3)/5 318] × 100% = 8.4%，8.4cM。

现已知 b-c 间图距是 10.26cm，a-c 间的图距是 8.4cm。这 3 个基因的排列顺序可能有以下两种：

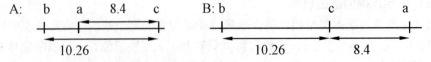

由于已经通过双交换型与亲组型分析得知 c 基因处在 a-b 之间，所以只有 B 排列是正确的。验证这一判断的正确性的唯一办法是计算 a-b 之间的重组值。如结果是 18.66，则上述分析无误。

③ 求 a-b 间的重组值，忽视第三列的基因（+/c），比较第一、二列可知：

a	b	(c)	2 125	非重组
+	+	(+)	2 207	
a	+	(c)	273	重组
+	b	(+)	265	
a	+	(+)	217	重组
+	b	(c)	223	
+	+	(c)	5	非重组
a	b	(+)	3	
			5 318	

重组率 RF(a-b 间) = [(273+265+217+223)/5 318] ×100%
= 18.39%

这项计算验证了上述分析的正确性。

(4) 绘染色体图

根据新组合配子出现的频率计算出的交换值，可以绘出不同基因在染色体上的位置。这种图叫做基因位置图或染色体图。

```
b        10.26        c      8.4     a
|——————————————————|————————————|
```

这里 a-b 之间的重组值是 18.39，而不是 a-c 和 b-c 两个重组值之和 18.66。这是因为在相邻的基因座（a-c，c-b）中发生了双交换，末端两基因的重组值低于实际交换值。由于出现双交换才会出现 8 种表型，如果不出现双交换，测交后代只会有 6 种表型。为了对此进行校正，在计算遗传距离时双交换类型必须计入两次，因为双交换类型是两次交换的结果，包含了两个单交换。绘图时使用的数据应该是 18.66。a-b 之间图距的计算方法应为：

RF (a-b) = [(237+265+217+223+5+5+3+3) /5 318] ×100% =18.66

染色体的这种线性模型为以后所有遗传学的进一步研究提供了框架，也预示着 DNA 分子线性特征的发现。由斯迪文特所建立的这种遗传学分析方法奠定了绘制所有真核生物遗传图的基础。

按照 a-c-b 正确排列顺序，将测交数据重新整理如下：

表 型	实得数	比例（%）	重组发生在		
			a-c 间	c-b 间	a-b 间
a b c	2 125	81.5			
+ + +	2 207				
a + c	273	10.1		√	
+ b +	265				
a + +	217	8.3	√		
+ b c	223				
+ + c	5	0.1	√	√	
a b +	3				
总计	5 318	1	8.4%	10.2%	18.4%

根据基因排列的正确顺序，可以将亲本的基因型改写为：

$$\frac{a \quad c \quad b}{a \quad c \quad b} \times \frac{+ \quad + \quad +}{+ \quad + \quad +}$$

$$\downarrow$$

$$\frac{a \quad c \quad b}{+ \quad + \quad +} \times \frac{a \quad c \quad b}{a \quad c \quad b}$$

4.3.3 干扰和符合

双交换重组型的发现：在一定的染色体区域可以在不同部位同时发生一次以上的交换。双交换会降低两个相距较远的基因的交换频率。如果各个交换事件是独立的，根据概率论，双交换频率理论上应该等于两个单交换频率的乘积。

遗传学上把实际观察到的双交换值与理论上期望得到的双交换值不符的现象称为干扰（interference，I，或称干涉），把实际获得的双交换类型的数目（或频率）与理论上期望得到的双交换的类型的数目（或频率）的比值称为符合系数（coefficient of coincidence，C。或称并发系数）。

符合系数（C） = 实际双交换值 / 理论双交换值

干扰值（I） = 1 – C

当 $I=0$ 时，没有干扰，理论值与实际观察值一致，C 等于 1；当 $I=1$ 时，没有双交换发生。大多数情况下 $0 < I < 1$。但在一些特殊情况下，实际观察值比理论值大，称为负干扰（negative interference），即一个单交换发生可以提高另一个单交换发生的频率。

在上例中，理论双交换值应该等于 0.86%。$C = \dfrac{0.15\%}{0.86\%} = 0.17$。$I = 1 - 0.17 = 0.83$（或者83%）。也就是说83%的双交换被干扰掉了。符合系数反映了干扰作用的大小。染色体一个区段的交换抑制（或者干扰）邻近区段交换的现象称为干扰（interference，I）或者染色体干扰（chromosome interference），其影响基因间的交换值。染色单体干扰（chromatid interference）是指两条同源染色体的 4 条染色单体参与多线交换机会的非随机性，其会影响交换发生的形式。一般情况下，生物体不存在染色单体干扰，因此全部可能的双交换平均重组率会等于50%。

关于遗传学图还需作如下补充说明：

① 一般以最左端的基因位置为0，但随着研究的进展，发现有新的基因在更左端时，把0点的位置让给新的基因，其余的基因座位相应移动；

② 重组率在0%~50%之间，但在遗传学图上，可以出现50个单位以上的图距，这是因为这两个基因间发生多次交换的结果，所以试验得到的重组率与图上的数值不

一致。因此，从图上的值得到的基因之间的重组率只限于邻近基因座间。

关于基因在染色体上直线排列的理论在后来的分子遗传学研究中被证明是正确的。也为各类生物基因组作图奠定了基础。

思考题

1. 名词解释：
   连锁遗传，交换，连锁率和交换率，符合系数，干涉，连锁群，染色体图。
2. 比较连锁遗传与独立遗传之间的异同点，并说明其细胞学基础。
3. 在一测交群体中，有2%的个体出现重组，发生交换的配子有可能是多少？
4. 有一个杂交试验结果如下：

$$AaBb \times aabb$$
$$\downarrow$$

Aabb	aaBb	AaBb	aabb
42%	42%	8%	8%

   （1）发生和没有发生交换的配子各是什么？
   （2）在两个位点间，双线期交叉的百分率是多少？
   （3）两位点间的遗传距离是多少？
5. 番茄测交结果如下：

+	+	s	348
o	p	+	306
+	+	+	73
o	p	s	63
+	p	s	96
o	+	+	110
+	p	+	2
o	+	s	2

   （1）这3个基因在染色体上的顺序如何？
   （2）2个纯合亲本的基因型是什么？
   （3）这3个基因间的距离是多少？
   （4）符合系数是多少？

推荐阅读书目

遗传学. 2版. 浙江农业大学. 农业出版社, 1999.
遗传学. 戴朝曦. 高等教育出版社, 1998.
新编遗传学教程. 李惟基. 中国农业大学出版社, 2002.
普通遗传学. 杨业华. 高等教育出版社, 2000.

第 5 章　数量性状的遗传

[**本章提要**] 数量性状不同于孟德尔当年研究遗传基本规律时描述的质量性状。本章介绍：数量性状的基本特征；对数量性状进行遗传分析的方法；遗传力的概念；分析近亲繁殖和杂种优势的遗传学原理。

植物遗传性状的变异有两种：一种是具有明确的界限，没有中间类型，表现为不连续变异的性状，称为质量性状（qualitative character），如豌豆的红花与白花；另一种是连续的变异，在性状的表现程度上有一系列的中间过渡类型，不易明确区分，这类连续变异的性状称为数量性状（quantitative character 或 quantitative trait，QT），如植株高矮、果实大小、花朵直径等。质量性状在杂种后代的分离群体中，对于各个体所具相对性状的差异，可以明确地分组，求出不同组之间的比例，研究它们的遗传动态也就比较容易，如孟德尔的豌豆杂交试验。但是，数量性状在一个自然群体或杂种后代群体中的不同个体间往往表现连续的数量差异，不易明确归类分组，因此不能用经典的遗传学理论来解释和分析它们的复杂变化。数量性状是在群体水平上通过生物统计学的方法来研究的。

5.1　数量性状的特征

表现连续变异的性状称为数量性状，但并不是任何能用数量衡量的性状都显现严格的连续变异。如孟德尔试验所使用的高植株与矮植株，这两个豌豆品种在植株高度这个性状上可以明显区别开来，不会混淆，二者杂交后，并没有中间过渡类型。本章所要研究的是呈现连续变异的数量性状。因此，遗传学上研究的数量性状具有如下基本特征：

① 杂种后代的数量性状的变异及表型的分布呈正态分布，表型是连续的。例如，大丽花重瓣性的遗传研究中发现，使用单瓣品种与重瓣品种杂交时，F_1 代出现很多重瓣程度介乎杂交亲本之间的花朵，它们不能区分为不同的组别，也不能求出分离比例，只能用计数的方法统计出来，若将各个体的重瓣性及占群体中总数的比率作图，则呈现一正态分布曲线，由低向高逐个排列，相邻个体之间的差异很小，变异呈连续分布。

② 杂种后代的数量性状对环境条件反应敏感。数量性状在某些条件下性状能充分表现，在另一些环境条件下，性状表现较差，即极易受环境条件影响。

③ 杂种后代数量性状的表现也受遗传的制约。如上面所说大丽花重瓣性的遗传实例中，当选择 F_1 中重瓣性较强的单株进行杂交，所得 F_2 植株的花朵重瓣性要比用

F_1 中重瓣性差的单株进行杂交获得的 F_2 强。

④ 数量性状是由多对基因控制的，而每对基因的作用是微小的，多对基因的共同作用就决定了表型特征，这种多对基因的累加作用是非孟德尔遗传，必须用统计学的方法研究。

虽然质量性状的形成也受控于多对基因，但是只要有其中一对主要基因发生突变就会引起明显的表型变异，所以常常说是由单基因控制的。数量性状易于度量，如植株高矮、花朵大小；而质量性状不易度量，只能定性研究。

⑤ 数量性状研究的对象是群体，对于个体来说难以确定。

除上述 5 个基本特征外，杂种后代的数量性状还表现另一些变异情况，如超亲类型的出现。这些将在以下几节中详细讨论。

5.2 数量性状的遗传学分析

数量性状的遗传会呈现数量变化的特征；数量性状是由不同座位的较多基因协同决定，而非单一基因的作用，故数量性状遗传又称为多基因遗传（polygenic inheritance）。多基因遗传时，每对基因的性状效应是微小的，称为微效基因（minor gene），不同微效基因以累积的方式发挥作用，故又称为加性基因。这些基因表现为颗粒性，以线性方式排列在染色体上。每个基因的作用是微小的，它们共同以累积的方式发挥作用。数量性状的遗传机制就是以微效多基因假说（polygene hypothesis）为基础的基因理论。

5.2.1 多基因假说的实验证据

例1 小麦种子颜色的遗传

1909 年，瑞典遗传学家尼尔逊·爱尔（Herman Nilsson-Ehle）根据他的小麦籽粒颜色试验提出，这类性状的遗传在本质上同孟德尔遗传完全一样，可以用多基因理论来解释。依据多基因假说，每个数量性状是由许多基因共同作用的结果，其中每个基因的单独作用较小，与环境影响造成的表型差异差不多大小，因此，各种基因型所表现的差异就成为连续的数量了。

尼尔逊·爱尔在研究小麦种子颜色的遗传试验中发现，F_2 表现红色和白色的比例有种种不同情况：有的 F_2 分离比接近 3 红 : 1 白，这表明是受 1 对基因影响；有的 F_2 分离比接近 15 红 : 1 白，这可以看做是 2 对基因的作用，是 9 : 3 : 3 : 1 的变型；有的 F_2 近似 63 红 : 1 白，这是 3 对基因分离的结果。

现在详细分析一下 15 红 : 1 白的情况。当种子为红色的品种同种子为白色的品种杂交，F_1 种子颜色是中等红色，F_2 出现了各种程度不同的红色种子和少数白色种子（表 5-1）。用 2 对因子的假说来解释，结果观察到的表型比例与理论推算的基因型比例是一致的。

表 5-1　麦粒颜色的遗传

亲本	深红色（R₁R₁R₂R₂）× 白色（r₁r₁r₂r₂）				
F₁	中等红色（R₁r₁R₂r₂）				
F₂ 基因型	1 R₁R₁R₂R₂	2 R₁R₁R₂r₂ 2 r₁r₁R₂R₂	1 R₁R₁r₂r₂ 4 R₁r₁R₂r₂ 1 r₁r₁R₂R₂	2 R₁r₁r₂r₂ 2 r₁r₁R₂r₂	1 r₁r₁r₂r₂
F₂ 表现型	深红	中深红	中红	浅红	白
F₂ 表型比	1	4	6	4	1
			15		1

从表 5-1 中可以看出，种子红色这一性状是由几种红色基因 R 的积累作用所决定的。R 越多，红色程度越深，4 个 R 表现深红色，3 个 R 表现中深红色，2 个 R 表现中红色，1 个 R 表现浅红色，没有 R 时为白色。应用遗传分析方法，根据 F₂ 的分离情况，证实了上述结果。

例 2　玉米果穗长度实验

另一个经典试验是玉米果穗长度试验。假定玉米果穗长度这个性状是由 2 对基因共同控制的。一对是 A 和 a，另一对是 B 和 b。A 对 a 来讲，使玉米果穗长度增加，是不完全显性，AA 最长，aa 最短，Aa 居中。B 对 b 的作用同样。A 和 B 在作用程度上一样，且 A 和 B 不连锁，独立分离。假定两个亲本，一个是 AABB，玉米果穗平均最长；一个是 aabb，玉米果穗最短。杂交后 F₁ 为 AaBb，果穗长度在两亲本之间，F₁ 自交得到 F₂，基因型和表现型如图 5-1。

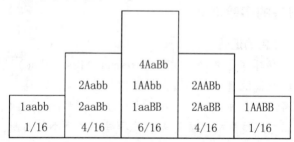

图 5-1　2 对基因的独立分配无显性现象的理论模型

从图 5-1 中可见，因为 A 和 B 的作用相等而且相加，所以 F₂ 的表现型决定于基因型中大写字母的数目，可分成 5 类：

① aabb，占 1/16，基因型和表型与短果穗亲本相同；
② Aabb，aaBb，占 4/16；
③ AAbb，aaBB，AaBb，占 6/16，其表型介乎两亲本之间，与 F₁ 植株一样；
④ AABb，AaBB，占 4/16；
⑤ AABB，占 1/16，其表型与长果穗亲本一样。

所以，如果 F₂ 植株可以清楚分成 5 类，其比值应该是 1∶4∶6∶4∶1。

随着控制某一数量性状的基因数增多，杂种后代分离比率趋于多样，各种表型在群体中所占比率如表 5-2，群体表现则更为连续。

表 5-2　多基因系统在 F_2 群体中分离比例理论值

等位基因对数	F_2 表型数	F_2 分离比率	纯合亲本在群体中比例
1	3	1：2：1	1/4
2	5	1：4：6：4：1	1/16
3	7	1：6：15：20：15：6：1	1/64
4	9	1：8：28：56：70：56：28：8：1	1/256
5	11	1：10：45：120：210：252：210：120：45：10：1	1/1 024

如果基因数目不止两种，而且邻近两类基因型之间的差异与环境所造成的差异很小，那么 F_2 植株就不能明确区分为几类，玉米果穗的长度从最长到最短应该是连续的变异，其中最长的很少，最短的也很少；两头少，中间多。总体平均数在中间，与 F_1 的平均数相等。F_1 植株虽然基因型一致（都是 AaBb），但由于环境影响也呈现表型差异，玉米穗的长度变化也是连续的，两头少，中间多。但 F_2 与 F_1 不同，除了环境差异外，还有基因型差异。所以虽然 F_2 玉米穗长度的平均数与 F_1 相同，并且也是两头少，中间多，但变异范围要比 F_1 大得多，而且两端分别出现与原亲本相近的值。上面这个简单化的模型同试验结果是一致的。两亲本品系中各种长度的玉米果穗长度分布情况和 F_1，F_2 的各种长度的玉米果穗分布情况如表 5-3，图 5-2。

表 5-3　玉米果穗不同长度植株数的分布

来源	果穗长（cm）																
	5	6	7	8	9	10	11	12	13	14	15	16	17	18	19	20	21
爆玉米品系	4	21	24	8													
甜玉米品系									3	11	12	15	26	15	10	7	2
F_1						1	12	12	14	17	9	4					
F_2					1	10	19	26	47	73	68	68	39	25	15	9	1

数量性状的遗传试验结果大都如此。许多数量性状是由多基因控制的，这些基因也都位于染色体上，基因间的相互作用在数量方面的表现可能是相加的，也可能是相乘的，还可能有更复杂的相互作用形式。

例 3　烟草花冠长度的遗传

美国学者伊斯特（Edward M. East）关于烟草（*Nicotiana tabacum*）花冠长度的遗传研究分析了多基因系统中基因数。他将花冠的平均长度分别为 40mm 和 93mm 的 2 个品种群进行杂交，F_1（61～67mm）成中间长度，与预期相符，但长度略有变化，这是由于环境变化引起的。F_2 得到 444 个单株，其长度（52～82mm）分布在两个亲本的平均数之间，但比 F_1 有较大范围的变异，这也是他预期的。但 F_2 的花冠长度没有像短花冠亲本那样短，也没有像长花冠亲本那样长（图 5-3）。East 将 F_2 中的 3 类

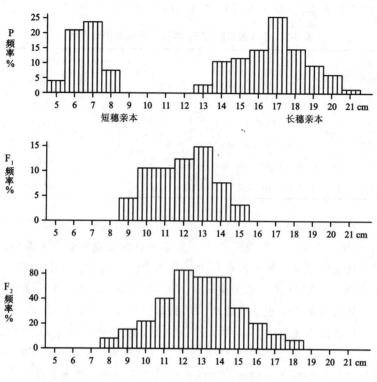

图 5-2　根据表 5-3 绘图可见玉米果穗长度的遗传规律

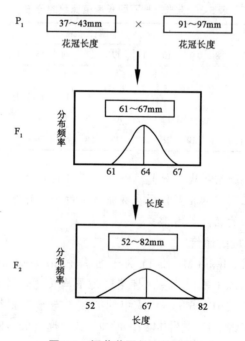

图 5-3　烟草花冠长度的遗传

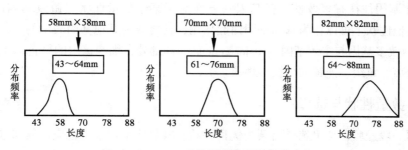

图 5-4 $F_2 \times F_2$ 后代烟草花冠长度的遗传

植株分别进行繁殖，分别获得了 3 类 F_3 植株（图 5-4）。结果显示，来自短花冠的 F_2 植株的后代具有较亲本更短的花冠平均值，同样花冠筒长度较长的 F_2 后代其花冠筒长度也超过了亲本类型。上述 F_3 的结果表明，F_2 的变异不只是环境的影响，也有遗传的效应。

花冠长度的遗传如果属于 4 对基因控制，则预期 F_2 中落在每一亲本类型中的植株表型频率为 $(1/2)^8 = 1/256$。由图 5-3 和图 5-4 分析可知，在 444 个 F_2 植株中没有一个落在亲本类型中，可以推论，这两个烟草亲本花冠长度的差异可能是由 4 对以上的基因所决定。

5.2.2 数量性状的遗传规律

数量性状的遗传虽然不表现典型的孟德尔式遗传，但仍然是有规律地遗传的。从上述的例子中明显看出如下 3 点基本规律：

（1）F_1 的平均值介于两亲本之间；

（2）F_2 平均值与 F_1 的平均值接近；

（3）F_2 的变异幅度比 F_1 的变异幅度更大，且 F_2 的极端类型与亲本的变异接近。

5.2.3 多基因假说的要点

尼尔逊·爱尔（1909）总结了上述试验分析的结果，提出了数量性状遗传的多基因假说，经统计学家费舍尔和伊斯特等人在玉米、烟草等植物的数量性状遗传分析中得到证实和完善，其成为解释和分析数量性状遗传的理论基础。多基因假说的要点如下：

① 数量性状是许多微效基因或多基因的联合效应造成的；

② 多基因中的每一对基因对性状表型的表现所产生的影响是微小的，不能予以个别辨认，只能按性状的表现一并研究；

③ 微效基因是相互独立的，其效应往往是相等的而且以累积的方式发挥作用；

④ 微效基因间往往缺乏显性。增效时用大写字母表示，减效时用小写字母表示；

⑤ 微效基因对环境条件敏感，因而数量性状的表现容易受环境条件的影响而发生变化。微效基因的作用常常被整个基因型和环境的影响所遮盖，难以识别单个基因的作用；

⑥ 多基因往往有多效性，多基因一方面对于某个数量性状起微效基因的作用，同时在其他性状上可以作为修饰基因而起作用，使之成为其他基因表现的遗传背景；

⑦ 微效多基因与主效基因（major gene）一样都处在细胞核内的染色体上，并且同样有分离、重组、连锁和交换等性质。

5.2.4 数量性状与选择

根据一般经验，如果选择出某个优良性状，其后代平均来讲也应该偏向这个优良性状，这是选种时最基本、最普通的常识。可是有时选择的效果并不是这样，如水稻（$Oryza\ sativa$）穗选时，选择穗重而籽粒多的，其后代产量有时并未提高，这又是什么道理呢？

20 世纪初，约翰逊（W. Johannsen）对这个问题做了深入分析。他用菜豆做试验，通过多代自花授粉，得到许多纯系（pure lines）。在一个纯系内，各个体的基因型基本上都一样，而且都是纯合的。一个纯系范围内，性状也有差异，这种差异完全是由环境条件的差异所导致的。约翰逊认为在纯系范围内进行选择是完全无效的。表 5-4 就是他在一个纯系内连续进行 6 年选择的数据。

表 5-4 在菜豆的一个纯系内进行选择的结果

年 份	亲代种子平均重量（cg）		所得子代种子平均重量（cg）	
	轻种子	重种子	来自轻种子	来自重种子
第 1 年	30	40	36	35
第 2 年	25	42	40	41
第 3 年	31	43	31	33
第 4 年	27	39	38	39
第 5 年	30	46	38	40
第 6 年	24	47	37	37

这个试验说明：如果基因型是一致的，性状差异几乎完全由环境差异造成，那么选择是无效的。很多园林植物，即使是自交植物，基因型完全一致的情况也是很少有的，更何况自发的遗传变异（如突变等）也偶有发生，因此，选择除能保持品种原有的优良性状外，有时还有改良性状的作用。对那些异交和常异交植物来说，如果性状差异主要是由于基因的差异所造成，那么选择肯定是有效的。

5.3 分析数量性状的基本统计方法

因为数量性状的遗传情况较为复杂，所以通常用于质量性状的分析方法，不适用于数量性状的分析。针对数量性状的特点在分析时应使用统计学方法。鉴于生物统计是遗传学研究的基础课程，本节只以备忘录的形式列出遗传学常用的统计学基本概念和计算方法。

5.3.1 平均数

平均数是某一个性状的几个观察数的平均值。求平均数的公式是：

$$\bar{X} = \frac{X_1 + X_2 + \cdots + X_n}{n} = \frac{\sum X}{n}$$

式中　$\bar{X}$——平均数；

X_1，X_2，$\cdots X_n$——变数 X 的第 1 个观察数，第 2 个观察数，$\cdots$ 第 n 个观察数；

$\sum X$——n 个观察数的总和。

5.3.2 方差

在上面的玉米例子中，F_2 穗长的平均数和 F_1 穗长的平均数差不多，但变异的范围却相差很多。其中，穗长最长的与甜玉米亲本相近，最短的与爆玉米亲本相近。所以，分析 F_1 和 F_2 的资料，单是计算平均数是不足以说明问题的，还需用数字来表示出它们的变异程度。

通常用"变数 X 与平均数 $\bar{X}$ 的偏差的平方和"来表示变异程度。这个数值在统计学上叫做方差（variance），记做 S^2，写成公式如下：

$$S^2 = \frac{\sum(X - \bar{X})^2}{n}$$

上面式子中的分母用 n 只限于平均数 $\bar{X}$ 是由理论假定的时候。但是在实际中，平均数 X 通常是由我们通过抽样的方法对样本进行计算而得来的，因此分母的 n 要改成 $n-1$ 了。写成公式*为：

$$S^2 = \frac{\sum(X - \bar{X})^2}{n - 1}$$

上面的式子通过变换可以得到以下公式，方便实际应用：

$$S^2 = \frac{1}{n-1}\left(\sum X^2 - n\bar{X}^2\right)$$

在上述式子中，X 表示抽样调查中所读取的数值，$\bar{X}$ 表示计算出的平均数。

如前面提到的玉米穗长的例子中，以爆玉米为例：

$$\sum X^2 = 5^2 + 5^2 + \cdots + 8^2 = 2\,544$$
$$\bar{X} = 5 + 5 + \cdots + 8/57 = 378/57$$

所以

$$S^2 = \frac{1}{n-1}\left(\sum x^2 - n\bar{X}^2\right) = \frac{1}{57-1}\left(2\,544 - 57 \times \frac{378^2}{57^2}\right) = 0.67$$

---

* 解释使用 $n-1$ 的详细原因，要首先要引入自由度的概念。在取样 n 个之后，样本为 n 维自由度。然而计算方差时所使用的均值不是实际的均值，只是我们计算出来的一个数值。这样，n 个样本的与均值的偏差的和为 0。就是说，原本的 n 维自由度，受限于一个条件，就变成了 $n-1$ 维的了。在这里，$n-1$ 是样本的自由度，又称为总体方差的无偏估计值。因而在实际中，要使用 $n-1$ 作为分母进行计算。

从公式和实际计算中可以看到,方差一定是正值。如果观察数与平均数的偏差较大,方差就大,如上述玉米例子中 F_2 穗长的情况。反之,如果观察数与平均数的偏差较小,方差就小,如上述例子中的 F_1 穗长情况。所以,方差是可以用来测量变异程度的。

5.3.3 标准差

在统计学上将方差开方,方根以 S 表示:

$$S = \sqrt{\frac{\sum (x_i - \bar{x})^2}{n}}$$

S 叫做标准差(standard deviation,SD)或称标准误(standard error)。为了衡量群体的变异幅度常用标准误均值(standard error of the mean,$S_{\bar{X}}$)。如在玉米果穗长例子中,甜玉米果穗长标准误均值为:

$$S_{\bar{X}} = \frac{S}{\sqrt{n}} = \sqrt{\frac{0.67}{57}} = \pm 0.11$$

一般生物学资料中,单注明平均数往往是不够的,应加上标准误均值以表明平均数的可能变异范围,所以玉米果穗长度的例子中:

$$\bar{X} \pm S_{\bar{X}} = 6.63 \pm 0.11$$

5.3.4 群体均值

5.3.4.1 群体表型均值与基因型均值

群体均值(population mean)是群体中个体值累加后再平均获得的数值。从数量性状遗传分析中可知:个体的表型 = 基因型 + 环境,那么某一数量性状的个体表型值就是其基因型值和环境效应之和,记为:

$$P = G + E$$

式中　P——个体表型值;
　　　G——个体基因型值;
　　　E——环境效应值。

一个群体的某一性状的表型均值应该是个体表型值累加后再平均,即:

$$\bar{P} = \sum_{i=1}^{n} P_i / N = \sum_{i=1}^{n} G_i / N + \sum_{i=1}^{n} E_i / N$$

环境偏差是一个与基因型值相互独立的随机变量。在一个足够大的群体中,随机变量的均值为零,表型均值即为该群体的基因型均值:

$$\bar{P} = \bar{G}$$

在一个具有一定遗传结构的群体中,由于环境条件的随机效应的影响,表型均值与基因型均值之间会出现一定的偏差,如果将高于基因型均值的偏差定义为正偏差,则低于基因型均值则为负偏差。当群体足够大时,正负偏差相互抵消,与环境偏差为零,群体均值就等于基因型均值。用群体均值代表基因型均值的十分重要的条件就是群体的大小。群体越大,环境偏差越小,表型均值的代表性就越强,反之则表型均值不能真正反映基因型均值。

5.3.4.2 基因型均值的遗传组成

从理论上讲，个体的基因型值是可以度量的。但实际上只有当各位点的各种基因型能用表型区分，或者不同的基因型代表不同的近交系时，个体的基因型才是可以度量的。

假定某一基因座位有一对等位基因 A 和 a，其中一种纯合子的基因型为 $+a$，另一种纯合子的基因型值为 $-a$，杂合子的基因型值为 d，假定 A 为正效基因，可在下图 5-5 中标出各种基因型值：

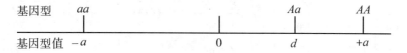

图 5-5　任意指定的基因型值

原点或零值点处于两种纯合子的中间点，杂合子的位置依赖于显性程度。若无显性存在，$d=0$。若 A 对 a 是显性，则 $d>0$；若 a 对 A 是显性，则 $d<0$；若显性完全，则 d 等于 $+a$ 或 $-a$；若为超显性，则 $d>+a$ 或者 $d<-a$。显性程度的大小可以用 d/a 来表示。

假设我们研究的群体是一个随机交配群体，将上述 3 种基因型频率和基因型值列于表 5-5，可以看出群体中各等位基因的频率对群体均值的影响。

表 5-5　平衡群体基因型均值的计算

基因型	频　率	基因型值	基因型频率 × 基因型值
AA	p^2	a	$p^2 a$
Aa	$2pq$	d	$2pqd$
aa	q^2	$-a$	$-q^2 a$

累加表 5-5 最后一列的三项，即可得到该群体的基因型均值 (μ)。

$$\mu = a(p^2 - q^2) + 2dpq$$

如果一个性状由多对基因控制，根据多基因假说，基因的效应具有累加性，如果忽略非等位基因之间的互作，则：

$$\mu = \sum a(p^2 - q^2) + 2 \sum dpq$$

从上式中可以看出，基因型均值由两部分组成，一项来自纯合子效应：$a(p^2 + q^2)$，另一项来自杂合子效应：$2dpq$；如果无显性存在，即，$d=0$，则 $\mu = a(p^2 - q^2) = a(1 - 2q)$。对于同一性状而言，两个群体的基因型均值之差完全在于这两个群体的基因频率之差，因为同一性状的基因型值（a 与 d）是固定的。

在一个个体的基因型中除了单个基因的加性效应外，还包括由等位基因间的显性效应和非等位基因间的上位（或互作）效应。因此，一个个体的基因型值等于加性效应（additive effect，A），显性效应（dominant effect，D）和上位效应（interactive effect，I）之和。即：

$$G = A + D + I$$

假定某一个体的某一性状的基因型是 $A_1a_1A_2a_2$，每个 A 的加性效应应为100，每个 a 的加性效应为50，假定等位基因 A 和 a 之间的显性效应为10，A_1 和 A_2 之间的上位效应为5，由此得到该个体的基因型值如表5-6所示。

表5-6 基因型值中的多种效应

个体基因型	基因效应种类			总效应
	A	D	I	
$A_1a_1A_2a_2$	300	20	5	325
$A_1A_1A_2a_2$	350	10	5	365
$A_1A_1a_2a_2$	300	0	0	300

从表5-6中可以看出，呈杂合状态的基因对数越多，显性效应就越大；由于 A_1 与 A_2 相互作用使 A_1-A_2-型个体才能比 A_1-a_2a_2，$a_1a_1A_2$-个体优越。在基因型的多种效应中，只有加性效应是可以固定的。

5.3.5 基因均效和育种值

5.3.5.1 基因均效

某个基因的平均效应简称基因均效（average gene effect），指子代中从一个亲本获得了某个基因的个体的基因型均值距离原来群体均值的平均离差。子代基因型均值的改变是其获得的亲代某一基因所起的作用。以一对等位基因（Aa）为例，使带有一个亲本的某一基因 A 的配子与群体中其他配子 A 和 a（频率分别为 p 和 q）随机结合而构成子代群体的基因型均值与原来群体的均值之差就是亲代 A 基因的均效。如果把 A 的基因均效记为 a_1，a 的基因均效记为 a_2，则：

$$a_1 = q\,[a + d\,(q-p)]$$
$$a_2 = -p\,[a + d\,(q-p)]$$

从上式中可以看出，一个基因的均效具有群体性的特征。同一基因在群体中的频率不同，其均效也不同，基因均效不是一个常数，是针对某一个具体的群体而言的。不同性状的基因均效由于 a 和 d 的不同也有差异。为了叙述和推导方便，令上式中

表5-7 基因均效的计算

(1) 被测定均效的基因	(2) 子代基因型、基因型值及基因频率			(3) 子代群体的基因型均值	(4) 原有群体的基因型均值	(5) 基因平均效应 [=表中(3)-(4)]
	AA (a)	Aa (d)	aa ($-a$)			
A	p	q		$pa + qd$	$a(p-q) + 2dpq$	$q\,[a + d\,(q-p)]$
a		p	q	$-qa + pd$		$-p\,[a + d\,(q-p)]$

$a + d(q-p) = a$，则上式写成：

$$a_1 = q\alpha$$
$$a_2 = -p\alpha$$

5.3.5.2 育种值

亲代传递给子代的是基因而不是基因型，决定子代基因型均值的是其亲代的基因。因此，亲本基因的平均效应决定其后代平均基因型值。反之，根据后代的平均基因型值也可以判断亲代个体所携带的基因平均效应的总和，这个值就是个体的育种值 (breeding value)。育种值有两种定义，一种是理论性的，一种是实用性的。理论上育种值定义为：一个个体的育种值等于它所携带的各个基因均效之和。对于一个基因座上的两个等位基因所构成的各种基因型的育种值如表5-8所示：

表5-8 一对等位基因组成的各种基因型的育种值

基因型	育种值	基因型频率
AA	$2a_1 = 2q\alpha$	p^2
Aa	$a_1 + a_2 = (q-p)\alpha$	$2pq$
aa	$2a_2 = -2p\alpha$	q^2

实用性的育种值定义为：某一个体与某一群体中的异性交配所产生的子代均值与该群体的均值的离差的两倍即为该个体的育种值。这是因为一个亲本只能供给子代基因量的一半，另一半则随机来源于该群体中的异性个体。以子代的群体均值推断一个个体的育种值，在实际操作中是可行的。

对于多对基因决定的数量性状，一个个体的育种值等于它所含的各个基因的基因均效之和。因此，决定个体育种值的基因效应具有累加性，基因的这种效应叫做加性效应，具有这种效应的基因称为加性基因。

5.3.6 群体方差

5.3.6.1 表型方差

个体的表型值 $P = G + E$，个体的基因型值 $G = A + D + I$，当 G 和 E 之间以及 A、D，I 之间不存在相关时，则：

$$V_P = V_G + V_E, \quad V_G = V_D + V_I$$

式中 V_P——表型方差；
V_G——基因型方差；
V_E——环境方差。

5.3.6.2 加性方差

加性方差 (V_A) 亦称育种值方差，其理论值为：$V_A = 2pq[a + d(q-p)]^2$

对加性方差作如下说明：

① 加性方差的大小表示群体中个体之间育种值的差异程度，加性方差在群体中

所占的比重大小是我们制定选种方法的重要依据；

② 在一个平衡群体中，由于基因频率的稳定性决定了一个性状的加性方差是常数；

③ 加性方差与亲属间的遗传协方差关系密切。

5.3.6.3 亲属间的遗传协方差

亲属间的遗传协方差反映着亲属间的相似（或者相关）程度，这种相似性的实质就是它们彼此之间育种值的相关性。通过估算亲属间的遗传协方差可以估算育种值方差。

5.4 遗传变异和遗传力

5.4.1 遗传变异

遗传变异来自分离中的基因以及它们跟其他基因的相互作用。杂种后代性状的形成取决于两方面的因素，一是亲本的基因型，一是环境条件的影响。所以表现型是基因型和环境条件共同作用的结果，遗传变异是表型变异的一部分，环境变异是由环境对基因型的作用造成的。因为方差可用来测量变异的程度，所以各种变异可用方差来表示。表型变异用表型方差（V_p）表示，遗传变异用遗传（基因型）方差（V_G）表示，环境变异用环境方差（V_E）表示。三者的数量关系可用下式表示：

$$V_p = V_G + V_E$$

5.4.2 遗传力（heritability）

(1) 广义遗传力

即遗传方差在总的表型方差中所占的比值，用 H 来表示。

$$H = \frac{基因型方差}{表型方差} \times 100\% = \frac{V_G}{V_p} \times 100\% = \frac{V_G}{V_G + V_E} \times 100\%$$

亦即表型值受基因型值决定的程度，又可称为遗传决定系数，或遗传率，用来衡量基因型值在表型值中的相对重要性。广义遗传力概念解决了生物学界争论多年的问题，即性状的表现究竟是遗传的作用还是环境的作用。遗传力常用百分数表示。如果环境方差较小，遗传力就高，表示表型变异大都是可遗传的。当环境方差较大时，遗传力就小，其表型变异大都是不遗传的。

(2) 狭义遗传力

表型方差中含有育种值方差的比率定义为狭义遗传力，记为 h^2，用来衡量育种值（基因累加效应）在表型中的相对重要性。它和广义遗传力相同，都是性状遗传传递力大小的指标，是动植物育种的重要遗传参数之一。其定义为：

$$h^2 = \frac{育种值方差}{表型方差} \times 100\% = \frac{V_A}{V_p} \times 100\%$$

(3) 广义遗传力的计算

由于两个亲本和杂种一代群体内不同单株的基因型是一致的，所以这 3 类群体中出现的变异应是环境变异，所以遗传力的公式可写成如下：

$$H = \frac{V_{F_2} - V_E}{V_{F_2}} \times 100\%$$

其中：$V_E = 1/2\ (V_{p_1} + V_{p_2})$ 或 $V_E = 1/3\ (V_{p_1} + V_{p_2} + V_{F_1})$

例：已知 $V_{p_1} = 0.67$，$V_{p_2} = 3.56$，$V_{F_1} = 2.31$，$V_{F_2} = 5.07$

根据定义：遗传力 = 遗传方差 – 表型方差

或 $H = (V_{F_2} - V_E) / V_{F_2} \times 100\%$

其中：$V_E = 1/3\ (V_{p_1} + V_{p_2} + V_{F_1}) = 1/3\ (0.673 + 56 + 2.31) = 2.18$

所以 $H = (5.07 - 2.18) / 5.07 \times 100\% = 57\%$

上式计算所得的值叫做广义遗传力。

5.4.3 遗传力的性质

遗传力的数值一般是一个大于零小于 1 的正数。不同性状遗传力的大小往往不同，同一性状的遗传力也可以由于品种、杂交组合、繁殖方式的不同而不同，采用的估算方法不同时，遗传力也会有变化。

由于环境有所变化，遗传力的大小也就不同。由于选择对基因有所固定，基因频率会引起改变。但经验证明，一般在 0.5～1.0 范围内，遗传力的数值没有大的改变。事实也证明，即使在不同群体中，如果动植物群体的历史和环境条件没有特殊情况或很大差别，遗传力的数值也可以在不同的育种场之间借用。因而这个遗传参数仍然有很大的普遍性。

综上所述，可见遗传力不是某个个体的特性，而是群体的特性，是个体所处环境的特性，是育种者对育种群体进行选择的指标。遗传力数值的变化一般有如下规律：

① 与自然适应性有关的性状（如产量性状、存活率等）的遗传力较低，与自然适应性关系不大的性状（如株高、叶型等）遗传力较高；

② 亲本生长正常，对环境条件反应不敏感的性状遗传力一般较高；对环境敏感的性状遗传力较低；变异系数小的性状遗传力高，变异系数大的性状遗传力低；

③ 在植物育种中，一般认为遗传力高的性状有株高、开花期、成熟期、蛋白质含量等；具中等遗传力的性状有果实重量、花朵直径、种子重量等；遗传力低的性状有果穗数等。

④ 性状差距大的两个亲本的杂种后代，一般表现较高的遗传力；

⑤ 遗传力并不是一个固定数值，对自花授粉植物来说，因杂种世代推移而有逐渐升高的趋势。

5.4.4 遗传力的主要用途

遗传力揭示了生物体性状的一个极其重要的特性，这就是在性状的变异中可以剖分出可遗传的和不能遗传的两部分。我们可以根据这一特性来制定育种计划，采用科学的选种方法，预测动植物遗传改良的进展和前景。遗传力理论在很大程度上使育种工作者摆脱了盲目性、经验性，将育种工作纳入科学化、数量化的轨道。它的主要用途有以下几个方面：

(1) 估计遗传进展

子代群体均值与亲代群体均值之差称为遗传进展（或选择响应）。既然遗传力是育种值对表型值的回归，就可根据表型值的变化推测育种值的变化。选择响应的公式如下：

$$R = Sh^2$$

式中　　R——选择响应（遗传进展）；

　　　　S——选择差（留种群体均值与供选群体均值之差）；

　　　　h^2——性状的遗传力。

(2) 确定繁育方法

动植物常规育种方法大致分为两类：一类是本品种选育，另一类是杂交育种。遗传力不同的性状适合于不同的繁育方法。遗传力高的性状上下代的相关大，在动物育种方面，通过对亲代的选择可以在子代得到较大的响应，因此在群体内只要根据表型值选留，加大选择差，就可望在下一代获得较大的进展，故对遗传力高的性状的改良应采用本品种选育。遗传力低的性状，由于受环境因素影响大，在选择中即使把选择差提得很高，其遗传进展也不理想，因为这类性状的变异主要由环境所致，可遗传的部分很小，而在杂交时，一般说来杂种优势比较明显，可通过杂交利用杂种优势，故对遗传力低的性状应采用杂交繁育法。

(3) 确定选择方法

选择方法分类繁多，这里介绍的是以个体表型值与它所属家系均值的关系为依据，对不同遗传力的性状所显示的选择效果分类的方法。一个个体的表型值（P）可剖分为两部分：一是它的家系均值（P_f），二是该个体表型值离家系均值的偏差（即家系内偏差 P_w）。用公式表示，即：

$$P = P_f + P_w$$

在选择中，根据对这两部分的重视程度（即给予不同的加权）可以分为3种不同的选择方法：

个体选择　个体选择就是把群体中所有个体按表型值大小顺序排列，根据留种数量顺序选取名次在前的个体。这种选择方法对家系均值和家系内偏差予以同等重视。

家系选择　家系选择就是比较全群若干家系的均值，选留名次在前的家系的全部个体。这种选择方法只考虑家系均值，完全不考虑家系内偏差。

家系内选择　家系内选择就是在每一个家系中选留那些表型值高的个体。这种方法只考虑家系内偏差，完全不考虑家系均值。

选择效果的好坏取决于被选个体的表型值是否反映了育种值。表型值愈接近育种值，选择效果愈好。个体选择适于遗传力高的性状，因为这类性状的表型变异主要是遗传变异，所以表型值比较接近育种值。家系选择适用于遗传力低的性状，因为这类性状的表型变异主要是环境变异，所以个体表型值偏离育种值较大，个体选择就不可靠，而应采用家系选择。一个家系就是一个小群体，群体的表型均值等于基因型均值，家系愈大，其表型均值就愈能代表该家系的基因型均值。倘若我们选留的家系其均值在群体中居首位，那么很有可能我们就获得了该群体中具最高育种值的种群。家系内选择最适用于家系成员间因共同环境效应具有较高的表型相关，且遗传力又低的性状的选择。

上述 3 个方法都具有片面性，在实践中，它们是综合运用的。可以对表型值的两部分（家系均值和家系内偏差）予以合理加权，制定出合并选择指数。对于植物杂交育种而言，凡是遗传力较高的性状，在杂种的早期世代选择收效比较显著；而遗传力较低的性状，则要在杂种后期世代选择才能收到较好的效果。

5.5 近亲繁殖与杂种优势

5.5.1 近交与杂交的概念

广义的杂交（hybridization）是指基因型不同的纯合子之间的交配，又名异型交配（non-assortative mating）。相同基因型之间的交配称为同型交配（assortative mating）。而近交（inbreeding）也称近亲繁殖或近亲交配，是完全的或不完全的同型交配，其完全的程度与近交程度密切相关。近亲繁殖按杂交个体间亲缘关系的近、远程度一般可分为：全同胞（full-sib）（同父、母的兄弟）、半同胞（half-sib）（同父异母的兄弟或同母异父的兄弟）和表兄妹（first cousins）交配。植物的自花授粉，动物的自体受精或称自交，由于其雌、雄配子来自于同一植株（个体）或同一朵花，因而它是近亲繁殖中最极端的方式。

5.5.2 近交与杂交的遗传效应

（1）近交使基因纯合，杂交使基因杂合

以一对基因为例，同型交配仅有 3 种交配类型：AA × AA，aa × aa 和 Aa × Aa。第一、二两种交配类型产生的子代全部都是与亲本相同的纯合体；第三种交配类型属于杂合体间的同型交配。完全由杂合体间自交，其后代将分离为 1/4AA + 1/2Aa + 1/4aa，经过 n 代连续的同型交配结果见表 5-9。

表 5-9　Aa × Aa 连续 n 代同型交配结果

世代	基因型频率			基因频率	
	AA	Aa	aa	A	a
0	0	1	0	0.5	0.5
1	1/4	2/4	1/4	0.5	0.5
2	3/8	2/8	3/8	0.5	0.5
3	7/16	2/16	7/16	0.5	0.5
⋮	⋮	⋮	⋮	⋮	⋮
n	$\frac{1}{2}\left(1-\frac{1}{2^n}\right)$	$\frac{1}{2^n}$	$\frac{1}{2}\left(1-\frac{1}{2^n}\right)$		

表 5-9 显示：

① 杂合体基因型频率随同型交配世代的增加而按 $H_n = \frac{1}{2}H_{n-1}$ 的规律每代减少前一代的 1/2 而迅速递减，其极限值为 0，因为：$H_n = \left(\frac{1}{2}\right)^n H_0$

当 $H_0 = 1$ 时，$H_n = \left(\frac{1}{2}\right)^n$

当 $n \to \infty$ 时，$\lim\limits_{n \to \infty} \left(\frac{1}{2}\right)^n = 0$

所以 $H_n \to 0$

② 同型交配群体中纯合体基因型频率每代都有增加，它们以 $2 \times \left(\frac{2^n - 1}{2^{n+1}}\right)$ 的规律变迁。可以证明，当 $n \to \infty$ 时，纯合体频率为 1，连续进行同型交配的群体最终将由势均力敌的两种类型的个体 AA、aa 所组成。如果可以区分它们的话，则成为 AA 及 aa 的两个纯系群体，其频率各占 1/2。杂合体通过自交导致后代基因的分离，使后代群体中的遗传组成迅速趋于纯合化。另一方面，杂合体通过自交，导致等位基因的纯合，使隐性性状得以表现，从而可以淘汰有害的隐性个体，改良群体的遗传组成。

③ 完全同型交配的群体中的基因频率并没有改变。当 $H_0 = 1$ 时，每代同型交配的群体中 A，a 基因频率永远为 $p = q = 1/2$。

因此，同型交配系统本身并不改变基因频率，但是改变了群体的合子比率，杂合体迅速减少，以致趋向于 0，最后，纯合体的频率分别等于它们相应的基因频率。

杂交则不然，杂交的遗传效应则使基因杂合，增加杂合的频率。杂交就是纯合子间的异型交配，子代必然都是杂合体。

植物育种工作中，有时需要控制适当的近交而获得相当程度的纯合化。如果每一代都进行同样的近交，近交系数将逐代增加，血缘越近，纯合率增加越快。

（2）近交降低群体的基因型均值

由前已知，一个数量性状的基因型值是由基因的累加效应值和非累加效应值两部分组成的。非累加效应中除一小部分上位效应在纯合子中可存在外，显性效应和大部分上位效应都存在于杂合体中，因此也可大致称非加性效应值为杂合效应值。

随着群体中杂合体频率的降低，群体的平均数（简称群体均值）也就降低。μ（均体值）$= a(p-q) + 2pqd$，以基因型频率 $2pq = H$ 代入上式，可有：

$$\mu = a(p-q) + Hd$$

上式中 $a(p-q)$ 来自纯合体，Hd 来自杂合体。若基因频率不变，H 愈小，群体均值愈小，反之，群体均值也提高。近交与杂交影响杂合体频率，当然也影响群体均值。

在同一物种内，不同群体间的差别主要是基因频率的差异，差别愈大的群体间杂交所产生的杂种优势愈大。

（3）近交使群体分化，杂交使群体一致

1 对等位基因遗传的群体中，同型交配的最终结果是使群体分化成 2 个纯系，AA 与 aa 系。2 对基因的情况下，分化成 4 个纯合子系 AABB 系、AAbb 系、aaBB 系和

aabb 系。依此可以类推。系内差异小，方差也缩小；系间差异大，方差也加大，群体的方差也变大。杂交则相反，它能使个体的基因型杂合化，同时却使群体趋向一致，因为通过杂交，杂合子频率增加，相当于增加了相互间没有差异的杂合子在群体中的比率，从而加大了群体的一致性。最为典型的情况是 2 个纯系 AA 与 aa 间的杂交，F_1 群体中 100% 为 Aa 的杂合体，群体达到了一致。

（4）近交加选择是提高杂种优势的重要手段

前面已经证明，杂种优势 $H_{F_1} = dy^2$。对于同一基因而言，其显性度 d 是不变的，所以 y 愈大，H_{F_1} 愈大。通过人工选择保留理想的纯合体。近交加选择较快地加大群体间基因频率的差异，因而也成为提高杂种优势的有力手段。玉米自交系间杂种优势比品种间杂种优势高，就是因为自交系是通过连续自交和选择而具有纯合基因型，只有在双亲基因型纯合程度都很高时，F_1 群体的基因型才具有整齐一致的异质性，不会出现分离混杂，这样才能表现明显的优势。

5.5.3 近亲繁殖在育种上的利用

近交是育种工作的重要方法之一，也是生产的重要措施之一。近亲繁殖的用途可概括为 3 个方面：

（1）固定优良性状

由于近交能使基因纯合，因而可用它来固定优良性状，也就是使决定这一性状的基因纯合。由于近交也使群体分化，纯合基因既可能有优良基因，但也有不良基因，又由于近交只能改变群体的基因型频率而不改变基因频率，为使性状向着理想的方面发展，不断提高群体的优良基因频率，故近交时须配以严格的选择。

植物的近亲繁殖主要是采用自交或兄妹交配，在具体应用上因为作物授粉方式和育种方法而不同。自花授粉作物是天然自交的，因此，在自花授粉作物的杂交育种上只要对其杂种后代逐代种植，注意选择符合需求的分离个体，即可育成纯合而稳定的优良品种。异花授粉作物由于天然杂交效率高，其基因型是杂合的，所以对生产的品种更要采取适当的隔离方法控制传粉，防止自交系间或品种间杂交混杂。

（2）保持个别优秀个体的血统

作物育种中，当群体中出现了个别或少数特别优良的个体，往往要保持它们的特性，这时可运用近交这一手段。若不利用近交，卓越个体的优良血统经几代后就会在群体中消失。

（3）发现和淘汰遗传缺陷

决定遗传缺陷的基因多为隐性，非近交时很难发现。使用近交法，可使它们暴露的机会大为增加。当遗传缺陷个体出现后即可淘汰，并可采用测交等方法以检出这些基因的携带者以作进一步淘汰。

综上可见，近交是育种工作中的一个重要手段，运用得当就可以加快优良性状的固定和扩散，揭露隐性有害基因，提高杂交亲本的纯合性，对育种大有好处。但在近交过程中，也往往会出现衰退现象，需要切实加以防范。近交只是一种特殊的育种手段，而不应作为育种或生产中的经常性措施。

5.5.4 杂种优势

5.5.4.1 杂种优势的表现

杂种优势（heterosis）是生物界的普遍现象。广义的杂种优势可以定义为杂交产生的后代在抗逆性、繁殖力、生长势等方面优于纯合亲本的现象。同时也是指近交系间杂交时，因近交导致的适合度和生活力的丧失可因杂交而得到恢复的现象。杂种优势涉及的性状多为数量性状。通常以 F_1 超过双亲平均值的数值表现杂种优势（绝对优势值），或以优势值占中亲值的百分数表示优势程度（相对优势值），即：

$$P = \frac{\overline{F_1} - \left(\frac{1}{2}\overline{A} + \frac{1}{2}\overline{B}\right)}{\frac{1}{2}\overline{A} + \frac{1}{2}\overline{B}} \times 100\%$$

式中　P——杂种优势率；

　　　F_1——一代杂种均值；

　　　$\overline{A}$ 和 $\overline{B}$——分别为两个不同的纯合亲本的均值。

上式的分子部分（即杂种均值与纯合亲本均值的差值）称为杂种优势量（amount of heterosis）。杂种优势量超过亲本均值称为正杂种优势，若低于亲本均值则为负杂种优势。对观赏植物育种工作来说，正负两种杂种优势均是可以利用的，其利用价值根据育种目标而定。

杂种优势的表现往往涉及很多方面。同一性状在不同杂交组合中可能表现不同优势，同一性状组合内不同性状间也会表现出不同的优势。将目前动、植物育种成果归纳起来，F_1 杂种优势表现具有如下特点：

① 杂交亲本间的遗传差异愈大，杂种优势愈明显；

② 杂交亲本纯合度愈高，后代杂种优势愈明显；

③ 不同类型性状的杂种优势程度不同；

④ 杂种优势的强弱与环境条件也有密切关系。

5.5.4.2 杂种优势衰退现象

根据数量性状遗传的基本规律，F_2 群体内必将出现性状分离和重组。因此，F_2 与 F_1 相比，生长势、生活力、抗逆性和观赏品质等方面都显著地下降，即所谓衰退（depression）现象。其表现为两亲本纯合度愈高，性状差异愈大，F_1 表现出的杂种优势愈强，F_2 表现出的衰退现象愈明显。F_2 优势衰退现象主要表现在 F_2 群体中产生严重分离，其中虽然有极少数个体可能保持与 F_1 同样的杂合基因型，但是大多数个体的基因型所含的杂合和纯合的程度是很不一致的，致使 F_2 个体间参差不齐，差异极大，引起群体表现出明显的衰退现象。因此，杂种优势是不能固定的，随着杂合子频率的下降，杂种优势将逐渐消失。在实际生产中，F_2 一般不再利用，必须不断重新配制杂种才能满足生产需要。

5.5.4.3 杂种优势的遗传学原理

杂种优势现象虽然在生产实践中得到广泛应用，但其发生和遗传的机制尚未有明确的结论。学者们提出很多假说对其机制进行解释，但均缺乏有力的证据。目前被多数学者所接受的理论主要为显性假说和超显性假说。

(1) 显性学说

由于在生物的基因库存中存在不少隐性有害基因或不利基因，它们不同程度地影响生物体的生活力、繁殖力、抗病性等，在数量性状上表现为表型值低于显性的等位基因值。这些不利作用可以在杂合体中由于显性等位基因的存在而被不同程度地消除。所以显性学说认为，杂种优势是由于双亲的显性基因集中在杂种中所引起的互补的作用。

现以玉米的两个自交系为例说明显性学说：假定有 5 对基因（Aa，Bb，Cc，Dd，Ee）互为显隐性关系，分别位于 2 对染色体上，各纯合隐性基因型（如 aa）对性状发育的作用为 1，而各显性纯合和杂合的基因型（如 AA 和 A-）的作用为 2。这两个自交系杂交产生的杂种优势可表示如下：

$$\frac{A\ b\ C\ \ D\ e}{A\ b\ C\ \ D\ e} \times \frac{a\ B\ c\ d\ E}{a\ B\ c\ d\ E}$$

(2+1+2+2+1=8)　　　　　　(1+2+1+1+2=7)

$$\downarrow$$

$$\frac{A\ b\ C\ D\ e}{a\ B\ c\ d\ E}$$

(2+2+2+2+2=10)

由此可见，由于显性基因的作用，F_1 杂种比双亲表现出明显的优势。

(2) 超显性学说

该学说认为杂种优势来源于双亲基因型的异质结合所引起的基因间的互作。这一理论认为等位基因间没有显隐性关系。

假设：玉米的 2 个自交系各有 5 对基因与生长势有关，它们不存在显隐性关系。a_1a_1、b_1b_1 的生长量为 1 个单位，而 $a_1a_2\cdots b_1b_2$ 的生长量为 2 个单位。这 2 个自交系杂交产生的杂种优势如下：

$$\frac{a_1\ b_1\ c_1\ d_1\ e_1}{a_1\ b_1\ c_1\ d_1\ e_1} \times \frac{a_2\ b_2\ c_2\ d_2\ e_2}{a_2\ b_2\ c_2\ d_2\ e_2}$$

(1+1+1+1+1=5)　　　　　　(1+1+1+1+1=5)

$$\downarrow$$

$$\frac{a_1\ b_1\ c_1\ d_1\ e_1}{a_2\ b_2\ c_2\ d_2\ e_2}$$

(2+2+2+2+2=10)

由于基因的异质结合,使 F_1 杂合体具有 $a_1b_1c_1d_1e_1$ 及 $a_2b_2c_2d_2e_2$ 两种代谢功能,而显著地优于它们的双亲,如果非等位基因也存在互作,则杂种优势更能大幅度提高。

杂种优势的遗传机制迄今没有比较完善的解释,上述两种假说有待进一步完善或在遗传学的发展进程中提出新的理论。

5.5.4.4 杂种优势的利用

在观赏植物育种中,因植物的授粉方式不同,利用杂种优势的方法有所差异。对无性繁殖的花卉,只要选择那些具有杂种优势的优秀单株进行无性繁殖,即可将其优势固定并形成优良品种;对于有性繁殖的花卉,只能利用 F_1(F_2 及其以后世代的性状将发生分离,优势逐渐下降)。为了充分利用杂种优势,必须进行杂交亲本的选择、杂交组合的筛选以及杂交工作的组织。特别是对于一、二年生草花来说,需要每年制种,工作量很大。各国花卉育种工作者在实际制种中已经成功利用雄性不育系提高了育种效率,如金鱼草、矮牵牛、美女樱(*Verbena hybrida*)等。利用组织培养技术,将优良的 F_1 体细胞培养成基因型相同的大量幼苗,也是固定杂种优势的有效途径。观赏植物中固定杂种优势的另一个有效途径是利用植物的无融合生殖现象,即由胚珠或珠心组织细胞行无孢子生殖,形成二倍体胚或者种子,或者由珠心组织诱导形成不定胚($2n$),这样也可以使得 F_1 杂合性及其形成的杂种优势得以延续。目前,植物杂种优势固定的方法还有待完善。

思考题

1. 名词解释:
   数量性状,质量性状,遗传力,杂种优势。
2. 如何区别群体的连续变异和不连续变异,各举一例加以说明。数量性状与质量性状的研究方法有什么区别?
3. 解释多基因假说。
4. 什么是广义遗传力和狭义遗传力?它们在育种实践上有何指导意义?
5. 两个三杂合子 AaBbCc 相互杂交。这 3 对基因在不同的染色体上,试问:
   (1) 后代中有多少个体在 1 个、2 个、3 个座位上是纯合子?
   (2) 后代中有多少个体携带 0,1,2,3,4,5,6 个显性基因(用大写字母表示)?
6. 在问题 5 (1) 中,假定 A 座位上的 3 种可能的基因型效应分别为 AA=4,Aa=3,aa=1,对 B,C 两个座位也存在相似的效应,而且,假定每个座位的效应可以累加。请计算并且图示群体中表型的分布(假定没有环境变异的影响)。
7. 假定大丽花基因型 AABBCC 和 aabbcc 的两个自交系花朵,直径分别为 18cm 和 12cm,这 3 对等位基因都是独立遗传的,均以加性效应方式决定花径,试问:
   (1) 二者杂交 F_1 的花径是多少?
   (2) 在 F_2 群体中有哪些基因型表现为花径值 15 cm?
   (3) 如果 F_1 自交 5 代,基因型为 AAbbcc 的个体占多少比例?

推荐阅读书目

普通遗传学.5版.方宗熙.科学出版社,1984.
遗传学.2版.浙江农业大学.中国农业出版社,1999.
园艺植物遗传学.沈德绪,林伯年.中国农业出版社,1985.
普通遗传学.杨业华.高等教育出版社,2000.

第6章 细胞质遗传

[**本章提要**] 现代遗传学研究表明细胞质内也含有遗传物质。本章介绍细胞质遗传现象，细胞质遗传的物质基础，雄性不育的机理及其应用。

到目前为止，我们所讨论的遗传规律，包括孟德尔遗传规律和数量性状遗传规律，都属于细胞核遗传，所涉及的基因都位于细胞核内染色体上，这些遗传现象在遗传过程中占主导地位。随着遗传学的深入发展，细胞质中也存在着自主性的遗传物质，即细胞质基因被逐步证实。与核基因一样，细胞质基因也能决定生物体某些性状的表现和遗传。这就是细胞质遗传。

6.1 母性影响

较早的研究中，关于紫罗兰胚胎颜色的遗传现象引起了遗传学家的兴趣。1908年，重新发现孟德尔规律的学者之一柯伦斯发现紫罗兰（*Matthiola incana*）的胚胎表皮呈深蓝色，另一种光滑紫罗兰（*M. glabra*）的胚胎表皮呈黄色，使它们杂交时，结果胚胎表皮颜色这一性状随母本而转移，即

$$♀M.\ incana\ ×M.\ glabra\ ♂ → 深蓝色胚（母本性状）$$
$$♀M.\ glabra\ ×M.\ incana\ ♂ → 黄色胚（母本性状）$$

从上面这个例子可以看出，母本性状可以影响下一代的表型。我们知道，卵子和精子在细胞核内容上是近乎相等的，但卵细胞含有相对大量的细胞质，而精子几乎只有一个裸核参与受精过程，其细胞质部分在花粉管生长过程中起作用，但基本上不参加合子形成。也就是说，在上下代的联系中，母本和父本的贡献在细胞核方面是相等的，但在细胞质方面是不相等的，这是高等生物有性繁殖过程中的普遍规律。在上例的两种情况中，胚胎表皮颜色是受母体基因控制的。

6.2 细胞质遗传

母性影响是依赖于母本基因的作用，而这些基因是以经典方式传递的，其特点只不过是父本的显性基因延迟一代表现和分离而已。细胞质遗传则是受到细胞质中构成要素的作用，这些构成要素能够自主地复制，通过细胞质由一代传向下一代。

在试验中，如果发现下列任何一种情况，就需要考虑有关性状是否属于细胞质遗传：

① 正交与反交结果不同；
② F_1 通常只表现母本性状；

③ 两亲本杂交后子代自交或与亲代回交不呈现一定的分离比例；
④ 遗传方式是非孟德尔式的；
⑤ 不能在某一特定染色体上找到相应基因的位点。

6.2.1 紫茉莉的花斑叶色遗传

在很多显花植物中，杂色叶片的遗传都表现典型的孟德尔式遗传。但是，在观赏植物紫茉莉的某一品系中出现例外。在这一品系中有些枝条具绿白斑的植株，与不同表型的植株杂交，子代的表型总和母本有关，与父本表型无关。这种现象是柯伦斯发现的（1909）。经过研究得知：绿色枝条的紫茉莉含有正常的叶绿体；白色的枝条只含有无色的质体，又称为白色体（leucoplast），它缺乏叶绿素，故不能进行光合作用；具花斑的紫茉莉枝条中既有白色体又有叶绿体。在植物生长的过程中，叶绿体和白色体这两种细胞器可以分离，绿色的枝条是来自有叶绿体的细胞，而具有花斑的枝条是来自含有叶绿体和白色体的细胞。无论何种类型的枝条，通过母体的遗传可将这些叶绿体或白色体传递给后代。这一过程不是核基因的分离重组，而是细胞器基因组的分离和重组。细胞器基因组的遗传是随机进行的。因此，子代的表型和母本的基因型相关。如果母本枝条是花斑的，则其后代可能是花斑的或者白色的，也可能是绿色的，这是由于母本在形成卵细胞时叶绿体和白色体的随机分离引起的（表6-1）。

表 6-1 紫茉莉茎叶花斑性状的遗传

接受花粉的枝条	提供花粉的枝条	杂种表现
白色	白色 绿色 花斑	白色
绿色	白色 绿色 花斑	绿色
花斑	白色 绿色 花斑	白色、绿色、花斑

6.2.2 柳叶菜属的细胞质遗传

观赏用柳叶菜属（*Epilobium*）植物通常是二倍体，其植株较小，花粉中的细胞质很少。研究者以黄花柳叶菜（*E. luteum*）为母本，以刚毛柳叶菜（*E. hirsutum*）为父本杂交，所得的杂种一代（lh^1）再作母本同父本回交。如此23年，经过24代，获得lh^{24}，其细胞质几乎完全是母本黄花柳叶菜的，而其细胞核几乎完全是父本刚毛柳叶菜的（图6-1）。这个过程称为细胞核置换。经过置换后的lh^{24}就成了自然界罕见的植物，即刚毛柳叶菜的细胞核寄居于黄花柳叶菜的细胞质中。我们用L和H分别表示黄花柳叶菜和刚毛柳叶菜的细胞质，另外lh^{24}核基因型为hh，所以这个新刚毛柳叶菜可以写成L（hh），而原来的刚毛柳叶菜是H（hh）。为了验证细胞质在遗传中的作用，用这两种材料进行互交：①L（hh）×H（hh）；②H（hh）×L（hh）。如果细胞质在遗传中没有任何作用，性状完全决定于细胞核的话，这两种杂交的结果应该相同。因为正反杂交的细胞核内容（hh）是一样的，所不同的仅是细胞质（L或

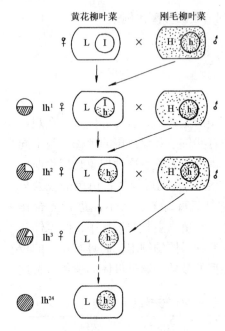

图 6-1 柳叶菜核置换试验

H)。但是杂交结果出人意料,仔细分析发现两种交配方式所产生的后代有广泛的差异,许多差异是显著的,这些差异包括不育性、杂种优势、对病毒的敏感性、对真菌的抵抗力、对温度和光线的反应、花的颜色和细胞构造等。

怎样解释这种现象呢?研究者认为这是细胞质具有自主性的证据。黄花柳叶菜的细胞质(L)与刚毛柳叶菜的细胞核(h)相处达24代,还保持自己的特征,这表明某些细胞质因子具有自我复制的能力,即有遗传的连续性和稳定性。一般把上述细胞质因子叫做细胞质基因(plasma gene)。

在上述互交试验中子一代最大的差异是育性。L(hh)×H(hh)子代的花粉是不育的,而H(hh)×L(hh)子代的花粉是可育的。另外L(hh)×L(ll)(正常的黄花柳叶菜)的后代也是花粉可育的。这些结果说明L(hh)雄性不育的原因是刚毛柳叶菜的核基因(hh)与黄花柳叶菜的细胞质基因L之间不协调。当杂交后基因型变成L(lh),核与质之间的平衡改进后,花粉的育性也得到改善。

目前,在农业和园艺上广泛应用的雄性不育系统就是在柳叶菜试验的启示下获得的,两者的基本原理是一样的。

6.3 细胞质遗传的物质基础

从上述两个例子中可以知道,细胞质里也有遗传物质。任何颗粒如果要作为遗传物质,必须具备两个条件:连续性和稳定性。

现在知道,细胞质里也有不少细胞器具有连续性和稳定性,例如中心粒、线粒体和质体等。这些颗粒是自主复制的,一旦丧失就不能恢复,它们不是细胞核的副产品。叶绿体就是一个突出的例子:白化苗或枝条是丧失叶绿体的苗或枝条,在许多情况下,正常的细胞核不能挽救这种白化苗死亡的命运。不少报道证明:叶绿体含有自己的DNA且可以合成蛋白质。可以用X射线诱导这种DNA的突变,并能遗传下去,成为稳定的性状。质体虽然能进行自我分裂繁殖,并有一定程度的自主性和稳定性,但不像染色体那样规则地分离和重组,经分裂产生的质体也不能保证均匀地进入两个子细胞中去,因而常有不均匀分配的现象。

6.3.1 线粒体的遗传及其分子基础

6.3.1.1 线粒体基因组的一般特性

线粒体DNA(mt DNA)是裸露的DNA双链分子,主要呈环状,但也有线状分子，其分子的大小因物种而不同，一般动物为14～39kb，真菌为17～176kb，植物线粒体基因组的范围从200～2 500kb不等。绝大多数的线粒体DNA没有重复序列，这是线粒体DNA一级结构的重要特点。线粒体是半自主性的，线粒体DNA不仅能进行半保留复制传递给子代，而且还能转录所编码的遗传信息，合成某些自身所特有的多肽。有些线粒体基因组还有内含子序列。

6.3.1.2 高等植物的线粒体基因组

与酵母菌和高等动物线粒体的研究相比，过去对高等植物线粒体DNA的研究较少。电镜研究表明，植物线粒体DNA是大小不同的环状和线状分子的复杂集合体，一般说来，环状分子出现的频率低，在玉米和大豆中含量占5%，烟草的培养细胞中达40%；在分子大小或相对含量方面，环状分子也极不均一，例如玉米至少有7类大小不同的环状分子，小到1.8kb，大到68kb；其含量也从48%到不足1%不等。近年的研究初步肯定植物mtDNA是由一个主基因组（master genome）和通过重组而衍生的一系列大小不同的分子组成。现在对玉米、菠菜（Spinacia oleracea）等几种植物的线粒体基因图谱已有一定了解。

据目前所知，植物线粒体基因组中，编码蛋白质的基因有3个细胞色素氧化酶复合物的大亚单位CoxⅠ，CoxⅡ和CoxⅢ的基因，植物的F_0-F_1ATPase复合物的4个亚单位的基因、核糖体蛋白小亚单位rps4，rps13，rps14以及编码NADH-辅酶Q氧化还原酶复合物的几个亚单位的基因；另外，还有线粒体自身蛋白质合成系统中的3个rRNA（5S，18S，26S）基因和一些tRNA基因，除上述编码基因外，线粒体基因组中还含有一些可读框（ORF）和尚未确定的读框（URF）以及大量的非编码序列。

植物线粒体基因组不仅特别大，还表现出诸多复杂现象，混杂DNA就是植物线粒体基因组的复杂现象之一。所谓混杂DNA是指源于其他基因组而在本基因组稳定复制遗传的混杂区段。植物线粒体基因组含有源出于叶绿体基因组的混杂DNA。如玉米mtDNA中含有1个16S rRNA和2个tRNA以及1,5-二磷酸核糖羧化酶大亚基单位基因的叶绿体基因组片段。有的植物线粒体基因组中也有源出于核基因组的片段。从目前研究的情况看，在进化过程中，线粒体和叶绿体以及细胞核之间的遗传信息交流是频繁的，只是叶绿体基因组受到较严格的约束，混杂DNA的量也就很少。

植物线粒体基因在整个线粒体DNA分子上的分布一般是不连续的，表现为独立转录，但也有多顺反子共转录的现象，不过，这种例子不多，与动物mtDNA基因组有很大不同。基因间的序列是线粒体基因组中最复杂的部分，这些片段可以很长；在不同植物中，基因间序列可有很大不同，它们可能是植物线粒体基因组相差很大的原因。但有关这些序列的研究还很少。在植物线粒体的coxⅡ和nad等基因中已发现有内含子。在植物中，有一些非正常生长的突变体是线粒体DNA的突变引起的，这些突变体又称为非染色体变异（non-chromosome stripe, NCS），以其生长差、产量低、叶子类型多变和严格的母性遗传为特征。在种间或种内杂交后代中常可观察到这类突变体，异常的植株内含突变型的和正常的线粒体，它们在体细胞中的分离可能是细胞间形态多变的原因。

6.3.2 叶绿体遗传及其分子基础

叶绿体是地球上绿色植物体中把光能转化为化学能的重要细胞器。在叶绿体中整个复杂的光合作用过程都严格地受到各种水平的调节和遗传控制。尽管在 20 世纪初柯伦斯（Correns）等已经发现叶绿体某些性状的遗传是非孟德尔式的，但直到 60 代初才发现叶绿体 DNA（chloroplast DNA，ctDNA）。70 年代以来有关叶绿体的遗传物质及表达逐渐被揭示出来之后，叶绿体遗传的研究才日益受到人们的重视，并有长足的进步，成为植物分子生物学研究的重要课题之一。叶绿体遗传的研究，对于深入了解光合作用过程中基因的作用及其调控机理具有重要的意义。现在已经证明有几十种蛋白质和核酸分子是由叶绿体基因指导合成的，其中有的基因已经定位。

叶绿体是真核绿色植物细胞的细胞器，但它的 DNA 及其基因表达系统都表现了典型的原核性质，是研究真核基因和原核基因关系的好材料，并有助于探索生物的演化规律。另外对叶绿体及其遗传控制的研究，在人工模拟光合作用过程以及通过改造光合过程来改良植物品质方面将具有一定的指导作用。

6.3.2.1 衣藻的叶绿体遗传

在叶绿体遗传研究方面，莱茵衣藻（*Chlamydomonas reinhardtii*）是所有实验材料中研究得最为详尽者之一。它的营养细胞通常含有一个单倍体的核、一个叶绿体和约 20 个线粒体。衣藻通常行无性繁殖，有时通过两种形态学上相同但交配型不同的配子融合，进行有性生殖。衣藻的交配型是由细胞核内一对等位基因 mt^+ 和 mt^- 所决定的。配子融合时给合子提供了相等的细胞内含物，合子萌发时，通常立即发生减数分裂，其 4 个单倍体产物，核基因 2∶2 分离。但是，有一些基因如影响光合作用能力的基因、某些抗性基因则都表现为母性遗传。这种现象最早发现于从衣藻中分离得到的突变体 *sm-2*，这是一种对链霉素具有高度抗性的突变体，把它与野生型杂交，其子代的链霉素抗性依亲本交配型不同而异，即当链霉素抗性型亲本的交配型是 mt^+ 时，则几乎所有的子代（通常大于 99%）也是链霉素抗性型；如果是 mt^-，则几乎所有子代都是链霉素敏感型，显示非孟德尔式遗传。

为给上述观察提供一些直接的证据，R. Sager 等用 ^{15}N 标记一种交配型的 DNA，然后用这种配子同含正常 ^{14}N 的其他配子进行杂交。交配 6h 后发现，如果 ^{15}N 的配子是 mt^-，合子中的叶绿体 DNA 只含 ^{14}N；而若含 ^{15}N 的配子是 mt^+，则合子中的叶绿体 DNA 就只含 ^{15}N。由此看来，只有从 mt^+ 亲本来的叶绿体 DNA 传递下来，而从 mt^- 亲本来的叶绿体 DNA 则被丢失了。

这样一种特殊的母性遗传现象并不只限于链霉素抗性，其他一些性状的遗传也符合这一规律，可见它还取决于 mt^+ 和 mt^- 细胞的其他特性。这一特殊母性遗传现象可能是由于 mt^+ 细胞中存在着限制——修饰酶体系，使来自 mt^- 的叶绿体 DNA 被降解。

6.3.2.2 叶绿体基因组

叶绿体 DNA 是裸露的环状双螺旋分子，其大小一般变动在 120～217kb 之间。通常一个叶绿体中可含一至几十个这样的 DNA 分子。叶绿体基因组的碱基序列中不含 5-甲基胞嘧啶,这一特点可作为鉴定叶绿体 DNA 提取纯度的一个指标。

根据变性—复性、电镜观察以及限制性内切酶等多种方法对叶绿体 DNA 核苷酸序列的分析,表明大多数植物的叶绿体基因组具有一个共同的特征,即含有两个反向重复序列。它们之间由两段大小不等的非重复序列所隔开,重复序列相反,所以在复性过程中每条单链上的两个重复序列恰好可以互补形成双链结构,而这之间的两个非重复区则形成两个大小不等的单链 DNA 环,分别称为大小单拷贝区,不同植物中大、小单拷贝区的长度不一。但是,在蚕豆(*Vicia faba*)、豌豆等一系列豆类植物叶绿体 DNA 中至今尚未检测出重复序列,而眼虫(*Euglena sp.*)的 Z-Ha 品系中却有 3 个紧密排列的重复序列。

叶绿体 DNA 能够自我复制。但和线粒体 DNA 一样,叶绿体 DNA 的复制酶及许多参与蛋白质合成的组分都是由核基因编码的,在细胞质中合成而后转运进入叶绿体。

叶绿体基因组含有自己的转录翻译系统。它的核糖体属于 70S 型,由 50S 亚基和 30S 亚基组成,小亚基的 23S、4.5S、5S 和 16S rRNA 基因都由叶绿体 DNA 碥码。叶绿体核糖体蛋白质基因组中约有 1/3 也是叶绿体 DNA 编码,另外叶绿体基因组中还含有 30 多个 tRNA 基因的编码序列。

6.3.2.3 叶绿体 DNA 的物理图谱及基因定位

利用限制性内切酶识别位点作图等方法,现已为眼虫、衣藻、拟南芥(*Arabidopsis thaliana*)、玉米、菠菜、豌豆、水稻等许多植物的叶绿体 DNA 绘制了物理图谱,并将基因组中的一些基因定位,如 rRNA,tRNA 和一些蛋白质基因。以进行了整个核苷酸序列分析的烟草和地钱(*Marchantia polymorpha*)的叶绿体的 DNA 为例,它们含有几乎完全相同的叶绿体基因。4 种核糖体 rRNA 基因以 rRNA 16S,23S,4.5S 和 5S 的次序反向排列在两个重复区中。除此之外,这些植物的叶绿体基因组还编码一些蛋白质,如 20 多个叶绿体核糖体蛋白质、叶绿体 RNA 聚合酶的几个亚基、光合系统 I 和 II 中的几个蛋白质、ATP 酶的亚基、在电子传递链中酶复合物的部分成分、核酮糖 1,5-二磷酸核酮糖羧化酶(RuBP 酶)的大亚基等。在叶绿体 DNA 分子上有约 30 个 tRNA 基因,其中 4 个在反向重复区段,2 个插在 16S rRNA 和 23S rRNA 之间,其他则分散在整个基因组中。估计在叶绿体 DNA 序列中还含有一些未知功能的可读框。

关于叶绿体基因的结构方面,已先后在玉米的 tRNA 基因 *trn*1 和 *trnA*,衣藻叶绿体的 23S rDNA 中发现有内含子。以后又在烟草的 6 个 tRNA 基因、4 个核糖体蛋白质基因中发现有内含子,眼虫叶绿体 DNA 为 RuBP 羧化酶大亚基编码的基因至少含有 9 个插入序列。有些内含子非常长,如有的 tRNA 基因的编码序列不过 70~80 个核苷酸,其内含子却可长达几百个碱基,在 6.5kb 核酮糖酸化酶大亚基基因中,9 个内含子的每一个长度均接近 0.5kb。

6.3.3 叶绿体遗传系统与核遗传系统的关系

6.3.3.1 玉米的埃型条斑遗传

在玉米的遗传研究中,人们发现一种与叶绿体遗传有关的埃型条斑(striped iojap

trait），与之相关的基因 *iojap*（*ij*）位于玉米核基因组的第 7 连锁群。具有 ij/ij 纯合子的玉米植株或是不能成活的白化苗，或是在茎和叶上形成有特征的白绿条斑。当这种植株作为父本用来给正常的（＋／＋）绿植株授粉时，条斑性状按孟德尔规律遗传（图 6-2）。而当 ij/ij 玉米用作母本与绿色父本杂交时，子代中看不到典型的孟德尔比例，它们的表型可以是绿、白或条斑型。

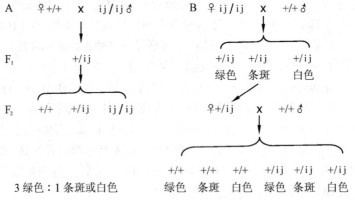

图 6-2　玉米埃型条斑的遗传

可见，埃型条斑一旦在纯合体 ij/ij 雌性植株中出现，就可以通过母体遗传下去，这一种特性即使 ij 座位上替换了一个正常基因，使其核基因型为＋／＋，也不能把由原来 ij 核基因效应造成的叶绿体 DNA 中的突变"矫正"过来。

从玉米埃型条斑的例子显示，一方面叶绿体这种细胞器在遗传上有其自主性，另一方面，叶绿体受到核基因突变效应的影响可以发生改变。

6.3.3.2　叶绿体的半自主性

作为细胞内一个相对独立的遗传系统，在整个细胞的生命活动中，叶绿体基因组有其自主复制的遗传特性，但同时还需要核遗传系统提供编码信息。就叶绿体蛋白质的合成来看，根据它们的来源可以分为 3 类：第一类是由叶绿体 DNA 编码，在其 70S 核糖体上合成，如光系统 IP700Chla 蛋白质和相对分子质量为 3.2×10^4 的膜蛋白质 pbA；第二类是由核 DNA 编码，在细胞质 80S 核糖体上合成，然后转运到叶绿体中成为类囊体膜成分，如光合系统 II Chla/b 蛋白质；第三类是由核 DNA 与叶绿体 DNA 共同控制的，如二磷酸核酮糖羧化酶，其大亚基由叶绿体基因组编码，在 70S 核糖体上合成，而其小亚基却是由核 DNA 编码，在细胞质中 80S 核糖体上合成之后，穿过叶绿体膜进入叶绿体中与大亚基一起整合为全酶。同样 ATP 合成酶的 CF1 中的 α，β，ε 3 个亚基因和 CFO 中亚基 I 和 III 的基因都在叶绿体 DNA 上编码；而 CF1 中的 γ，δ 亚基和 CFO 中亚基 II 则由核 DNA 编码。

由此可知，叶绿体基因只对组成叶绿体的部分多肽具有控制作用，而整个叶绿体的发育、增殖以及其机能的正常发挥却是由核 DNA 和叶绿体 DNA 共同控制的。所以，叶绿体和线粒体一样，也是半自主性细胞器。

6.3.4 细胞质在遗传中的作用

上面的例子说明了细胞质在遗传中也有一定自主性。细胞质颗粒或细胞质基因一方面能自主地复制，可以发生突变，具有与核基因相似的性质；另一方面，它们又与核基因相互依存，共同作用，显示着密切的联系。

细胞质在遗传中的重要作用不单在于细胞质内具有类似核基因的细胞质基因或细胞质颗粒，也不在于细胞质基因或细胞质颗粒与核基因之间的相互依存关系，而是在于细胞质与细胞核之间有着密切的相互作用。细胞质内合成的那些蛋白质是受核内基因调控和制约的，核内染色体和基因复制所必需的能量、单核苷酸、氨基酸和酶都是细胞质提供的。除此以外，细胞质在遗传中的重要作用还在于能在个体发育中调节染色体和基因的作用，关于这一点，将在有关章节中讨论。

6.4 细胞质遗传与植物雄性不育系

6.4.1 植物雄性不育系

6.4.1.1 类型

植物花粉败育的现象称为雄性不育（male sterility）。雄性不育性在植物界普遍存在。迄今为止，已知的雄性不育的植物大致可以分为3种类型。第一种类型大都表现简单的孟德尔式基因分离现象，雄性不育性常表现为隐性性状。在玉米和番茄中曾多次发现过这类基因。我国发现的淮型雄性不育系小麦，湖南发现的黔阳水稻雄性不育系，以及沈阳发现的白菜（*Brassica pekinensis*）雄性不育系都属于这一类型，用符号表示如下：S 代表雄性可育基因；s 代表雄性不育基因。

雄性不育株的基因型为 ss，雄性可育株的基因型为 SS，S 与 s 表现简单的显隐性关系。一般品种给雄性不育株授粉产生的后代都恢复育性，结出的后代自交分离出雄性可育和不育的植株：

$$P \quad ss（雄性不育株）\times SS（雄性可育株）$$
$$\downarrow$$
$$F_1 \quad Ss（雄性可育）$$

这一类属核型雄性不育类型（gene determind type），应用在生产上有一定的困难。

第二类雄性不育系一般称为细胞质雄性不育（cytoplasmic male sterility，CMS）。这种雄性不育在玉米中曾经发现过，其他品种给这种玉米授粉，产生的后代仍然是雄性不育的，表现严格的母性遗传。这说明此类雄性不育是由于细胞质内存在不育性基因（S）（图6-3）。S 代表细胞质雄性不育基因；F 代表细胞质雄性可育基因。

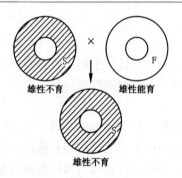

图 6-3 细胞质雄性不育

图 6-4 核质雄性不育系

第三种类型雄性不育叫做核质雄性不育类型（nucle-cytoplastic male sterility）。上面讨论的柳叶菜杂交后代中出现雄性不育株便属于这一类型。这类雄性不育在农作物及园艺作物育种上得到广泛利用，如玉米、水稻、小麦、棉花（*Gossypium* spp.）、洋葱（*Allium cepa*）等。特别是在水稻雄性不育系的研究方面我国科技工作者做出了杰出贡献。在这种类型中，细胞核内含有纯合的隐性不育基因（ss），同时细胞质内含有不育的细胞质基因 S（图 6-4），于是表现雄性不育。雄性不育植株的雌性生殖器官是正常的，接受正常的花粉能结实，而其产生的花粉是败育的。花药形状也往往是皱缩而不正常的，它是由于细胞质内和细胞核内同时含有不育性基因而造成雄性不育。我们称这样的株系为雄性不育系（male sterile line）。

有些植株给雄性不育株授粉，产生的后代继续为雄性不育系，称之为保持系（maintainer）。保持系开花结实完全正常，能产生足够的花粉。保持系核内的基因型也是纯合的隐性不育基因（ss），但它的细胞质内含有可育的细胞质基因 F，也唯有这个细胞质基因使得保持系能育。雄性不育系必须依靠保持系才能产生雄性不育后代。经过保持系反复回交传粉以后，雄性不育系除育性外其他一切性状与保持系完全相同（图 6-5）。

有些植株给雄性不育株授粉，能使雄性不育系产生雄性可育的后代，称之为恢复

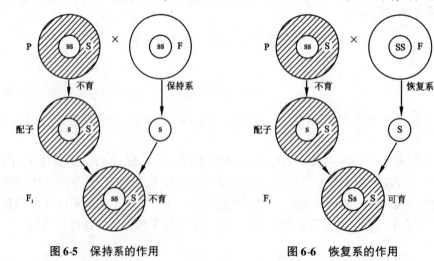

图 6-5 保持系的作用　　　　　图 6-6 恢复系的作用

系（fertility restorer）。恢复系核内具有显性能育基因（SS 或 Ss）能正常开花结实，产生正常的花粉，用它给雄性不育株授粉，由于显性基因（S）的作用，使雄性不育株恢复雄性育性（图 6-6）。在农业生产上要求恢复系不仅能使雄性不育的后代恢复能育性，而且要求表现杂种优势，这样才能达到推广栽培的目的。

6.4.1.2 利用方式

雄性不育的性状在制造杂交种时很有用处。有了合适的不育系、保持系和恢复系，在制单交种时一般建立两个隔离区。一区是繁殖不育系和保持系的隔离区，在区内交替地种植不育系和保持系。不育系缺乏花粉，花粉从保持系获得，从不育系植株收获的种子仍旧是不育系。保持系植株依靠本系花粉结实，所以从保持系植株收获的种子仍旧是保持系，这样在这一隔离区内同时繁殖了不育系和保持系（图 6-7）。另外一区是杂种制种隔离区，在这一区里交替地种植不育系和恢复系，不育系植株没有花粉，花粉是从恢复系植株来的，所以从不育系植株收获的种子就是杂交种子，可供大田生产用。恢复系植株依靠本系花粉结实，所以从恢复系植株收获的种子仍旧是恢复系。于是在这一隔离区内制出了大量杂交种，同时也繁殖了恢复系（图 6-8）。这就是用 2 个隔离区同时繁殖 3 系的制作杂交种的方法，一般称为"二区三系"制种法。

图 6-7 雄性不育和保持系的繁殖　　图 6-8 制杂种的同时繁殖恢复系

目前，这种制种法在农业生产中获得了很大的经济效益。水稻、玉米、小麦、高粱、大麦（*Hordeum vulgare*）以及洋葱和甜菜（*Beta vulgaris*）应用这一制种法已经取得了令人鼓舞的成绩。如果将这一方法用于花卉生产中，尤其是一、二年生草花的制种生产中，将极大地改变花卉生产的现状，取得花卉种子生产的新成就。

6.4.1.3 雄性不育遗传的复杂性

雄性不育性的遗传基础往往比上面介绍的还要复杂，在实际中往往出现很多情况：

（1）花粉败育发生的时期因不同物种的不育遗传系统而异

在小麦、玉米和高粱等单子叶植物中，花粉败育多发生在减数分裂以后的雄配子形成期；而在矮牵牛、胡萝卜（*Daucus carota* var. *sativa*）等双子叶植物中，败育则发生在减数分裂过程中或在此之前。

（2）根据雄性不育发生的过程，可分为孢子体不育和配子体不育两种情况

孢子体不育是指合子体（植株）基因型控制的花粉不育，不育性与花粉本身的基因型无关。例如，由不育植株 S（rr）产生的花粉 S（r）全都不育，由可育植株 S（RR）产生的花粉 S（R）均可育，由可育植株 S（Rr）产生的两种花粉 S（R）和 S（r）也都可育。配子体不育是指由配子基因型控制的不育，表现为由 S（Rr）植株产生的凡是基因型为 S（R）的花粉均可育，基因型为 S（r）的花粉均不育。杂合体植株的花粉一半是不育的，其自交后代中一半植株的花粉表现为半不育，玉米的 M 型不育系就是配子体不育。

(3) 在核质互作型不育中，胞质不育基因与核不育基因有对应关系

同一植物可能有多种不同的细胞质不育因子。每一个细胞质不育基因在细胞中有与之对应的核不育基因。由于胞质不育基因和核不育基因的来源和性质不同，在表型特征和育性恢复反应上可能有明显的差异。这种情况在小麦、玉米、水稻中均有发现。由于这种对应关系，对每一种不育类型而言，都需要与之对应的特定恢复基因来恢复育性。

(4) 有单基因控制的不育性，也有多基因控制的不育性

单基因不育性是指一个胞质不育基因与相对应的一对核不育基因共同决定不育性，一个恢复基因就可恢复育性。但有些不育系则由两对以上的核基因与相对应的细胞质基因共同决定，恢复基因间的关系则比较复杂，其效应可能是累加的也可能是其他互作形式。有些恢复基因的效应较大，有些则起微效修饰作用。在核质互作型不育中，多基因控制的不育性较为普遍。

对于多基因控制的不育性，当不育系与恢复系杂交时，F_1 代育性的表现往往由于恢复系所携带恢复基因的多少而有不同，F_2 育性的分离也较复杂，常常出现由完全可育到不育等多种过渡类型。

(5) 环境条件影响不育性和育性的恢复，特别是多基因控制的育性

例如，在瑞士法国小麦品种'Phmepi'对提莫菲维不育系的育性恢复能力可达百分之百，而在前苏联这一能力仅达 80%。又如高粱 3197A 不育系在高温季节开花时常出现正常的黄色花药。水稻的雄性不育也存在温敏不育和光敏不育的类型。

6.4.2 细胞质不育基因

目前对细胞质因子导致雄性不育的机制尚无统一的看法和比较合理的解释，尤其是何种细胞质因子影响了植物的育性，更是难以确定。关于细胞质不育基因的载体，已提出一些假说，并有一些支持性的试验证据。

(1) 病毒假说

Edwardson 等（1962，1976）曾通过电镜在蚕豆雄性不育株中看到了一种圆球体，直径约 70 nm，正常植株中没有这种球体存在。在玉米不育株中也曾观察到直径 50~60 nm 的内含物，正常植株中也没有。推测这些内含物可能是某种病毒，并只能存在于对其敏感的植株（rr）中，不危害宿主细胞，可与二倍体共生，但对单倍体的花粉有较大危害，因而造成雄性不育。

(2) 细胞器假说

一些试验证据表明，某些重要细胞器如线粒体、叶绿体的不正常是导致雄性不育的原因。如在柳叶莱的一个品系中，发现因其叶绿体发生了基因突变而影响了花粉的可育性。还有人发现雄性不育与线粒体结构和功能的损伤有关，因此认为细胞质不育基因可能存在于线粒体中，核不育基因可能也是通过线粒体而发生作用的。玉米S组不育系线粒体内存在的两个线性质粒S1和S2就能使线粒体发生结构变化，进而可能导致雄性不育。

(3) 附加体假说

这种假说认为雄性不育的细胞质因子是细胞质中一种游离的基因。这种成分是一种附加体，既可整合到染色体上，也可游离于细胞质中。当它游离于细胞质中时，植株育性正常，整合到染色体上时就变成了恢复系。而其不存在时，植株就成为不育系。

总之，无论是哪种假说，都还没有得到确切证明。至于雄性不育的发生机制，还有待于今后的研究，可能不同植物或同一植物的不同雄性不育品系发生机制各不相同。

雄性不育这一性状在花卉育种和良种繁育中的价值比直接的观赏价值更大，可以用来生产杂种一代种子。某些有较大雄蕊的切花类花卉，像麝香百合（*Lilum longiflorum*）等的花粉很容易弄脏花瓣、人的皮肤或者衣物，在出售前必须剪除。如果能培育出无雄蕊的百合花品种，在商业上将是很受欢迎的。

6.5 细胞质遗传系统的相对独立性

尽管叶绿体和线粒体都是遗传物质的载体，而且它们都具有一定的遗传自主性，能够相对独立地决定某些性状的遗传，如紫茉莉的花斑、酵母的抗药性等。但是，这并非意味着叶绿体和线粒体就可以完全不受核基因的控制而独自发挥作用。事实上，叶绿体和线粒体的形态发生与生物合成在很大程度上是依赖于其本身的遗传体系与核基因的相互作用。植物的质—核互作型雄性不育就是生物体的细胞质和细胞核两大遗传系统相互依赖和协调的具体体现。

啤酒酵母的细胞色素氧化酶存在于线粒体的内膜上，由3个大亚基和4个小亚基组成。亚胺环己酮能抑制细胞质中蛋白质的合成，红霉素则具有抑制线粒体中蛋白质合成的功能。当在红霉素存在下，酵母不能合成细胞素氧化酶的3个大亚基，但4个小亚基仍被合成。如果用亚胺环己酮处理酵母，酵母只能合成3个大亚基。说明大亚基由线粒体基因编码，小亚基由核基因编码。进一步的研究发现，线粒体中由核基因和线粒体基因共同参与合成的成分至少有tRNA、腺苷三磷酸酶、细胞色素b等。目前已清楚，大约90%的线粒体蛋白都是受核基因控制，在细胞质中合成的。线粒体要行使其功能离不开核基因的作用。同样，叶绿体中不少成分也是在核基因和叶绿体基因共同参与下合成的。如叶绿体中的核糖体蛋白质、tRNA及叶绿体的外膜和片层结构，光合作用酶系统Ⅰ和Ⅱ等，这些例子说明在叶绿体和线粒体中大部分功能产物的组成部分来自于核基因组传递出来的遗传信息。

思考题

1. 名词解释：
   细胞质遗传，雄性不育，不育系，保持系，恢复系。
2. 试述细胞质遗传的特点及产生这些特点的原因。
3. 试述细胞质遗传与母性影响有什么不同。
4. 何谓雄性不育？它在生产上有何应用价值？一般生产上多用哪种不育型？如何利用？
5. 以 S，N，R，r 表示不育系、保持系、恢复系细胞核和细胞质的基因型，请说明它们的关系。
6. 设 S 为细胞质不育基因，N 为细胞质可育基因，r 为细胞核不育基因，R 为细胞核可育基因，请写出下列杂交的结果：

   S（rr）×N（RR）　　　S（rr）×N（rr）
   N（Rr）×S（rr）　　　N（rr）×N（rr）

推荐阅读书目

遗传学．王亚馥，戴灼华．高等教育出版社，2001．
普通遗传学．杨亚华．高等教育出版社，2000．
遗传学．季道藩．中国农业出版社，2000．

第 7 章 遗传物质的改变

[**本章提要**] 遗传物质的重组和改变是生物体遗传变异的重要来源。本章介绍了染色体结构变异、数量变异和基因突变导致的遗传学效应。

根据前面几章中讲过的遗传学基本规律，如分离和自由组合、连锁和交换，我们可在子代中看到亲代中不表现的新性状，或性状的新组合。但这些"新"性状追溯起来并不是真正的新性状，都是它们祖先中原来就有的。只有遗传物质的改变才出现新的基因，形成新的基因型，产生新的表型。

遗传物质的改变称为突变（mutation）。突变可分为两大类：①细胞学上可以看到的染色体改变，包括染色体数目的改变和结构的改变；②细胞学上看不到的基因突变或点突变（genic or point mutation），在表型上有可遗传的变异。在传统概念上，突变仅指基因突变，而较明显的染色体改变称为染色体变异（chromosomal variations or aberrations）。

7.1 染色体结构的改变

染色体结构变异是由于染色体发生断裂造成的。染色体发生断裂后，断裂端可以沿下面 3 条途径的一条发展：

① 保持原状不愈合，没有着丝粒的染色体断片最终消失；
② 同一断裂的两个断裂端重新愈合或重建，回复到原来的染色体结构；
③ 某一断裂的一个或两个断裂端，可以跟另一断裂所产生的断裂端连接，引起非重建性愈合。

依据断裂的数目和位置，断裂端是否连接，以及连接的方式，可以产生各种染色体变异，主要的有下列 4 种情况：缺失、重复、倒位、易位。下面分别讲述染色体结构的几种变异。

7.1.1 缺失

缺失（deletion）有两种形式，一种为顶端缺失 [图 7-1（a）]，另一种为中间缺失 [图 7-1（b）]。在这两种类型中，都形成一个有着丝粒的比原来染色体短的染色体和一个无着丝粒的染色体片段。在细胞分裂过程中，有着丝粒的染色体将保留下来，而无着丝粒的断片将会消失在细胞质中。到了细胞分裂后期，发生缺失的配子同正常配子结合，在同源染色体配对时出现缺失环 [图 7-1（c）]。

杂合缺失的植株产生的配子往往是部分不育的，造成不结实现象，但一般对生活

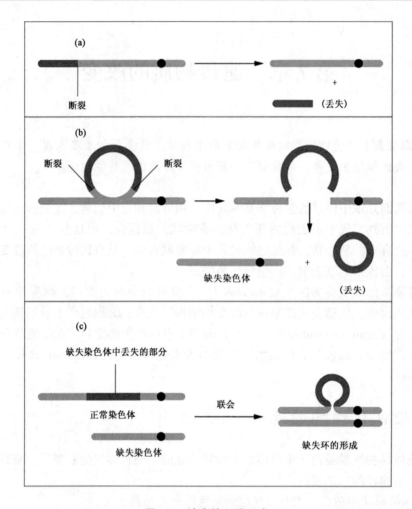

图 7-1 缺失的两种形式
(a) 顶端缺失的发生　(b) 中间缺失的发生　(c) 缺失环的形成

力没有影响。纯合缺失的植株多数生活力下降，大的缺失造成显性致死，小的缺失也可造成半致死。

在遗传学上，如果缺失的部分为显性基因，则隐性基因将会得到表达，造成拟显性现象（pseudo-dominance）。因此利用杂合缺失的材料，结合细胞学检查，可以鉴定某些基因在染色体上的位置。

一般来说，染色体缺失在细胞中一旦发生，便不能恢复正常，而基因突变可通过恢复突变来恢复正常，它们在遗传学上是可区分的。

7.1.2 重复

重复（duplication）通常是由于同源染色体间发生非对等交换而产生的（图 7-2）。同源染色体的非姐妹染色单体在不相等的位置上各发生一次断裂，重接愈合后，形成的 4 条染色单体，2 条是正常的，1 条是重复的，1 条是缺失的。

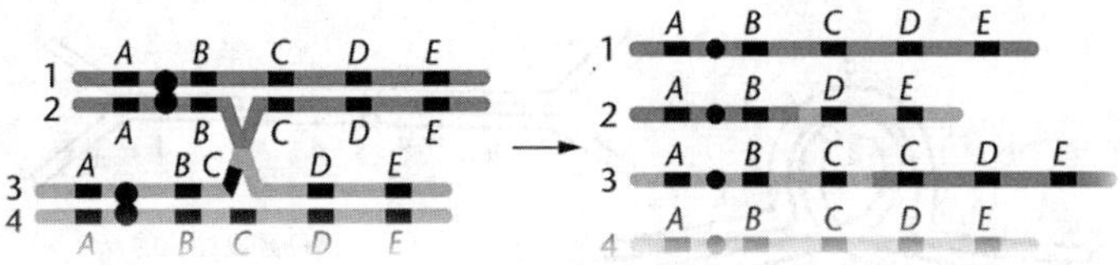

图 7-2 同源染色体通过非对等交换形成重复和染色体示意

重复的区段可相互连接在一起，也可在同一染色体的不同部位，在这两种情况下，重复基因的排列可以是相同的，称为顺向重复（tandem repeat）；也可以是相反的，称为反向重复（inverted repeat）。还有一种是由于易位染色体所造成的易位重复。

细胞学上可以看到重复环或重复屈曲。

在遗传上，重复可以引起相应的表型效应，但重复节段太大也往往降低个体的生活力，甚至造成死亡。过小的重复往往很难检出，但由于它能提供额外的遗传物质，有可能执行新的功能，因此在物种进化上是有意义的。

7.1.3 倒位

染色体片段倒转180°，造成染色体内的重新排列，这种现象称倒位（inversion）。

分为臂内倒位（paracentric inversion）、臂间倒位（pericentric inversion）两种（图7-3）。

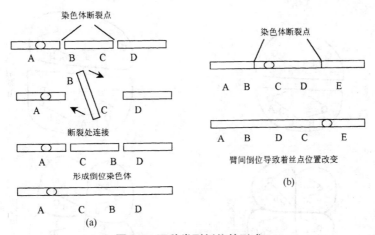

图 7-3 两种类型倒位的形成
（a）染色体臂内倒位模式 （b）染色体臂间倒位模式

倒位发生于减数分裂的细线期。两种倒位体系（图7-4）自交或杂交可形成杂合或纯合倒位的合子（图7-5）。

杂合倒位在遗传上表现特殊的行为：

① 杂合倒位个体产生的配子出现部分不孕性，因此可以用花粉的部分不孕性检查杂合倒位。用正常植株与发生倒位的植株进行杂交时，正常花粉与不孕花粉的分离

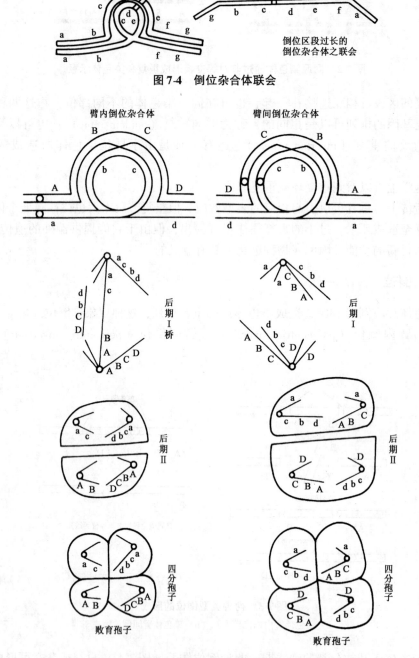

图 7-4 倒位杂合体联会

图 7-5 倒位杂合体形成败育配子的过程示意

恰似一对基因的分离。

② 在杂合倒位情况下，倒位节段内的基因表现很强的连锁，因为倒位环内和环外附近连锁基因的交换受到抑制。因此一旦倒位发生，连锁基因的交换值将明显

降低。

③ 由于倒位的存在降低了交换频率，同时倒位节段内发生交换后产生的基因组合常常丢失，不能传递下去，这样有利于保存原来亲本的遗传组成，使个体之间的遗传交换不致像通常那样频繁，从而形成了物种进化中的隔离因素。

7.1.4 易位

一条染色体与另一条非同源染色体交换部分片段，叫做易位（translocation）。

如果是一个染色体的片段单一地转接到非同源染色体上，则称为简单易位或转移，如果两条非同源染色体互相交换染色体片段，叫做相互易位（图7-6）。易位和交换均是染色体片段的转移，不同的是交换发生在同源染色体之间，而易位发生在非同源染色体之间。

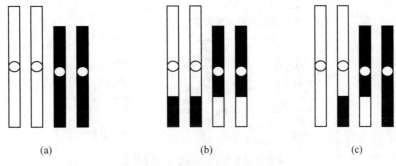

图7-6　染色体易位示意图
(a) 2对正常的同源染色体　(b) 发生相互易位的2对同源染色体形成的易位纯合子
(c) 发生相互易位的2对同源染色体形成的易位杂合子

图7-6（a）假定左边两对同源染色体有标准的顺序，那么中间两对染色体表示一个相互易位的纯合体，右边两对染色体代表一个相互易位杂合体。

相互易位染色体的遗传物质既没有减少也没有增多，只是改变了原来的排列顺序。简单易位使细胞内的某些基因增加，产生重复。相互易位发生时，通常呈杂合状态，因为每对同源染色体中只有一个成员与另一条非同源染色体互换片段。从易位杂合体的后代中，可以得到易位纯合体。

简单易位杂合体的细胞学表现较为简单，在减数分裂时两对同源染色单体常联会成"T"字形。相互易位的纯合体没有明显的细胞学特征，它们在减数分裂时的配对是正常的，所以跟原来未易位的染色体相似，可以从一个细胞世代传到另一个细胞世代。而相互易位杂合体的表现则比较复杂，这和易位区段的长短有关。如果易位区段很短，两对非同源染色体之间可以不发生联会，各自独立；如果易位区段较短，两对非同源染色体在终变期可以联会成链形（或弯C形）；当易位区段较长时，则粗线期后两对非同源染色体将联会成"十"字形图像［图7-7（b）］。配对染色体的易位断点就在"十"字形中心，到了终变期，"十"字形图像因交叉端化而变成4个染色体构成的"四环体"［图7-8（c）］。到了中期，"四环体"在赤道板上有3种可能的排列形式，不同的排列方式决定着后期Ⅰ的不同分离。

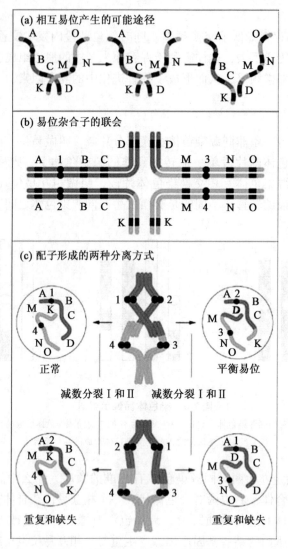

图 7-7　易位的发生及其遗传学效应

(1) 交替式分离

中期排列的形式是倒 8 字"∞"[图 7-8（b）Ⅰ]。后期交替分离，产生的配子可育 [如图 7-8（c）Ⅰ所示]。

(2) 相邻式分离

其中期排列为张开式"0"[图 7-8（b）Ⅱ]，后期Ⅰ两个邻近的染色体分向一极。相邻式分离又有两种排列和分离的可能 [如图 7-8（c）Ⅱ，图 7-8（c）Ⅲ所示]，相邻分离产生的配子由于发生严重缺失和重复而不育。在交替式分离的情况下，非同源染色体单体之间如果再发生一次交换，那么所生成的配子中将有半数和相邻式分离产生的配子相同，即兼有缺失和重复是不育的。

在花粉细胞中，上述两个图形各占 50%，说明 4 个着丝点趋向两极是随机的。

如果相互易位的两对染色体形成一个大环，那么不论哪两个邻近的染色体分离到

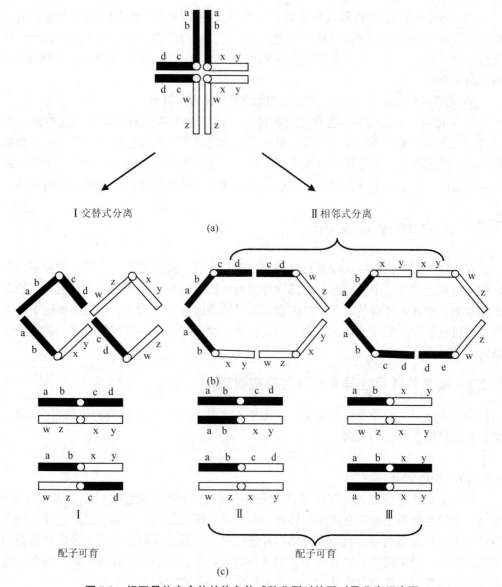

图 7-8 相互易位杂合体的染色体减数分裂时的配对及分离示意图

同一极去，都使所形成的细胞造成重复和缺失，所以邻近式分离形成的不平衡配子常有致死效应。它的遗传学效应有以下几个方面：

① 由于非同源染色体之间发生了易位，原来的基因连锁群也随着发生了改变。原来位于同一条染色体上的连锁基因，有一部分转移到非同源染色体上，于是就表现为独立遗传；原来独立遗传的基因易位到同一条染色体上，变为连锁遗传。

② 如果相互易位的两对染色体呈"8"字形，两个邻近的染色体交互地分向两极，这样每一个细胞都有一套完整的染色体。它们相邻式分离时，易位染色体和非易位染色体进入不同配子中，所以这种分离的结果是，非同源染色体上的基因间的自由组合受到严重限制，出现假连锁现象。

③ 一个易位杂合体在形成配子时，一部分细胞中的染色体有缺失和重复，因而相互易位的另一个遗传学效应是配子的部分不育。在有些植物中，半不育性是易位杂合体的显著特点。易位杂合体自交，将得到 1/4 正常个体、1/2 杂合易位个体和 1/4 纯合易位个体。

④ 在邻近易位接合点的一些基因之间的重组值有所降低。

⑤ 易位有时还能引起染色体数目的改变。这是由于两个易位染色体之中的一个只得到两条正常染色体的很小一段，另一个却得到两条正常染色体的大部分；在形成配子时，前者丢失，未能纳入到配子细胞核中，而后者使一个配子具有了一个很大的易位染色体，在这一个体的自交子代中，将出现少一对染色体的易位纯合体的情况。

7.2 染色体数目变异

在真核生物中，每一物种都有其特定的染色体数。通常情况下，同一物种不同个体的染色体数目是恒定的，这对维持物种的遗传稳定性具有重要的意义。但是，稳定是相对的，变异是经常的。在自然因素或人工诱变因素的作用下，生物体细胞中的染色体数目也会发生变异，从而导致生物的性状、育性等发生一系列的变异，甚至产生新的物种。

7.2.1 染色体数目变异类型及其形成机理

染色体数目变异是指染色体数目发生不正常的变化。在讨论染色体数目变异时，应首先明确染色体组的概念。

7.2.1.1 染色体组

一个染色体组是指二倍体生物体配子中所包含的全部染色体，常用 X（基数）表示一个染色体组中所含有的染色体数。一个染色体组包含一定数目的染色体。同一染色体组的各条染色体，其形态、结构和连锁基因都彼此不同，构成一个完整而协调的遗传体系，是生物生长发育所必需的遗传物质总和，缺少其中任何一条，均会造成不育或性状变异，甚至导致死亡，这是染色体组最基本的特征。

高等植物的生活史由孢子体世代和配子体世代交替组成。双亲的雌雄配子体通过受精作用融合成含有分别来自双亲的染色体组的孢子体；孢子体成熟后，通过减数分裂过程又形成染色体数减半的雌雄配子体。这就是维持物种染色体数目恒定的世代交替现象。在遗传学上常把配子体世代的植物体称为单元体，其染色体数写为"n"，而把任何孢子体世代的植物体（无论是二倍体还是多倍体）都称为二元体，其染色体数写为"$2n$"。

7.2.1.2 整倍体变异

整倍体（euploid）变异是指体细胞内有完整的染色体组变异，染色体数以染色体组的染色体基数（x）为单位成倍数性的增加或减少，形成的变异个体的染色体数目是基数的整数倍。

整倍体变异按其染色体组数变化，可分为如下类型。

(1) 单倍体

单倍体（haploid）是指具有配子染色体数目的个体。单倍体可分为一元单倍体和多元单倍体两类。一元单倍体是指仅含有 1 个染色体组的个体，多元单倍体是指有 2 个或 2 个以上染色体组的配子发育成的个体。

(2) 多倍体

体细胞内含有 3 个或 3 个以上染色体组的个体称为多倍体（polyploid）。根据染色体组的来源，多倍体可分为同源多倍体和异源多倍体。

①同源多倍体（autopolyploid） 是指所有染色体均由同一套染色体组加倍而成的多倍体。

同源多倍体形成的主要原因是细胞在有丝分裂或减数分裂过程中纺锤丝失陷造成的。

由单倍体或纯合二倍体人工或自然诱发可产生同源多倍体，如由二倍体可加倍成同源四倍体，像日本育成的四倍体茶树（*Camellia sinensis*），美国育成的四倍体百日草（*Zinnia elegans*）、金鱼草、麝香百合等都属于同源四倍体。

用同源四倍体和二倍体杂交可形成同源三倍体，如三倍体卷丹（*Lilium lancifolium*）、三倍体水仙（*Narcissus tazetta* var. *chinensis*）、三倍体辣薄荷（*Mentha piperita*）等。在同源三倍体植物中，三倍体西瓜（*Citrullus lanatus*）是园艺科学中的一颗明珠，是人类成功改造自然的范例。

按照同样的加倍方法，同源四倍体可以加倍成同源八倍体，同源三倍体可以加倍成同源六倍体，二倍体与八倍体杂交可形成五倍体，其他依此类推。但必须指出，染色体组的加倍并非无限的，当倍数的增加超过合理的限度后，植物体的生活力将下降。倍性的临界限度随植物种类而异，有些物种能容忍十倍体，但有些物种却不能容忍四倍体，这可能是由于不同物种之间在最大限度的核质比例上有差异的缘故。

②异源多倍体（allopolyploid） 是指体细胞中包含 2 种甚至 3 种不同来源的染色体组的植物体，即体细胞中的染色体组来自不同物种。如：A，B 分别代表一个染色体组，则 AABB 就是异源四倍体。异源多倍体可分为偶数倍异源多倍体和奇数倍异源多倍体。偶数倍异源多倍体是指体细胞中的染色体组数为偶数的个体，如 AABB，AABBCC 等，其特点是每种染色体组均有 2 个，减数分裂时能够进行正常的联会与分离。自然界中存在的异源多倍体基本上为偶数倍异源多倍体，它在自然界分布极为广泛，菊花、水仙、郁金香等均为偶数倍的异源多倍体。奇数倍异源多倍体是指体细胞中的染色体组为奇数的个体，如 AABBC 等。奇数倍的异源多倍体中部分染色体组成单存在，减数分裂时无同源染色体与之配对，这些染色体只能随机分配到子细胞中去，由于配子中这些染色体数目和组成成分不均衡，从而导致配子不育。奇数倍异源多倍体在自然界中很少，只有少数无性繁殖的植物存在奇数倍异源多倍体。

异源多倍体通常是属间、种间或亚种间远缘杂交后经染色体加倍的结果。通过人工诱导多倍体的方法，现已证明种间杂种的染色体加倍是自然界异源多倍体产生的主要途径。观赏植物中异源多倍体的典型例子是异源四倍体丘园报春（*Primula kewensis*），它的形成途径如图 7-9 所示。两个亲本多花报春（*P. floribunda*）和轮花报春（*P. verticillata*）都是二倍体，$2n=2x=18$，F_1 也是 $2n=18$，但由于 F_1 中的两个染色体组来自远缘种，其染色体性质迥异，尽管数目相同（都是 $x=9$），但不能正常联会，结果还是不育。将 F_1 加倍后，每一种染色体组都有了同源配对者，可以分别配对，于是成为可育的。由于异源四倍体内综合了两个二倍体的染色体，所以又称为"双二倍体"（amphidiploidy）。

类似的例子还有由黑刺李（*Prunus spinosa*）（$2n=32$）和樱桃李（*P. cerasifera*）（$2n=16$）杂交后加倍形成的新种欧洲李（*P. domestica*）（$2n=48$）。大丽花也是一个异源八倍体。由此可见，异源多倍体是植物进化的一条重要途径。

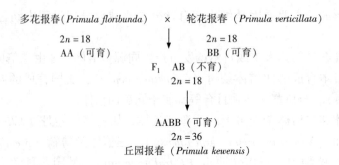

图 7-9　丘园报春形成示意

7.2.1.3　非整倍体变异

非整倍体（aneuploidy）变异是指在正常体细胞染色体数（$2n$）基础上，发生个别染色体的增减现象。在非整倍体范围内，又常常把染色体数多于 $2n$ 者称为超倍体（hyperploid），把染色体数少于 $2n$ 者称为亚倍体。非整倍体虽然在进化上的重要性不如整倍体，但在遗传学家和育种学家的研究工作中却有很重要的用途。

由染色体数目变异产生的非整倍体主要包括单体、缺体、三体和四体等。体细胞丢失了某对同源染色体中的一条染色体（$2n-1$）则为单体（monosomy）；丢失了一对同源染色体（$2n-2$）的个体称缺体（nullisomy）；体细胞中的染色体较正常染色体（$2n$）增加一条的个体称三体；体细胞中多了 2 条同源染色体的个体称四体；两对染色体各丢失一条时称双单体（double monosomy）；$(2n+1+1)$ 为双三体；……将染色体数量变异的类型、名称及染色体组组成总结见表 7-1。

非整倍体出现的原因主要有：①染色体不分离；②细胞分裂后期延迟。

非整倍体可以在自然界自发形成，但出现频率极低；也可以通过三倍体形成，因为其染色体配对和向两极移动不正常；第三种情况是给单倍体植株授以正常二倍体花粉也能形成非整倍体。

非整倍体在染色体工程和基因定位中有重要的应用价值。如单体、缺体、三体等可用来测定基因所在的染色体，用于染色体的替换、添加等。

表 7-1 整倍体和非整倍体的染色体组 (x) 及其染色体的变异类型

(引自杨业华，2000)

染色体数目的变异			染色体组(x)及其染色体	合子染色体数 ($2n$) 及其组成		
				染色体组数	染色体组类别	染色体
整倍体	二倍体		$A = a_1 a_2 a_3$ $B = b_1 b_2 b_3$ $E = e_1 e_2 e_3$	$2x$ $2x$ $2x$	AA BB EE	$a_1 a_1 a_2 a_2 a_3 a_3$ $b_1 b_1 b_2 b_2 b_3 b_3$ $e_1 e_1 e_2 e_2 e_3 e_3$
	同源	三倍体	$A = a_1 a_2 a_3$	$3x$	AAA	$a_1 a_1 a_1 a_2 a_2 a_2 a_3 a_3 a_3$
		四倍体	$A = a_1 a_2 a_3$	$4x$	AAAA	$a_1 a_1 a_1 a_1 a_2 a_2 a_2 a_2 a_3 a_3 a_3 a_3$
	异源	四倍体	$A = a_1 a_2 a_3$ $B = b_1 b_2 b_3$	$4x$	AABB	$(a_1 a_1 a_2 a_2 a_3 a_3)$ $(b_1 b_1 b_2 b_2 b_3 b_3)$
		六倍体	$A = a_1 a_2 a_3$ $B = b_1 b_2 b_3$ $E = e_1 e_2 e_3$	$6x$	AABBEE	$a_1 a_1 a_2 a_2 a_3 a_3$ $b_1 b_1 b_2 b_2 b_3 b_3$ $e_1 e_1 e_2 e_2 e_3 e_3$
		三倍体	$A = a_1 a_2 a_3$ $B = b_1 b_2 b_3$ $E = e_1 e_2 e_3$	$3x$	ABE	$(a_1 a_2 a_3) (b_1 b_2 b_3)$ $(e_1 e_2 e_3)$
非整倍体	单体		$A = a_1 a_2 a_3$	$2n - 1$	AAB (B$-1b_3$)	$(a_1 a_1 a_2 a_2 a_3 a_3)$ $(b_1 b_1 b_2 b_2 b_3)$
	缺体		$B = b_1 b_2 b_3$	$2n - 2$	AA (B$-1b_3$) (B$-1b_3$)	$(a_1 a_1 a_2 a_2 a_3 a_3)$ $b_1 b_1 b_2 b_2$
	双单体		$B = b_1 b_2 b_3$	$2n - 1 - 1$	AAB (B$-1b_2 - 1b_3$)	$(a_1 a_1 a_2 a_2 a_3 a_3)$ $(b_1 b_1 b_2 b_3)$
	三体		$A = a_1 a_2 a_3$	$2n + 1$	A (A$+1a_3$)	$a_1 a_1 a_2 a_2 a_3 a_3 a_3$
	四体		$A = a_1 a_2 a_3$	$2n + 2$	A (A$+2a_3$)	$a_1 a_1 a_2 a_2 a_3 a_3 a_3 a_3$
	双三体		$A = a_1 a_2 a_3$	$2n + 1 + 1$	A (A$+1a_2 + 1a_3$)	$a_1 a_1 a_2 a_2 a_2 a_3 a_3 a_3$

7.2.2 多倍体植物的遗传规律

7.2.2.1 多倍体的产生方式与形成原因

植物多倍体既可自然产生［如小麦、烟草、芜青油菜（*Brassica napobrassica*）、棉花等都是自然形成的多倍体］也可以通过人工处理诱导产生。

(1) 自然发生的多倍体

从目前的研究结果看，植物多倍体的自然产生主要有 3 种不同的途径，即体细胞染色体加倍（somatic doubling）、未减数配子的融合（union of unreduced gametes）和多重受精（polyspermy）。在体细胞中，有时由于特殊的条件，有丝分裂受阻，染色体复制加倍而细胞核和细胞质不分裂，从而形成染色体数目加倍的多倍体细胞，使染色体产生倍性变化。这种情况多发生在分生组织或愈伤组织的细胞内，结果产生多倍体苗或枝条，并随植物营养体的生长，以无性或有性繁殖的方式将其传递给子代。

多重受精是指在受精时有两个以上的精子同时进入卵细胞中。这种现象已在向日葵等很多植物中观察到，在兰科植物中发现了由多重受精而导致的多倍体，但目前普遍认为这不是一条主要的途径。

在生殖细胞中，由于减数分裂异常，未产生正常的 n 配子，而产生未减数的 $2n$ 配子，其与正常配子或异常配子结合而产生了多倍体。在减数分裂过程中染色体偶然不减数的现象已在很多植物中观察到。产生未减数 $2n$ 配子的可能原因是减数第一次分裂时染色体不减数，也可能是由于第二次分裂只有核分裂而不进行细胞分裂，或者是在第一次分裂后即发生胞质分裂，并不再进行第二次分裂，从而产生 $2n$ 配子。自然界中绝大多数多倍体是通过未减数配子（$2n$）的融合而形成的，这种方式是多倍体产生的主要途径。

（2）人工诱导形成多倍体

人工诱导的方式可分为两种：物理和化学方式。

最早的物理诱导方式是通过给番茄打顶实现的，后来人们开始使用高温、低温、辐射、干旱、离心、切割、嫁接等方法。由于物理方法效率太低，而无法广泛利用。

人工诱导多倍体通常采用化学方法。常用的化学诱变剂是秋水仙素，其作用机制是破坏纺锤丝，使细胞停留在分裂中期，阻碍了复制的染色体向两极移动，从而产生染色体倍性增加的细胞。

7.2.2.2 多倍体植物的遗传规律

多倍体植物由于其细胞中含有3个或3个以上的染色体组，存在着大量的重复基因，且染色体组的来源可以不同，从而表现出与二倍体植物不同的遗传学特点。

① 在多倍体中，互补基因、基因的相互作用、多重复等位基因等，都可以引起更广泛的变异，特别是基因不完全显性可以产生十分重要的结果。

② 与二倍体相比，同源多倍体中杂合基因型的类型显著增加，结果是纯合隐性性状的比率显著降低，也就是说如果想通过杂交获得纯合隐性植株必须栽植更大的杂种群体。

③ 异源多倍体的能育性较好（如前例），真正的异源多倍体具有同二倍体一样的能育潜力。而同源多倍体由于形成多价体，造成减数分裂紊乱和一定程度的不育。所以，自然选择条件下，异源多倍体比同源多倍体具有更大的生存适应能力，自然界也确实保存了较多的异源多倍体。

④ 异源多倍体的分离比复杂多样，仅就异源四倍体来说，由于是一个双二倍体，所以在某些组合中出现类似 1:1，3:1，15:1 等的分离比。如果形成这个双二倍体的双亲是真实遗传的纯系，那么这个双二倍体杂种自交表现不分离，能真实遗传。如前述丘园报春的例子。这种情况在理论上可以固定杂种优势，免除对优良品种年年制种和对父母本自交系年年隔离繁育的复杂工作，因此在生产上具有潜在的实用价值。

7.2.2.3 多倍体植物在园艺学上的应用

多倍体植物（同二倍体相比）有许多独特表现，这就是细胞的巨大性。随着染色体数量的增加，原生质的量和整个细胞都加大，因此衍生出一系列形态及生理的变化，使其在观赏园艺中拥有广阔的应用价值和前景。

① 染色体组的加倍常会带来以下的一些特征，如出现绿色加深、增加新的纹饰特征、叶厚、花朵直径增大而质地加重、花期长而迟、生长健壮等，从而增加了观赏植物的观赏价值和商品价值，如三倍体水仙等。

② 多倍体植物中染色体组和相关基因的剂量增加，有时会增加或集中次生代谢物质和起防御作用的化学物质，而异源多倍体往往因为累加了父母本的次生物质，提高了杂合性，从而增强了其抵抗逆境的能力。

③ 多倍体为克服远缘杂交障碍提供了一个重要的途径。远缘杂交往往难以成功的原因主要是减数分裂过程中同源染色体不能正常配对，产生不了具有正常生活力的配子。这时，如果人工加倍杂种一代的染色体，往往可以提高其育性。

目前，多倍体育种已经成为植物育种的一条重要途径，在实践中已经取得了一定的成效，尤其对观赏植物来说，具有很大的发展潜力。

7.3 基因突变

7.3.1 突变的概念和作用

遗传性状飞跃式的间断的变异现象称为突变。广义的突变包括能改变表现型的任何遗传物质的改变，其中主要是染色体变异和基因突变。而狭义的突变一般是专指基因突变（gene mutation）。基因突变与基因重组都是可遗传变异，所不同的是基因突变是基因本身质的变化，是选择育种和诱变育种的理论基础之一，而基因重组是原有基因之间组合关系的改变，是杂交育种的理论基础之一。基因突变在自然界中广泛存在，是生物进化原材料的主要源泉。

只有基因突变才能产生新的等位基因，经过自然选择使生物沿着与环境相适应而利于自身种族繁衍的方向前进。同样，这样的突变也必然为人工选择新品种提供丰富的基因资源。

基因突变也为遗传学工作者提供了一种比较基因状态的线索，只有通过这种比较，才能了解基因结构和功能的内幕。事实上，一个不发生突变的基因位点，将是一个难于查知的位点。

按照基因突变发生的原因不同可以分为：

(1) 自发突变

在没有特设的人为诱变条件下，由于外界环境条件的自然作用或者由于生物体内的生理和生化变化而发生的突变称为自发突变。

(2) 诱发突变

在专门的人为诱变因素（电离辐射、化学药品、高温等）影响下发生的突变称为诱发突变。

7.3.2 突变的频率

基因突变是摩尔根于 1910 年首先肯定的，他在大量野生的红眼果蝇中发现了一只白眼突变，此后大量研究表明基因突变并不是稀有的现象，自然界生物中广泛存在突变现象。无性繁殖作物和果树上的芽变，就是基因突变的明显例子。在观赏植物中，嵌合花、条斑叶也都来自基因突变。

自发突变是生物进化的重要因素。基因突变在群体中发生，在个体上表现，因此基因突变有一定频率。基因突变频率的估算方法因生物的不同生殖方式而存在差异。在有性生殖的生物中，突变频率通常是用每一配子发生突变的概率，即用一定数目配子中的突变配子数表示。在无性繁殖的细菌中，突变频率是用每一细胞世代中每一细菌发生突变的概率，即用一定数目的细菌在分裂一次过程中发生突变的次数表示。在计算突变发生频率时，必须考虑群体而不是单一个体。一般说来，基因突变的发生不是随机的，而是受其内在和外界条件的制约。每个物种的突变频率是不同的。

7.3.3 性细胞突变与体细胞突变

在生物个体的发育周期中，突变可以发生在任何一个阶段、任何一个细胞内。在性原始细胞和成熟的性细胞内发生的突变称为性细胞突变，而在体细胞内发生的突变称为体细胞突变。之所以采用这样的分类法，是因为性细胞突变与体细胞突变在选择育种上和生物进化上具有不同的意义。

① 如果显性突变发生在性细胞中，它可以在后代中立即表现；如果是隐性突变或下位突变，则它们的影响被其他基因所掩盖，要到 F_2 或 F_3 代，只有当突变基因处于纯合状态时才能表现出来。

如果突变发生在有机体的一个配子中，则后代中只有一个个体可以获得这个突变基因；如果突变发生在精母细胞和小孢子母细胞中，则有几个雄配子可以同时获得这个突变基因，便可获得几个突变体。

由性细胞所产生的个体，如果是显性基因突变体，往往具有某些生物学上的优越性，如提高生物的生活力和繁殖率等，这样的突变体经过自然选择的考验，在群体内逐渐扩展，成为人工选择和自然选择的对象。

② 如果突变发生在体细胞中，由于体细胞是二倍体，所以只有显性突变（aa→Aa）或者是处于纯合状态的隐性突变（Aa→aa）才能表现出来。这种表现，往往使该个体表现镶嵌现象。即一部分组织表现原有的性状，而另一部分组织表现改变了的性状。许多芽变就是体细胞突变的例子。镶嵌的程度根据突变发生时有机体的发育时期而不同，突变发生越早，则变异部分越大；反之突变发生越晚，则变异部分越小。例：鸡冠花一般为黄色和红色，黄色花为隐性 a 基因控制，红色花为显性 A 基因控制，常见的黄色花为正常类型，但 a 很容易变成 A，如果 a 较早变成 A，则红色斑块较大；如果较晚，则红色斑块较小或呈条纹状。相反的如红色鸡冠花上产生隐性突变 A→a，则红色冠底上出现黄色条纹或斑块而呈红黄相嵌的两色鸡冠。

③ 试验表明，性细胞的突变频率比体细胞的高，这是因为性细胞在减数分裂的末期对外界环境条件具有较高的敏感性。性细胞发生的突变可以通过受精过程直接传递给后代，而体细胞则不能。突变了的体细胞在生长过程中往往竞争不过周围正常细胞，受到抑制或最终消失。在只通过有性途径进行繁殖，而且性原始细胞早期已经分

化的生物中，体细胞突变在进化上没有作用，对于选种也没有价值。但是对于能进行无性繁殖的生物来说，体细胞突变有重要的意义。因为这些类型能由体细胞组织发育成完整的新个体。许多观赏植物的新品种，如菊花、大丽花、玫瑰（*Rosa rugosa*）、郁金香等是通过芽变获得的。

7.3.4 基因突变的一般特征

(1) 突变的重复性

同种生物不同个体间独立地产生相同的突变称为突变的重复性。许多试验证明突变是可以多次重复发生的，因此基因才有一定的突变频率（种群内重复发生）。突变的重复性还表现为同种生物不同世代间可以发生同样的突变。生物进化史上曾经出现过的突变在现代乃至未来仍有可能出现。

(2) 突变的可逆性

每一个生物种都有一定的完整基因体系，称为基因型。基因型是在自然选择和人工选择过程中对突变基因和染色体畸变进行选择后形成的。物种的野生型所特有的基因称为野生型基因，通常表现为显性。突变后的基因称为突变基因，通常表现为隐性。但是野生型基因和突变基因之间并没有原则性的区别。物种的野生型基因也可能是某个时期的突变基因，在物种的进化过程中，由于它在生物学上的优点被自然选择所保留，这种有利的基因突变逐渐在种群内扩展，直到物种的每个个体都带有这种基因。

一般来讲，一个物种的野生基因 A 变成突变基因 a（A→a）时，称为正突变。反之，当 a→A 时称为逆突变或回复突变。因此，突变的过程正像有机体内进行的许多生物化学过程一样是可逆的。

正突变的频率一般高于逆突变，因此在自然界中所出现的突变多数为隐性性状。当然这并不排除正突变与逆突变频率相等以及逆突变大于正突变的情况，虽然这是罕见的。基因突变的可逆性表明，基因突变并不是由于基因丧失，而是由于基因化学组成方面的改变。目前的实验证据表明，DNA 碱基顺序的改变，导致基因发生突变。

(3) 突变的多方向性

基因突变的方向是不定的，它可以向不同的方向进行。例如：基因 A 不但可以突变成 a，而且还能变成 a_1、a_2、a_3、……它们对基因 A 来说都是隐性基因，同时，$a_1 a_2 a_3$ 之间的生理功能与性状表现各不相同。遗传试验表明，这些隐性突变基因之间以及它们与 A 基因之间，都存在对应关系。说明它们都存在于同一个基因的位点上。等位基因多于 2 个以上的称为复等位基因（multiple alleles）（图 7-10），以便与等位基因（alleles gene）相区别。

根据图 7-9 可以看出：

①复等位基因组的任何一个成员都是从突变产生的：直接由野生型突变而来，或由该组任何一个成员突变而来。

②复等位基因的任何一个成员都能发生正、反两方向的突变。

③不同位点上的复等位基因可能有不同数目的成员。

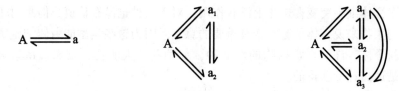

图 7-10 复等位基因发生图解

④一组复等位基因的每个成员都有自己特有的突变频率。

对于复等位基因的研究还揭示了下述一些遗传规律：

①一组复等位基因在每个二倍体生物中，只能同时占有两个成员。即 Aa_1，Aa_2，a_1a_2，a_1a_3，a_2a_3，…

②每个成员对另一成员表现完全或不完全的显性。

③一组复等位基因的成员影响到同一性状。它们同时也可能有多效作用。

(4) 突变的有害性和有利性

大量的观察表明，绝大多数的基因突变会给生物带来不利的影响，如生活力的降低，育性的降低等。可以说，突变的有害性是生物界较普遍的现象。这种现象从自然选择的观点看是容易理解的，因为任何一种生物的基因型都是历史上长期自然选择的结果，因此它的基因型，无论从内部结构、生理生化状态还是外部形态上说，对外界环境条件都具有适应的意义，达到了一定的平衡状态。而基因突变破坏了这种内外的协调性，打破了它旧有的平衡状态，往往对生物带来不利的影响。从良种繁育的角度看，这有时成为良种退化的一个因素。极端的有害突变可以导致有机体的夭亡。如植物中许多隐性的致死突变就属于这一类。例如，玉米品种植株自交的后代中有时会出现一定比例的白化苗，这类白化苗不能制造叶绿素，在 4～5 片真叶时就要死亡。它的遗传行为如下：

绿色株基因型 Ww
↓⊗自交
1WW   2Ww   1ww（死亡）
绿苗 ： 绿苗 ： 白苗

当然，也有少数突变仅仅涉及一些次要的性状，如禾谷类作物芒的有无，叶色的深浅等。这些性状的改变并不会严重地危害到它的生活力和繁殖力，因而可能被自然选择保留下来成为固定的性状。这类突变称为中性突变。

最后，还有极少数的变异属于有利的突变，如微生物的抗药性、作物的早熟性、茎秆的坚硬性以及矮秆等。例如，水稻"矮脚南特"的矮秆性状就是通过自发突变产生出来的。这类突变显然可以加强生物对外界不良条件的适应能力，因此，一经出现就能被自然选择或人工选择所保留，而逐步扩展成为某个品种或物种的特点。

必须说明，突变的有害性或有利性是与一定的环境条件相联系的。条件改变时，可能使有害的突变转化为有利的突变。例如，昆虫的残翅突变在少风地区是一种有害的突变，但在多风的海岛上，由于不能起飞，避免了被风吹入海内，因而成为有利的突变。

此外，还应注意到，在育种实践上，人类的需要和生物体本身的需要有时是不一致的，因此突变的有害性和有利性就具有不同的标准。例如，高粱、玉米、洋葱、番茄等各种植物雄性不育的植株，对其本身说来是不利的，但对人类利用杂交优势进行杂交育种来说则显然是有利的。

（5）突变的平行性

凡是亲缘关系相近的物种，经常发生相似的基因突变，称为平行突变。这与瓦维洛夫所提出的"遗传变异的同型系"是一致的。按照瓦维洛夫的说法，遗传上相近的种和属，有相似的遗传变异系。这一规律相当准确，因此，当了解到一个种的一系列类型，就能预见到其他种和属中也存在着相似的类型。亲缘关系愈近，在变异系中也愈相似。他用下列公式来表示这种规律：

G1 （a+b+c+…）
G2 （a+b+c+…）
G3 （a+b+c+…）

G1 – 3 表示物种，a，b，c 表示不同的变异性状，如茎叶、种子的颜色、形状等。

下面用禾本科植物的例子来说明"遗传变异的同型系"（表7-2）。

表7-2 说明，如果在禾本科植物的某个物种内发生某些变异性状时，就可以预见到同科其他物种内也具有类似的性状变异。同样，如果在某个动物或植物种内发现一系列的自发突变或诱发突变时，根据上述的规律，可以预见在同科的其他种内也会有相似的一系列的突变。

表7-2 禾本科内各物种的品种（族）变异

遗传性变异性状			黑麦	小麦	大麦	蒜 (Allium sativum)	稷 (Panicum miliaceum)	高粱	玉米	水稻	冰草 (Agropyron cristatum)
花序	子粒的有稃性	有稃	+	+	+	+	+	+	+	+	+
		裸粒	+	+	+	+	+	+	+	+	+
	芒	长芒	+	+	+	+	+	+	+	+	+
		无芒	+	+	+	+	+	+	+	+	+
		短芒	+	+	+		+	+		+	+
		钩芒	+	+							
		护颖上有芒状突起	+	+	+						
子粒	颜色	白色	+	+	+	+	+	+	+	+	+
		红色	+	+				+	+	+	+
		绿色（灰绿色）	+	+	+	+		+		+	+
		黑色（暗灰色）	+	+	+				+	+	+
		紫色			+				+	+	
	形状	圆形	+	+	+	+	+	+	+	+	+
		长形	+	+	+	+	+	+	+	+	+
	品质	玻璃质			+			+	+	+	+
		粉质	+	+	+	+	+	+	+	+	+
		蜡质			+			+	+	+	+

（续）

遗传性变异性状			黑麦	小麦	大麦	蒜（*Allium sativum*）	稷（*Panicum miliaceum*）	高粱	玉米	水稻	冰草（*Agropyron crostatum*）
生物学性状	生活方式	冬性	+	+	+	+				+	
		春性	+	+	+	+	+	+	+	+	
		半冬性	+	+	+	+		+	+	+	
	早熟性	晚熟	+	+	+	+	+	+	+	+	+
		早熟	+	+	+	+	+	+	+	+	+
	生态型	湿生型	+	+	+	+	+	+	+	+	
		旱生型	+	+	+	+	+	+	+		
	抗寒性	弱	+	+	+	+		+	+	+	
		强	+	+	+	+		+	+	+	
	对肥料的反应	敏感	+	+	+		+				
		不敏感	+	+	+		+				

突变的这种平行现象对于研究物种间的亲缘关系、进化的过程以及人工定向诱变都具有一定意义。

(6) 大突变和微突变

大突变是指控制质量性状的基因突变。微突变是指影响数量性状的微效基因突变。虽然微突变对某一形态或生理特性起的作用较小但也非常重要，很多性状都受微效基因的影响。而且从诱发的微突变中所出现的有利突变频率较高。因此在诱变育种上也应注意微突变的研究。同时还应注意，几乎所有的大突变对各种农艺性状都有多效作用，在研究突变时不能忽视这一点。

(7) 易变基因与增变基因

一般的基因比较稳定，不易发生改变。但是也有一些基因非常容易发生突变，以致使具有这类基因的个体成为突变与未突变基因的嵌合体。这种极端易变的基因称为易变基因。

有些基因或染色体的某个节段，影响到其他基因的稳定性，使它们加速了突变。这些促进突变的基因称为增变基因。

易变基因在植物中极为常见。它们经常出现在体细胞组织中，有时也出现在性细胞中。易变基因对体细胞产生的明显影响经常表现为颜色上的镶嵌现象。例如植物的胚乳、叶片、花瓣等出现的花斑。许多普通植物，如玉米、香豌豆、牵牛花（*Pharbitis nil*）、金鱼草、鸡冠花、紫茉莉、翠雀（*Delphinium grandiflorum*）等叶片和花瓣片上都经常出现花斑。

7.3.5 突变的测定方法

在研究基因本质和基因变化时，为了了解外界环境条件和有机体生理生化状态对突变过程的影响机制，必须测定突变发生的频率。

显然某些可见的形态变异能相当准确地测定出来，而有机体生理生化变异的鉴定就比较复杂。生理生化变异的分析只能应用标准测定法，即测定有机体一定的化学成分和生理反应，据此来判断是否发生了突变。

在测定突变时是以下述的特点为前提的：即突变体通常不具备过渡形态，而且所有突变体都能在后代中繁殖，并依一定的分离比例表现出来。当然还必须假定二倍体同源染色体的成对基因位点上只有一个基因发生了突变。

测定突变体的具体方法则根据不同的突变而有所不同。当测定多倍体植物发生的突变时，方法较为复杂，需要测定的代数也较多。但一般测定的多是二倍体植物，由于突变往往出现在一条染色体的某个基因位点上，所以必须用杂交和种植单株后代的方法，才能逐步分离出纯合的突变个体。如果是显性突变，要到 F_3 代时，才能鉴定出它们的基因型 [图7-11（a）]；如果是隐性突变，则在第二代时就可以鉴定出它们的基因型 [图7-11（b）]。

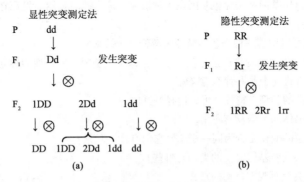

图7-11　显隐性突变的测定方法

DD，rr 是突变纯合体

思考题

1. 突变有哪些类型？
2. 什么叫染色体畸变？
3. 名词解释：

   缺失，重复，倒位，易位，染色体组，单倍体，同源多倍体，异源多倍体，非整倍体，复等位基因。

4. 有一玉米植株，它的一条第9染色体有缺失，另一条第9染色体正常，这个植株第9染色体上决定糊粉层颜色的基因是杂合的，缺失的染色体带有产生色素的显性基因 C，而正常的染色体带有无色隐性等位基因 c，已知含有缺失染色体的花粉不能成活。如以这样一种杂合体玉米植株作为父本，以 cc 植株作为母本，在杂交后代中，有10%的有色籽粒出现。你如何解释这种结果？

5. 缺失和重复的纯合体常表现致死或生活力降低，而倒位和易位的纯合体则表现正常，这是为什么？

6. 有一个倒位杂合子，它的一条染色体上基因的连锁关系如下：

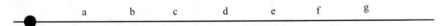

另一条染色体上在 cdef 区域有一个倒位。

①这是什么类型的倒位？
②画出这两条染色体的联会图。

7. 某个植株是隐性基因 aa 的个体，授以 AA 植株上经 X 射线照射过的花粉，在 400 个 F_1 中有 3 株表现隐性形状，怎样解释这一现象？

8. 一个相互易位杂合体的植株与一正常核型的植株杂交，请问：
（1）在子代中，正常、易位杂合体和易位纯合体的比率如何？
（2）纯合易位的表型没有什么特征，与正常个体难于区分，采用什么样的杂交组合，根据什么样的结果来区分它们？

9. 植物相互易位的杂合体通常是半不育的，但是半不育性也可能由于一个杂合体的隐性致死等位基因所造成，你采取什么方法在一个半不育的植物中区分这两种可能性？

10. 在玉米中，蜡质基因和淡绿色基因在正常情况下是连锁的，然而发现在某一品种中，这两个基因是独立分配的：
（1）你认为可以用哪一种染色体畸变来解释这个结果？
（2）哪一种染色体畸变将产生相反的效应，即干扰基因之间预期的独立分配？

11. 染色体畸变在进化上具有什么意义？

12. 请简述多倍体的类型、特征、形成途径及其应用。

13. 请简述非整倍体的类型及其应用。

14. 突变和基因型的变化是否为同一概念？它们有什么联系？

15. 什么是基因突变？基因突变的类别有哪些？

16. 请简述基因突变对观赏植物的意义。

17. 请简述基因突变的特点。

18. 如何利用基因突变进行园林植物的育种工作？

推荐阅读书目

普通遗传学．杨业华．高等教育出版社，2001．

普通遗传学．方宗熙．科学出版社，1984．

生物遗传与变异．郭文明．人民教育出版社，1981．

现代遗传学原理．徐晋麟，徐沁，陈淳．科学出版社，2005．

第 8 章 遗传的分子基础

[**本章提要**] 现代遗传学是在分子生物学基础上对生物体的遗传变异现象进行分析的。本章重点介绍：遗传的物质基础；遗传信息的流动方式；基因的现代概念；基因表达调控的机理；突变的分子基础。

通过前面的学习，我们知道基因位于染色体上，也理解了基因与性状之间的关系。而基因的化学本质是什么呢？基因又是如何控制性状的呢？

8.1 DNA 是遗传物质的证据

从化学上分析，真核生物的染色体是由核酸和蛋白质组成的复合物。其中，核酸的主要成分是脱氧核糖核酸（DNA），其次是核糖核酸（RNA），染色体蛋白质是由组蛋白与非组蛋白构成的。根据细胞的类型与代谢活动，非组蛋白的含量与性质变化较大。此外，还含有少量的拟脂与无机物质。

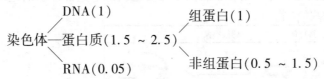

20 世纪 40 年代以来，由于微生物遗传学的发展，再加上生物化学、生物物理学以及许多新技术不断引入遗传学，遗传学得到了迅速发展。1953 年，沃森（J. D. Watson）和克里克（F. H. C. Crick）提出了 DNA 双螺旋结构模型，使遗传学研究深入到分子水平，促成了一个崭新的领域——分子遗传学的诞生和发展。分子遗传学已拥有大量直接和间接证据，说明 DNA 是主要的遗传物质，而在缺乏 DNA 的某些病毒中，RNA 就是遗传物质。

8.1.1 DNA 是遗传物质的间接证据

遗传物质在理论上应当具备连续性、稳定性和自主性，这样才能满足生物遗传与变异的特性。目前发现绝大多数生物细胞中只有 DNA 具有这些性质，DNA 是遗传物质的推测主要基于如下事实：

① 同种生物的不同个体间，其细胞中 DNA 的含量具有稳定性；
② 同一个体不同组织的细胞间 DNA 的含量具有稳定性；
③ 同一个体不同发育阶段，其细胞中 DNA 的含量也具有稳定性；
④ DNA 仅在能自体复制的细胞器中找到。

8.1.2 DNA 是遗传物质的直接证据

8.1.2.1 肺炎双球菌转化实验

肺炎双球菌有两种不同的类型：一种是光滑型（Smooth，S 型），被一层多糖类的荚膜所保护，具有毒性，在培养基上形成光滑的菌斑；另一种是粗糙型（Rough，R 型），没有荚膜和毒性，在培养基上形成粗糙的菌斑。

1928 年，英国医生格里费斯（F. Griffith）首次将 R 型的肺炎双球菌转化为 S 型，实现了细菌遗传性状的定向转化。实验的方法是：先将少量无毒的 R 型肺炎双球菌注入小鼠体内，再将大量有毒但已加热（65℃）被杀死的 S 型肺炎双球菌注入，结果小鼠发病死亡。从死鼠体内分离出的肺炎双球菌全部是 S 型活细菌。在对照实验中，单独注射 R 型菌体或加热杀死的 S 型肺炎双球菌的小鼠都没有死亡（图 8-1）。这一实验结果表明，被加热杀死的 S 型肺炎双球菌必然含有某种活性物质使 R 型细菌转化成活的 S 型细菌，这种活性物质必然具有遗传物质的特性。但当时并不知道这种物质是什么。16 年后，阿委瑞（O. T. Avery, 1944）等用生物化学方法证明这种活性物质是 DNA。他们不仅成功地重复了上述的实验，而且将 S 型细菌的 DNA 提取物与 R 型细菌混合在一起，在离体培养的条件下，也成功地使少数 R 型细菌定向转化为 S 型细菌。之所以确认导致转化的物质是 DNA，是因为该提取物不受蛋白酶、多糖酶和核糖核酸酶（RNase）的影响，而只能被 DNA 酶所破坏。

迄今，已经在几十种细菌和放线菌中成功地获得了遗传性状的定向转化。这些实验都证明 DNA 是遗传物质。

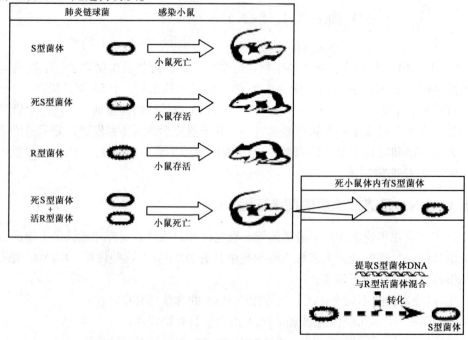

图 8-1 肺炎双球菌的转化实验

8.1.2.2 噬菌体感染实验

噬菌体是极小的低级生命类型，必须在电子显微镜下才可以看到。其结构极其简单，只有一个蛋白质构成的外壳，分为多角形的头部和管状的尾部。头部外壳包裹着一条线形 DNA。管状尾部具有收缩能力，可以附着在细菌表面（图 8-2）。T₂ 噬菌体的 DNA 在大肠杆菌（*Escherichia coli*）内，不仅能够利用大肠杆菌合成 DNA 的材料来复制自己的 DNA，而且能够利用大肠杆菌合成蛋白质的材料，来建造自己的蛋白质外壳和尾部，从而形成完整的新生噬菌体。

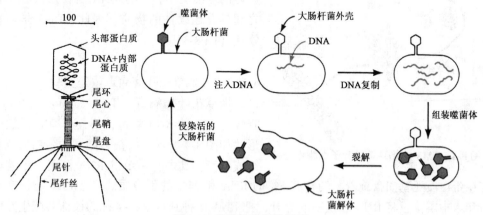

图 8-2 噬菌体的侵染过程

1952 年赫尔希（Hershey）和沙斯（Chase）用同位素 ^{35}S 和 ^{32}P 分别标记 T2 噬菌体的蛋白质与 DNA。因为 S 存在于蛋白质，不存于 DNA；P 存在于 DNA，而不存于蛋白质。然后用被 ^{35}S 和 ^{32}P 标记的噬菌体分别去侵染未标记的大肠杆菌，侵染 10 分钟后用离心机离心（离心后噬菌体蛋白质外壳被甩离细菌表面，位于离心管的上层，而大肠杆菌细胞位于离心管的下层），再进行放射性同位素测定。实验结果显示：当用 ^{35}S 标记的噬菌体侵染大肠杆菌时，下层的大肠杆菌细胞内很少有同位素标记，大

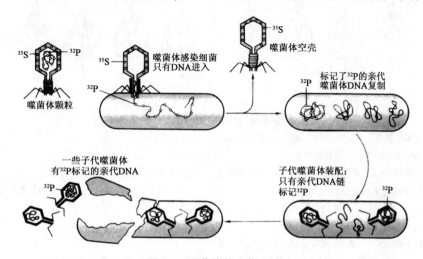

图 8-3 噬菌体的感染实验

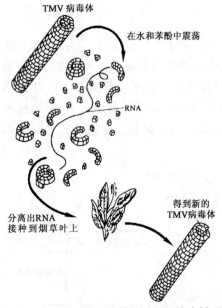

图 8-4 TMV 在烟草等的叶子细胞中繁殖

多数同位素标记位于离心管的上层，即噬菌体蛋白质中；当用^{32}P标记的噬菌体感染大肠杆菌时，同位素标记全部处于下层的大肠杆菌细胞内，而上层的蛋白质部分没有同位素标记。以上实验表明，噬菌体在侵染大肠杆菌时，进入大肠杆菌内的主要是 DNA，而大多数蛋白质在大肠杆菌的外面。可见，在噬菌体的生活史中，只有 DNA 是在亲代和子代之间具有连续性的物质。因此，DNA 是遗传物质（图 8-3）。

8.1.2.3 烟草花叶病病毒重建实验

烟草花叶病病毒（Tobacco Mosaic Virus, TMV）是一种 RNA 病毒，不具有 DNA。它的形状如图 8-4 所示，由很多相同的蛋白质亚基组成外壳，其中有一单链 RNA 分子，沿着内壁在蛋白质亚基间盘旋着，约含有 6% 的 RNA 和 94% 的蛋白质。"把 TMV 病毒在苯酚和水中震荡，将 RNA 和蛋白质分开，把 RNA 接种到烟草，接种的植株会产生花叶病；用蛋白质侵染烟草，接种的植株不会产生花叶病。这两个实验说明在 TMV 中 RNA 是遗传物质。然后将分离的 RNA 和蛋白质混合涂抹在烟草叶片上，接种的叶片也会产生花叶病。比较以上 3 个实验，发现在都能使烟草产生花叶病的情况下，单用 RNA 的侵染效率要差些。可能是因为裸露的 RNA 在侵染过程中容易被外界的 RNA

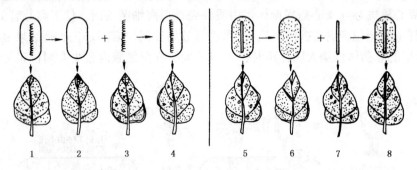

图 8-5 证明在烟草花叶病病毒中，RNA 是遗传物质（1）

1. 完整的 TMV 病毒，可以使烟草生病，出现一种病斑
2. 单是 TMV 的蛋白质，不能使烟草生病
3. 单是 TMV 的 RNA，可以使烟草生病，出现一种病斑，不过侵染的能力差些
4. 把 TMV 的 RNA 和蛋白质加在一起，再去侵染，可使烟草生病，出现一种病斑，而且侵染能力比单用 RNA 好些
5. 完整的霍氏车前病毒（HRV），可使烟草生病，出现一种不同的病斑
6. 单是 HRV 的蛋白质，不能使烟草生病
7. 单是 HRV 的 RNA，可以使烟草生病，但侵染能力差些
8. 把 HRV 的 RNA 和蛋白质加在一起，再去侵染，可使烟草生病，出现一种病斑，而且效果比单用 RNA 好些

酶降解，降低了致病性。若用 RNA 酶处理 RNA，使其完全降解，再接种到烟草叶片上时就完全失去了致病性。"

弗伦科（Fraenkal）和克雷特（Courat）利用烟草花叶病病毒和霍氏车前病毒（Holmes Rib grass Virus，HRV）设计的证实在病毒中 RNA 为遗传物质的实验步骤如下。这两种病毒都能感染烟草，在烟草叶片上形成不同的病斑。首先将 TMV 的蛋白质和 RNA 分离开，用分离得到的蛋白质、RNA 和二者的混合物分别侵染烟草叶片，结果表明后两者能成功侵染烟草叶片，而单独用蛋白质侵染无法产生病斑（图 8-5 中 1~4）。再将 HRV 的蛋白质和 RNA 分离开，用分离得到的蛋白质、RNA 和二者的混合物分别侵染烟草叶片，结果表明后两者能成功侵染烟草叶片，而单独用蛋白质侵染无法产生病斑（见图 8-5 中 5~8）。

利用先分离后聚合的方法，Fraenkal 和 Courat 将分离到的 TMV 的蛋白质和 HRV 的 RNA 结合在一起，形成一个类似"杂种"的新品系，用它来进行侵染实验。实验时用 TMV 的蛋白质、HRV 的 RNA 和二者混合得到的新品系分别侵染烟草叶片，结果表明只有后两者能成功侵染烟草叶片，并且新品系产生的病毒后代，全属 HRV 型（图 8-6 中 1~3）。再将分离到的 TMV 的 RNA 和 HRV 的蛋白质结合在一起，形成另一个新品系。实验时用 HRV 的蛋白质、TMV 的 RNA 和二者混合得到的新品系分别侵染烟草叶片，结果表明只有后两者能成功侵染烟草叶片，并且新品系产生的病毒后代，全属 TMV 型（图 8-6 中 3~6）。

上述实验告诉我们，在含 DNA 的生物中，DNA 是遗传物质，在只含有 RNA 而不含 DNA 的生物中，RNA 是遗传物质。

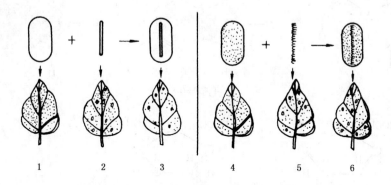

图 8-6　证明在烟草花叶病病毒中，RNA 是遗传物质（2）

1. 单是 TMV 的蛋白质，不能使烟草生病
2. 单是 HRV 的 RNA 可使烟草生病，出现的病斑与由 HRV 所引起的一样，不过侵染力差些
3. 把 TMV 的蛋白质和 HRV 的 RNA 加在一起，再去侵染，可使烟草生病，出现的病斑与由 HRV 所引起的一样，而且侵染能力比单用 HRV 的 RNA 好些。子代病毒颗粒具有 HRV 的蛋白质和 HRV 的 RNA
4. 单是 HRV 的蛋白质不能使烟草生病
5. 单是 TMV 的 RNA 可使烟草生病，出现的病斑与 TMV 所引起的一样，不过侵染能力差些
6. 把 HRV 的蛋白质和 TMV 的 RNA 加在一起，再去侵染，可使烟草生病，出现的病斑为由 TMV 所引起的一样，而且侵染能力比单用 TMV 的 RNA 好些，子代病毒颗粒具有 TMV 的蛋白质和 TMV 的 RNA

8.2 核酸的化学结构

8.2.1 核苷酸的化学结构

核酸是一种高分子化合物，其结构单元是核苷酸。每个核苷酸包括 3 部分：五碳糖、磷酸和环状的含氮碱基，这种碱基包括嘌呤和嘧啶。核酸有 2 种：脱氧核糖核酸（DNA）和核糖核酸（RNA）。2 种核酸的主要区别如下：

组成 DNA 的五碳糖是脱氧核糖，而组成 RNA 的是核糖；DNA 含有的碱基是腺嘌呤（A）、胞嘧啶（C）、鸟嘌呤（G）和胸腺嘧啶（T），RNA 含有的碱基前 3 个与 DNA 完全相同，只有最后 1 个胸腺嘧啶（T）被尿嘧啶（U）所代替（图 8-7）；DNA 通常是双链，RNA 主要为单链；DNA 的分子链一般较长，而 RNA 分子链较短。

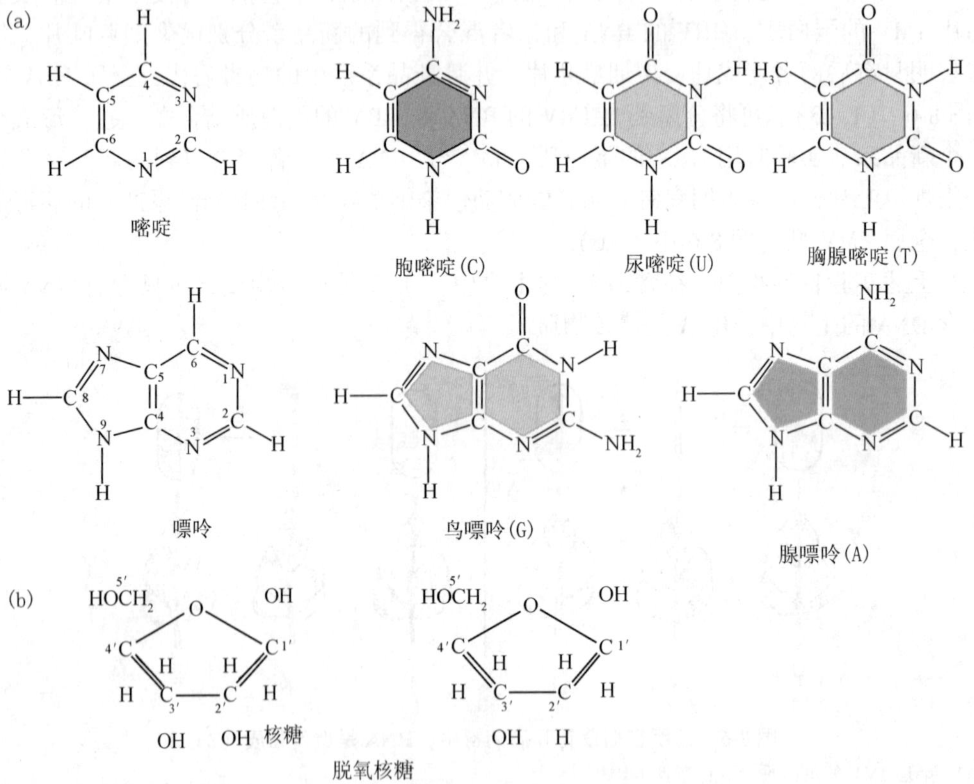

图 8-7 核糖与碱基

高等植物的绝大部分 DNA 存在于细胞核内的染色体上，它是构成染色体的主要组分，还有少量的 DNA 存在于细胞质中的叶绿体、线粒体等细胞器内。RNA 在细胞核和细胞质中都有，核内则更多地集中在核仁上，少量在染色体上。细菌也含有 DNA 和 RNA。多数噬菌体只含有 DNA，多数植物病毒只含有 RNA。

8.2.2 DNA 的分子结构

DNA 分子是脱氧核苷酸的多聚体。脱氧核糖核苷酸是由碱基、脱氧核糖与磷酸连接构成的。根据构成 DNA 的碱基类型，脱氧核糖核苷酸可分为 4 种，即脱氧腺嘌呤核苷酸（dATP）、脱氧胸腺嘧啶核苷酸（dTTP）、脱氧鸟嘌呤核苷酸（dGTP）和脱氧胞嘧啶核苷酸（dCTP）（图 8-7，图 8-8）。

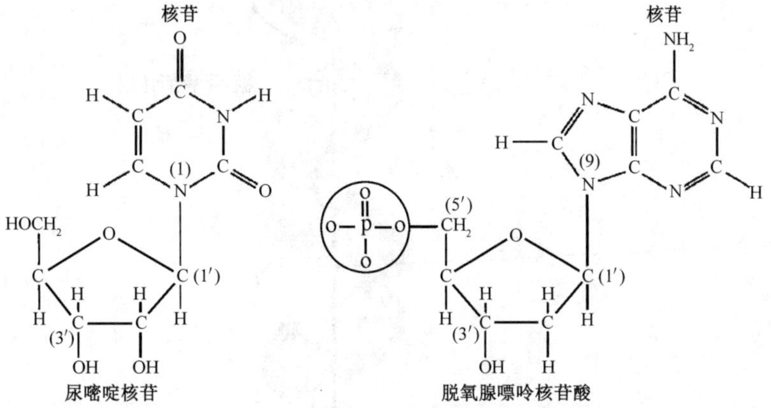

图 8-8　DNA 分子的脱氧核糖核苷酸示意

1953 年，沃森和克里克根据碱基互补配对的规律以及对 DNA 分子的 X 射线衍射研究的结果，提出了著名的 DNA 双螺旋结构模型。这个模型已为以后拍摄的电镜直观形象所证实。这个空间构型满足了分子遗传学需要解答的许多问题，例如，DNA 的复制、DNA 对于遗传信息的贮存、改变和传递等，从而奠定了分子遗传学的基础。

这个模型最重要的特点是由两条反向平行互补的多核苷酸链彼此以一定的空间距离在同一轴上互相盘旋起来组成，很像一个扭曲起来的梯子（图 8-9）。每条多核苷酸单链都由糖和磷酸根纵向交替连接起来的，每个磷酸根分别在脱氧核糖的 5' 和 3' 碳位上与前后两个脱氧核糖相连（图 8-10），形成二脂键。在 DNA 双链中，一条链的走向从 5'→3'，另一条链的走向是从 3'→5'，称为反向平行。

每条 DNA 单链的内侧是扁平的盘状碱基，碱基一方面与脱氧核糖相联系，另一方面通过氢键与它互补的碱基相联系，宛如一级一级的梯子横档。根据查迦夫（Chargaff）等试验的化学分析表明，每种生物 DNA 的 4 种碱基都满足以下规律：T + C = A + G，A = T，C = G，A + T ≠ C + G。这表明在 DNA 分子内，碱基 A 与 T 互补，C 与 G 互补。以后的分析又证明 A 与 T 是以 2 个氢键配对相连，C 和 G 是以 3 个氢键配对相连。据 X 射线对 DNA 的衍射资料表明，各碱基对上下之间的距离为 0.34nm，每个螺旋的距离为 3.4nm，也就是说，每个螺旋包含 10 对碱基（图 8-9）。DNA 在细胞核中并不是以裸露的双螺旋形式存在，它首先缠绕在组蛋白八聚体上，形成核小体，每 6 个核小体再螺旋盘绕形成螺线管，螺线管再螺旋一次，形成超级螺线管，进一步螺旋、折叠缠绕最终形成染色体（图 8-11）。

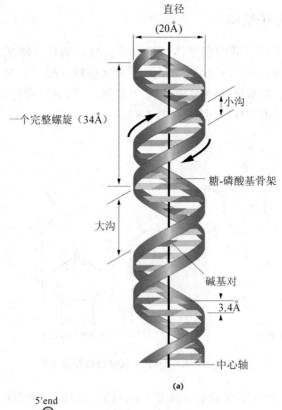
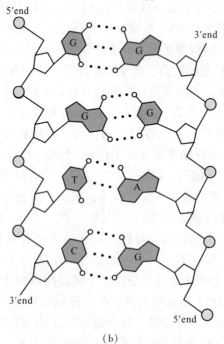

图 8-9　DNA 分子的双螺旋结构
(a) DNA 双螺旋　(b) 碱基配对

* $1Å = 10^{-10}$ m。

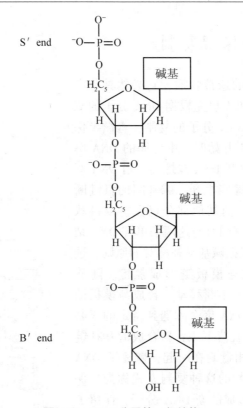

图 8-10 DNA 分子的一级结构

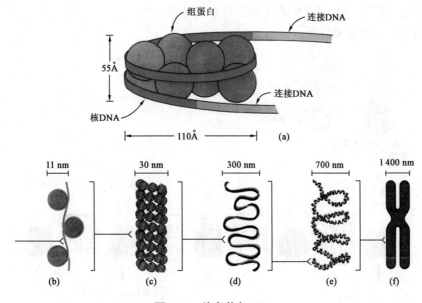

图 8-11 染色体与 DNA

(a) 核小体的结构（1Å = 10^{-10} m）　　(b) ~ (f) DNA 超螺旋结构

8.3 DNA 的半保留复制

DNA 既然是主要的遗传物质，它必然具备自我复制的能力。沃森和克里克根据 DNA 分子的双螺旋结构模型，认为 DNA 分子的复制，遵循半保留复制的原则。在复制开始时，由专职的 DNA 解旋酶、拓扑异构酶等解开 DNA 双螺旋，当 DNA 双链分子的一小部分双螺旋松开，碱基间的氢键断裂，拆开为两条单链，而其他部分仍保持双链状态，一个 DNA 聚合酶就同时与这两条单链 DNA 结合，以它们为模板，根据碱基互补配对的原则，选择相应的脱氧核苷酸与模板链形成氢键。随着 DNA 聚合酶在模板链上不断移动，合成与模板链互补的一条新链。当 DNA 聚合酶遇到特定的复制终点时，从 DNA 链上脱落下来，新合成的互补链与原来的模板单链互相盘旋在一起，恢复了 DNA 的双分子链结构。DNA 的这种复制方式称为半保留复制，通过复制所形成的新 DNA 分子，保留了原来亲本 DNA 双链分子的一条单链（图 8-12）。DNA 的半保留复制性质，已被 1958 年以来的大量实验所证实（图 8-13）。DNA 的这种复制方式是保持生物遗传稳定的重要保证。

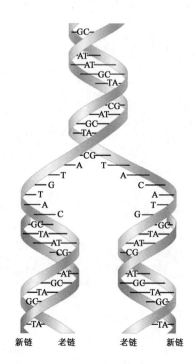

图 8-12 DNA 的半保留复制模型

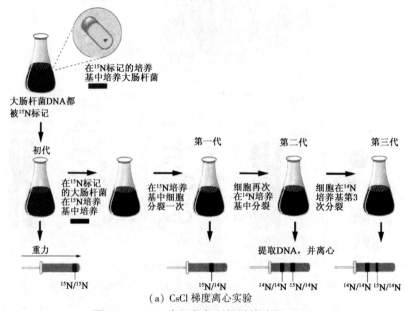

(a) CsCl 梯度离心实验

图 8-13 DNA 半保留复制假说的验证（1）

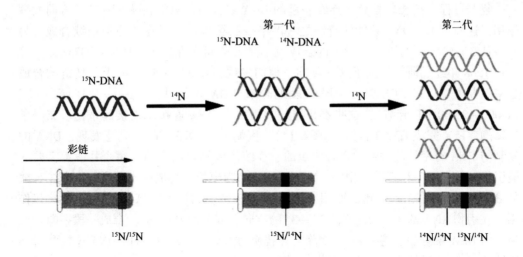

(b) CsCl 梯度离心实验结果的解释

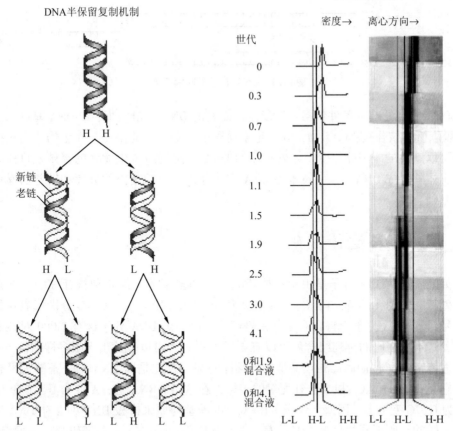

(c) 实验结果分析及验证

图 8-13 DNA 半保留复制假说的验证 (2)

复制过程中把相邻核苷酸连在一起的 DNA 聚合酶,只能在从 5'→3'的方向发挥作用,这样一来,DNA 只能使双链之一严格按照沃森和克里克的假说连续合成。另一条从 3'→5'方向的链上,新链的合成就不能采取同样方法了。冈崎(Okazaki)等人在 1968 年经过研究解决了这一疑问。他们发现,在 3'→5'方向上,新链的合成是按照从 5'→3'的方向,一段一段地合成 DNA 单链小片段——"冈崎片段"(1 000~2 000 个核苷酸),这些不相连的片段再由 DNA 连接酶连接起来,形成一条连续的单链,完成 DNA 的复制(图 8-14)。冈崎等(1973)的研究还发现,DNA 的复制与 RNA 有密切的关系,在合成短的不连续的冈崎片段之前,每个片段都需要一段引物。首先由一种特殊类型的 RNA 酶以 DNA 为模板,合成一小段含几十个核苷酸的 RNA,这段 RNA 起引物的作用,称为引物 RNA。然后,DNA 聚合酶才开始起作用,在引物 RNA 的 3'端接着按 5'→3'的方向合成新的 DNA 链。合成一段冈崎片段后,由 DNA 聚合酶 I 将 RNA 引物除去并替换为 DNA 片段,最后由 DNA 连接酶将不连续的 DNA 片段接成一条连续的 DNA 链。

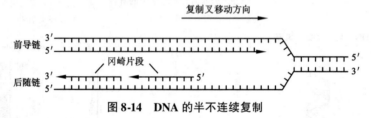

图 8-14 DNA 的半不连续复制

DNA 复制的基本条件包括:①复制所需要的 DNA 双链模板;②DNA 复制酶;③4 种脱氧核糖核苷酸;④引物;⑤一定量镁离子;⑥适宜的温度。在生物体内这些条件是可以满足的。因此,生物体内有序的 DNA 复制保障了生物体的繁殖。目前,可以人工体外合成 DNA。这一技术为 DNA 序列分析、目的基因的分离和转基因操作奠定了基础。

8.4 DNA 与遗传密码

如上所述,DNA 分子是由 4 种核苷酸组成的多聚体。这 4 种核苷酸的不同在于所含碱基的不同,即 A,T,C,G 4 种碱基的不同。用 A,T,C,G 分别代表 4 种密码符号,则 DNA 分子中将含有 4 种密码符号。以一个 DNA 分子含有 1 000 对核苷酸来说,这 4 种密码的排列组合就可以有 $4^{1\,000}$ 种形式,可以表达出无限多样的信息。

遗传密码(genetic code)又是如何翻译的呢?首先是以 DNA 的一条链为模板合成与它互补的 mRNA,根据互补配对的规律,在这条 mRNA 上,A 变为 U,T 变为 A,C 变为 G,G 变为 C。因此,这条 mRNA 上的碱基与原来模板 DNA 的互补 DNA 链基本是一样的,所不同的只是用 U 代替了 T。然后再由 mRNA 上的密码翻译成氨基酸,氨基酸有 20 种,而遗传密码符号只有 4 种,因此在翻译上首先碰到的问题是译成一个氨基酸要用几个密码符号(碱基)。

8.4.1 三联体密码

碱基与氨基酸两者之间的密码关系，显然不可能是一个碱基决定一个氨基酸。因此，一个碱基的密码子（codon）是不能成立的。如果是 2 个碱基决定 1 个氨基酸，那么 2 个碱基的密码子可能的组合将是 4^2 等于 16 种，这比现存的 20 种氨基酸还差 4 种，因此不敷应用。如果是每 3 个碱基决定一种氨基酸，这 3 个碱基的密码子可能的组合将是 4^3 等于 64 种，这比 20 种氨基酸多出 44 种。经研究证实，生物体内使用的是三联体密码，也即每 3 个碱基决定一种氨基酸。那么为什么三联体密码有 64 个，远多于 20 种氨基酸的数目呢？为什么会有这么多过剩的密码子，它们是否有功能呢？这可以用密码子的简并性来解释。同一种氨基酸具有两个或更多个密码子的现象称为密码子的简并性（degeneracy）。

8.4.2 三联体密码翻译

每种三联体密码译成什么氨基酸呢？从 1961 年开始，全球科学家经过大量的试验，分别利用 64 个已知三联体密码，找出了与它们对应的氨基酸。1966—1967 年，全部完成了这套遗传密码的字典（表 8-1）。

从表 8-1 可以看出，大多数氨基酸都有数个三联体密码子，多则 6 个，少则 2 个，

表 8-1 20 种氨基酸的遗传密码字典

第一碱基	第二碱基				第三碱基
	U	C	A	G	
U	UUU, UUC 苯丙氨酸 Phe UUA, UUG 亮氨酸 Leu	UCU, UCC, UCA, UCG 丝氨酸 Ser	UAU, UAC 酪氨酸 Tyr UAA—终止信号 UAG—终止信号	UGU, UGC 半胱氨酸 Cys UGA—终止信号 UGG—色氨酸 Trp	U C A G
C	CUU, CUC, CUA, CUG 亮氨酸 Leu	CCU, CCC, CCA, CCG 脯氨酸 Pro	CAU, CAC 组氨酸 His CAA, CAG 谷氨酰胺 Gln	CGU, CGC, CGA, CGG 精氨酸 Arg	U C A G
A	AUU, AUC, AUA 异亮氨酸 Ile AUG—甲硫氨酸 表示起点 Met	ACU, ACC, ACA, ACG 苏氨酸 Thr	AAU, AAC 天冬酰胺 Asn AAA, AAG 赖氨酸 Lys	AGU, AGC 丝氨酸 Ser AGA, AGG 精氨酸 Arg	U C A G
G	GUU, GUC, GUA 缬氨酸 Val GUG—表示起点	GCU, GCC, GCA, GCG 丙氨酸 Ala	GAU, GAC 天冬氨酸 Asp GAA, GAG 谷氨酸 Glu	GGU, GGC, GGA, GGG 甘氨酸 Gly	U C A G

（第一碱基、第二碱基、第三碱基的符号顺次组成一个密码子。例如，UUU 与该栏的氨基酸苯丙氨酸对应。以此类推）

这就是上面提到过的简并现象。对应于同一种氨基酸的不同密码子称为同义密码子（symonymous codon）。只有色氨酸与甲硫氨酸仅有 1 个密码子。此外，还有 3 个三联体密码子 UAA，UAG，UGA 是表示蛋白质合成终止的信号。三联体密码子 AUG 与 GUG 兼有合成起点的作用。

在分析简并现象时可以看到，当三联体密码子的第一个、第二个碱基确定之后，有时不管第三个碱基是什么，这个密码子决定的都是同一个氨基酸。例如，脯氨酸是由下列的 4 个三联体密码子决定的：CCU，CCC，CCA，CCG。也就是说，在一个三联体密码子上，第一个、第二个碱基比第三个碱基更为重要，这就是产生简并现象的基础。

简并现象对生物遗传的稳定性具有重要的意义。同义的密码子越多，生物遗传的稳定性越大。因为一旦 DNA 分子上的碱基发生突变，突变后所形成的三联体密码，可能与原来的三联体密码翻译成同样的氨基酸，因而在多肽链上就不会表现任何变异。因此不会引起蛋白质功能的改变，也避免了引起生物体表型的改变或影响生物体对环境的适应性。所以遗传密码的简并性在物种的稳定上起着重要的作用。

除 1980 年以来发现某些生物的线粒体 tRNA 在解读个别密码子时有不同的翻译方式外，整个生物界，从病毒到人类，遗传密码都是通用的，即所有的核酸都是由 4 个基本的碱基符号所组成，所有的蛋白质都是由 20 种氨基酸所组成，它们用共同的语言写成不同的文章（生物种类和生物性状）。共同语言说明了生命的共同本质和共同起源；不同的文章说明了生物变异的原因和进化的无限多样的历程。

8.5　蛋白质的生物合成

蛋白质是由 20 种不同的氨基酸组成的，每种蛋白质都有其特定的氨基酸序列。DNA 是由 4 种不同的核苷酸组成的，每种生物的 DNA 也各有其特定的核苷酸序列。核苷酸序列的不同，表现为碱基（遗传密码）的不同，因为它们的骨架——脱氧核糖与磷酸根是完全一样的。大量的试验证明，这两种序列之间有平行的线性关系，也就是说，碱基序列决定了氨基酸的序列。DNA 的碱基序列决定氨基酸序列的过程即蛋白质的合成过程，实际上包括遗传密码的转录（tanscription）和翻译（translation）两个步骤。

转录就是以 DNA 双链之一的遗传密码为模板，把遗传密码以互补的方式转录到信使核糖核酸（mRNA）上。翻译就是 mRNA 携带着转录的遗传密码附着在核糖体（ribosome）上，把由转运核糖核酸（tRNA）运来的各种氨基酸，按照 mRNA 的密码顺序，相互连接起来成为多肽链，并进一步折叠起来成为有活性的蛋白质分子。所以蛋白质的合成是 mRNA、tRNA、rRNA 和核糖体协同作用的结果。有时，这样形成的蛋白质进一步与其他的物质相结合而成为酶（所有的酶都是蛋白质），作为细胞内各种生化反应的催化剂，最终使生物体的性状产生；有时根据蛋白质种类的不同而分别组合到细胞的不同结构中，从而直接表现出某些性状。

DNA 控制蛋白质合成的过程，揭示了基因是如何通过一定的生物化学步骤促成某些性状表现的。这对于只能靠最后性状的表现来判断某些基因存在的经典遗传学来说，无疑是一个巨大的进展。

8.5.1 mRNA，tRNA 和 rRNA

8.5.1.1 mRNA

真核细胞中的 DNA 主要存在于细胞核的染色体上，而蛋白质的合成场所却是位于细胞质中的核糖体。通常 DNA 分子不能通过核膜进入细胞质内，因此，它需要一种中介物质，才能把 DNA 上控制蛋白质合成的遗传信息传递给核糖体。现已查明，这种中介物质是一种特殊的 RNA，它起着传递信息的作用，因而称为信使 RNA（mRNA）。

mRNA 的第一个功能是把 DNA 上的遗传信息精确地转录下来。这一过程如下：一个 RNA 聚合酶分子沿 DNA 分子移动，引起双链的局部解链（图8-15）。在 RNA 聚合酶分子范围内，游离的核糖核苷酸以其中的一条 DNA 链为模板，按照 C—G、A—U 的配对原则产生了一段与模板 DNA 链互补的 RNA 短链，随着 RNA 聚合酶的不断移动，这条 RNA 短链得以延伸，最后，当 RNA 聚合酶转移至适当的位置时，新生的 mRNA 分子从它的模板 DNA 分子上解链脱离，形成 mRNA，而 DNA 的两条单链又重新恢复成双链。

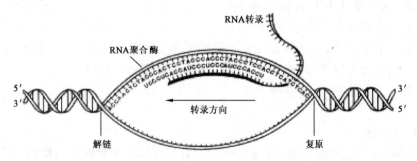

图 8-15　mRNA 的合成（引自张玉静，2000）

这个新合成的 mRNA 称为初级转录本，还不能行使其传递遗传信息的功能。经过一系列转录后加工：戴帽（在特定位点被修饰了的鸟嘌呤 G）、加尾（含有许多腺嘌呤 A 的一段核苷酸序列）、剪切掉不含有实际遗传信息的部分片断，成为具有生物学功能的 mRNA。

mRNA 的另一个功能是负责将它携带的遗传信息在核糖体上翻译成蛋白质。

8.5.1.2 tRNA

如果说 mRNA 是合成蛋白质的蓝图，则核糖体是合成蛋白质的工厂。但是，合成蛋白质的原材料——20 种氨基酸与 mRNA 的碱基之间缺乏特殊的亲和力，因此，必须用一种特殊的 RNA——转运 RNA（tRNA）把氨基酸搬运到核糖体上。tRNA 能根据 mRNA 的遗传密码依次准确地将它携带的氨基酸联结成多肽链。每种氨基酸各与一种或者一种以上的 tRNA 相结合，现在已知的 tRNA 在 20 种以上。

tRNA 是最小的 RNA 分子，也是 RNA 中构造了解得最清楚的一种。这类 RNA 分子含 80 个左右的核苷酸，而且具有稀有碱基。稀有碱基除假尿啶苷与次黄嘌呤外，主要是甲基化了的嘌呤和嘧啶，这类稀有碱基一般是 tRNA 在 DNA 模板转录后，经过特殊酶修饰而成。

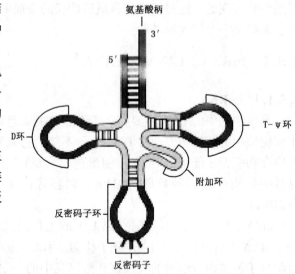

图 8-16　tRNA 的三叶草结构

1969 年以来，人们研究了来自不同生物的十几种 tRNA 的结构，如酵母、大肠杆菌、小麦、鼠等，证明它们的碱基序列都能折叠成三叶草构型（图 8-16），而且都具有如下的共性：

① 5'末端具有 G（大部分）或 C；
② 3'末端都以 ACC 的顺序终结；
③ 有一个富有鸟嘌呤的环（D 环）；
④ 有一个反密码子环，在这个环的顶端有 3 个暴露的碱基，称为反密码子（anticodon），这个反密码子与 mRNA 链上同自己互补的密码子配对；
⑤ 有一个胸腺嘧啶环（T-ψ 环）。

8.5.1.3　rRNA

核糖体 RNA 是组成核糖体的主要成分，而核糖体则是合成蛋白质的场所。在大肠杆菌中，rRNA 占细胞总 RNA 的 75%～85%，tRNA 占 15%，mRNA 仅占 3%～5%。rRNA 一般与核糖体蛋白质结合在一起，形成核糖体。原核生物的核糖体所含的 rRNA，有 5S、16S 及 23S 等数种。5S 的 rRNA 含有 100 个核苷酸，16S 的 rRNA 含有 1 500 个核苷酸，而 23S 的 rRNA 则含有 3 000 个核苷酸。

rRNA 是单链分子，它包含不等量的 A 与 U，以及 G 与 C，但是有广泛的双链区域，在那里，碱基间由氢键相连，表现为发夹式螺旋。

在合成蛋白质的过程中，rRNA 与核糖体蛋白质按照一定的方式搭配组合，形成核糖体，沿着 mRNA 的 5'端向 3'端移动。核糖体小亚基中 16S 的 rRNA 3'端有一段核苷酸顺序是与 mRNA 的前导顺序互补的，这有助于 mRNA 与核糖体的结合，找到翻译的起始位点。

8.5.2　核糖体

核糖体是合成蛋白质的场所，是 rRNA 与核糖体蛋白质结合起来的小颗粒，直径为 15~25nm。在细菌的细胞内,核糖体大都通过与 mRNA 的相互作用,被固定在核基因组上。在高等生物细胞中,所有正在进行蛋白质合成的核糖体都不是在细胞质内自由漂浮,而是直接或间接与细胞骨架结构有关联或者与内质网膜结构相连。核糖体包含不同的两个亚基,由 Mg^{2+} 辅助结合起来。这些亚基常用它们的沉降系数 S 值表示。例如,细菌型的较大的 50S 亚基与较小的 30S 亚基结合起来形成 70S 的核糖体;高等生物型的较大的 60 S 与较小的 40 S 亚基结合起来形成 80S 型的核糖体。Mg^{2+} 的浓度变化使这些亚基解离或结合,当 Mg^{2+} 浓度高时,发生结合;当 Mg^{2+} 离子浓度低时,发生解离。在蛋白质合成过程中,它们是以 70S(80S)的形式存在,因为只有这种状态才能维持它们生理上的活性(图 8-17)。

图 8-17　原核生物 70S 核糖体电镜示意图
(引自朱玉贤、李毅,1997)

一般来说,核糖体在细胞内远较 mRNA 稳定,可以反复用来进行蛋白质的合成,而且核糖体本身的特异性小,同一核糖体由于它结合的 mRNA 不同,可以合成不同种类的多肽。通常 mRNA 必须与核糖体结合起来,才能合成多肽。而且,在绝大多数情况下,一个 mRNA 要同 2 个以上的核糖体结合起来,形成一串核糖体,称为多聚核糖体(polysome)。这样,许多核糖体可以同时翻译一个 mRNA 分子,这就大大提高了蛋白质合成的效率。

8.5.3　蛋白质的生物合成

首先,以 DNA 分子双链中的一条链为模板,合成出与它互补的 mRNA 链,在这一过程中实现了 DNA 遗传信息的转录。

当 mRNA 由细胞核进入细胞质附着在核糖体上时,由 ATP 活化的氨基酸与特定的 tRNA 相互识别并结合在一起,这种与特定的氨基酸结合的 tRNA 称为氨基酰-tRNA。运送各种氨基酸的氨基酰-tRNA 带着自己所携带的氨基酸,用它们自己的反密码子依次分别与附着在核糖体上的 mRNA 的互补密码子相结合,并卸下它们运送的氨基酸,在转肽酶的催化下,相邻的氨基酸在核糖体上形成肽键,随着 mRNA 逐渐移出核糖体(也可以说随着核糖体逐渐移出 mRNA),一条长长的多肽链就逐渐被释放出来。其他尚未完全通过 mRNA 的核糖体,则带着尚未完成的较短的多肽链(图 8-18)。可见,核糖体在这里既起装配员的作用(将氨基酸装配成多肽)又起了翻译员的作用。mRNA 如不附着于核糖体上,就不能执行翻译的使命。

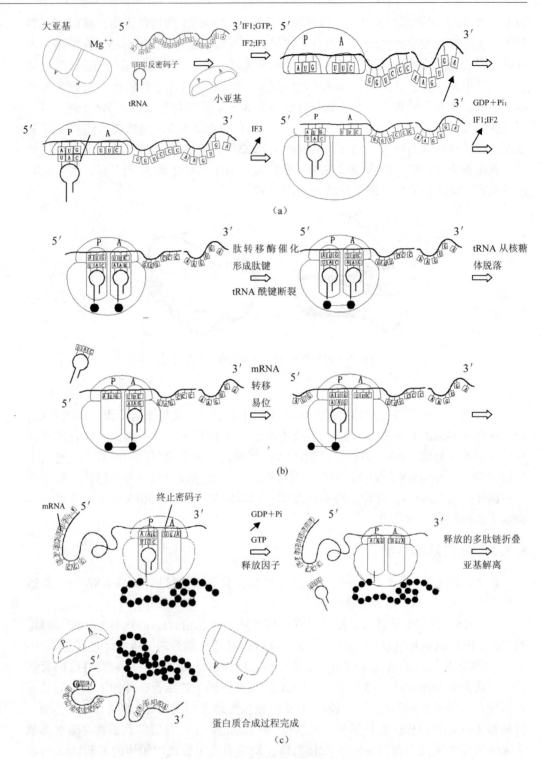

图 8-18 蛋白质合成过程的模式图
(a) 翻译起始　(b) 延伸　(c) 终止

在核糖体上合成的多肽链，经过链的卷曲或折叠，成为具有立体结构的、有生物活性的蛋白质。它们或者成为结构蛋白，作为细胞的组成部分；或者成为功能蛋白，如血红蛋白等；或者成为控制细胞各种生物化学反应的酶。

应该指出，上面介绍的 DNA 与蛋白质的合成过程，也就是遗传信息的转录与翻译的过程，目前可以在电镜下直接进行观察。

8.5.4　中心法则及其发展

上面叙述的蛋白质合成的过程，也就是遗传信息从 DNA→RNA→蛋白质的转录和翻译的过程，以及遗传信息从 DNA→DNA 的复制过程，这就是分子生物学的中心法则。由此可见，中心法则阐述的是基因的两个基本属性：自我复制与蛋白质合成。

关于这两个属性的分子水平的分析，对于深入理解遗传和变异的实质具有重要的意义。这一法则被认为是从噬菌体到真核生物的整个生物界共同遵循的规律。

进一步的研究发现，在许多 RNA 肿瘤病毒中，存在反转录酶（reverse trnascriptase），它可以用 RNA 为模板，合成 DNA。迄今为止不仅在几十种由 RNA 致癌病毒引起的癌细胞中发现了反转录酶，甚至在正常细胞，如胚胎细胞中也存在。这一发现增加了中心法则中遗传信息的流向，丰富了中心法则的内容。另外，还发现大部分 RNA 病毒可以把 RNA 直接复制成 RNA。鉴于这些新的发展，可以把遗传信息传递的方向增添如图 8-19 所示。

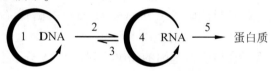

图 8-19　中心法则示意

8.6　现代基因的概念

8.6.1　经典遗传学关于基因的概念

孟德尔在豌豆杂交试验中提出颗粒状、分散的遗传因子是最早的关于基因的概念；1909 年丹麦遗传学者约翰森（Johannsen）最早使用"基因"这一名词；摩尔根（Morgan）1910 年在对果蝇突变体研究的基础上，提出了遗传学的连锁交换定律，建立了以基因和染色体为主题的经典遗传学，并把基因定位在染色体上，认为基因是一种化学实体，呈念珠状以直线方式排列在染色体上。

按照经典遗传学对基因概念的诠释，基因具有下列共性：

① 基因具有染色体的主要特性：自我复制与相对稳定性，在有丝分裂和减数分裂中有规律地进行分配；

② 基因在染色体上占有一定位置（位点），并且是交换的最小单位，即在重组时是不能再分隔的单位；

③ 基因是以一个整体进行突变的，故它又是一个突变单位；

④ 基因是一个功能单位，它控制着正在发育的有机体某一个或者某些特性，如红花、白花等。

可以把重组单位和突变单位统称为结构单位。这样，基因既是一个结构单位，又是一个功能单位，还是一个交换单位。

8.6.2 基因的现代概念

分子遗传学的发展揭示了遗传密码的秘密，使基因的概念落实到特定的物质上，获得了具体的内容。广泛的试验证明，DNA 是主要的遗传物质，基因在 DNA 分子上，一个基因相当于 DNA 分子上的一定区段，它携带有特定的遗传信息，这类遗传信息或者被转录为 RNA（包括 mRNA，tRNA，rRNA）或者被翻译成肽链（指 mRNA）；或者对其他基因的活动起调控作用（调节基因）。

1941 年，彼得（Beade）和塔特姆（Tatum）通过对大量突变体代谢途径的研究，提出"一个基因一个酶"的假说，认为每个代谢步骤都由一个特殊的酶催化其反应，而这个酶的生成由一个特定的基因负责。1957 年，英格拉姆（Ingram）通过试验证明，镰状细胞贫血病的病因是编码血红蛋白的基因发生了突变，因而改变了血红蛋白的氨基酸组成，证实了"一个基因一个酶"的假说。当一种蛋白质是由多亚基构成时，需要对该假说进行修正：对于异源多聚体蛋白质，"一个基因一个酶"假说更精确的表述应该是："一个基因一条多肽链"。现代基因的概念是：①编码一条多肽链的 DNA 序列；②功能上被顺反测验（cis-trans test）或互补测验（complementary test）所规定。

1977 年，人们发现了真核生物基因的编码序列在 DNA 分子上是不连续排列的，被非编码序列所隔开，从而提出了断裂基因（split gene）的概念。后来在某些原核生物如古细菌和大肠杆菌的噬菌体中也发现了这种基因不连续的现象。在高等真核生物中，大多数基因是断裂基因。构成断裂基因的 DNA 序列被分为两类：基因中的编码序列称为外显子（exon），是基因中对应于 mRNA 中转录加工后的序列的区域；不编码的间隔序列称为内含子（intron），对应于在 mRNA 转录后加工时被剪切掉的部分。随着基因结构和功能的深入研究，进一步发现了重叠基因（overlapping genes）：在原核生物中同一段 DNA 的编码顺序，由于阅读框架的不同或终止早晚的不同，同时编码两个以上产物，在真核生物中则表现为外显子（断裂基因上的编码序列）的选择性剪接。在真核生物的基因组中，有许多来源相同、结构相似、功能相关的一组基因，称为基因家族（gene family），部分基因家族的成员在特殊的染色体区域上成簇存在，而另一些基因家族的成员在整个染色体上广泛分布，甚至可存在于不同的染色体上。除了基因家族外，真核生物的染色体上还有大量无转录活性的重复 DNA 序列，它们成簇存在于染色体的特定区域，形成串联重复 DNA，或者分散于染色体的各个位点上，称为散布的重复 DNA。20 世纪 40 年代，巴巴拉·迈克林托克（Barbara Mcclintock）在玉米的遗传学研究中，发现了能够转移到基因组内其他位置上去的 DNA 序列，将其称为跳跃基因（jumping gene），也称之为转座元件（transposable element）或转座子（transposon）。

目前认为基因是编码可扩散产物的 DNA 序列。其产物可以是蛋白质（功能蛋白编码序列—结构基因，或转录因子—调节基因），也可以是 RNA（tRNA 和 rRNA）；可以是连续的序列，也可以是由非编码序列（内含子）间隔开的不连续序列——断裂基因；可以是单拷贝或者多拷贝，还可以是可移动的序列。总之，基因的现代概念仍然在发展中。

8.7 基因表达的调控

如果把某种生物的整套遗传密码比做一本密码字典，那么，这种生物的每个细胞都含有这本字典。只是这本密码在每个细胞中并不全部译出应用，而是"各取所需"，不同细胞选用各自需要的密码子加以转录和翻译。例如，在一株玉米的全部细胞内都有发育成雌花丝的基因，但是在根、茎、叶上不会长出雌花丝来，只有在形成子房后，在子房的顶端才长出雌花丝。为什么基因只有在它应该发挥作用的细胞内和应该发挥作用的时间，才呈现活化状态，而在它不应该发挥作用的时间和细胞内，则处于非活化状态呢？这里必然会有一个基因调控系统在起作用。

8.7.1 基因表达调控的概念

生物体的遗传信息在表达为性状的过程中可以在任何阶段进行调控包括转录阶段、转录后加工阶段和翻译阶段。基因活性的调控主要通过反式作用因子（通常是蛋白质）和顺式作用元件（通常在 DNA 上）的相互作用而实现。

(1) 基因的种类

为了区分调控过程中的调控成分和其调控的基因，提出结构基因和调节基因的概念。结构基因（structural gene）是指编码蛋白质（包括结构蛋白、酶和调节蛋白等）或 RNA 的任何基因，调节基因（regulator gene）是参与其他基因表达调控的 RNA 和蛋白质的编码基因。调节基因编码的调节物通过与 DNA 上的特定位点结合控制转录。这种调控作用能以正调控的方式（启动或增强基因表达活性）进行，也能以负调控的方式（关闭或降低基因表达活性）进行。

(2) 顺式作用元件

顺式作用元件（*cis*-acting element）是指对基因表达有调节作用的 DNA 序列，其活性只影响与其自身同处在一个 DNA 分子上的基因，这种序列通常不编码蛋白质，多位于基因旁侧或内含子中。

位于转录单位开始和结束位置上的序列为启动子和终止子，两者都是典型的顺式作用元件。启动子和终止子是受同一类反式作用因子识别的顺式作用元件，这一类元件的反式作用因子就是 RNA 聚合酶。这两个位点也能各自结合其他一些特定因子。

(3) 反式作用因子

游离基因产物扩散至其目的场所的过程称为反式作用（*trans*-acting），反式作用的编码基因的产物称为反式作用因子（*trans*-acting factor），反式作用的编码基因与其识别或结合的靶核苷酸序列不在同一个分子上。

8.7.2 乳糖操纵子模型

目前在细菌方面，研究得比较清楚的是关于大肠杆菌乳糖代谢的调控。参与大肠杆菌乳糖代谢的3种酶的3个基因成簇排列：lacZ 编码 β-半乳糖苷酶，催化乳糖分解成半乳糖和葡萄糖；lacY 编码 β-半乳糖苷透性酶，参与 β-半乳糖苷进入细胞内的转运；lacA 编码 β-半乳糖苷转乙酰基酶，将乙酰基团从乙酰辅酶 A 转移到 β-半乳糖苷上。在实验的条件下，如果把大量的乳糖加入有大肠杆菌的培养基内，可使3种酶量急剧增加，几分钟内达到千倍以上，而且这3种酶成比例地增加。培养基内乳糖用完时，这3种酶的合成同时停止。

1961 年，杰柯勃（Jacob）和摩纳德（Monod）根据上述事实提出了操纵子模型（operon model），认为这3个酶的基因转录受一个开关单位的控制，这种开关单位称为操纵子（operon）。该模型的内容如图 8-20。

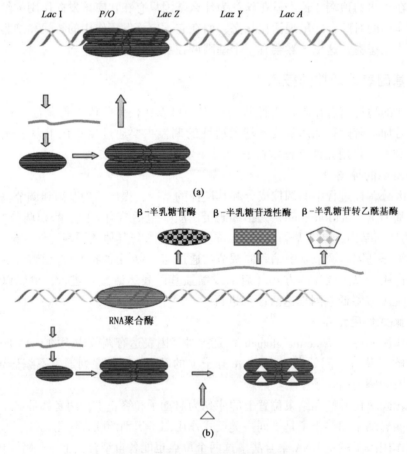

图 8-20　大肠杆菌乳糖操纵子调控模型

（a）阻遏蛋白使基因处于关闭状态　（b）小分子调节物使阻遏蛋白失活，基因处于活化状态，合成3种酶

图 8-20 中 O 是开关位点，称为操纵基因（operator），P 为启动子（promoter），处于 3 个基因的一端。LacI 是调节基因，它的作用是控制结构基因的转录和翻译。由调节基因编码的产物也是一种蛋白质分子，称为阻遏物。当培养基内没有乳糖时，阻遏物接在操纵基因上，关闭了它所控制的操纵子，以阻止 RNA 聚合酶（R 酶）的通过，使结构基因处于抑制状态，从而阻止了 3 种酶基因的转录和翻译。当培养基加入乳糖后，细菌开始分解乳糖，分解的产物半乳糖便成为反阻遏的诱导物。诱导物与阻遏物相结合，便把它从操纵基因上拿下来，打开了操纵子的开关，开放了 RNA 聚合酶的通道，使结构基因活化，于是就开始了 3 种酶基因的转录与翻译，使 3 种酶量急剧增加。

由于从大肠杆菌的 DNA 分子中成功地分离出与乳糖利用有关的乳糖操纵子，同时还分离出这一操纵子的阻遏蛋白，从而使这个操纵子模型得到进一步证实。

8.7.3 真核生物基因表达的调控

真核生物基因表达的调控比原核生物复杂得多，至少有 5 个控制点：结构基因的活化→转录起始→转录过程→胞浆转运→mRNA 翻译。在生物特定生长发育阶段、特定组织的细胞中，只有部分基因处于活化状态而得以表达。处于活化状态的基因在转录起始阶段，通过 RNA 聚合酶与启动子相互作用，控制基因的表达，这是最主要的控制点。转录过程中的调控作用尚没有确切证据。初级转录产物经过 5'端戴帽及 3'端多聚腺苷酸加尾，剪切掉断裂基因中内含子对应的部分，成为成熟的 RNA，再由细胞核进入细胞质。在此过程中，可以通过改变剪接类型实现调控蛋白质产物的类型。最后，在细胞质中，一个特定的 mRNA 是否被翻译仍受控制，在成年体细胞中，这种调控机制的例子很少，而在胚胎时，一些特异蛋白质因子阻断某些 mRNA 翻译的起始。

8.7.4 基因表达的一般规律

在植物体从一个受精卵逐步发育成完整植株的过程中，植物细胞是分阶段、分部位、有规律地表达的。

（1）基因表达的时空特异性

植物体在不同的生长发育阶段所需的生长代谢物质各不相同，表达出的基因也不同。在生长发育的某一特定阶段只有大约生物体总基因量的 15% 表达。在这些已表达的基因中有些是生物体生命周期中自始至终都需要表达的基因，也称为看家基因（house keeping genes）。那些在生物体生长发育特定阶段才表达的基因称为生长发育阶段特异性基因。

在植物体不同部位不同器官的细胞中，表达的基因也不同。基因在不同器官中分别表达的现象被称为基因表达的空间特异性，这些定位表达的基因也被称为组织特异性表达的基因。

（2）基因表达的顺序性

基因表达是一个系列的程序，一个基因打开不仅表达出自身的产物，且其产物往往能激活另一个基因或另一群基因的表达，随着这些基因的顺序表达，植物的生长发育过程表现出高度有序性。植物体从最初的合子到完整的种子，再经历从幼苗到成株，进入开花结实状态，最终衰老死亡，这个生长发育的规律是不可逆转的。因此，在植物生长发育过程中表达的基因只能按照预先规定的蓝图顺序表达，不可逆转。

(3) 基因的组成型表达与诱导型表达

在植物生长发育过程中有些基因自始至终都在表达，是生物生存所必需的，如看家基因。这些不需要任何诱导条件而表达的基因被称为组成型表达基因。

有些基因需要在特殊诱导的条件下才能表达，被称为诱导型表达的基因。如生长发育阶段特异性基因，只有当植物生长到某种状态产生某些基因产物的时候才会表达出产物来。有些基因在植物体接受温度、光照、干旱、寒冷、高温等环境条件诱导时表达。这些诱导型表达的基因使生物体在不同的生长发育阶段以及不同的环境条件下表现出多样性变化。

8.8 基因突变的分子基础

8.8.1 突变的分子机制

从细胞水平上理解，基因相当于染色体上的一点，称为基因位点（locus）。从分子水平上看，一个位点还可以分成许多基本单位，称为基因座位（gene locus）。一个座位一般指的是一个核苷酸对，有时其中一个碱基发生改变，就可能产生一个突变。因此，突变就是基因内不同座位的改变。这种突变称为真正的点突变，比细胞水平上所指的点突变（point mutation）更为深入。一个基因内不同座位的改变可以形成许多等位基因，这些等位基因总称为复等位基因。所以说，复等位基因是基因内部不同碱基改变的结果。

突变的方式主要有两种：一是分子结构的改变，如碱基替换（base substitution）和倒位（inversion）；二是移码（frame shift），如碱基的缺失（deletion）和插入（insertion）等。当然，碱基的缺失和插入也属于分子结构的改变，但影响更大的是由于碱基数目的减少（缺失）或增加（插入），而使以后一系列三联体密码移码。例如，原来的 mRNA 是 GAA GAA GAA GAA……按照密码子所合成的肽链是一个谷氨酸多肽。如果开头增加一个 G，那么 mRNA 就成为 GGA AGA AGA AGA……按照这些密码子合成的肽链是一个以甘氨酸开头的精氨酸多肽，这种改变称为移码。移码的结果将引起该段肽链的改变，肽链的改变会引起蛋白质性质的改变，最终导致性状的变异，严重时会造成个体死亡。

上述各类 DNA 分子结构的改变都有其内外两方面的原因。因此，通常把突变区分为自发突变和诱发突变。人们通过广泛而深入的诱变试验，在一定程度上认识了各类诱变因素的诱变机制，从而进一步认识了自发突变的原因，为定向诱变开辟了道路。

8.8.1.1 自发突变

自发突变主要是由于细胞内部形成了能起诱变作用的代谢产物，改变了 DNA 分子结构的结果。试验表明,自发突变的原因主要是由于正常细胞中的酶造成"差错",例如,某一聚合酶偶尔"接受"了一个反常的核苷酸对(如 A—C),就会产生一个改变了的密码子。另外,遗传重组本身的不等交换,也能产生可遗传的变异。

8.8.1.2 诱发突变

目前广泛应用的诱变因素主要是辐射线和化学药剂。其中有些诱变剂(例如紫外线)的作用模式已了解得比较清楚,这有助于从理论上进一步认识突变的起因和某些规律。在育种实践上,也为人工控制突变打下了初步的基础。现将一些主要诱变剂的诱变机制及其作用的特异性综合为以下 5 个方面:

(1) 妨碍 DNA 某一成分的合成,引起 DNA 结构的变化

这类诱变物质有 5-氨基尿嘧啶、8-乙氧基咖啡碱、6-巯基嘌呤等。前 2 种碱基阻碍嘧啶的合成,6-巯基嘌呤妨碍嘌呤的合成,从而导致被处理的生物体发生突变。

(2) 碱基类似物替换 DNA 分子中的不同碱基,引起碱基对的改变

已发现能替换 DNA 分子中原有碱基的碱基类似物有 5-溴尿嘧啶、5-溴去氧尿核苷、2-氨基嘌呤等。这类化学药物的分子结构与 DNA 碱基相似,在不妨碍基因复制的情况下能代替碱基渗入到基因分子中,在 DNA 复制时引起碱基配对差错,最终导致碱基对的替换,引起突变。

(3) 直接改变 DNA 某些特定的结构

凡是能和 DNA 起化学反应并能改变碱基氢键特性的物质,叫做 DNA 诱变剂。属于这类诱变剂的有亚硝酸、烷化剂和羟胺等。

(4) 引起 DNA 复制的错误

某些诱变剂,例如,2-氨基吖啶、ICR-170(ICR 是美国一个癌症研究所的简称,指烷化剂和吖啶类相结合的化合物)等能嵌入 DNA 双链中心的碱基之间,引起单一核苷酸的缺失或插入。

(5) 高能射线或紫外线引起 DNA 结构或碱基的变化

高能射线对 DNA 的诱变作用是多方面的,例如,引起 DNA 链的断裂或碱基的改变。一般认为,高能射线并不作用于 DNA 的特定结构。而紫外线(UV)的作用则不同,它特别作用于嘧啶,使得同链上邻近的嘧啶核苷酸之间形成多价的联合。最通常的结果是促使胸腺嘧啶联合成二聚体($\hat{TT}$);或是将胞嘧啶脱氨成尿嘧啶,或是将水加到嘧啶 C_4、C_5 的位置上成为光产物。它可以削弱 C—G 之间的氢键,使 DNA 链发生局部分离或变性。试验证明,紫外线的作用集中在 DNA 的特定部位,显示了诱变作用的特异性。

基因突变会导致生物体某些功能的丧失或获得一些新的功能。因功能丧失导致的表现型多数是由于某一基因突变后使其所表达的蛋白质失活;获得完全新功能的情况很少见,有时获得某些新的功能会导致疾病的产生。

8.8.2 突变的修复

从上节已知,引起 DNA 结构改变的因素是多种多样的,但是作为遗传物质的

DNA 却常能保持稳定。从诱变过程观察，也可以看到诱发 DNA 产生的改变常比最终表现出来的相应突变多。由此说明，生物对外界诱变因素的作用具有一定的防护能力，并能对诱发的 DNA 的改变进行修复。

8.8.2.1　DNA 的防护机制

（1）密码的结构

密码的结构可以使突变的机会减少到最低程度。例如，许多单个碱基的代换并不影响翻译出的氨基酸，如 CUA→UUA，仍然翻译成亮氨酸。此外，许多具有类似性质的氨基酸常有类似的密码子，即使发生氨基酸的代换，但产生的蛋白质变化不大。

（2）回复突变

某个座位遗传密码的回复突变可使突变型恢复成原来的野生型，回复突变的频率比正突变的频率低得多。

（3）抑制

这种抑制现象分为基因间抑制（intergenic suppression）和基因内抑制（intragenic suppression）两种情形。前者指控制翻译机制的抑制基因，通常是 tRNA 基因发生突变，而使原来的无义突变（nonsense mutation）恢复成野生型。后者指突变基因另一座位上的突变掩盖了原来座位的突变（但未恢复原来的密码顺序），使突变型恢复成野生型。

（4）致死和选择

如果防护机制未起作用，一个突变可能是致死的。在这种情况下，含有此突变的细胞将被选择所淘汰，这是生物体保持自身种族遗传稳定性的机制之一。

（5）二倍体和多倍体

高等生物的多倍体具有几套染色体组，每个基因都有几份，故在生长过程中表现出比二倍体和低等生物更强烈的自我保护作用。

8.8.2.2　DNA 的修复

对 DNA 修复作用研究得比较清楚的典型例证是：紫外线照射细菌后产生的切割 – 修复功能，主要有 3 种形式：

（1）光修复

UV 是一种有效的杀菌剂。如果使照射后的细菌处于黑暗的条件下，杀死的细菌量与 UV 的照射剂量成正比；如果照射后让细菌暴露于可见光的条件下，大量细菌就能存活下来。这是光诱导系统对辐射损伤能进行修复的证明。UV 照射能引起很多变异，如前述，最明显的变异是引起胸腺嘧啶二聚体（T̂T）。其次是产生水合胞嘧啶。正如想象的那样，T̂T结构在 DNA 螺旋结构上形成一个巨大的凸起或扭曲，这对 DNA 分子好像是个"赘瘤"。这个"瘤"被一种特殊的"巡回酶"（patroling enzyme），例如光激活酶（photoreactivating enzyme）所辨认，在有蓝色光波的条件下，二聚体被切开，DNA 恢复正常。这种经过解聚作用使突变恢复正常的过程叫做光修复（light

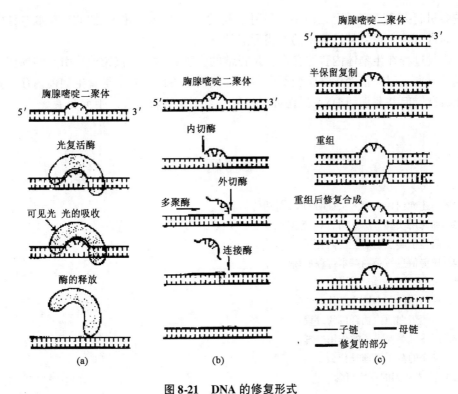

图 8-21 DNA 的修复形式
(a) 光修复 (b) 暗修复 (c) 重组修复

repair)[图 8-21 (a)]。

(2) 暗修复

某些 DNA 的修复工作不需光也能进行，例如，大肠杆菌中的 UVrA 突变体的修复过程由 4 种酶来完成[图 8-21 (b)]：首先由核酸内切酶在T̂T一边切开，然后由核酸外切酶在另一边切开，把T̂T和邻近的一些核苷酸切除；第三种酶（DNA 聚合酶）把新合成的正常的核苷酸片段补上，最后由连接酶把切口缝好，使 DNA 的结构恢复正常。这类修复系统叫"暗修复"（dark repair）或切除修复（excision repair）。

(3) 重组修复

有些 DNA 修复必须在 DNA 复制后进行，因此又称为复制后修复。这种修复并不切除胸腺嘧啶二聚体。重组修复（recombination repair）的主要步骤如下[图 8-21 (c)]：

① 含T̂T结构的 DNA 仍可进行复制，但子 DNA 链在损伤部位出现缺口。

② 完整的母链与有缺口的子链重组，缺口通过 DNA 聚合酶的作用，以对侧子链为模板合成出与母链合成的 DNA 片段互补的片段。

③ 最后在连接酶作用下，以磷酸二酯键连接新旧链而完成重组修复。

在切割和修补过程中，特别是新补上的核苷酸片段，有时会造成差错，差错的核苷酸会引起突变。实际上，由 UV 照射引起的这类突变，并不是TT二聚体本身引起的，而常常是上述修补过程中的差错形成的。

修复过程在生物体内普遍存在，是正常的生理过程。不仅紫外线引起的损伤可以修复，电离辐射和很多化学诱变剂所引起的损伤也可以修复。尽管生物体内存在各种修复机制，但并非任何 DNA 损伤都能修复，否则生物就不会产生突变了。

思考题

1. 简述如何用实验方法证明 DNA 是遗传物质。
2. 如何用实验方法证明 DNA 为半保留复制？
3. 简述中心法则的主要内容。
4. 遗传信息转录的基本过程如何？
5. tRNA 的分子结构是什么？
6. 核糖体的基本结构是什么？
7. 简述蛋白质生物合成的过程。
8. 简述乳糖操纵子的作用机理。
9. 突变的分子机理是什么？
10. 简述基因的现代概念。

推荐阅读书目

遗传学 . 2 版 . 浙江农业大学 . 中国农业出版社，1984.
分子遗传学 . 张玉静 . 科学出版社，2000.
基因的故事 . 陈章良 . 北京大学出版社，2000.
分子遗传学简介 . 吴鹤龄 . 北京大学出版社，1983.
遗传学 . 戴朝曦 . 高等教育出版社，1998.
现代分子生物学 . 朱玉贤，李毅 . 高等教育出版社，1997.

第 9 章 群体遗传与进化

[**本章提要**] 生物体的遗传学是以个体为单位进行的，作为一个物种的进化则是以群体方式进行的。本章介绍：理想群体的概念以及理想群体中的基因行为；影响群体遗传组成的因素；观赏植物栽培群体的遗传和进化；自然群体中的遗传多态性；物种形成过程的理论探讨。

群体遗传学是孟德尔个体遗体学与数学相结合后发展起来的一门遗传学分支。它研究的对象是从个体走向群体。在前面几章中，我们研究了相对性状在特定父母本交配下的遗传规律。这是在家系水平上，通过对特定的材料和性状进行研究得出来的基本规律，是研究其他复杂遗传现象的基础。群体遗传学则是在种群的水平上探讨生物界的遗传和进化现象。

9.1 理想群体中的基因行为

9.1.1 理想群体

如果雌雄配子的结合不是像豌豆杂交试验那样在特定的父母本间进行，也不限于在一个家系内以自交的方式繁殖，而是在一个群体内所有个体间随机交配，任何个体所产生的配子都有机会与群体中任何其他个体所产生的异性配子相结合，并产生下一代群体。这种群体中的个体，在相互交配将其基因传给子代时，基因的分离与自由组合仍然遵循孟德尔遗传规律。因此，这种群体被称为孟德尔群体，也称之为理想群体。

一个理想群体应具有如下特征：
① 供研究分析的群体足够大，即有足够多的个体；
② 不同的个体间能够随机交配，它们享有共同的基因库；
③ 群体中的基因稳定，没有突变产生，没有基因迁移，也没有自然选择和人工选择。

群体遗传学就是研究这种理想群体在无干扰的世代交替中，某一性状的基因型频率和基因频率，以及在不同因素影响下这些频率发生的变化，预测这个群体的遗传性和其遗传组成变化和发展的方向，最终为育种服务。

9.1.2 基因频率和基因型频率

一个大的随机交配群体是配子在随机交配情况下繁殖起来的一个种、变种或其他类群的所有成员的总和。群体中个体的寿命很短,在随机交配下,很难按谱系追踪;而一个群体的寿命则很长,不受个体生命限度的限制。作为一个整体去研究它的性状,可知各种类型个体的组成和分布。

在群体中个体的更替是这样的:原有的个体死亡,新的个体产生,其中代代相传的是基因,个体(基因型)是不能传递的。个体性状的基因型在传递过程中,分解为配子中的基因,配子间的随机结合,形成下一代新个体(基因型)。所以,下一代基因型的种类和频率是由上一代的基因种类和频率所决定的。因此,当研究群体中不同性状的个体组成和分布时,群体中各性状所属基因的基因频率和基因型频率就格外重要。群体遗传学是研究群体的遗传组成及其变化规律的学科。

(1) 基因频率和基因型频率是群体遗传组成的基本标志,是群体遗传性的标志

基因频率是指在一个群体中某种基因占其某一基因位点总数的百分比,或者说是某种基因与其等位基因的相对比率;基因型频率是指某一性状的各种基因型在群体中所占的比例,即各种基因型的个体数占群体中个体总数的百分比。

$$群体中某基因频率 = \frac{该位点特定基因的数目}{群体中基因位点总数} \times 100\% \qquad (9-1)$$

$$群体中某基因型频率 = \frac{群体中特定基因型的个体数}{群体总数} \times 100\% \qquad (9-2)$$

例:假设紫茉莉花冠的遗传受一对等位基因控制(A 与 a),属于不完全显性遗传。其纯合子基因型 AA,花冠为红色;杂合子基因型 Aa,花冠为粉红色;双隐性纯合子基因型 aa,花冠为白色。因此,根据其表型就可识别其基因型,并统计其比例。假设某一紫茉莉群体共有 1 000 株苗,其中开红色花的有 300 株,开粉红色花的有 500 株,开白色花的有 200 株。这一群体各类基因型频率和基因频率见表 9-1。

表 9-1 紫茉莉花色基因型频率和基因频率

基因型		AA	Aa	aa	总数	
表现型		红花	粉红花	白花		
基因型数(个体数)		300	500	200	1 000	
基因型频率		0.3 (D)	0.5 (H)	0.2 (R)	$D+H+R=1$	
基因数	A	600	500	0	1 100	2 000
	a	0	500	400	900	
基因频率	A	\multicolumn{3}{c}{$p = 1\,100/2\,000 = 0.55$}		$p+q=1$
	a	\multicolumn{3}{c}{$q = 900/2\,000 = 0.45$}		

在遗传学中分别用 D,H,R 表示基因型 AA,Aa,aa 的频率,所以 $D+H+R=1$。p 表示显性基因(A)的频率,q 表示隐性基因(a)的频率,二者总和为 $p+q=1$,即等位基因频率之和为 1。

(2) 基因频率与基因型频率的关系

如果假设群体中有一对等位基因(A,a)位于一对常染色体上,其中 A 基因频率为 p(A),a 基因频率为 q(a),则基因型频率与基因频率表述见表 9-2。

表 9-2　一对等位基因在群体中的分布

基因型组成	AA	Aa	aa	群体总数
基因型数	n_1	n_2	n_3	N
基因型频率	$D = n_1/N$	$H = n_2/N$	$R = n_3/N$	1

$$N = n_1 + n_2 + n_3$$

基因 A 频率 $p(A) = (2n_1 + n_2)/2N = D + \dfrac{1}{2}H$

基因 a 频率 $q(a) = (2n_3 + n_2)/2N = R + \dfrac{1}{2}H$

$$p + q = 1$$

9.1.3　遗传平衡定律

1908 年，英国数学家哈迪（Hardy）和德国医生温伯格（Weinberg）分别在各自研究的基础上提出了基因频率与基因型频率守恒的法则：哈迪-温伯格定律，即遗传平衡定律（law of genetic equilibrium），由此奠定了群体遗传学的基础。

该定律简述如下：在连续随机交配的大群体中，如果没有基因突变、选择、迁移和遗传漂移的影响，一对等位基因（A 与 a）的频率（p 与 q），从原始群体开始，在世代相传中是恒定不变的；各种基因型（AA，Aa 与 aa）的频率在世代相传中也是恒定不变的。

9.1.3.1　遗传平衡定律的证明

假设有一原始群体，其遗传组成如下：

原始基因型　　　　AA　　Aa　　aa
原始基因型频率　　D_0　　H_0　　R_0
原始基因频率　　　A = p_0　　a = q_0

使这一原始群体随机交配，产生子一代群体，则各种基因型频率见表 9-3。

表 9-3　一对等位基因 A（p）和 a（q）随机结合

♀\♂	A（p_0）	a（q_0）
a（q_0）	Aa（p_0q_0）	aa（q_0^2）
A（p_0）	AA（p_0^2）	Aa（p_0q_0）

因此，F_1 基因型频率为：$D_1 = p_0^2$　$H_1 = 2p_0q_0$，$R_1 = q_0^2$

$$p_1 = D_1 + 1/2\ H_1 = p_0^2 + p_0q_0 = p_0(q_0 + p_0) = p_0$$
$$q_1 = R_1 + 1/2\ H_1 = q_0^2 + p_0q_0 = q_0(p_0 + q_0) = q_0$$

这说明 F_1 群体基因频率与原始群体基因频率一样。同理可证：

$$p_2 = D_2 + 1/2\ H_2 = p_1^2 + p_1q_1 = p_1$$
$$q_2 = R_2 + 1/2\ H_2 = q_1^2 + p_1q_1 = q_1$$

$$p_0 = p_1 = p_2 = \cdots = p_n$$
$$q_0 = q_1 = q_2 = \cdots = q_n$$

这意味着到了 F_n 代，基因频率始终保持不变。而基因型频率又将如何呢？使群体随机交配：

F_1 基因型频率：$D_1 = q_0^2 \quad H_1 = 2p_0q_0 \quad R_1 = q_0^2$

F_2 基因型频率：$D_2 = q_1^2 \quad H_2 = 2p_1q_1 \quad R_2 = q_1^2$

F_3 基因型频率：$D_3 = q_2^2 \quad H_3 = 2p_2q_2 \quad R_3 = q_2^2$

因为
$$p_0 = p_1 = p_2 = \cdots = p_n$$
$$q_0 = q_1 = q_2 = \cdots = q_n$$

所以
$$H_1 = H_2 = \cdots = H_n = 2p_0q_0$$
$$R_1 = R_2 = \cdots = R_n = q_0^2$$

因此，无论原始群体基因型频率为多少，只要经过一代随机交配，基因型频率就在此基础上一直保持不变，且 $D + H + R = p_0^2 + 2p_0q_0 + q_0^2 = 1$

根据以上证明，遗传平衡定律可总结为如下要点：

① 在一个随机交配的大群体中，在没有突变、选择、迁移和漂移的情况下，群体内基因频率与基因型频率都是守恒的，其群体内遗传组成没有随世代演替而发生变化。所以各世代中

$$p^2 (AA) + 2pq (Aa) + q^2 (aa) = 1$$

即
$$D + H + R = 1$$

② 即使由于外界条件影响改变了群体遗传组成，只要这些因素不再发生作用，则群体在一代随机交配后，又达到新的平衡，并在此基础上维持平衡关系，继续不变。

③ 处于遗传平衡状态下的群体，对于任何世代，其基因型频率与基因频率都始终具有如下关系：

$$D = p^2 \quad H = 2pq \quad R = q^2$$

这一关系除了用于平衡群体中从基因频率计算基因型频率外，还用于检查群体是否处于平衡状态。

④ 如果涉及的基因超过一对或存在基因连锁时，达到平衡所需要的世代更多些。

9.1.3.2 平衡群体的性质

假设一原始群体，基因型 AA，Aa，aa 频率分别为：D_0，H_0，R_0；$p(A) = p_0$，$q(a) = q_0$，经过一个世代随机交配，达到遗传平衡，即

$$D = p_0^2 \quad H = 2p_0q_0 \quad R = q_0^2$$

则这一群体具有如下性质：

① $p_0 = q_0 = 1/2$ 时，H 有最大值，即 $H = 2p_0q_0 = 1/2$；而在其他情况下，$H < 1/2$；

② 当群体中杂合体频率是两个纯合体频率的乘积的平方根的 2 倍时，群体处于遗传平衡状态；

或
$$H = 2\sqrt{D \times R}$$
$$H/\sqrt{D \times R} = 2$$

该式也可改写成
$$H^2 = 4DR$$

③ 在奇次坐标中，平衡群体点的运动轨迹为一条抛物线 $4RD - H^2 = 0$。各种基因频率（就一对等位基因而言）在 3 种基因型频率之间的关系如图 9-1 所示。

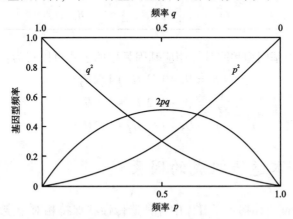

图 9-1　哈迪—温伯格（Hardy-Weinberg）方程中基因频率和基因型频率的关系（引自 L. M. Cook，1976）

④ 平衡群体中进行随机交配时，各种基因型的交配频率如下：

交配型	交配频率
AA × AA	$D^2 = (p^2)(p^2) = p^4$
Aa × Aa	$H^2 = (2pq)^2 = 4p^2q^2$
AA × aa	$2DR = 2p^2q^2$

因此，平衡群体中杂合子交配频率是纯合子交配频率的 2 倍。隐性基因多数以杂合状态存在于群体中，难于筛选掉。

⑤ 当 q 接近 0，则 q^2 忽略不计时，哈迪—温伯格（Hardy-Weinberg）公式取得极限形式：
$$D + H = 1$$
即　$p^2 + 2pq = 1$　　$H \approx 2q$

例：当 $q = 0.01$，$p = 0.99$ 时，H（Aa）$= 2 \times 0.01 = 0.02$，
$$R = q^2 = 0.0001$$

这说明平衡群体中，携带隐性基因的个体远远多于纯合隐性个体。当群体中出现某些个体与群体性状有明显差异时，控制这种性状的基因有可能已经广泛存在于这一群体中了，这便给育种工作提供了线索。

⑥ **复等位基因频率的计算**　由复等位基因组成的基因型种类较多，基因频率的计算比较复杂。在此我们以 3 个等位基因为例，说明复等位基因的计算方法。

假设 A 座位上有 3 个复等位基因 A_1、A_2 和 A_3，其相应的频率分别为 p_1、p_2 和 p_3，$p_1 + p_2 + p_3 = 1$。根据 Hardy-Weinberg 平衡定律，在随机交配的大群体中，各种基因型频率如表 9-4 所示。

表 9-4 A 座位 3 个等位基因的基因型频率表

基因型	A_1A_1	A_2A_2	A_3A_3	A_1A_2	A_1A_3	A_2A_3
基因频率	p_1^2	p_2^2	p_3^2	$2p_1p_2$	$2p_1p_3$	$2p_2p_3$
基因型频率	D_1	D_2	D_3	H_1	H_2	H_3

根据表 9-4，由基因型频率计算相应基因频率的公式可以写为：

$$p_1 = D_1 + 1/2\, H_1 + 1/2 H_2$$
$$p_2 = D_2 + 1/2\, H_1 + 1/2 H_3$$
$$p_3 = D_3 + 1/2\, H_2 + 1/2 H_3$$

9.2 影响群体遗传组成的因素

上述的遗传平衡定律揭示了群体中各种遗传性状保持相对稳定性时的遗传机理。然而在自然界中，不受突变、选择、迁移和漂移等因素的影响是不可能的。事实上，各种影响因素时刻都在对群体发生作用，打破其原有的遗传平衡，因此自然界中的物种才会发生变异、进化和形成新类群。

9.2.1 突变

在哈迪—温伯格定律中，基因被看做是不变的。但众所周知，基因通过突变能变成另外的等位基因，这必然要影响到基因频率。

假设群体某一代中 A 与 a 的频率为 p 和 q，设由 A 变为 a 的速率为 u；由 a 变为 A 的速率为 v，即

$$A \underset{v}{\overset{u}{\rightleftarrows}} a$$
$$p \qquad q$$

则下一代基因 a 频率为：

$$q' = up + (1-v)\, q = u(1-q) + q - vq$$

每一代 a 的变化为 Δq：

$$\Delta q = q' - q = u(1-q) - vq$$

即增加部分 $u(1-q)$ 与减少部分 vq 之差为每代的变化量，经过足够多的世代，增加量与减少量相等，即达到 $\Delta q = 0$ 的平衡状态，此时 A 和 a 的平衡频率应为 $up = vq$，由 $p = 1 - q$ 得到：

$$(1-q)\, u = qv$$
$$q = u/(u+v)$$

同样可得到：$p = v/(u+v)$

即当变化达到 $p = v/(u+v)$ 时，在继续突变的情况下，基因 A 和 a 的频率 p 与 q 维持平衡，不再改变，群体进入一种动态的平衡状态中。

9.2.2 选择

自然选择会对群体遗传平衡产生影响。由于自然选择的作用，基因在传递给后代的过程中，因个体生活力与繁殖力的差异，某些基因频率逐代增加，另一些基因频率逐代递减，从而使群体基因型频率向某一方向改变。

9.2.2.1 适合度和选择系数

特定基因型的适合度（fitness）是指具有该基因型的个体所产生的平均后代数，记为 W，通常包括生活力和育性两个方面。生活力用达到繁育年龄的个体数占个体总数的比例表示；育性则用每个繁育个体的平均后代数表示。例如基因型 A_1A_1 有 4 个个体，其中 3 个存活到繁育年龄，生活力是 3/4，如果每个个体的平均后代是 2 个，那么 A_1A_1 的适合度是 $W_1 = 3/4 \times 2 = 1.5$。以这种方法得出的适合度称为绝对适合度。群体遗传学中习惯使用两种基因型绝对自由度的比值表示，称相对适合度（记为 w），表示一种基因型与另一种基因型相比较时，生存和留下后代的相对能力；选择系数（selection coefficient）亦称选择压力，是群体中选择对某一特定基因型不利的量度，记为 S，表示在选择作用下降低的适合度，故 $S = 1 - w$。

当某一群体生活力极强，所有个体都能存活和繁殖，则 $w = 1$，$S = 0$；当 $S = 1$ 时，选择的作用淘汰了所有个体，$w = 0$。一般情况下，$0 \leq S \leq 1$，$S = 1 - w$。

9.2.2.2 选择的作用

(1) 淘汰显性个体

A 基因是显性时，可以使 AA 纯合体及 Aa 杂合体的适合度 $w_0 = w_1 = 0$，使 aa 纯合体适合度 $w_2 = 1$，经过一代选择，便可淘汰全部显性基因，从而使群体内新的遗传组成为：$q(a) = 1$，$p(A) = 0$，见表 9-5。

表 9-5　淘汰显性个体时选择因素对基因频率的影响

基因型	AA	Aa	aa	合计
选择前的频率	p^2	$2pq$	q^2	1
适合度	w_0	w_1	w_2	/
对群体平均适合度的作用	$p^2 w_0$	$2pqw_1$	$q^2 w_2$	w
选择后的基因型频率	$p^2 w_0 / w$	$2pqw_1 / w$	$q^2 w_2 / w$	1

(2) 淘汰隐性个体

淘汰隐性个体，消除隐性基因的速度是很缓慢的，因为隐性基因不断从显性个体中分化出来。群体基因频率变化见表 9-6。

表 9-6 淘汰隐性个体时基因频率的变化

	基因型频率				基因频率	
	AA	Aa	aa	总和	A	a
起始频率	p_0^2	$2p_0q_0$	q_0^2	1	p_0	q_0
适合度	1	1	0			
选择后频率	p_0^2	$2p_0q_0$	0	$*p_0^2+2p_0q_0$		
调整频率	$p_0^2/p_0^2+2p_0q_0$	$2p_0q_0/p_0^2+2p_0q_0$	0		p_1	q_1

$$*p_0^2+2p_0q_0 = p_0(p_0+2q_0) = p_0(1+q_0)$$
$$q_1 = R+1/2H = 0+1/2 \times 2p_0q_0/(p_0^2+2p_0q_0) = q_0/(1+q_0)$$
$$q_2 = q_1/(1+q_1) = q_0/(1+2q_0)$$
$$q_3 = q_0/(1+3q_0)$$
$$\vdots \qquad \vdots$$
$$q_n = q_0/(1+nq_0)$$

因此，当 a 基因频率从 q_0 降至 q_n 时，所需世代数 $n=1/q_n-1/q_0$。

这也说明，要在群体中淘汰隐性基因是很困难的，一个有害的隐性基因很难从群体中清除。要防止纯合隐性个体的出现必须防止近亲繁殖。

9.2.3 选择与突变的联合效应

影响群体遗传组成的因素并非单独地起作用，通常是几种因素交织在一起，表现出复杂的综合效果。其中特别重要的是突变和自然选择的关系。虽然隐性纯合体往往是有害基因，且频率很低，但在群体中依然存在着。这是因为突变使每代正常的基因发生变化，当该基因频率因突变而增加和因自然选择而减少的速度相当时，就形成了一种平衡状态。

如果只考虑自然选择，a 完全隐性时，每代 q（a）的变化为：

$$\Delta q = \frac{-sq^2(1-q)}{1-sq^2}$$

另一方面，在只考虑突变的效果时，每代 q（a）的变化为：

$$\Delta q = u(1-q) - uq$$

达到平衡状态时，形成如下关系式：

$$\Delta q = \frac{-sq^2(1-q)}{1-sq^2} = u(1-q) - vq$$

但是，由于可以认为自然选择对象的有害基因 a 的平衡频率很低，因此与此同时近似为零，$1-sq^2 \approx 1$，则

$$sq^2 = u$$

于是可得：
$$\Delta \hat{q} = \sqrt{\frac{u}{s}}$$

即可得到 a 基因的平衡频率。这一平衡关系说明，突变频率的增加与选择系数的减

小，都导致隐性基因平衡频率的提高。

9.2.4 随机交配的偏移

哈迪—温伯格定律是以随机交配为前提的，即群体中所有个体间都有互相交配的可能性，但在实际的植物种群中往往并不是这样。有时群体中存在某些类型非随机交配方式，例如选型交配和近亲交配。植物群体中的自交、近交、杂交都能导致基因型频率改变。

(1) 近交

近交是不同程度的同型交配，极端的近交是自交。近交的遗传效应是使基因纯合，增加纯合基因型频率，减少杂合基因型频率，最终会使杂合子群体分离为不同的纯系。群体内的同型交配只能改变基因型频率，却不能改变基因频率。但在自然环境中，自交或近交常导致个体生活力下降，从而被自然选择所淘汰，引起基因频率变化。当然这不是近交本身直接引起的。

(2) 杂交

杂交是指基因型不同的个体间的交配。杂交的遗传学效应是基因的杂合。相对性状上有差异的群体杂交后，形成基因型上杂合的后代，随着杂合基因型频率的增加，纯合基因型频率相应降低，这就意味着彼此间无差异的个体增加，有差异的个体减少，群体逐渐成为基因型和性状上相对整齐一致的群体。所以，杂交的遗传效应是使群体走向一致和统一。

9.2.5 遗传漂移

遗传平衡定律是以无限大的群体为前提。但在实际的生物群体中，个体数是有限的。当群体不大时，由某一代基因库中抽样形成下一代个体的合子时，往往因抽样随机误差而引起基因的随机波动，而造成群体基因频率改变，这种现象称遗传漂移（或称基因频率的随机漂移）。

根据进化理论，在自然选择中被选留下的个体和性状都是在激烈的生存竞争中，以其有利于生存和适应性较强的优点而被自然所保留的，不适者则被淘汰。因此，每个遗传下来的性状都是自然选择的产物。然而在自然界中，我们却可以观察到一些中性或无任何价值的性状也被保留下来。这类性状的随机生存现象，是由于遗传漂移所造成的结果。

实际上，任何生物群体都是有限的，特别是当有限群体又被分割成若干局部的小群体时，个体的随机选留和其间的随机交配，以及基因在配子里随机分离，在合子里随机重组都是在小范围内进行的，因此实际值与理论频率之间总会有一定误差。由于这些误差所导致的基因频率的变化，就称为遗传漂移，或称基因随机漂移。可见遗传漂移不是由于突变、选择等因素引起的，而是由于小群体内基因的分离和重组的误差而引起的。这样，就将那些中性的或不利的性状在群体中也一起保留下来，而未消失。

一个群体越小，遗传漂移的作用就越大；群体越大，漂移的作用越小。遗传漂移使许多中性性状存在，使物种分化成并无生存差异的不同类型这在进化上也起一定作用。

9.2.6 迁移

在自然界里，某一生物种全体成为均质的单一群体是不可能的。通常与分布范围的大小和生活环境的变化等相适应，产生种内分化，分成几个各自保持特有遗传组成的群体。可是，为了作为一个种存在，在群体之间需要有某种程度的基因交流，即个体迁移。如果遗传组成不在群体之间发生个体迁移，基因频率就会因此而受影响。A，a 基因频率为 p，q 的群体，在一个世代期间从外部迁移来的个体在下一代中所占的比例是由群体基因频率（q）与迁移个体的基因频率（q_m）的差及迁移率所决定的。即：设每代的迁移率为 m，设新增加部分的基因频率为 p_m，q_m，则下一代中 a 的基因频率 q' 就是：

$$q' = q(1-m) + q_m \cdot m$$
$$= q - m(q - q_m)$$

增量 Δq 为：

$$\Delta q = q' - q = -m(q - q_m)$$

根据等式，可以估算一个种子园邻近天然花粉污染所引起的基因频率的变化，或计算一个大群体的种子园花粉迁移到另一个孤立群体内所引起的基因频率的变化。所以，为防止不良花粉的迁移而导致优良基因频率的下降，应在种子园周围设置严格的隔离措施。

9.2.7 隔离

隔离是指同一物种两个不同的群体之间，由于种种原因的限制，使两个群体不能交配，或交配后不能形成正常的、有生命力的种子，或种子不能产生可育的后代。总之，隔离的最终结果使 2 个群体间的差异越来越大，直到最终导致新种的产生，成为种间的差异。

造成隔离的因素很多，一般有地理、物候和生殖隔离等。地理隔离是指由于两地相隔太远，或由于有高山、海洋或沙漠、湖泊的分隔，使本来可以交配的群体没有交配机会，最终在没有基因交流的情况下，各自巩固和积累已有的变异，直到分化形成独立的种。物候隔离是指由于花期不同造成的隔离。生殖隔离是指由于杂交不孕或杂种不结实而形成的隔离。

隔离在群体的遗传和变异上具有重要意义。首先，隔离是物种进化的重要因素。如果没有隔离，群体或个体间的差异会很快在基因的交换和重组下消失，便没有物种的形成；其次，隔离也是保证群体适应性和种性稳定的因素。由于隔离的存在，群体变得相对稳定，各种性状相对保守，使得物种进化的速度非常缓慢。所以隔离既是物种不断进化的因素，又是物种保持稳定的因素。

9.3 栽培群体的遗传

前两节我们讨论了自然群体遗传和进化的规律，了解了自然界物种进化与新种形成是一个复杂而漫长的历史过程。而事实上我们所看到的栽培植物群体的进化速度是很快的，尤其是观赏植物群体新品种不断产生，品种群日益丰富，有些品种与原种相比已经面目全非。其原因何在呢？

前面我们所讨论的影响群体遗传平衡的因素在栽培群体中依然存在，只是它们的作用强度与方向增添了人为的因素。

9.3.1 定向选择

与自然群体一样，选择依然是栽培群体进化的因素，但这种栽培条件下的人工选择具有特殊性。

(1) 选择压力加大

栽培群体中的人工选择是以个体为单位进行单株选择的（在现代育种技术中，有时甚至以单细胞为单位进行选择）。这样的选择对基因的筛选与淘汰速度极快。入选的个体同群体中其他个体相比明显不同，由此单株建立起来的株系往往就能形成新品种。

(2) 多方向性

人工选择往往是朝着对人类有利的方向进行，而人类对植物的需求是多种多样的，因此，选择的方向也具有多样性。如菊花，有些人欣赏其花朵硕大，于是结合培育工作，经过近千年的定向选择，便形成了一类大花品种群；而也有人欣赏其小花，花朵繁密，于是便选择出了满天星类的小花品种群。这样便在原种的基础上分化出了两大类。此外，由于园林用途不同，人们对菊花花型、花色、株型等要求各异，于是选择出了各具特色的品种群。

(3) 多因素选择

在人工选择过程中，自然因素也掺杂其中。事实上，完全脱离自然条件的人工选择是不存在的。人工选择除了有人为目的的选留和淘汰之外，还包括人工自然条件的选择：如人工水肥条件，温度及光照条件的控制，拔除杂草防止其他物种的竞争，人工盆栽防止不同个体的影响，喷洒农药防止病虫害的侵染等。因此，栽培品种是在人工自然条件下，选留下的特殊群体，当这种栽培条件的选择因素消失后，它们都将退化成原始野生种或干脆消失。

9.3.2 积累变异

栽培条件使自然条件下无法保留的突变个体得以保留下来，这些已经突变的个体能在此基础上继续发生突变，因此栽培花园中保留了更多的变异类型。此外，由于人工条件与自然环境的差异，栽培群体中还常常发生一些自然界所没有的突变类型。如人工的变温处理，改变光照条件，变更播种期，摘心和修剪，超过植物自身需要的过量水肥等，都能造成突变体产生。而近现代育种技术中的人工诱变技术则进一步加快了这一过程。

9.3.3　小群体的遗传漂移

任何自然群体都是有限的，因此存在遗传漂移。栽培植物群体是较小的群体，较之各种农作物及经济作物，观赏植物的群体更小，随机抽样误差会更大。即使没有其他因素的作用，长期的少量栽培也使随机漂移的作用十分显著。这就是为什么相同品种在不同花园中用同样方法栽植依然会分化出不同类型的原因。

9.3.4　非随机交配

栽培群体很少能实现随机交配。人工杂交育种中的选型交配，将基因间的组合方式限制在特定范围内，对非计划授粉的限制，人工去雄和套袋，使随机交配的子代几乎无法留下。在杂种优势利用中广泛使用的自交系也是独特的。这种自交系经过长期多代自交（或近交），其基因型已近纯化，这种高度纯化是自然界所没有的。各种自交系已分化成不同的类型。人工制种时，将不同自交系交配，形成高度杂合的杂种后代。这些杂种具有全新的性状。

9.3.5　基因迁移

由于人工引种驯化工作的开展，使基因的迁移频繁发生。引种工作使不同地区的植物有可能栽种在一起，使地理隔离因素消失。不同地理类型间基因相互流动。在观赏植物百花园中我们经常会发现一些天然杂种的产生。物候条件造成的隔离在人工条件下消除，人工温度、光照的控制，播种期的变更，摘心处理，花粉贮藏，有效地解决了花期不遇的难题。

生殖隔离在现代育种技术中亦被打破，试管受精、胚胎离体培养、体细胞融合和转基因技术使个体细胞杂种的产生更为频繁。

总之，由于栽培条件下各种因素的影响，栽培群体是进化速度较快的群体，在人工栽培条件下，培育出全新的品种类型甚至全新的物种并不是十分困难的事。

9.4　自然群体中的遗传多态性

9.4.1　多态性和杂合性

存在于任一物种的群体内或群体间极丰富的遗传变异，可以在表型的不同层次上观察到。多态性表现从形态特征直到 DNA 的核苷酸序列及它们所编码的酶与蛋白质的氨基酸序列。一个基因或一个表型特征若在群体内有多于一种形式的话，它就是多态的基因或多态的表型。它可能作为进化基础的遗传变异而普遍存在。

群体遗传学为了量化描述遗传变异，以群体中多态性基因的比例来表示多态性的大小。例如，用电泳法观测了某物种的 30 个基因座，其中 12 个基因座上未发现变异,其余18个基因座上检测出了变异,可以计算有18/30=0.60基因座在群体中是多态的,或者说群体多态性程度是60%。如果以同样的方法测定了其他3个群体的多态程度分别为0.50,0.53和0.47的话,则可算出这4个群体这些基因座的平均多态性为(0.60+0.50+0.53+0.47)/4=0.525。用多态性来度量群体的遗传变异时,有样本大小和选用什么样的多态性标准等因素的影响。

杂合性(度)(heterozygosity,H),是遗传变异的另一个量度。杂合性是指每个基因座上都是杂合的个体的平均频率,或称为群体的平均杂合性。其计算式为:

$$H = \frac{每个基因座位杂合子的频率总和}{基因位点总数}$$

例如:在某一群体中研究4个基因,每个基因座上杂合子的频率分别为0.25,0.42,0.09和0.00。对于这4个基因座而言,H=(0.25+0.42+0.09+0.00)/4=0.19(表9-7)。

表9-7 4个基因座上平均杂合性的计算

基因座	个体数		杂合性
	杂合子数	总数	
1	25	100	0.25
2	42	100	0.42
3	9	100	0.09
4	0	100	0.00
			平均杂合性:0.19

如果同时考察同一物种的5个群体,可先计算每个群体的杂合性,然后求这5个群体的平均(算术平均)杂合性。

但是杂合性并不能很好地反映那些自花授粉群体以及近交的生物体中的遗传变异量,因为这些群体中有较多的纯合体。解决的办法是计算预期杂合性(H_e)。假定一个基因座上有4个等位基因,其频率分别为f_1, f_2, f_3和f_4。

杂合性将是由下列公式所求:

$$H_e = 1 - (f_1^2 + f_2^2 + f_3^2 + f_4^2)$$

多态性作为进化基础的遗传变异而普遍存在于自然群体中。群体遗传学的任务之一,就是对这些普遍的变异进行理论分析,并对观察结果作出预言。

我们不可能对物种中存在的极其丰富的遗传变异都作出合适的描述,只能以下面几个不同层次的例子来说明物种存在的多样性。这些例子中的每一个都可能在其他物种或其他特征上反复体现。

9.4.2 形态变异和染色体多态性

陆地蜗牛(*Cepaea nemorulis*)是一种普通的欧洲蜗牛,在欧洲有广泛的分布。它与果蝇和人类一样,几乎所有曾经研究过的群体都发现有多态性。其主要表现在蜗壳五彩缤纷的颜色和条纹特征上。蜗牛形态变异的多态性涉及许多性状。其中最重要的是决定蜗壳底色和决定有、无条纹的基因。蜗壳底色有3种主要颜色:棕色、粉色和黄色，每种底色的深浅都不止一种，在整个蜗壳颜色系列中，都是较深色的显性于较浅的颜色。另一基因座上的分离可以造成蜗壳的有条纹或无条纹，无条纹对有条纹为显性。表 9-8 列出了这种蜗牛的个别法国群体在蜗壳底色和条纹的变异情况。

表 9-8 法国陆地蜗牛外壳的变异

群体	黄 色		粉 色	
	有条纹	无条纹	有条纹	无条纹
1	0.440	0.040	0.337	0.183
2	0.196	0.145	0.564	0.095
3	0.175	0.662	0.100	0.062

这几个群体在条纹的多少、壳的高度上也显示了多样性。但此性状的遗传基础比较复杂。研究还发现，与上述基因紧密连锁的还有使条纹中色素变成棕色斑点和使条纹上的色素完全消失为只见透明的环状物的一对等位基因；另有与上述基因不相连锁、控制条纹数目的一对等位基因，从而产生出令人惊奇的、极其丰富的多态类型。Lamotte 等人调查研究欧洲蜗牛的许多群体，认为维持蜗壳颜色和条纹形态特征的多态性的原因可能是一种鸫鸟的选择性捕食所产生的强大的视觉选择效应。但后来的研究进一步认为杂合体优势可作为最有可能保持多态性的普遍原因。

由于一系列等位基因所造成的几种颜色形态共同存在于群体内的类似情况在果蝇（热带美洲的种类）腹部的颜色、蚱蜢（*Paratettix texanux*）野生群体中颜色的多态现象等均有过研究。

核型（karyotype）是一个物种的显著特征，许多物种在染色体数目与形态上有很高的多态性。相互易位和倒位等染色体结构变异引起多态，在植物、昆虫甚至哺乳动物中都有存在。

大约在 30 种果蝇的自然群体中发现有因倒位而造成的染色体多态现象。在北美拟暗果蝇（*Drosophila pseudoobscura*）的自然群体中发现了存在于第Ⅲ染色体上的 20 多种倒位，而且各地区所发现的倒位类型不同。在加利福尼亚的太平洋沿岸，标准型倒位频率最高，AR 型在美国整个分布地区都能看到，而且发现 AR 倒位类型的频率随着分布地高度的增加而增加。在日本，在一种生活在远离人类居住地的森林野生种果蝇（*D. bifasciate*）中发现了除 X 染色体、第Ⅲ及第Ⅳ染色体的右臂外，各染色体臂都有倒位，全部的自然群体或多或少是多态的。此外，还发现靠近物种的分布中心的地区倒位现象显著，而分布边缘地区的群体多态程度低，甚至在北美的果蝇（*D. robusta*）和欧洲的果蝇（*D. subobscura*）等也都发现有这种情况。在南美洲果蝇（*D. willistoni*）的所有染色体臂上倒位类型非常多，且多态的程度也非常高。

9.4.3 蛋白质多态性

目前，遗传多态性的研究已深入到由结构基因编码的多肽的层次上。如果一个结构基因上有一个非冗余密码子改变（比如由 GGU→GAU），那么多肽在翻译时就有一个氨基酸被替换。若不同个体中的某种特定蛋白质可以被纯化测定，那么就有可能在这一水平上探测群体内的遗传变异，但是实际操作时蛋白质的序列测定并非易事。好在 20 世纪 60 年代后半叶以来发展了蛋白质凝胶电泳技术，可以测定其静电荷的变化。根据凝胶上观察到的条带数目和位置，就可判断样本中每个个体为该酶编码的基因座位上的基因型。如果所有个体都有相同的条带，说明这个基因座位没有变异。

凝胶电泳技术与其他遗传分析技术（如序列分析等）的根本区别在于它可以研究那些不产生分离的基因座位，因为对于结构基因，即对一段编码蛋白质的 DNA 序列来说，显而易见的证据就是有其对应的多肽的存在。因此，可以估计一个物种基因组的结构基因中多态的比例。以凝胶电泳方法对病毒、真菌、高等植物、无脊椎动物等大量物种的蛋白质多态性分析结果揭示，有 1/3 的结构基因是多态的，群体中所有被测基因座的平均杂合度大约为 10%。这就是说在几乎所有的动物中，对基因组进行扫描分析，将会发现每 10 个座位中就有 1 个是处于杂合状态的。而在任何一个群体中的所有基因座中大约有 1/3 的座位会有 2 个至多个等位基因分离。这将为进化所需的变异提供无尽的潜力。电泳技术的不足之处就是它只能检测结构基因的变异。如果生物体大部分形态、生理与行为的变异取决于调控的遗传元件的话，那么就必须改用其他相关的方法。

9.4.4 DNA 序列多态性

DNA 分析使得人们检验物种之间与个体之间的 DNA 序列的变异成为可能。这类研究可在 2 个水平上进行。研究被限制性内切酶所识别的位点上的差异可以大略地看到碱基对的变异。更精细的水平上则是用 DNA 测序的方法，检验各个碱基的变异。

另一种研究 DNA 序列差异的方法是从重复 DNA 序列中发展出来的研究限制性片段的多态性。在人类基因组中存在着许多不同的短 DNA 序列，它们都以串联的形式多次重复出现。在不同个体的基因组中，其重复数目从 10 余个至 100 余个不等，这些序列被称为"可变数目串联重复序列"（VNTR）。如果限制性内切酶的切点位于这些串联排列序列的任何一端，酶切产生的片段的大小将与重复序列的数目成比例，在凝胶电泳中，不同长度的片段泳动速度不同。但如果单个的重复序列太短，则不能区分，如像 64 个重复与 68 个重复这样两个相近的片段。然而，可以用一种长短分级法，按不同分级中的频率来分析一个群体。

通过对某基因的 DNA 测序，可以在每个碱基对的水平上研究变异。这可以提供两类信息。首先，通过翻译来自一个群体或者不同物种的各个体的编码区序列，可以得到精确的氨基酸顺序的差别。再者，还可以研究那些不决定、不改变蛋白质序列的碱基对的变化，包括内含子、基因的 5′调控区和 3′非转录区以及密码子的某些核苷酸（通常是第三个密码子），这些核苷酸的变异并不导致氨基酸的替换。在负责编码的序列中称作同义碱基对的多态性比引起氨基酸多态性改变要常见得多，这是因为大约有 25% 的碱基对的随机变化将产生同义密码子，将翻译为同一氨基酸。这还可能是氨基酸的改变影响了蛋白质的正常功能而被自然选择淘汰了的缘故。如果碱基突变是随机的，而且一个氨基酸的替代不影响功能的话，就可以预料氨基酸替换导致沉默多态性（silent polymorphisms）的比率为 3∶1。

9.5 物种形成

9.5.1 物种的概念

在有性生殖的生物中，物种（species）的定义是指个体间实际上能相互交配或可能相互交配而产生可育后代的自然群体。不同物种的成员在生殖上是彼此隔离的，这是群体遗传学中的一个重要的概念。上述定义的本质在于，同一物种的个体享有一个共同的基因库，该基因库不与其他物种的个体所共有。由于生殖隔离（reproductive isolation），不同物种具有互不依赖的、各自独立进化的基因库。杜布赞斯基（Dobzhansky）认为：物种是彼此能进行基因交换的群体或类群。在自然界，类群间的基因交流被一种生殖隔离机制或几种生殖隔离机制的组合所阻止。总之，一个物种是最大的孟德尔群体。因此，遗传学上以生殖隔离的标准所鉴定的物种，同经典分类的形态学上种的概念是有所不同的。

物种是进化分歧过程中的一个动态实体，而不是一个静态的单位。一旦当一个可以或可能进行杂交繁育的孟德尔群体的系列分成两个或更多个有利于生殖上隔离的系列时，物种就形成了。即生殖隔离的发生构成了物种形成过程的重要因素。

生殖隔离机制（reproductive isolation mechanism，RIM）是生物防止杂交的生物学特征。生殖隔离机制可分为两大类：合子前 RIM（prezygotic RIM）是阻止不同群体的成员间的杂交，因而阻止了杂种合子的形成；合子后 RIM（postzygotic RIM）是一种降低杂种生活力或生殖力的生殖隔离。这两种生殖隔离最终达到阻止群体间基因交流的目的（表9-9）。合子后 RIM 的生殖浪费大于合子前 RIM。合子前 RIM 中的配子隔离（gametic isolation）也会产生生殖浪费，因为当配子不能形成成活的合子时，配子的浪费就成为必然的结果。自然选择能够促进已被合子后 RIM 的群体发展合子前 RIM，只要群体处于同一地区，就有形成杂种合子的机会。时间隔离（temporal isolation）在植物中比较普遍，而行为隔离（behavioral isolation）在动物中较普遍。

表9-9 生殖隔离机制的分类

合子前生殖隔离	① 生态隔离：群体占据同一地区，但生活在不同区域，因此彼此不会相遇
	② 时间隔离：盛花期的时间不同，即在不同的季节或一天的不同时间开花
	③ 机械隔离：花粉传送受到不同的花的结构阻挠
	④ 配子隔离：雌雄配子不能互相吸引，花粉在花的柱头上无生活力
合子后生殖隔离	① 杂种无生活力：杂种合子不能发育或不能达到性成熟阶段
	② 杂种不育：杂种不能产生有功能的配子
	③ 杂种衰败：F_2 或回交世代的生殖力或生活力降低

属于合子前生殖隔离的例子很多。有花植物的不同物种如金菊和翠菊可以在不同季节或一个季节不同的时间开花，由于不同物种的卵子和花粉不是同时有效的，因此不能发生配子融合。在自然群体中合子后生殖隔离较少见，但也有一些记载。马

(*Equus caballus*) 和驴 (*E. africanus*) 杂交所产生的骡是杂种一代不育的经典例证，在自然界中是不可能发生这种交配的。但如果进行了交配，在这两个物种的基因库之间不会出现进一步的基因交流，因为 F_1 杂种既不能与其同类的其他个体又不能与其亲本杂交。

阻止基因交流的隔离机制除了生殖隔离外，还有地理隔离（geographical isolation）。地理隔离不依靠群体中任何遗传差异，而生殖隔离必须是有遗传差异的，遗传上相同的群体可能在地理上被隔离（例如在孤岛上）。地理隔离往往造成某种形式的生殖隔离。

9.5.2 物种形成的过程

由于物种是群体在生殖上隔离的类群（group），因而物种形成的问题，也就是群体的居群（或组群）间产生生殖隔离的问题。物种的形成可分为两个主要阶段：

阶段 I 物种形成过程的开始阶段。首先必须完全或几乎完全阻断同一个种的两个类群间的基因交流，促使两个类群在遗传上发生分化，当类群在遗传上的差异达到前所未有的程度时，就出现生殖隔离，主要是合子后 RIM。物种形成第一阶段的另一特点是生殖隔离不直接受到自然选择的推动，因为这些 RIM 是遗传分化的副产品。

阶段 II 生殖隔离机制完成。如果阻止处于物种形成第一阶段的两个类群间基因流动的外部条件消失了，则可能产生两种结果：① 产生单个基因库，因为杂种中降低的适合度不是很大，两个类群融合。也就是说，物种形成的第一步是可逆的，如果遗传分化不完全，则先前分化了的两个类群有可能混合成一个基因库。② 最终产生两个物种，因为自然选择有利于生殖隔离的进一步发展。因而物种形成第二个阶段有下列两个特征：①生殖隔离主要发展成合子前 RIM 形式；②自然选择直接推动合子前 RIM 发展，防止产生杂合子（图9-2）。如果来自不同类群体的个体交配产生的后代生活力或生殖力降低，则自然选择将有利于促进同一类群内个体交配的遗传分化。假定在一个基因座上有等位基因 A_1，A_2，A_1 有利于同一类群内不同的个体间的交配，A_2 有利于不同类群间的交配。A_1 将更经常地出现在类群内交配产生的子代中，即出现在生活力和生殖力较强的个体中。A_2 则较多地出现在类群间交配产生的杂种中。由于杂种的适合度降低，所以 A_2 基因的频率将逐代减少。自然选择会使有利于群体内交配的那个等位基因（例如 A_1）频率增加。

如果遗传分化的时间持续相当长，又没有基因交流时，群体也可能发展成完全的生殖隔离。例如，当群体分别在两个完全分开的孤岛上就不需要经过阶段 II 而形成物种，因为自然选择直接促进了生殖隔离的形成。

9.5.3 物种形成的方式

物种形成有地理物种形成（geographic speciation）又称渐变式物种形成和量子式物种形成（quantum speciation）又称爆发式物种形成这两种方式。

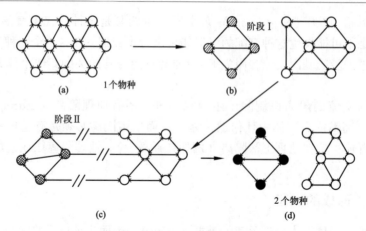

图 9-2　物种形成过程的一般模式

(a) 圆圈代表单一物种的地方群体，双箭头表示发生在群体间的基因流动

(b) 群体被分成 2 个类群或组群，彼此间无基因流动；这些类群在遗传上渐趋不同；左、右以线条和无线条标出的 2 个类群，遗传分化的结果产生了 2 个类群间的生殖隔离机制。属于物种形成的第 I 阶段

(c) 来自不同类群的个体能互交，但由于原先存在的生殖隔离机制而很少有基因流动，如中断的箭头所示；自然选择有利于其他的 RIM 的发展，特别合子前的 RIM，它阻止不同类群间的交配；左边的类群已发生进一步的遗传分化（方格表示）；这便是物种形成的第 II 阶段

(d) 由于两类群体在生殖上已完全被隔离，新的物种已形成，以黑圈所示；现在出现了 2 个同时存在的物种

9.5.3.1　地理物种形成

第 I 阶段是始于群体间在地理上的分开。陆生生物可以被水（如河流、湖泊、海洋）、山脉、沙漠或者群体不能栖息的地域所隔开。生活在不同的河流或孤立的湖泊中的淡水生物也可以相互被隔离。海洋生物可被陆地，被它们所不能容忍的水域深度或不同盐浓度的水域所隔开。

自然选择使地理上隔开的群体逐渐适应于局部的环境条件，在遗传上发生分化。很小群体或只从几个个体发展而来的群体，随机的遗传漂移也可引起遗传分化。如果地理隔离持续一段时间，就会出现初步的生殖隔离，特别是合子后的生殖隔离，群体将处于物种形成的第 I 阶段。当前期由地理隔离分开的群体再接触时，物种形成的第 II 阶段就开始了。例如由于地球表面发生地形变化或者一个群体成员迁到另一个群体的居住地，都可以发生这种再接触的情况，于是不同群体的个体间可能发生交配，根据先前存在的 RIM，形成了两个不同的物种。据研究，棉属（*Gossypium*）中的草棉（*G. herbaceum*）和树棉（*G. arboreum*）这两个种可能是通过地理物种形成过程而分化形成的。树棉是由草棉分化出来的。

这种形式的物种形成过程一般先有地理隔离，继而各自通过不同的遗传改变途径如基因突变、染色体畸变、遗传重组等，在自然选择下，形成不同的地理族（即亚种）一般在形态上有一定差异，亚种再进一步分化，直到有机会重新相遇时已不可能有基因交流，产生了生殖隔离，形成新的物种。由此可见，单纯有地理隔离和形态差异，而尚未形成遗传隔离机制的，只能称为不同的亚种。

在地理物种形成过程中，物种形成的第Ⅰ阶段是使地理上分开的群体发生渐进的遗传变异。作为遗传分化的副产物的合子后 RIM 的形成一般需要相当长的时间，经历几千代甚至几百万代，依靠这种方式形成新物种的速度极其缓慢。

9.5.3.2 量子式物种形成

在物种形成的阶段Ⅰ中，合子后 RIM 的形成只需要很短的时间，这种物种形成的方式又称快速物种形成或爆发式物种形成，也叫做量子式物种形成。它是物种形成第Ⅰ阶段加快的模式。这种方式主要见于植物界，这就是通过远缘杂交和染色体加倍后形成新物种。

整套染色体组的倍增形成多倍体，多倍体可以在一代或几代内产生。多倍体群体与它们的祖先种是生殖隔离的，因此是一个新种。在多倍体中，物种形成第Ⅰ阶段所需要的对基因流的抑制不是由地理隔离引起而是由细胞学上的障碍所造成。杂种不育形成的生殖隔离是由于随后很快产生的染色体不平衡。萝卜、甘蓝（*Brassia oleracea*）和异源八倍体小黑麦都是先通过杂交，后进行染色体加倍形成。一次形成新种的方式在植物界比较常见，普通小麦、胜利油菜、烟草、马铃薯（*Solanum tuberosum*）等也都是异源多倍体新物种。如果二倍体和它的多倍体祖先种之间没有地理隔离，可以相互杂交的话，自然选择将有利于合子前生殖隔离机制的发展（物种形成的第Ⅱ阶段），可以避免杂种合子形成和配子浪费。

物种形成的第Ⅰ阶段也可通过染色体重排而完成，一旦出现由于染色体重排而与其他群体在生殖上隔离的个体群，自然选择即有利于其他 RIM 的发展。

染色体的结构变异，如易位、倒位导致快速的物种形成的实例在动物和植物中都有发现。

9.5.4 物种形成期间遗传分化的度量

结构基因编码蛋白质的功能的发现，以及凝胶电泳技术的发展，使得估计物种形成期间遗传变化量成为可能，在应用这些技术以前有证据表明，物种形成可能涉及相当数量的等位替换。

通过研究事先未知有无差别的两个群体中的蛋白质样本，可以估算出这两个群体间的遗传分化。为这些蛋白质编码的基因构成了群体间趋异的所有结构基因的随机样本，因此研究适当数量的基因座的结果可以外推到整个基因组。

用凝胶电泳技术研究自然群体中蛋白质变异，它可以提供群体中基因型频率和等位基因频率的估计。最常用的两个参数是遗传同一性（genetic identity，I）或遗传相似性和遗传距离（genetic distance，D）。

(1) 遗传同一性（I）

遗传同一性是对两个群体结构相同的基因比例的估计。如果两个群体没有共同的等位基因，则 $I=0$；若在两个群体中有相同的等位基因，而且频率相同，则 $I=1$。目前广泛应用 Nei（1975）的方法来进行计算：

假设：A 和 B 两个不同的群体，k 是给定的基因座。在两个群体内观察到了 i 个不同的等位基因。群体 A 中以 a_1, a_2, a_3 来表示等位基因频率，群体 B 中以 b_1, b_2, b_3 来表示等位基因频率。两个群体间在该基因座上的遗传相似性用 I_k 度量，其定义公式为：

$$I_k = \frac{\sum a_i b_i}{\sqrt{\sum a_i^2 \sum b_i^2}}$$

式中　$a_i b_i$——$a_1 b_1$, $a_2 b_2$, $a_3 b_3$ 等的乘积；
　　　a_i^2——a_1^2, a_2^2, a_3^2；
　　　b_i^2——b_1^2, b_2^2, b_3^2 等。

上述 I_k 的公式计算的是来自各自群体的两个等位基因相同的频率。

现以简单的情况为例说明上述公式的应用：

①假设只观察一个等位基因，而且在两个群体内的频率都为1。则 $a_1 = 1$, $b_1 = 1$, 因此：

$$I_k = \frac{1 \times 1}{\sqrt{1^2 \times 1^2}} = 1$$

此结果表明两个群体在这个基因座上是完全相同的，有最大的遗传相似性。

②如果观察到两个不同的等位基因，第一个在群体 A 中的频率为1，第二个在群体 B 中的频率也为1，则 $a_1 = 1$, $b_1 = 0$; $a_2 = 0$, $b_2 = 1$, 因此：

$$I_k = \frac{(1 \times 0) + (0 \times 1)}{\sqrt{(1^2 + 0^2) \times (0^2 + 1^2)}} = \frac{0 + 0}{\sqrt{1 \times 1}} = 0$$

$I_k = 0$, 说明在这两个群体中的这两个基因座在遗传上完全不相同。

③第三种假设是两个等位基因，在两个群体中都以各自的频率存在时，$a_1 = 0.2$, $a_2 = 0.8$ 且有 $a_1 + a_2 = 1$; $b_1 = 0.7$, $b_2 = 0.3$, 且有 $b_1 + b_2 = 1$, 则

$$I_k = \frac{(0.2 \times 0.7) + (0.8 \times 0.3)}{\sqrt{(0.2^2 + 0.8^2)(0.7^2 + 0.3^2)}} = \frac{0.14 + 0.24}{\sqrt{0.68 \times 0.58}} = 0.605$$

$I_k = 0.605$, 表明两个群体享有相同的等位基因的比例为 60.5%，A，B 两个群体有较高的遗传相似性，尽管频率不同。

估计两个群体间的遗传分化需要研究多个基因座。设 I_{ab}, I_a 和 I_b 分别是所有基因座上的 $\sum a_i b_i$, $\sum a_i^2$ 和 $\sum b_i^2$ 的算术平均数，则两个群体间的遗传同一性 I 用下式度量：

$$I = \frac{I_{ab}}{\sqrt{I_a \cdot I_b}}$$

（2）遗传距离

遗传距离用来估计两个群体分别进化时每个基因座发生等位替换的次数。所谓一个等位替换是指一个等位基因被另一个不同的等位基因取代，或一套等位基因被一套不同的等位基因取代。遗传距离 D 值的变化范围是从 0（完全没有等位基因的变化）到无限大（$0 \to \infty$）。D 可以大于 1 是因为在长期进化过程中，每个基因座可能经历了不止一次的完全等位替换。

两个群体间的遗传距离 D 可用下列公式求：

$$D = -\ln I$$

式中 I——群体间遗传同一性（遗传相似性）。

如果上述的基因座上的 3 种不同情况，相当于在两个群体中所研究的 3 个不同的基因座，则：

$$I_{ab} = \frac{1 + 0 + 0.38}{3} = 0.460$$

$$I_a = \frac{1 + 1 + 0.68}{3} = 0.893$$

$$I_b = \frac{1 + 1 + 0.58}{3} = 0.860$$

因此可有：

$$I = \frac{0.460}{\sqrt{0.893 \times 0.860}} = 0.525$$

所以 $D = -\ln 0.525 = 0.644$

$D = 0.644$，表明在这两个群体（A，B）分别进化时，平均每 100 个基因座中大约有 64 个发生了等位替换。两个群体间的遗传同一性则只有 $I = 1 - D = 1 - 0.644 = 0.356$，遗传相似性较低。若使任何两个群体间的遗传分化的估计数更可靠，一般需研究 3 个以上的基因座位。

遗传距离是按两个之间计算的，如果有 n 个群体，可求得 $n(n-1)/2$ 个 D 值，然后可求平均的遗传距离及标准误差。表 9-10 表示的是日本几种生物自然群体的平均遗传距离与标准误差的估算结果。

表 9-10　几种生物的平均遗传距离及标准误差

物　种	基因座数目	群体数	D 值
果蝇（*Drosophila virilis*）	3	20	0.0148 ± 0.0005
果蝇（*D. melanogaster*）	4	21	0.0079 ± 0.0002
果蝇（*D. bifasciata*）	4	9	0.0054 ± 0.0003
同型巴蜗牛	5	13	0.0541 ± 0.0040

可见，蜗牛与果蝇相比，群体之间的遗传距离大得多，遗传相似性则很低。

9.6　分子进化与中性学说

9.6.1　蛋白质的种系发生

分子进化包括大分子进化与基因和生物体进化史的重建两个紧密相关的研究领域。第一个研究领域的目的是阐明生物大分子自身的进化原因和结果；第二个研究领域是将生物大分子用作工具，以重建有机体及其遗传组成的演化历史，即分子种系发生（phylogenesis）的领域，其目的在于运用分子生物学技术，获得生物大分子的信息，推断生物进化历史，重建系统发生（谱系）关系，并以系统树的形式表示出来。

分子生物学技术的重大突破，如基因组学的研究、基因克隆技术、PCR 技术、DNA-DNA 杂交、蛋白质和 DNA 序列分析以及限制性内切酶片段分析等，已使人们处于一种新的、十分有利的位置,能够洞察一个从未见过的世界,在这个世界里,基因通过复制、DNA混匀、核苷酸替代、转移及基因转变而进化。在这个世界,基因组或静止、或流动,有时在很长时间后才会发生微小的变化,有时又会在瞬间发生剧烈的地质学尺度的变化。

值得种系发生学家庆幸的是信息科学的高速发展,数学和计算机软件科学刺激了遗传距离的测定和系统树构建方法的层出不穷,为种系发生的研究创造了十分便利的条件。

细胞色素C(cytochrome C)是真核生物线粒体中与细胞呼吸有关的一种蛋白质。根据地球大气层成分的测定,认为其随氧含量的增加而逐渐变化,估计细胞色素C编码的基因应是出现在约15亿年前,而且这个基因必然是首先出现在真核生物的原核祖先中。从对一些需氧生物所含的细胞色素C分子所作的比较中,可以看出在这一分子中大约有一半的氨基酸具有相同的位置。由此推论,所有现存物种的细胞色素C的基因及其蛋白质产物具有共同的起源。

在进化过程中,细胞色素C中约有一半的氨基酸被替换,对氨基酸序列的分析表明,人和黑猩猩(*Pan troglodytes*)的104个氨基酸完全一样,罗猴和人的细胞色素C分子只是在第66位上有一氨基酸的差别,人类中是异亮氨酸,在罗猴中则是苏氨酸。人和脉孢菌的细胞色素C相比,差异较大,104个氨基酸中有43个不同。这些差异反映出在15亿年的进化过程中,细胞色素C基因密码子中的突变导致了其蛋白质产物的种种差异。

认识不同生物谱系间的趋异状况及这种歧异发生的先后,就可以构建种系发生树(phylogenetic tree)或称进化树(evolutionary tree)。根据不同生物的细胞色素C氨基酸顺序间的差异所构建的种系发生树如图9-3所示。

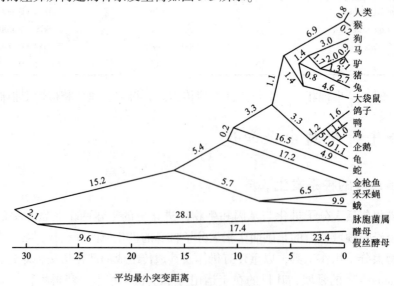

图9-3 细胞色素C的进化

20种生物的种系发生,是以蛋白质中氨基酸差异为根据的;进化树分支上的数字是分支所需要的核苷酸替换的最低数目

(引自王亚馥、戴灼华,2001)

根据一个蛋白质中氨基酸变化的数目和各类生物相互分歧的时间（根据化石记录）对比，可计算出进化时蛋白质变化的速率。就任何给定的蛋白质类型而言，分子进化的速率是比较恒定的，但是功能上不同的蛋白质变化的速率极为不同。近缘生物之间的种系发生关系，可从研究进化快的蛋白质的一级结构推出来，例如哺乳动物的血纤维蛋白肽。

　　血红蛋白和细胞色素 C 的变化速率，介于纤维蛋白肽和组蛋白之间。二者对于氨基酸替换有某些耐受力而能继续保持其功能，但是由于强烈的机能需要，这两种蛋白质各自有其不能因基因突变而调整的部分，因而只是在有限的氨基酸位置上允许发生变化。

　　由于在进化中出现了许多氨基酸替换而不改变蛋白质功能的情况，有些研究者认为这种替换是中性突变的结果。中性突变在某种程度上可以解释为什么蛋白质在进化变化中具有比较缓慢而恒定的速率。

9.6.2　DNA 序列的种系发生

　　分子进化不仅包括核苷酸顺序的变化也包括 DNA 量的变化，即基因组大小的进化，所有含 DNA 的生物其早期祖先可能只有几个基因，但现今不同物种之间细胞内 DNA 含量具有很大的变异。有的学者根据每个细胞中的 DNA 含量把生物划分为 4 类：病毒含 DNA 量最少，为 1×10^4 bp/病毒；细菌是 4×10^6 bp/细胞；真菌为 4×10^7 bp/细胞；大多数动物和植物 DNA 平均含量为 2×10^9 bp/细胞。有些裸子植物和被子植物以及动物中的蝾螈（*Cynops orientalis*）和原始鱼类 DNA 含量更高，可达到 1×10^{10} bp/细胞。每个细胞的 DNA 含量从细菌、真菌、动物到植物明显地随进化而增加。尽管存在这种递增的现象，但生物体 DNA 含量与它的结构复杂程度之间也不一定都有相关性。DNA 含量发生进化性变化最常见的过程是 DNA 小片段的缺失、插入和重复。通过多倍体方式增加 DNA 含量在植物中是常见的。

　　核苷酸顺序的变化，可以表现为不同长度的顺序扩增成为多份拷贝，或者基因和其他顺序在染色体上发生易位。此外，还有可能进行核苷酸对的替换等。一般说来，运用化学方法测定 DNA 的核苷酸序列来阐明生物的进化历史是颇不容易的，在测定进化期间的遗传变化时除了 DNA 顺序分析外，还有 DNA 杂交技术，被解离和断裂成片段的带有放射性标记的 DNA，可以和不同物种的不同量的解离 DNA 反应，同源序列间杂交而形成双链。根据这种反应的程度即可估计 DNA 顺序中的同源比例。如果两个种间的 DNA 有差异，彼此间核苷酸顺序不相称，这样的杂种 DNA 就比较容易解脱，从而其稳定性下降，相应的熔解温度也较低。因此，根据增加温度时 DNA 双链分开的温度，可以估算出种间 DNA 双链中非互补核苷酸的比例。这个重要的参数称为热稳定值（Ts），是 50% 双链 DNA 解离时的温度。杂种 DNA 与对照 DNA 分子 Ts 值之差（$\triangle Ts$）大致与杂种 DNA 中不相匹配的核苷酸量成比例，据研究 1℃ $\triangle Ts$ 大致相当于 6% 核苷酸组成上的差异。对各种灵长类的 DNA 与人的以及绿猴的 DNA 之间所进行的核苷酸比较，可用于估计灵长类进化期间发生的核苷酸替换的百分比（表 9-11）。

表 9-11　各类灵长类 DNA 与人及绿猴 DNA 的核苷酸差别

供试的物种	测试的 DNA 差别（%）	
	人	绿猴
人	0	9.6
黑猩猩	2.4	9.6
长臂猿	5.3	9.6
绿猴	9.5	0
罗猴	—	3.5
戴帽猴	15.8	16.5
丛猴	42.0	42.0

下列是以 DNA 杂交双链热稳定性为依据的灵长类不同物种的种系发生树（图9-4）。

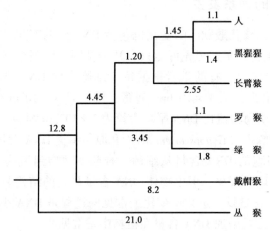

图 9-4　灵长类物种的种系发生
（各分支上的数字是估计的核苷酸替换百分率）

9.6.3　进化中的基因重复

在真核生物基因组中存在着基因的重复。除了整个基因序列的重复，近年来的一些研究表明基因内个别编码序列也可能发生重复或重排。有的研究结果已证实相同或不同基因的外显子片段重复和重排可以产生新的蛋白质。应用 DNA 序列分析和重组 DNA 技术等方法已经发现：在真核生物基因组中存在与功能基因高度同源的 DNA 片段，但由于突变的积累不能产生有功能的多肽，因而就把这样的 DNA 片段称为假基因（pseudogene）。近期的研究认为，假基因是生物进化的遗迹。例如珠蛋白基因可能通过重复而进化成为目前的基因簇（gene cluster），基因每重复一次形成的两个基因分化趋异，有用基因被自然保留下来成为基因簇的一员，没有用的则成为假基因。因此，假基因的出现可能是较近期的进化事件。可以预见随着时间的流逝，假基因终将遭到淘汰而趋于消失。

在进化过程中，高等生物的基因组会发生大量的重复，人类基因组中也有大量重复序列。这些重复的 DNA 序列有的是继续发生进化歧异，成为与原来序列不同的基因；有的是以结构和功能仍基本相似的形式保留下来成为多拷贝基因。如为核糖体 RNA 和转移 RNA 编码的基因就是典型的多拷贝基因。另外则是以一种功能未知的高度重复序列的状态存在于核基因组内，这些重复序列十分相似乃至完全一样。一些进化学家把基因组里的重复序列称为"自私的 DNA"（selfish DNA）。认为这些 DNA 存在于基因组里只是为了它们自身能进行复制，以保证其自身的存在，对宿主毫无用处。在亿万年的进化过程中，在严酷的自然选择的压力下，生物体竟将只会消耗能量而毫无用处的重复序列世世代代保留下来，显然是违背生物进化规律的。已有证据表明，重复序列会变成积蓄核苷酸改变的场所，当积累到一定程度或染色体重排成新的核苷酸序列时，就可能成为具有一定生理功能的新的基因。这种基因对于生物体在生存竞争中也许是有利的。对基因组的进一步研究有助于推进对重复序列作用的认识。

9.6.4 分子进化的中性学说

由于分子生物学革命性的发展，将其方法和概念引入进化研究后，使得估计进化过程中氨基酸替换的速率和模式成为可能，而氨基酸替换的速率又可被推导到生物的整个 DNA 中。结果表明，生物大分子的进化过程中的突变的积累速率比人们以前所想象的要高得多。在血红蛋白中，大约 140 个氨基酸组成的链在 10^7 年内发生一个氨基酸替换，这种替换速率不可能由自然选择所引起。

电泳技术的发展使人们能快速地检出个体间的酶蛋白的变异性。多种研究揭示，在许多生物中存在着丰富的蛋白质和酶的多态性变异。这种遗传变异性比以前假定的也要高得多。此外蛋白质分子中氨基酸替换速率和 DNA 中核苷酸的替换率是恒定的。这种恒定性不可能由自然选择所引起，因为选择学说认为替换速度随着选择压的变化而改变。

目前遗传学研究进展带来了对基因内部结构的进化机制的新认识。20 世纪 60 年代，日本学者木村资生（M. Kimura）等人，在对分子进化大量的试验观察和群体遗传学的随机理论研究的基础上提出了中性突变—随机漂移理论（neutral mutation – random drift theory）。

分子进化的中性学说认为：大多数氨基酸和核苷酸进化的突变型的替换是由选择上呈中性或近中性的突变经随机固定所造成的；中性等位基因并不是无功能的基因，而是对生物体非常重要的基因；群体中蛋白质的遗传多态性代表了基因替换过程的一个时期，而且大多数多肽等位基因在选择上呈中性，是由突变和随机漂移之间的平衡来维持的，即进化的突变性替代和分子的多态现象不是两个独立的现象，而是同一现象的两个方面。此外，中性理论考虑的是在进化过程中进入群体的主要突变行为，不排除部分有利的或超显性的突变。

总之，中性学说认为：分子水平上的大量进化变化以及物种中的大多数变异不是由于达尔文选择，而是由选择上呈现中性的或近中性的突变等位基因的随机漂移造成的。该学说并不否定自然选择在决定进化过程中的作用，但认为进化中的 DNA 变化只有一小部分是适应性的，而大量不在表型上出现的分子替换对有机体的生存和生殖并不重要，只是随物种而随机漂移着。中性学说的本质并不强调分子的突变型是严格意义上的选择中性，而在于它们的命运在很大程度上是随机的遗传漂移所决定的。换言之，在分子进化的过程中，选择作用是如此微不足道，以致突变和随机漂移起着主导作用。

在理解选择理论和中性理论时，不应将它们对立起来。在考虑自然选择时，必须区分两种水平，一种是表型水平，包括由基因型决定的形态上和生理上的表型性状；另一种水平是 DNA 和蛋白质中的核苷酸和氨基酸顺序。自然选择对后者的作用至今仍在争议中。

思考题

1. 什么是理想群体？它有什么特点？
2. 什么是基因频率和基因型频率？它们有什么关系？
3. 什么是遗传平衡定律？怎样证明？
4. 一个大的群体中包括基因型 AA，Aa 和 aa，它们的频率分别为 0.1，0.6 和 0.3。请回答：
   (1) 这个群体中等位基因的频率是多少？是否处于遗传平衡状态？
   (2) 随机交配一代后，预期等位基因和基因型的频率是多少？
5. 在某种植物中，红花和白花分别由等位基因 A 和 a 决定。发现在 1 000 株的群体中，有 160 株开白花，在自由授粉的条件下，等位基因的频率和基因型的频率各是多少？
6. 在一个随机交配的大群体中，显性个体与隐性个体数量的比例是 8∶1，这个群体中杂合子的频率是多少？
7. 下面 3 个玉米群体，你认为哪个是趋于遗传平衡状态，根据是什么？

群体	基因型		
	RR	Rr	rr
1	1/4	1/2	1/4
2	9/16	6/16	1/16
3	2/9	5/9	2/9

8. 影响群体遗传组成的因素有哪些？它们是怎样起作用的？
9. 栽培群体中影响遗传组成的因素有哪些？与自然群体相比它们作用的方式有什么异同？

推荐阅读书目

群体遗传学导论. 郭平仲. 中国农业出版社，1993.
遗传学. 王亚馥，戴灼华. 高等教育出版社，2001.

第 10 章 花色的遗传调控

[**本章提要**] 花色是观赏植物重要的观赏性状。本章介绍：花色的概念；花色的化学基础；花色变异的机理；花色的遗传学基础和花色改良的遗传学途径。

花是自然界最美好的事物之一。一朵淡淡的花，一朵色泽鲜艳的花，往往引起人们无穷的遐想，使人产生诗情画意，花为人们的内心世界增添了许多美的感受。但是用科学的眼光来看，花最神秘的特征之一应该说是它的颜色。美国罗彻格斯大学心理学教授哈福兰·琼斯（Horfflan Jones）曾进行过一个有趣的心理学研究，发现人类的大脑对于不同颜色的花会产生不同的情感反应。而花色的遗传问题更是谜中之谜。多少年来，生物学家和化学家们围绕花色之谜进行了许多探讨，获得了许多有益的启示。

10.1 自然界的花与花色

10.1.1 花的由来

花是高等植物的繁殖器官，由雌蕊、雄蕊、花瓣、花萼 4 部分组成。近年来，关于花发育的分子生物学研究进一步证明，花是节间极度缩短的变态枝条，花萼、花瓣、雄蕊、雌蕊、心皮等实际上都是叶片的变态器官，是由花芽原基发育而来的，属于同源异型器官，统称为花叶（floral leaf）。虽然花有结实的本能，但自然界和人类花园里都有一些不结籽的花，尤其是很多重瓣花的雌雄蕊瓣化后，花不再孕育种子，这种现象在自然界是一种退化。

10.1.2 花色与显眼的花

在观察一朵花时我们会发现，不仅花瓣、雄蕊、雌蕊，就连花萼也带有颜色。通常所说的花色往往包括了这几部分的颜色，而我们所讨论的花色仅指一朵花色彩明显的部分，尤其是指发育成花瓣状的那部分的颜色。对大多数植物来说这部分是指内花被（inner perianth），又被称为花冠（corolla）；有些植物像百合、鸢尾（*Iris tectorum*）、水仙等，其花的外花被（outer perianth），又被称为花萼（calyx），也发育成花瓣状而和花冠难以区别；还有雄蕊发育成花瓣的，如重瓣牡丹、重瓣月季等；也有苞片（bract）明显发育成花瓣状而缺少真正的花被，如一品红（*Euphorbia pulcherrima*）'套筒'、紫茉莉科（Nyctaginaceae）的叶子花（*Bougainvillea spectabilis*）等。

花是植物的繁殖器官，但并非所有的植物都如此。孢子植物用孢子来繁殖，完成其生活周期，因此孢子植物也叫隐花植物（cryptogam）。而种子植物（spermatophyte）是以花为繁殖器官，即所谓的显花植物（phanerogam）。这类植物即是我们通常所说的裸子植物（gymnosperm）与被子植物（angiosperm）。一般说来，裸子植物的花不显眼，松、杉、柏什么时候开花很少有人注意。在被子植物中，有些花显眼，有些花则不显眼。比如，黄杨（*Buxus sinica*）开什么样的花几乎没有人注意过，其实，这类植物同样有花，只是不显眼罢了。而梅花、牡丹、菊花、荷花等的花则是尽人皆知。

之所以有显眼的花与不显眼的花之分，这与花粉传播的方式有很大关系。由于大自然的巧妙安排，风媒花没有特别显眼的必要，因此这类花即使有花瓣也很小，并且花色也很不起眼，乍一看很难在叶子中间发现它们；而虫媒花或鸟媒花则花瓣展现得很大，并呈现绿色以外的各种色彩，为招引昆虫或鸟类创造了良好的条件。此外，这类花大部分都散发出浓郁的芳香，即使花被遮挡住了昆虫也能发现它们。

从植物进化方面来看，非常有趣的是，相对地说古生代出现在地球上的植物都不具备显眼的花，而具备显眼花的虫媒花则是新生代出现的植物。带有花瓣的植物是伴随着恐龙进入鼎盛时期而出现的，并且，恐龙的灭绝似乎为昆虫的繁荣以及被恐龙当作食物的那些动物的繁荣创造了良好时机。因此，恐龙灭绝后，昆虫很快扩大了自己的势力，占领了重要的位置。这一变化与此后出现的带有花瓣的新植物，花瓣形态与颜色的多样化的进化关系极为密切。植物和昆虫的新关系必然是以改变花的形态为起点的，植物总是积极设法让昆虫向自己靠拢，植物的花瓣不断增大，并形成非绿色，散发芳香和蜜汁等，这就更提高了昆虫传播花粉的效率，进而向扩大植物的种属迈进了一步。

10.1.3　昆虫眼中的花

在生物进化过程中，花瓣大小的增加、花瓣颜色的多样化与昆虫的出现及发展有密切关系，那么昆虫对颜色的感觉又是如何的呢？首先我们来观察一下昆虫的颜色世界。

奥地利动物学家卡尔·伏利修曾就花色和蜜蜂行动的关系进行了观察，他发现蜜蜂具有区别颜色的本领，并且对蓝色有特殊的偏爱。他认为温带植物的花色是逐步向蓝色调增加的方向进化的，将它和蜜蜂对颜色的感受结合起来考虑是很有趣的。

正如彩虹的7种颜色那样，自然光可呈现各种不同的颜色。试验发现，蜜蜂具有区分黄色、蓝绿色，以及紫外线的能力，但不能区分红与黑、黄与橙、蓝与紫的差别。而人对紫外线缺乏色感。因此，昆虫眼中的花色与人类眼中的花色有很大差别，或许比人类所看到的花色世界更加绚丽多彩。除了蓝色以外，蜜蜂对黄色及其他颜色，甚至我们辨别不出的淡黄色——普通所说的白色花，也能辨别出来。因为淡黄色花中含有的色素能吸收大量紫外线，使昆虫能够感受到光，所以才飞来。

其他昆虫的色感与蜜蜂大致相同，而蝴蝶对红色可以产生色感，因此在蝴蝶出没的地方红色系的花较多。

有些花在花心部位带有与底色不同的条纹或斑点，这些颜色不同的部分被称为

"花蜜向导"（蜜标志），这种花瓣具有将飞落到花瓣上的昆虫进一步向里面的蜜腺引诱的作用。

10.1.4 花色研究简史

花色和叶色都是植物所渲染出的美丽的自然色彩，它们存在于人们身边，给生活带来无限趣味。也许是此缘故，其研究历史十分悠久。早在 19 世纪中期孟德尔（G. J. Mender）连续 8 年的豌豆杂交试验，奠定了花色遗传的理论基础。1910～1930 年德国学者威斯塔特（Willstatter）和瑞士学者凯勒（Karrer）从大量生物中分离出结晶的类胡萝卜素（carotenoid）并研究其化学结构。可以说今天所使用的大部分类胡萝卜素的结构式都是当年他们设想的。截至 20 世纪中期，已有很多人从事色素化学的研究，其中迈卡特（Marquart）、莫里斯（Molish）、贝特·史密斯（Bate-Simith）和哈伯（J. B. Harborne）等在花色素苷的化学结构方面做出了重要的贡献。经过 130 多年的努力，基本查明了主要花色色素成分的化学结构，积累了很多关于形成花色的类胡萝卜素、类黄酮和生物碱等色素群的知识。进入 20 世纪后，随着色素化学的发展，用生物化学的方法解释花色的研究开始兴起。

目前，花色的研究主要集中于观赏植物花色遗传育种上。众所周知，花色是观赏植物主要的观赏性状之一，所以对观赏植物花色的改良不仅是观赏植物遗传育种的热点，同时也是花色研究最广泛的应用领域之一。观赏植物的花色改良最初使用杂交、嵌合体选育、辐射育种等常规育种手段，取得了丰硕的成果。随着分子生物学时代的到来，关于色素物质生物合成在基因调控水平上的研究也取得了划时代的进步。1983 年科学家用鉴别筛选与杂交筛选相结合的方法，从欧芹（*Petroselinum crispum*）中分离出控制类黄酮生物合成的基因，此后相继得到了控制花色的关键基因。1985 年，梅椰尔（Meyer. P）等将玉米 *DFR*（dihydroflavonol reductase，二氢黄烷醇合成酶）基因导入矮牵牛 *rl*01 突变体之后，使二氢堪非醇（Dihydrokaempferol）还原，从而提供了天竺葵色素（pelargonidin）生物合成的前体，使花色变成砖红色，创造了矮牵牛的新花色系列，成为世界上利用基因工程改变花色的成功先例。前不久，由于蓝色基因的分离，花卉育种工作者对蓝色花系的培育给予了很高的关注，具有梦幻般的魅力的"蓝色月季"研究如火如荼地展开，相信人们梦寐以求的蓝色菊花、香石竹、郁金香等奇特花卉的出现都为时不远。

10.2 花色表型的测定方法

当我们要形容一朵花的颜色时，应该如何表述才是正确的？众所周知，同一种色彩在不同人的眼中是不同的。因此，在我们进行日常交流的时候便出现了麻烦，不同的人描述同一朵花的时候可能会出现五花八门的结果。而当我们进行学术交流时，这种差异则更加明显，解决起来也更加困难，因此花色的测量已经成为一种很值得探讨的技术。下面介绍 3 种目前最常用的花色测量方法——目视测色、比色卡比色法和色差仪测色法。

10.2.1 目视测色法

目视测色法是最简单快捷，且使用得最多的一种测色方法。当我们进行野外考察时，往往需要对植物的性状进行初步的描述，对花色进行粗略的分类，这时，便可以采用目视测色法。但是，目视测色需要比较严格的限定条件，其首要限定条件为光源，该光源应该能在较长时间内保持稳定。事实上，对于观赏植物花色的测定，一般是在试验地或野外进行，光源并不能保证长时间的稳定，而且实际用于目视测色的光源与自然白昼光在光谱功率分布和照度上都极不相同。因此，当试验精度达不到需要对花色进行定量分析时，简单的目视测色即可满足试验要求。

10.2.2 比色卡比色法

尽管目视测色法有着仪器测色所不可替代的优越性，但其只能用于花色的定性分析。为了进一步方便交流与学术活动，我们需要一个统一的标准来描述花色，因此比色卡便应运而生。作为颜色测量中最为简单的设备，比色卡有着悠久的历史。

自从1776年比色卡应用于植物材料颜色的测量上，至今大约使用过73种比色卡。Tucher等1991年在比较了很多测量植物颜色的比色卡后，认为英国皇家园艺学会比色卡（Royal Horticultural Society Colour Chart，RHSCC）尤其适用于园艺植物的研究。Voss于1992年以其渊博的色度学知识和丰富的经验就仪器测色和RHS比色卡比色在植物颜色测定上的应用进行了详细的说明并比较了两者的差异，至今仍有很高的参考价值。如今，RHS比色卡已扩展到了808种不同颜色可供选择，基本上满足了园艺植物颜色测量的要求。RHS比色卡根据颜色的三要素，即色度、饱和度及明度对其进行了排列。在颜色测量中，RHS比色卡在给定的光源下可以很好地反映材料（如观赏植物花瓣）的颜色，而一旦光源发生变化，测量结果即会改变，因此，RHS比色卡规定了颜色测量必须在室内进行，光源为从多云的北部天空（或南半球的南部天空）照进窗户的光。在进行比色时，借用光暗室也是一种很好的方法。此外，待测样品的尺寸应该保持一致，尺寸越大测色的精确度越高；通常要求待测样品面积不少于$3cm^2$。但是大多数花卉的花瓣都达不到这个要求，在这种情况下，观察者应该在视角不小于2°的距离以外观察。如果比色卡的尺寸比花瓣还小的话，应该用罩子分别罩在它们上面，以便得到相等的视觉面积。

事实上，使用RHS比色卡进行比色，仍需要人眼进行判定，进行颜色测量依然存在较大的主观性，不同观测者得到的观测数据常常不同，而花色应在足够客观的测量条件下进行测定，因此，仪器测色便取代了目视测色。

10.2.3 仪器测色

仪器测色是测量来自花瓣反射的光线，并将这些光谱数据转换为比色指数，进而计算出颜色的三刺激值（即亮度L，红度a，黄度b）。由于仪器测色可以更精确和客观地测量数据，便于将颜色数量化，因而可以准确地对观赏植物的花色进行分类，并进行深入的研究。

按照国际照明委员会（International Commission on Illumination，简称 CIE）制定的 CIELAB 系统标准，基于统一的视觉色空间，我们可以将颜色的三刺激值定位在一个"颜色体（color solid）"上，自然界存在的全部颜色均可以定位于其上。由于三刺激值在视觉上不均匀，因此要进行非线性转换，得到相应的色坐标。这样，颜色就可用它的明度（L^* - value，读作"L-star"，下同）和两个色相成分 a^* 值和 b^* 值来描述。

CIELAB 通过"颜色体"建立了一种定位每种颜色的数字化坐标，这个颜色体的中心轴是一个无色区域，其上端是白色，下端是黑色，中间是不同程度的灰色。该颜色体的其余部分代表了不同的色度，比如红色、黄色、绿色、蓝色、紫色等。其中越靠近中心轴的色度灰度越高，而外围的颜色饱和度最高，也就是最纯的（图10-1）。事实上，不同颜色的明度和饱和度并非相对应。例如，高饱和度的黄色是相对较明亮的颜色，其位于颜色体的上半部分，而高饱和度的红色和紫色则是相对较暗的颜色，其位于颜色体的下半部分。因此，对于较明亮的颜色，其在颜色体上会偏向黄色区域，对于较暗的颜色，其在颜色体上会偏向红紫色区域。

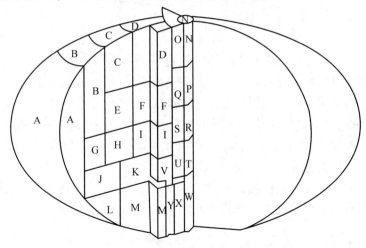

图 10-1　颜色体的蓝色部分

A. 鲜蓝色（vivid blue）　B. 亮蓝色（brilliant blue）　C. 极浅蓝色（very light blue）　D. 极淡蓝色（very pale blue）　E. 浅蓝色（light blue）　F. 淡蓝色（pale blue）　G, H. 蓝色（blue）　I. 浅灰蓝色（grayish blue）　J. 深蓝色（deep blue）　K. 黑蓝色（dark blue）　L. 极深蓝色（very deep blue）　M. 极黑蓝色（very dark blue）　N. 白色（white）　O. 蓝白色（blueish white）　P. 浅灰色（light gray）　Q. 浅蓝灰色（light blueish gray）　R. 中灰色（medium gray）　S. 蓝灰色（blueish gray）　T. 深灰色（dark gray）　U. 深蓝灰色（dark blueish gray）　V. 深灰蓝色（dark grayish blue）　W. 黑色（black）　X. 蓝黑色（blueish black）　Y. 黑蓝色（blackish blue）

我们可以将 CIELAB 三维色空间用 L^*，a^* 和 b^* 空间直角坐标系来表示。在这个坐标系中，纵轴 L^* 表示颜色的明度，当 L^* 值从 0 升至 100 时，亮度逐渐增加。两条正交水平轴分别为 a^*，b^* 平轴，其中 $-a^*$ 到 $+a^*$ 的转变意味着绿色的减退，红色的增强。同样，$-b^*$ 到 $+b^*$ 的变化代表了蓝色的逐渐消退，同时伴随着黄色的增强（CIE1986）。在原点附近（即 a^* 和 b^* 的绝对值都很小时）的颜色是灰色，随着 a^*

和/或 b^* 的绝对值开始增加，饱和度就开始增高。此外，色度 C^* 和色相角 h 可以分别根据下述公式计算：$C^* = (a^{*2} + b^{*2})^{0.5}$ 和 $h = \arctan(b^*/a^*)$。C^* 表示了定位于该空间直角坐标系上的颜色距离原点的长度，即距离越远，C^* 越大[24]。色相角 h 表示了颜色的变化，0°附近是红紫色区域，90°附近是黄色区域，180°附近和270°附近分别代表了蓝绿色区域和蓝色区域。其中 0°~90° 是由红色渐变为黄色，90°~180° 是由黄色渐变为蓝绿色，180°~270° 是由蓝绿色渐变为蓝色，而 270°~360° 是由蓝色渐变为紫红色（图10-2）。

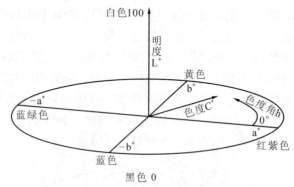

图 10-2　CIELAB 空间直角坐标系

目前常使用的测色仪器有两种：一是分光色度计（spectrophotometer），获取样品的反射率或者透射率，然后根据公式计算出样品的刺激值，分光色度计提供了最为精确的色空间坐标，它可以测量样品在可见光区 380~780 nm（间隔 10 nm）的反射光；二是直读式色差仪（colorimeter），我们可以在仪器上直接获取数据，目前这种色差仪越来越受到人们的青睐。

在对观赏植物的花色进行定量测定的时候，我们应该将上述 3 种方法综合起来应用，从而获得更为客观、更为准确的结果。

10.3　花色的化学基础

10.3.1　植物色素的主要类群

自然界的花色千变万化，色彩纷呈，早期的遗传学家根据外部观察曾将花色简单地分为三大类别：白色、黄色和红色（或蓝色）。由于这 3 种颜色的加浓和冲淡，构成了多种花色。对花色素成分进行分析的方法主要有：纸层析和薄层层析（TLC）、柱层析法、高效液相色谱法（HPLC）、质谱（MS）、紫外及可见光谱（UV-Vis）、核磁共振谱（NMR）等。这些研究结果揭示了花色的化学基础——决定花色的物质成分主要划分为三大类群：类黄酮、类胡萝卜素和其他色素。

10.3.1.1　类黄酮

类黄酮（flavonoid）是在化学结构上以黄酮为基础的一类物质的总称。根据 C 环的氧化状态可区别各种类黄酮（图10-3）。

类黄酮中除花青素苷是红色系外，均属黄色色素。类黄酮中的查尔酮、橙酮为深黄色，其他为淡黄色或近于无色。此外，细胞中还含有一种与花青素苷共存的类黄酮，它能改变花青素苷的色调，对花色形成起重要作用。类黄酮基本骨架的 A 环和 B 环的氢可部分地被羟基和甲氧基取代，形成各种类黄酮（图10-4）。

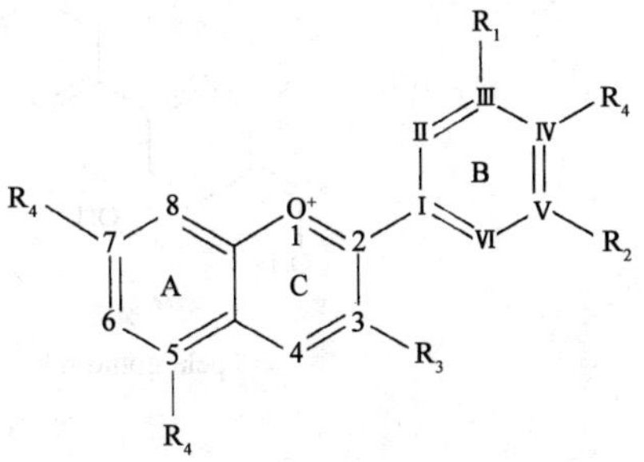

在绝大多数高等植物中广泛分布的类黄酮物质主要包括 6 个副族（subgroup）：查尔酮（chalcone）、黄酮（flavones）、黄酮醇（flavonols）、黄烷双醇（flavandiols）、花青素苷（anthocyanins）和原色素苷（condensed tannis：proanthocyanins），第七个副族噢哢（aurones），多

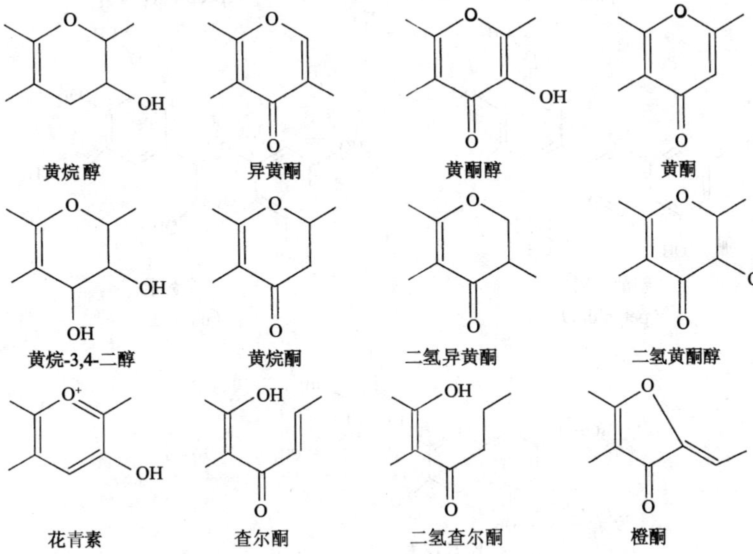

图 10-3 二苯基色酮（黄酮）的结构及表示取代位置的顺序号

$R_1 R_2$：H，OH，OCH$_3$；

R_3：糖苷或者 H；

R_4：OH 或者糖苷

图 10-4 各种类黄酮中 C 环的结构

黄烷醇　　异黄酮　　黄酮醇　　黄酮

黄烷-3,4-二醇　　黄烷酮　　二氢异黄酮　　二氢黄酮醇

花青素　　查尔酮　　二氢查尔酮　　橙酮

分布在双子叶植物比较进化的玄参科（Scrophulariaceae）、菊科（Compositae）、苦苣苔科（Gesneriaceae）及单子叶植物莎草科（Cyperaceae）中。在这些副族中花青素苷的存在是使植物花色变异幅度最大的一类。

（1）花青素苷

花青素苷（anthocyanin）是构成从红色、紫色到蓝色的主要物质，天然状态下它们以糖苷（glycoside）的形式存在于植物细胞的液泡内，即由一个真正的着色物质（称为苷元）跟一个或者多个糖分子结合而成的化合物。由于它们以糖苷的形式存在，所以是水溶性的色素。花青素苷脱糖的部分称为糖苷苷元或糖苷配基（agly-

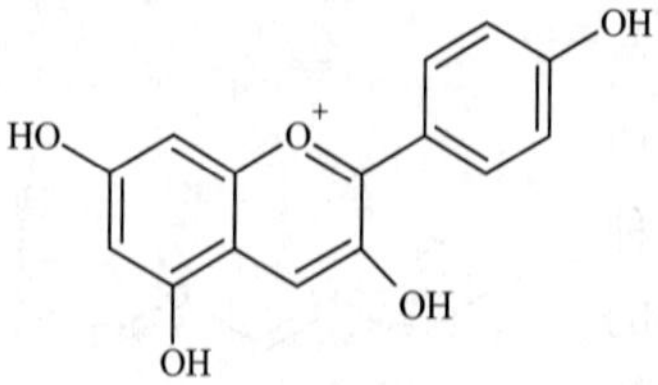

天竺葵素
(pelargonidin)

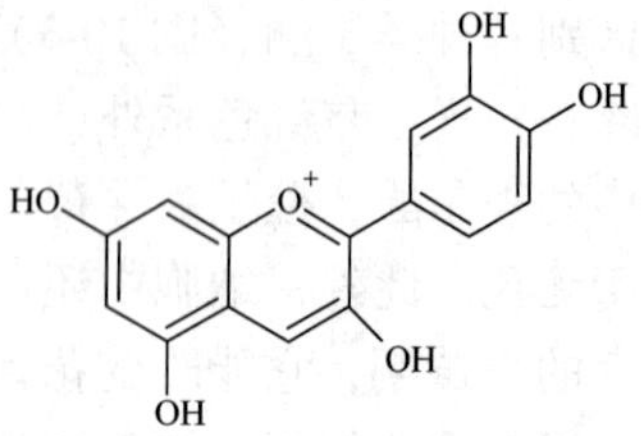

矢车菊素
(cyanidin)

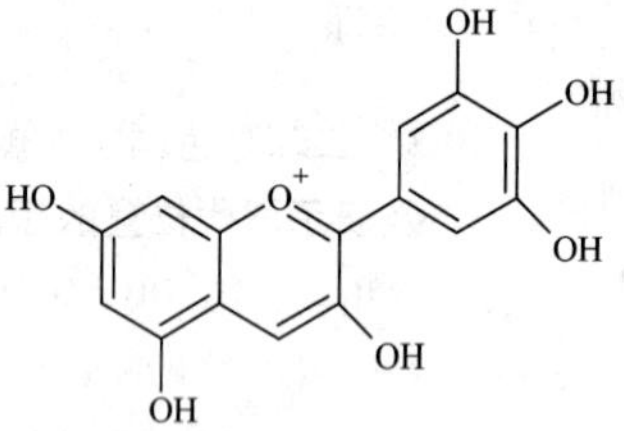

飞燕草素
(delphinidin)

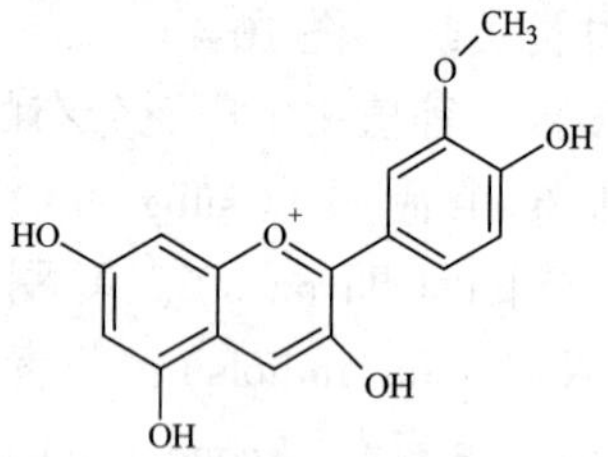

芍药花素
(peonidin)

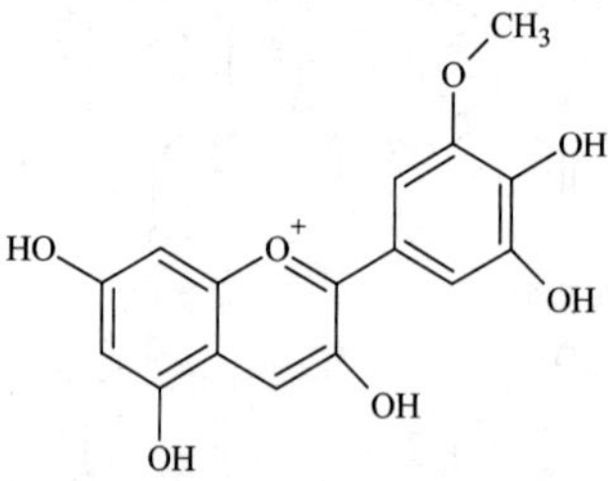

矮牵牛素
(petunidin)

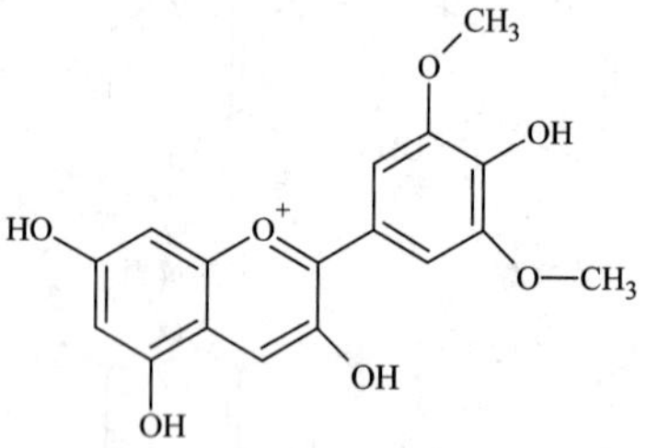

锦葵素
(malvidin)

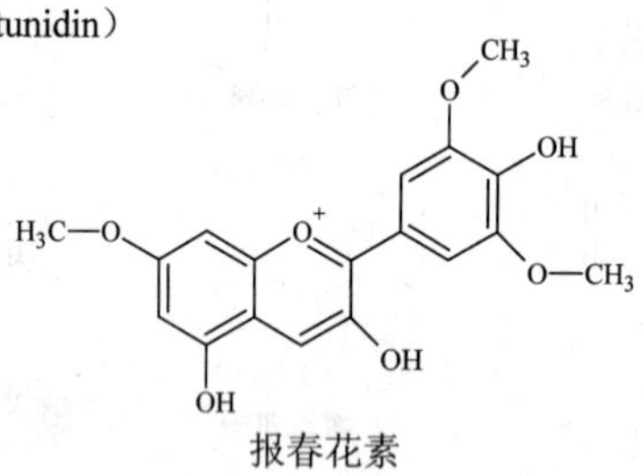

报春花素
(hirsutidin)

图 10-5　花青素的结构式

cone),一般称为花青素苷元(anthocyanidin),也称花色素,其水溶性不如花青素苷。通常广义的花青素,包括花青素苷元和花青素苷;而狭义的花青素,仅指花青素苷。

花青素苷是植物王国中种类最多的一类水溶性色素,在农作物和园艺作物中广泛存在。截止到 2003 年已经从各种植物中分离出 400 多种天然花青素,至 2006 年上升到 550 多种。研究发现,被子植物如按科划分,大约 88% 的科的花色是由花青素决定的。花青素的广泛分布及其在花色形成中的重要作用使之成为目前国际上花色研究的重点。

目前已经发现的天然花青素苷元有 7 种：天竺葵素（pelargonidin）、矢车菊素（cyanidin）、飞燕草素（delphinidin）、芍药花素（peonidin）、矮牵牛素（petunidin）、锦葵素（malvidin）、报春花素（hirsutidin）。这 7 种花青素苷元的化学结构如图 10-5 所示，其差异在于各种羟基、甲氧基等取代基的数量及位置。

花青素的结构式通常以盐酸盐的形式表示，这是因为花青素的提取、纯化等是在盐酸酸化条件下进行的。在花瓣中很有可能是以苹果酸、柠檬酸等酸类的盐存在。花青素的羟基上的糖以糖苷键结合则成为花青素苷，由于糖结合的方式（位置、数量、糖的种类）不同，花青素苷的种类也各不相同。哈伯（Harborne）（1963）根据花青素上结合糖的种类、结合的位置将花青素苷的糖苷分为 6 种类型。

大多数非酰化或单酰化的花青素苷很像 pH 指示剂，低 pH 值时呈红色，高 pH 值时无色，中间为淡蓝色。在酸性溶液中，存在着 4 种花青素苷的平衡：醌型碱（A），黄锌盐阳离子（AH^+），假碱（B）和查尔酮（C）。在 pH 低于 2 时，花青素苷主要以红色（R_3 = O-糖）或黄色（R_3 = H）的黄锌盐离子（AH^+）存在。随着 pH 值的升高，花青素苷损失质子而形成红色或蓝色的醌型（A）。AH^+进一步水合作用而形成无色的假碱（B），假碱以缓慢的速度同开链的无色查尔酮（C）趋于平衡（图 10-6）。

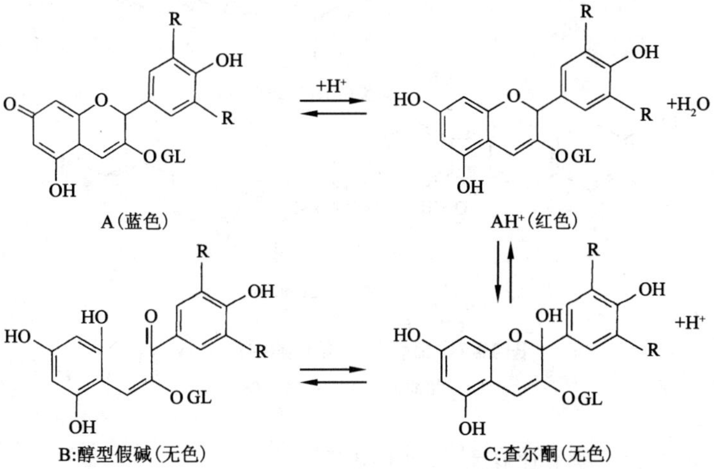

图 10-6　花青素构型随 pH 值变化

酸碱平衡：$AH^+ \rightleftharpoons A + H^+$；水合平衡：$AH^+ + H_2O \rightleftharpoons C + H^+$；

环链互变异构平衡：$B \rightleftharpoons C$

此外，花青素苷中有被肉桂酸（cinnamic acid）、p-香豆酸（coumaric acid）、咖啡酸（caffeic acid）、阿魏酸（ferulic acid）等有机酸酰化的物质，这种物质称为酰化花青素苷（acylated anthocyanin）。图 10-7 结构在花瓣中经常发现。

(2) 花黄色素

黄酮（flavone）和黄酮醇（flavonol）统称为花黄色素（anthoxanthin），是色素中的一个重要色素群，它们的颜色变化幅度从象牙白色至深黄色。同花青素一样，它们在细胞中是可溶的，也通常以糖苷的方式存在，同时，也有的在糖上结合着有机酸。

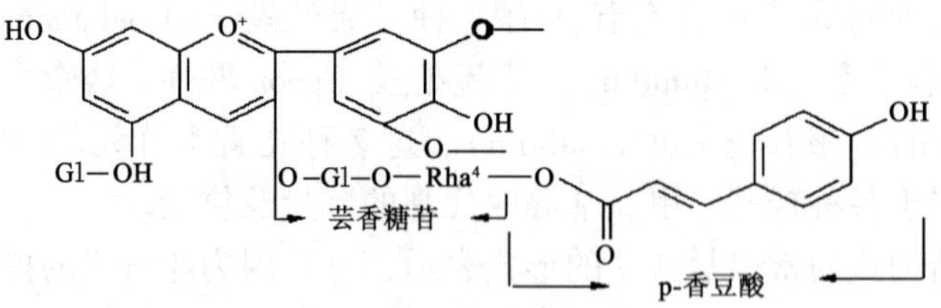

图 10-7 酰化花青素苷的结构式
Gl：葡萄糖　　Rha：鼠李糖

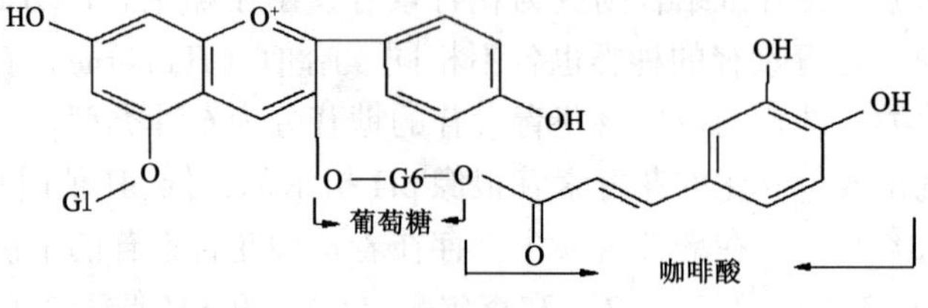

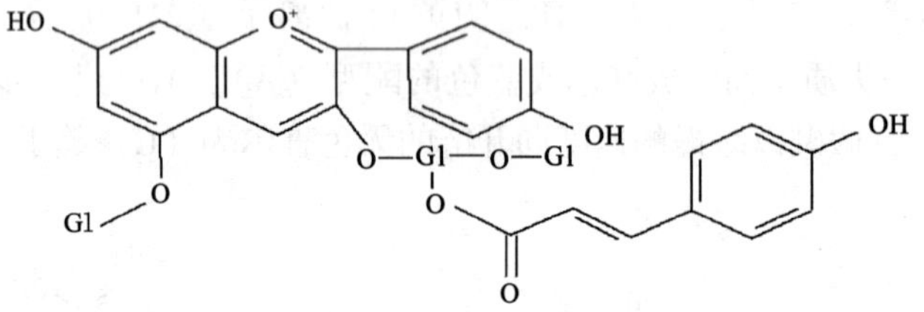

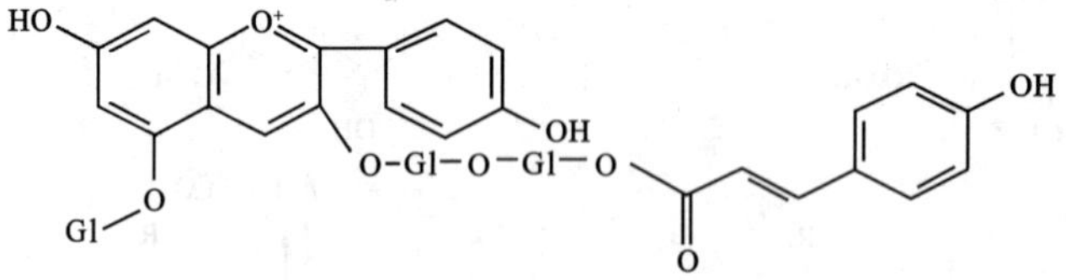

在类黄酮中，黄酮和黄酮醇比花青素种类更多。

已知的黄酮糖苷很多，其典型的糖苷配基是芹菜素（apigenin）和木樨草素（luteolin）两种。两者结构式中关于羟基的位置及数量的差异主要存在于 B 环上。在黄酮类化合物基本骨架的 A 环中相同，而 B 环中则不同（图 10-8）。

黄酮醇是黄酮第 3 位上的氢原子被羟基取代的产物（图 10-9）。和花青素苷一样，在黄酮醇中也发现了酰化物，但其种类比花青素苷中的要少得多。

10.3.1.2 类胡萝卜素

类胡萝卜素（carotenoid）是胡萝卜素（carotene）和胡萝卜醇（xanthophyll）的总称，是红色、橙色及黄色的显色色素，它在生物界广泛分布。植物中除了花以外，叶、根和果实等部位也都含有这类色素，使这部分也呈现由黄色至橙色的各种颜色。

类胡萝卜素一般不溶于水，可溶于脂肪和类脂，因而在植物细胞内不能以溶解状

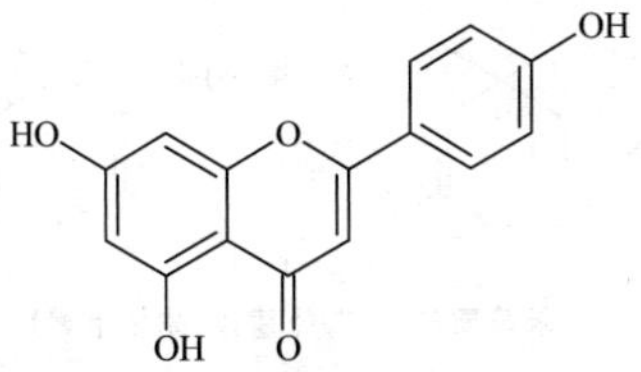

芹菜素（apigenin） 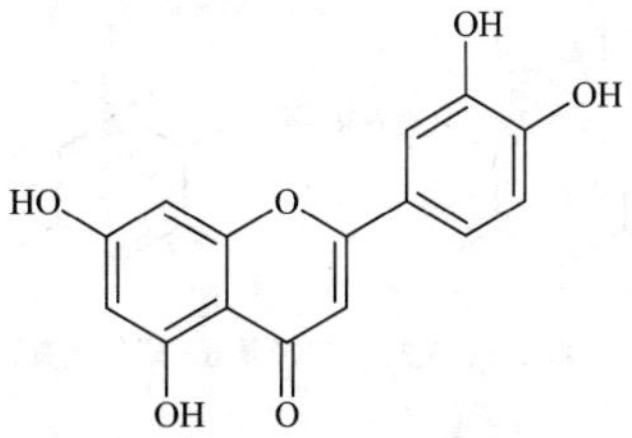　　　　　木樨草素（luteolin）

图 10-8　典型黄酮的结构式

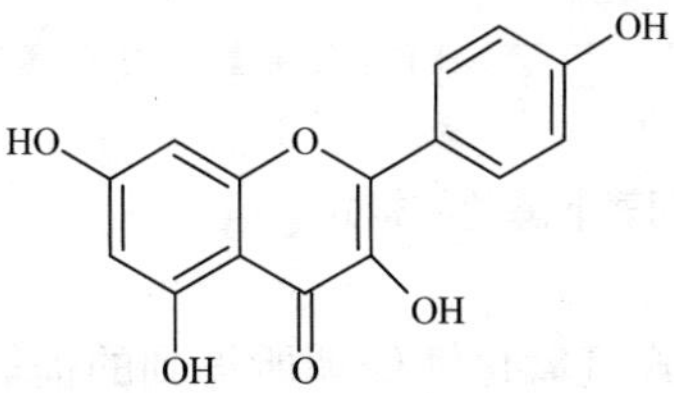

山奈酚（kaempferol） 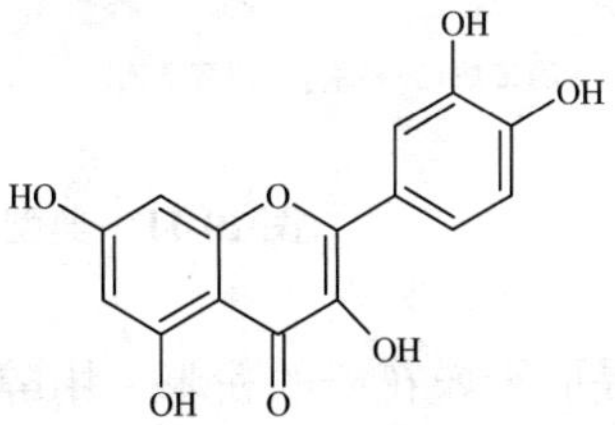　　　　槲皮素（quercetin）

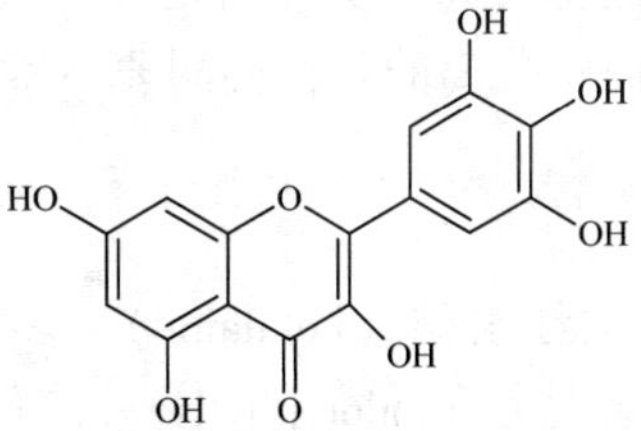

杨梅素（myricetin）

图 10-9　主要黄酮醇的结构式

态存在于细胞液中，一般位于细胞质内的色素体上，故又称其为质体色素。其中胡萝卜素的化学结构属于碳氢化合物，故易溶于石油醚类，而不溶于醇类；胡萝卜醇是胡萝卜素的羟基衍生物，因此和石油醚的亲和性低，和醇的亲和性高（图10-10，图10-11）。

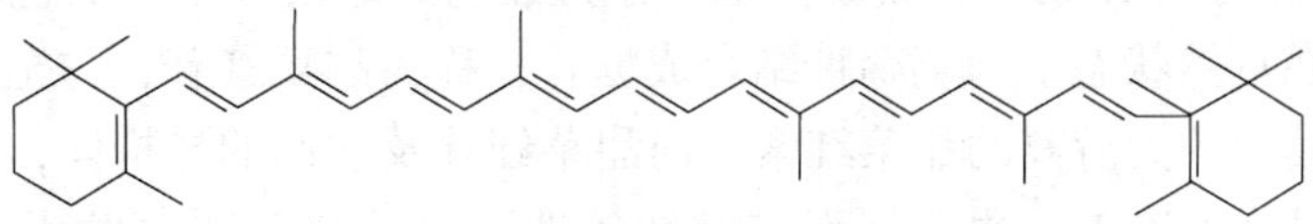

β-胡萝卜素

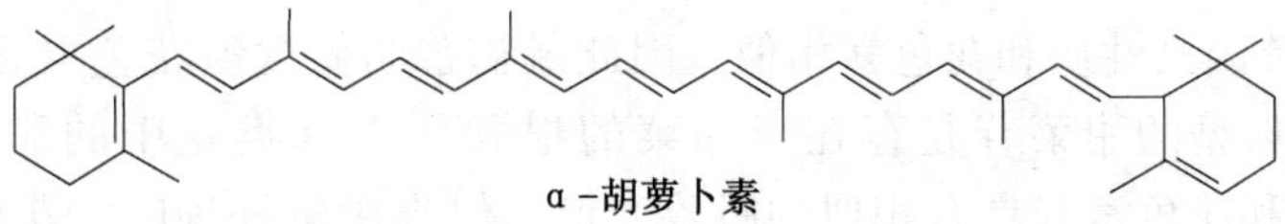

α-胡萝卜素

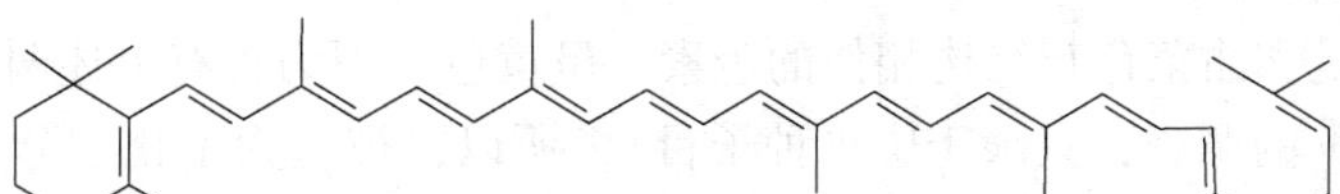

γ-胡萝卜素

图 10-10　典型胡萝卜素的结构式

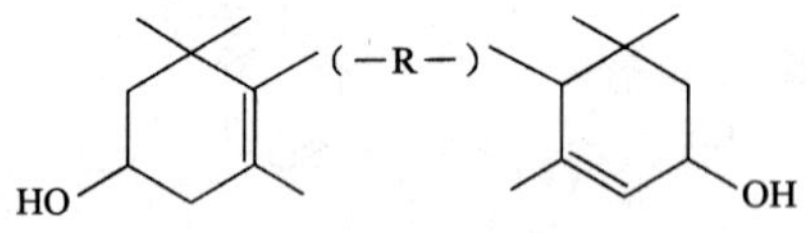

叶黄素(3,3′-二羟基α-胡萝卜素) 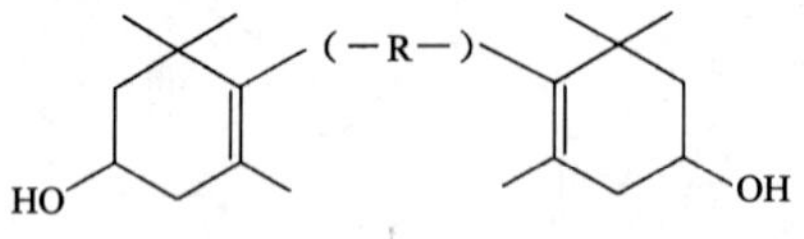　　　玉米黄质(3,3-二羟基β-胡萝卜素)

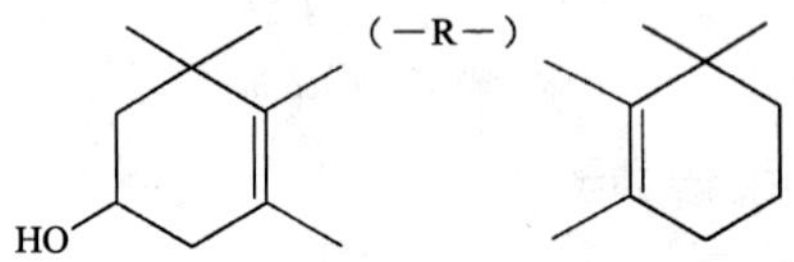

隐黄质(3-羟基β-胡萝卜素) 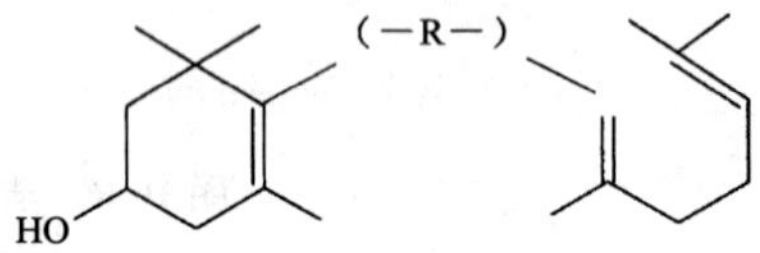　　　玉黄素(3-羟基γ-胡萝卜素)

图 10-11　典型胡萝卜醇的结构式

用石油醚提取干燥花瓣的粉末，用醇式氢氧化钾处理所得到的提取液，使类胡萝卜素酯碱化后加水，则可从分离的醇层和醚层中分别获得胡萝卜醇和胡萝卜素。若采用柱层析法或者高效液相色谱法将其进一步分离则可得到各种胡萝卜素和胡萝卜醇。此后可用吸收光谱法测定，从而将分离的各种类胡萝卜素鉴定出来。

10.3.1.3　其他色素

其他植物色素还包括：甜菜红素类（betalaine）、多酚类化合物（polyphenols）、醌类化合物（quinonoids）、叶绿素类（chlorophylls）、二酮类化合物（diketones）、吲哚类化合物（indoles）等。

植物色素中，如果在水溶状态下呈红色或黄色则为类黄酮。但从某些植物的花和根中发现了一种色素，这种色素和类黄酮的化学结构完全不同，含有氮，其水溶液也呈红色或肉色，这种色素是甜菜红素类。

甜菜红素（betacyanin）是一种吡啶衍生物，其基本发色基团是重氮七甲川，结构式中的 R 及 R′可为 H 或芳香族取代基，分为红色的甜菜红素和黄色的甜菜黄素两类。甜菜红素在自然状态下与葡萄糖结合成糖苷，称为甜菜红苷，占全部甜菜红素的 75%～95%。其余的为游离的甜菜红素、前甜菜红苷及它们的异构体，甜菜黄素包括甜菜黄素 I 和甜菜黄素 II，甜菜红素在碱性条件下可转化为甜菜黄素（betaxanthin）（图 10-12）。

甜菜色素苷因其性质和花色素相似，因此最初曾叫做含氮花色素苷（hitrogenous anthocyanin）。典型的甜菜苷是存在于甜菜的根和仙人掌类花中的甜菜红苷（betanin）。甜菜苷和花色素苷具有相似的吸收光谱，但当用碱处理时，花色素苷变为蓝色，而甜菜苷变黄。

甜菜黄素是和甜菜色苷结构相似的色素，呈黄色。因为含有上述两类色素的植物有限（据 Mabry 的调查，只限于中央种子目），所以，被认为是化学分类学上重要的色素群。

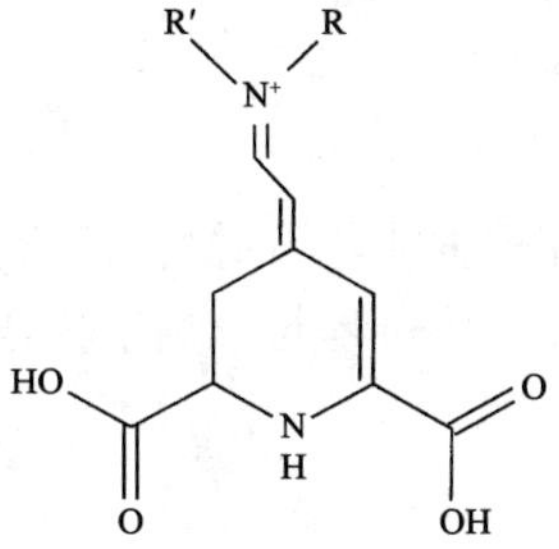

10.3 花色的化学基础 · 183 ·

重氮七甲川

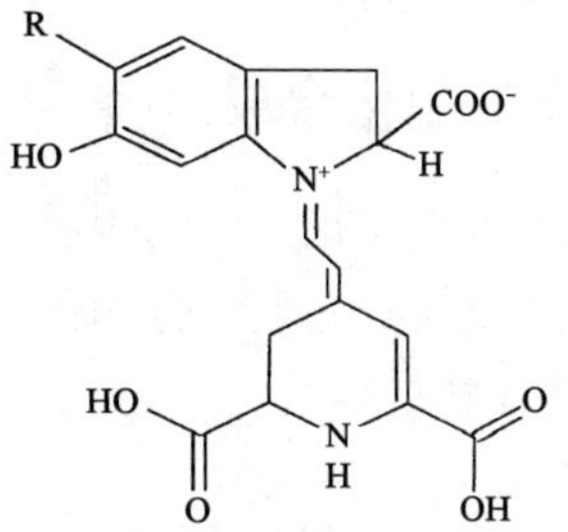

甜菜红苷：R=葡萄糖；
甜菜红素：R=OH；
前甜菜红苷：R=6-硫酸葡萄糖

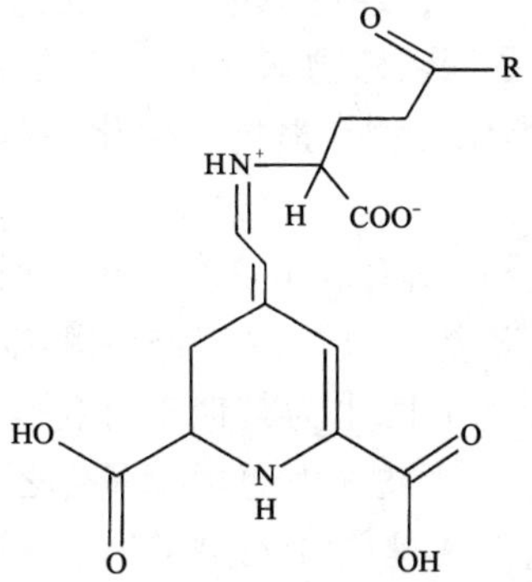

甜菜黄素
甜菜黄素Ⅰ R=NH$_2$
甜菜黄素Ⅱ R=OH

图 10-12 甜菜红素类色素的结构式

10.3.2 色素在花瓣中的分布

色素并不是均匀分布在花瓣片中，而是只分布于某一部分（层）中。一般色素存在于上表皮细胞中，但在颜色较深的花瓣中，栅栏组织和海绵组织的细胞中也含有色素。甚至有时连下表皮细胞中也含有色素（图10-13）。

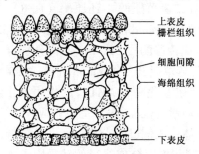
图 10-13 花瓣中的色素分布

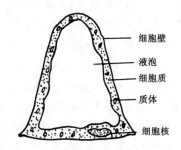
图 10-14 蔷薇花瓣的上表皮细胞模式

色素仅存在于健全的花瓣细胞内，但是不同种类的色素在细胞内存在的位置不同。一般而言，类胡萝卜素以沉积或结晶状态存在于细胞质内的色素体上（质体上），而类黄酮则以溶解于细胞液的状态存在于液泡内。有时在同一细胞内，类胡萝卜素存在于细胞质内，类黄酮存在于液泡中（图10-14）。

类黄酮除了以溶解于细胞液的状态存在以外，有时也以特殊形式存在。在这样的细胞中，或液泡局部显色，或局部呈现异常色调。

10.3.3 色素的生化合成途径

目前，对于色素在花瓣内的生物合成，只能根据非花瓣材料所得到的结果进行推断。色素生物合成的研究大致分为两大部分，即合成过程与影响生物合成的生理条件（光、温度、营养物质等）。

10.3.3.1 类黄酮的生物合成及其遗传调控

花色的分子生物学研究是以类黄酮为突破口的，经过多年的发展已经取得了丰硕的成果。目前，对类黄酮生物合成途径的研究是探索植物基因表达和调控机理的最好模式系统之一。在过去的50年里，人们对该类化合物在遗传、生化和分子生物学方面都做了详细的研究，其合成途径已基本清楚。

黄酮类化合物的生物合成是由1分子4-香豆酰-CoA和3分子丙二酰-CoA，在苯基苯乙烯酮合成酶（CHS）催化下产生苯基苯乙烯酮开始的。香豆酰-CoA是从苯丙氨酸经过三步酶促反应形成的，由于这三步反应同时也为其他多种化合物（如木质素、类化合物和香豆素）的合成提供了前体，因此被称为通用苯基苯乙烯酮合成途径（General phenylpropanoid pathway）。丙二酰-CoA来源于乙酰-CoA的羧化，查尔酮合成酶（CHS）催化查尔酮（chalcone）的生成。花青素苷合成的关键在于查尔酮异构酶（CHI）催化分子内C3单位闭环，使黄色的查尔酮转变为无色的黄烷酮（柚皮素，quercetin），以这个中间产物为中心，合成途径产生了多条分支，合成不同种类的黄酮类化合物（图10-15）。黄烷酮-3-羟化酶（F3H）催化黄烷酮形成二氢山奈酚（dihydrokaempferol，DHK）；黄烷酮-3′-羟化酶（F3′H）催化形成二氢槲皮素（dihydroquercetin，DHQ）；黄烷酮-3′-羟化酶（F3′5′H）催化黄烷酮生成槲皮素（quercetin），再经黄烷酮-3-羟化酶（F3H）催化生成二氢杨梅素（dihydromyricetin，DHM）。3种无色的二氢黄酮醇（DHK、DHQ和DHM）在二氢黄酮醇-4-还原酶（DFR）和花色素合成酶（ANS）的作用下分别合成矢车菊素（cyanidin）、飞燕草素（delphinidin）和天竺葵素（pelargonidin）；进一步葡萄糖苷转移酶（UFGT）催化分别合成红色的矢车菊素苷（cyaniding glycoside）、蓝色的飞燕草素苷（delphinidin glycoside）和砖红色的天竺葵素苷（pelargonidin glycoside）。在甲基化酶（AMT）的作用下，生成矮牵牛素（petunidin）、锦葵素（malvidin）和芍药素（peonidin）等色素成分。

通过应用不同植物花青素苷合成障碍的突变体，人们已经分离出了花色素合成途径上所有的结构基因（表10-1）。目前还发现控制花青素合成途径的转录因子主要有3类：① MYB类转录因子家族的基因，如 *R2R3-MYB* 蛋白基因；② *bHLH*（螺旋-环-螺旋）类转录因子的基因，如 *Lc*；③ WD40重复蛋白。这些转录因子随植物生长发育过程和环境条件的影响调控结构基因的表达，使得植物在不同的环境条件和不同的生长发育或营养状态下，呈现特有的花色。

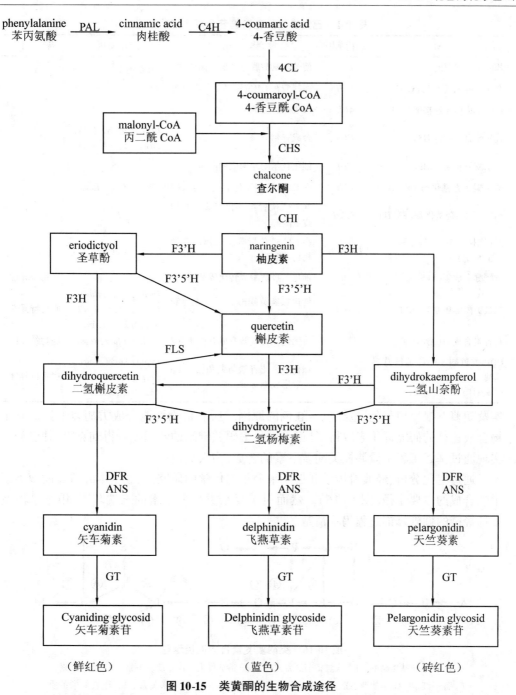

图 10-15 类黄酮的生物合成途径

PAL：苯丙氨酸脱氢酶；C4H：肉桂酸羧化酶；4CL：4-香豆酰 CoA 连接酶；CHS：查尔酮合成酶；CHI：查尔酮异构酶；F3H：黄烷酮 3-羟化酶；F3′H：黄烷酮 3′-羟化酶；F3′5′H：黄烷酮 3′,5′-羟化酶；FLS：黄酮醇合成酶；DFR：二氢黄酮醇-4-还原酶；ANS：花青素合成酶；GT：葡萄糖苷转移酶

10.3.3.2　类胡萝卜素的生物合成及其遗传调控

植物类胡萝卜素是存在于叶绿体和有色体膜中的脂溶性色素。它们是许多花、果

表 10-1 已经克隆的花青素苷合成途径的基因

酶	结构基因	作用	调节基因	备注
苯丙氨酸解氨酶	PAL	使苯丙氨酸脱氨基形成肉桂酸		
肉桂酸-4-羟基化酶(C4H)	C4H	肉桂酸在C4位置羟基化形成香豆酸		
4-香豆酰CoA连接酶(4CL)	4CL	形成4-香豆酰CoA		
查尔酮合成酶(CHS)	CHS	合成查尔酮	*Cl*, *Lc*, *Sn*, *S*, *R*, *Pl*, *An1*, *An2*, *An4*, *An11*	
查尔酮异构酶(CHI)	CHI	催化查尔酮异构成柚配质	*tt5*	
黄烷酮-3-羟基化酶(F3H)	F3H	在C3位置羟基化形成二氢黄酮醇	*Delila*, *Eluta*, *Rosea*	
类黄酮-3'-羟基化酶(F3'H)	F3'H	在C3'位置羟基化形成二氢槲皮黄酮醇	*Lc*	
类黄酮-3',5'-羟基化酶(F3'5'H)	F3'5'H	在C3'5'位置羟基化形成二氢杨梅黄酮醇	*Lc*, *An1*	
黄酮醇合成酶(FLS)	FLS	催化二羟基黄酮醇转化成黄酮醇		底物特异性
二氢黄酮醇还原酶(DFR)	DFR	催化二氢黄酮醇还原成无色花青素	*Delila*, *Eluta*, *Rosea*, *Cl*, *Lc*, *Sn*, *S*, *R*, *Pl*, *An1*, *An2*, *An4*, *An11*	底物特异性
花青素合成酶(ANS)	ANS	将无色花青素转变成有色花青素	*Delila*, *Eluta*, *Rosea*	底物特异性
UDP-类黄酮-3-O-葡萄糖苷转移酶(UF3GT)	UF3GT	催化有色花青素与葡萄糖在C3位置形成糖苷键	*Delila*, *Eluta*, *Rosea*, *Cl*, *Lc*, *S*, *R*, *Pl*, *An1*, *An2*, *An4*, *An11*	底物特异性

实及胡萝卜根呈现黄色、橙红色至红色的原因。所有植物均能合成类胡萝卜素。其生物合成途径的研究近年来取得了巨大进展,编码关键酶的基因先后得到克隆,并已初步实现通过基因工程手段调控类胡萝卜素的合成,为人类造福。

通过生化分析、经典遗传学和近年来分子遗传学的研究,已经基本弄清类胡萝卜素生物合成的主要途径(图10-16)。然而对于复杂类胡萝卜素的末端基团、甲基基团及多烯烃链的额外修饰过程仍不清楚。

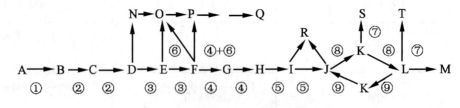

图 10-16 类胡萝卜素合成途径示意

A. 牻牛儿基焦磷酸 B. 八氢番茄红素 C. 六氢番茄红素 D. ζ-胡萝卜素 E. 链孢红素
F. 番茄红素 G. γ-胡萝卜素 H. β-胡萝卜素 I. β-隐黄质 J. 玉米黄素 K. 环氧玉米黄质
L. 堇菜黄质 M. 新黄质 N. α-玉米胡萝卜素 O. δ-玉米黄素 P. α-类胡萝卜素 Q. 叶黄素
R. β-柠乌素 S. 辣椒红素 T. 辣椒玉黄素

①PSY:八氢番茄红素合酶 ②PDS:八氢番茄红素脱氢酶 ③ZDS:ζ-胡萝卜素脱氢酶
④LYCE:番茄红素ε环化酶 ⑤BCH:胡萝卜素β-羟化酶 ⑥LYCB:番茄红素β环化酶
⑦CCS:辣椒红素-辣椒玉红素合酶 ⑧ZEP:玉米黄质环氧化酶 ⑨VDE:堇菜红质脱环氧化酶

类胡萝卜素通常控制花卉的黄色和橙色。对于观赏植物来说，黄色系是很重要的色系，现在有很多花卉缺少黄色系，比如梅花、牡丹、山茶和铁线莲等。类胡萝卜素生物合成途径及其主要酶和基因的阐明，为用基因工程手段调控植物类胡萝卜素生物合成，进而改变花色成为可能。反义导入 PSY 基因可抑制类胡萝卜素合成，而正义导入 PSY 基因的转基因番茄植物类胡萝卜素合成增强，在幼果和离区异常积累，并导致植株矮化。将 CCS 基因正向导入烟草，转基因植株叶片积累高含量的辣椒红，植株呈红色。目前，已经获得了转类胡萝卜素基因的转基因菊花。

10.4 花色变异的机理

花卉色素是花色变异的基础，但一朵花呈现什么样的花色不仅与色素种类有关，还受细胞内色素含量、色素的理化性质及花瓣内部或外部结构等多种因素影响，因而使花色变化万千，本节简要介绍一些花色变异的机理。

10.4.1 花色和色素组成

研究表明，花瓣的颜色与从花瓣中所提取的色素的颜色并不完全相同。围绕蓝色花的争论，就是起因于从蓝色花瓣中提取的色素是红色的花青素，若是从微观上来观察花色的差别，就会发现几乎所有花瓣的颜色与其色素的颜色都有细微的差别，例如，从黑色蔷薇的花瓣中绝对不能提取出黑色色素，而只能提取出类似于红色蔷薇花瓣中的色素（表 10-2）。

表 10-2 花色及色素组成（引自 Harborne，1965）

花 色	色素组成	植 物
奶油色及象牙色	黄酮、黄酮醇	金鱼草、大丽花
黄 色	(a) 纯胡萝卜素	黄色蔷薇（*Rosa* spp.）
橙 色	(a) 纯类胡萝卜素	百合
	(b) 天竺葵色素 + 橙酮	金鱼草
绯红色	(a) 纯天竺葵素	天竺葵（*Pelargonium* spp.）、一串红
	(b) 花青素 + 类胡萝卜素	郁金香
	(c) 花青素 + 类黄酮	牵牛
褐 色	(a) 花青素 + 类胡萝卜素	桂竹香、蔷薇（'Café'）、报春
品红或深红色	纯花青素	山茶、秋海棠（*Begonia* spp.）
粉红色	纯甲基花青素	牡丹、蔷薇（Rugosa 系）
淡紫色或紫色	纯飞燕草色素	柳叶马鞭草 *Verbena bonariensis*
蓝 色	(a) 花青素 + 辅色素	藿香蓟（*Ageratum conyzoides*）、绿绒蒿（*Meconopsis* sp.）
	(b) 花青素的金属络合物	矢车菊（*Centaurea cyanus*）
	(c) 飞燕草色素 + 辅色素	蓝茉莉（*Plumbago capensis*）
	(d) 飞燕草色素的金属络合物	飞燕草、多叶羽扇豆（*Lupinus polyphyllus*）
	(e) 高 pH 型的飞燕草色素	报春
黑 色	高含量的飞燕草色素	郁金香、三色堇

(1) 奶油色、象牙色、白色

具有这几种花色的花，大都含有无色或淡黄色的黄酮或黄酮醇，不含色素的纯白色花（白化苗）非常稀少。我们一般所说的白色花实际上是指奶油色或象牙色花。

(2) 黄色

黄色花的色素组成有的只含类胡萝卜素，有的只含类黄酮，也有很多黄色花两者都含有，此外含氮的甜菜黄质也使花色呈现黄色。

(3) 橙色、绯红色、褐色

这些花的花色有的由类胡萝卜素形成，有的由花青素苷形成，有的是由花青素苷和橙酮及其他黄色的类黄酮共同形成，也有的是由花青素苷和类胡萝卜素共同形成。

(4) 深红色、粉红色、紫色、蓝色和黑色等

这些花色基本上都产生于花青素苷。此类色素之所以有如此广泛的花色变异幅度，是由于花青素苷随化学结构的变化，呈现出橙色、红色至紫色系的各种颜色，而同一种花青素苷，由于其含量不同，具有由粉色经红色到黑色的变化趋势，即使在标准结晶体中呈现红色的花青素苷，在细胞内有时却呈蓝色。

(5) 花朵开放所引起的花色变化

一般来说，随着花朵的开放其花色也呈现出一些变化，有时这种变化极明显，如月季和木芙蓉中的一些品种。这是因为：不同开花阶段色素所处的花瓣内的理化条件不同，即使色素种类未变也能引起花色的改变；另外，在花朵开放过程中，色素组成及含量也往往发生变化。

10.4.2 色素的理化性质与花色

10.4.2.1 花青素苷类

影响花青素苷类呈色的因素很多（表 10-3）。从图 10-17 中可以看到，随着花青素苷化学结构的变化，花色发生明显变化。

表 10-3 影响花色变异的因素

色素	影响因素	结果
花色素	①羟基数目增加	增加蓝色
	②3-糖型变成3, 5-糖型	增加蓝色
	③一个或者多个羟基甲基化	减少蓝色
	④增加 pH 值	增加蓝色
	⑤共同着色体（co-pigment）	增加蓝色
	⑥胶体状态	增加蓝色
花黄色素质体	⑦羟基数目增加	增加蓝色，改变背景色和共同着色效应
	⑧花色素和花黄色素相互作用	部分地抑制一种或两种类型
	⑨表现质体颜色	白色淡黄或橙色，改变背景色
	⑩质体变性	黄色变成橘黄，改变背景色

(1) 羟基数

图 10-17 第 1 行 3 种色素差异仅在花青素 B 环上的羟基数目不同。

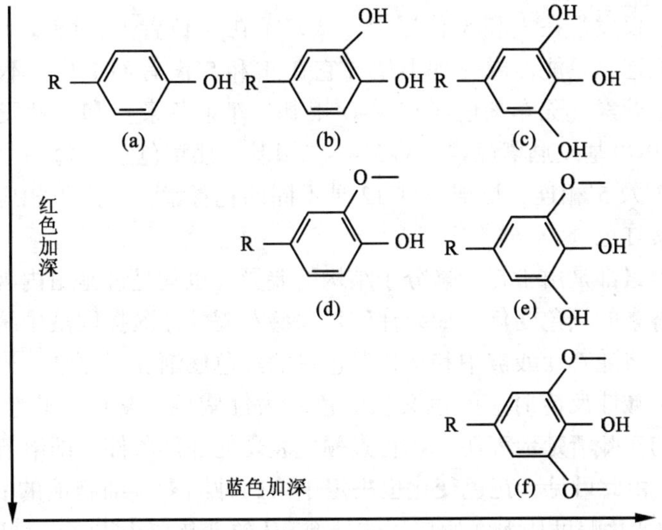

图 10-17 花青素 B 环上羟基、甲氧基数和色调的关系
(a) 天竺葵色素　(b) 矢车菊色素　(c) 飞燕草色素　(d) 甲基矢车菊色素
(e) 单甲基飞燕草色素　(f) 二甲基飞燕草色素

一般来说，随着羟基数目的增加，花青素的蓝色调增加，因此，从天竺葵色素、矢车菊色素到飞燕草色素蓝色调逐渐增加。

配合其他条件可相当准确地说：鲜红色（呈红色）花是天竺葵色素的衍生物，红色和洋红色是矢车菊色素衍生物，紫红色和蓝色是由于飞燕草色素衍生物所着色。

典型标本：天竺葵色素：鲜红色天竺葵花；

矢车菊色素：红色月季花；

飞燕草色素：蓝色飞燕草花；

(2) 糖苷型

糖分子位置不同，影响花色变化。

花青素苷是包含有一个或多个糖分子的化合物。在这些糖分子中，一个总是联在位置 3 上，如果还有第二个糖分子，它或者联在第一个糖分子上，或者联在位置 5 上，这样就有两大类花青素苷：

①位置 3 上联有一个或两个糖分子。

②在位置 3 和 5 上各联有糖分子。

这两类花青素苷在视觉上表现不同的颜色，3，5-糖苷总是比相应的 3-单糖苷更蓝些。

(3) 甲基化

另一影响花色变化的因素是花青素苷是否被甲基化。甲基化是-OH 基中的 H 被甲基（-CH$_3$）所取代，而这个过程的视觉效果是减少蓝色调，也就是增加红色调。因此，如果一个结构上的变异在涉及-OH 数量增加的同时伴随着甲基化，花色仅会轻微地变蓝，可见-OH 数量增加不伴随甲基化造成显著的蓝色效果。

通常甲基化仅发生在 3′和 5′位置上，从来不在 4′位置上，所以不论天竺葵色素跟何种糖分子相连，只能形成一种类型（它在 3′和 5′没有-OH 基，不会被甲基化）。但是有 2 种矢车菊素（矢车菊色素和 3′-O-甲基矢车菊色素）和 3 种飞燕草色素（飞燕草色素 3′-O-单甲基飞燕草色素、3′-5′-O-二甲基飞燕草色素）每一个这类色素都有糖分子与 3′或 3′及 5′相连，形成总共 12 种不同的花青素，并产生相应的 12 种花色，从猩红色直到紫红色。

所有这些因素都是由于花青素分子结构的差异，也就是说是由内因决定的，外因也可以影响花青素的颜色变化。如果往红色蔷薇花瓣的盐酸提取液中缓慢地加入碳酸钠，溶液的颜色将随着盐酸被中和从带蓝色调的红色逐渐变得更红。当加入了更多的碳酸钠，溶液呈碱性反应时，颜色又从红色变为红紫色、紫色、蓝紫色最后成纯蓝色。这个简单的实验清楚地表明了花青素颜色表现的外部条件，即溶解花青素溶液的酸碱度（pH）。由此可见，花色变化也决定于第四种因素：细胞液的 pH 值。在植物体内部 pH 值的变化幅度比上面所描述的外部 pH 值变化要小得多。精确的推测表明，大多数花卉的细胞液是微酸性的，大致变化在 pH 3~7 之间。

此外，还有两种非化学结构的变化可以影响花色色素颜色的表现。第一种是所谓共同着色（co-pigmentation）现象，我们将在讨论花黄色素时加以说明；第二种是溶液的胶体状态。在大多数的花里，花色素是溶于细胞液中，其颜色有时由于某种未知的原因而发生变化。有人解释说是由于花色素在这里呈胶体或者是呈固体状态被单宁物质所吸附。例如，人工制备的胶体状态的矢车菊色素比真正的溶液态更蓝。

10.4.2.2 花黄色素

花黄色素的颜色变化幅度从象牙白色直到深黄色。在细胞中是可溶的，通常以糖苷的方式存在。

在花色的形成中，花黄色素以下列 4 种方式发挥作用：

(1) 在花里没有花青素时，花黄色素直接负责全部或部分的着色作用。

(2) 如果花黄色素和花青素同时存在，则有两种情况：

① 两种色素出现在同一细胞时，花色是二者的混合色，像黄色和红色颜料混合成橘黄色。

② 出现在不同层次的细胞里，其结果是背景效果，当然看起来是相近似的。

(3) 在有花青素存在的情况下，按照经验，象牙色的花黄色素对花色不会有多少直接作用，然而它在共同着色反应中有很多重要作用。某些象牙色的花黄色素与花色素以某种未知方式松散地结合，使花色比单纯的花色素更蓝。

(4) 由于花青素和花黄色素在化学结构上的相似性，它们生物合成的路线也可能是相似的，且它们使用相同的前体原料。前体原料在数量上的限制，导致两种花色素在合成上的竞争。因此假如大多数这种原料被一种色素所用完，那么另一种的合成就会减少，这就是花色竞争现象，即同时含有两种色素类型的花比仅仅含有其中之一的花要少。

10.4.2.3 类胡萝卜素

质体着色物质包含几种黄色和橙黄色成分，如不溶于细胞液的叶黄素或胡萝卜醇。在结构上它们同花青素和花黄色素是完全不同的，因此竞争和平行合成是不存在的。质体和可溶于细胞液的色素间无相互作用。

由于质体的不可溶性，共同着色的可能性是不存在的，它们也不受 pH 值变化的影响。①在没有花青素的情况下，质体色素或者是单独给花着色，或者是补充花黄色素的效果；②在有花青素存在时，质体的作用纯粹是背景色。因此，向郁金香中引入一种黄色质体，其背景效果使粉红色、深红色、紫红色变成橙黄色、猩红色、咖啡色。

10.4.3 花瓣组织结构对花色的影响

我们实际所看到的花色并非细胞内色素的原本色调。花瓣色素层被具有各种构造的组织包围着，这种花瓣组织构造使光线的折射受到影响，有时使细胞内色素本身的色调稍微改变后再反映到我们的视觉上来。

（1）白色花

从白色花瓣中提取出来的色素为淡黄色的黄酮类物质，植物界不存在白色色素，使花瓣呈现白色的是花瓣中的气泡。

图 10-18 为花瓣呈色的原理图：光线经过色素层，在反射层折回再度通过色素层进入我们的眼帘。因为这束光线通过色素层，所以我们能感觉到绚丽多彩的色泽。白色花瓣的色素层仅仅含有浅黄色或近乎无色的色素，所以，我们直观看到的白色是气泡造成的。

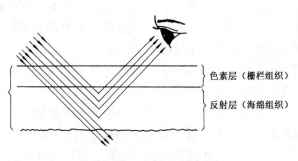

图 10-18 花瓣呈色原理

要想使花瓣呈现出更鲜明的白色，就应尽量使更多的光线在反射层折回。为达到这一效果，含有气泡的海绵组织反射层应该厚些，并尽量细密，气泡的颗粒要小，否则，就会有一定百分比的光线透过整个花瓣，而使白色效果减弱。

红色和黄色等花瓣本质上一样，仅仅是色素层所含的色素种类不同。总之，要想使这些花瓣呈现鲜艳的色彩，海绵层的厚度和细密程度可以说是两个必不可少的要素。由此看来，要使花瓣具有鲜艳的色彩，不仅是色素，花瓣内部的结构也起着很大作用。

(2) 黑色花

这类花往往是园艺品种中的珍品，如轰动一时的黑色郁金香、黑色蔷薇，此外在罂粟（*Papaver somniferum*）和香堇菜（*Viola odorata*）中也发现有黑花品种。从这些花瓣中提取出来的色素物质均为花青素苷，并未发现黑色的色素，进一步的研究揭开了黑色花之谜。

做蔷薇红色品种和黑色品种花瓣的切片，比较其上表皮细胞的形态。两个品种花瓣的表皮细胞共同点均为乳头状，但黑色品种和红色品种相比较，具有向垂直于花瓣表面的方向显著伸长的特征（图10-19）。黑色品种这种特殊的表皮细胞构造使之易于产生自身的阴影，因此，在人的视觉上就感觉花瓣是黑色的。随着花朵的开放，花瓣表皮细胞的间隙变宽，阴影逐渐变淡，于是花朵渐渐呈现红色。

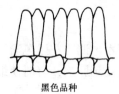
黑色品种

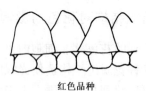
红色品种

图 10-19 黑色品种和红色品种的蔷薇花瓣上表皮细胞模式图

（引自 Yasuda，1964）

10.5 花色的遗传学基础

10.5.1 花色的遗传学基础

就目前已有的经验来看，绝大多数影响花色的因素是由基因控制的，而控制花色的基因又是高度专一化的，各专一化的基因构成一个有序的基因系统（serial gene system）并共同作用，形成万紫千红的花色。

首先，花色的有无是由基因控制的，从生化的角度看就是是否有花色色素形成的遗传信息；其次，还存在决定色素种类和色素量的基因；第三，花色素性质的变化也是由特定基因控制的，即基因控制着花色素分子结构上羟基数量、甲基化程度及糖苷位置；最后，其他色素形成与否及共同着色、细胞液的 pH 值、色素的分布等都是由特定基因控制的。另外，基因并不是孤立的，因此，基因所在染色体及位置、基因间相互作用、作用强度及基因的数量都会影响花色的变化。现将有关的基因分述如下：

(1) 花色素基因

花色素合成的起始和终止完全由基因调控。例如金鱼草的白化症基因呈显性 N 时，合成色素即开始；当基因呈隐性 n 时，色素合成便停止，出现了白化症。有的花卉花色合成由双基因控制，如香豌豆，花色素产生的各个阶段都与 E 和 Sm 两个基因有关，由基因的显性与隐性的各种组合来决定花青素的种类。如两个基因均为隐性时（esm），则生成天竺葵色素，呈砖红色；一个基因隐性，一个基因显性时（eSm），则形成矢车菊色素；而 E 基因呈显性，sm 呈隐性或 ESm 两个基因均为显性时，则生成飞燕草色素，呈蓝色。主要是显性基因 E 或 Sm 可控制 B 环上的羟基数目与位置。

香石竹的花色由6个基因控制，其中3个基因决定花色的有无，另外3个基因决定花色的浓淡。大丽花花色遗传性极为复杂，花色丰富，有黄、橙色、绯红、象牙红、品红等，其颜色由多个基因控制，Y 基因控制黄色黄酮类化合物生成，I 是影响其他类黄酮生成的基因，H 是抑制 Y 基因的作用，当和 Y 共存时，黄酮类化合物的生成被抑制。当 Y 和 I 基因共存时，I 的作用被抑制。另外有 A，B 基因，A，B 均为制造花青素苷的基因，A 基因只生成少量花青素苷，B 基因能生成大量花青素苷。当 Y 和 A 共存时，矢车菊苷的生成受到抑制。因此，在这种类型中主要生成天竺葵（双）苷。矢车菊苷的生成和 Y 及 H 的抑制程度成反比地增加。当 I 和 A 或 B 的任何一个共存时，天竺葵色素型的花青素苷的生成受抑制。这些基因以四倍体形式发生作用，而且由于各基因数不同，能累加性地加强其显现能力。因此，除了各种基因的组合之外，由于基因型中所具有的某种基因数的比例不同，其作用的表现方式也不同。例如，$BbbbIiii$ 基因型生成矢车菊苷，而 $BbbbIIii$ 基因型生成天竺葵苷。

（2）花色素量基因

因色素含量的多寡，花色从浅色到深色变化，颜色的深浅也是基因决定的。例如，紫花地丁（*Viola philippica*）花从白色到深蓝紫色，中间有过渡颜色，这是由于有 A，B 两组基因及其显隐性组合不同所致，$aaBB$ 基因型呈浅蓝紫色，$AaBb$ 呈蓝紫色，$AABb$ 和 $AABB$ 均呈深蓝至紫色。花色素的含量，随着 A，B 两组基因显性数的增加由少变多，花色由浅变深；相反地，四倍体金鱼草，花色由 EI 基因控制，有4个 EI 基因的近白色，3个 EI 呈微红色，2个 EI 呈淡红色，1个 EI 呈红色，没有 EI 呈浓红色，即随着 EI 基因的增加，花色由红色逐渐变成淡色，说明 EI 基因对花色的形成有减退的作用。

（3）花色素分布基因

在同一株植物中，根、茎、叶、花的颜色不同，即使对同一朵花来说，色调也非均匀，有的花只在花瓣中间带色，有的只在花瓣基部带色，有的在花瓣边缘带色，而有的只在花瓣中间带色等。色素在花瓣中的分布也是由基因决定的。例如，藏报春，已知色素分布的基因有 $J/D/G$ 3个。J 基因是矢车菊色素生成活跃的基因，具有 J 基因时花呈红色，但其在花中心部位作用较弱，呈粉红色；D/G 基因都有抑制矢车菊色素生成的作用，D 对色素在花瓣周边的合成抑制作用较强，而 G 基因对色素花的中心部位合成的抑制作用较强。所以具有 D 基因的花，花瓣四周有逐渐变白的现象，而具有 G 基因的花，花瓣基部变为白色。又如虞美人（*Papaver rhoeas*），W 基因控制花色素的分布，W 基因强烈抑制花瓣四周花色素的合成，所以具有 W 基因的花，其花瓣边缘为白色镶边。此外，有 D 基因存在时，花的中心部位和其他部位生成的矢车菊色素就出现差异，产生微妙的色素不均匀分布的变化。

（4）助色素基因

助色素单独含于细胞中时几乎无色，但它与花青素同时存在于细胞中时，就与其形成一种复合体。这种复合体呈蓝色，与花青素本来的色调完全不同，这种复合体是产生蓝色花的重要原因之一。鲁宾逊（1930）的试验发现，从蓝色花瓣中提取色素，制成色素提取液，然后加入戊醇，除掉色素，蓝色提取液变成红色；当把助色素再加进去，又恢复蓝色。另一个试验即把蓝色提取液加热，则变成红色；冷却后恢复成蓝色。

在天然的花里，助色素多是黄酮类家族的成员，助色素的生成与控制色素种类的基因或决定色素含量的基因都有密切的关系。共同的原料物质是合成花青素还是合成助色素是由基因决定的，基因 A 完全显性时，则合成矢车菊色素（红色）；隐性时，则合成助色素，此时花呈红色或白色；基因 A 不完全显性时就会生成矢车菊色素和助色素，这两者可形成复合体，而使花瓣呈蓝色。例如报春花，B 基因显性时，助色素（黄酮）生成旺盛，而使花青素苷生成减弱，使花呈蓝色效应。又如香豌豆，H 基因具有促进旗瓣助色素的生成，产生蓝色效应。如果花青素生成的量比助色素生成的量多，则一部分花青素与助色素形成复合体，而使花瓣呈蓝色，多余的花青素仍保持红色不变，此时花瓣呈现紫色或紫红色。

（5）易变基因

一些花卉如矮牵牛、金鱼草、牵牛、桃花及杜鹃花（*Rhododendron* spp.）等，在花朵中经常发生花色基因的突变，而且回复突变的频率也很高，这种能频繁来回突变的基因称为易变基因。易变基因常造成花序或花朵上形成异质条纹、斑块。例如鸡冠花，一般为黄色和红色，黄色花为隐性基因 a 控制，红色花为显性基因 A 控制。常见的黄色花为正常类型，但 a 易变成 A，如 a 较早突变成 A，则红色斑块较大；如较晚突变，则红色斑块较小或者呈条纹状。相反地，红色鸡冠上产生隐性突变，$A \rightarrow a$，则红色冠底上出现黄色条纹或斑块，而呈红、黄相嵌的两色鸡冠。鸡冠上的两色，是色素分布基因造成的还是易变基因造成的，鉴别的最好办法是分别在黄色处和红色处采种，如果从红色斑块处采的种子播种，子代开出红色花，黄色斑块处采的种子播种，开出的是黄花，证明两色花是易变基因造成的；相反地，如两处采的种子开出的都是两色花，而且色斑的位置又比较固定，说明是色素分布造成的。

常常发现紫茉莉的白色花或黄色花带有红色斑点，其斑点的形成也是由易变基因造成的。控制其花色素的基因有 Y 和 R 两个，Y 有制造黄色素的功能，R 只有当 Y 存在时才能显示制造红色素的功能，基因组合为 YR 时，开红花；Yr 时开黄花；yR 或 yr 都开白花。还有易变基因 r' 或 y'，r' 或 y' 很易变成 R 或 Y，若 $Yr' \rightarrow YR$ 则由黄色变成红色；$y'R \rightarrow YR$，则由白色变成红色。这些基因的变化，很多发生在花形成过程中的某个部位，因而在白花或黄花底上出现红色斑点。

（6）控制花瓣内部酸度的基因

花瓣内部酸性强弱也受基因的控制，花色素色调所发生的微小变化，是由某种程度酸性强弱的改变引起的，所以说控制酸度的基因与花的颜色有着不可分割的密切关系。例如报春花，有 R 基因，显性时可使花瓣里的 pH 值降低（pH 5.2~5.45），花为红色；隐性 y 时，pH 值增加（pH 5.6~6.05），花为蓝色。但 R 基因的作用受 D 基因（原花青素抑制基因）制约，DD 时，R 基因的作用完全受抑制；Dd 次之，pH 5.6；dd 时，R 基因几乎未受抑制，pH 5.4。此外，香豌豆的 D 基因，是降低花瓣细胞液 pH 值的基因，显性 DD 时，pH 5.34，隐性 dd 时，pH 5.93。虞美人的 P 基因，也有使细胞液 pH 降低的作用。在具有这种基因的植物中，即便色素种类或含量相同，只要控制的基因是显性，花瓣就呈红色；如果属隐性，则花瓣为蓝色。

10.5.2 花色遗传的实例

绝大多数影响花色的因素是由基因控制的，而基因的作用又是高度专一化的，专一化的各基因共同作用形成万紫千红的花色。

例1 马鞭草（*Verbena officinalis*）

紫红色的马鞭草含有 3,5-二糖苷飞燕草色素，这是由一对基因的差异所决定的，当包含有 3,5-二糖苷的 F_1 自交时，紫红色和栗色的分离比是 3∶1。

例2 樱草（*Primula sieboldii*）

从红色变为蓝色可以分不同阶段完成。

bR 植物开红色花；br 植物开蓝灰色花；BR 植物开洋红色花；Br 植物开蓝灰色花。

B 和 R 是分别控制共同着色的象牙色和形成更酸性细胞液的基因。在这种情况下，花青素是 3-单糖苷锦葵色素，由基因 K 所控制。隐性突变体 R 形成 3-单糖苷天竺葵色素。所有这些基因表现正常的孟德尔式遗传。

例3 好望角苣苔（*Strep tocarpus*）

| 象牙色 | arod | 粉红色 | AroD | 洋红色 | AROD | 蓝色 | AROD |
| 橙红色 | Arod | 蔷薇红色 | ARod | 紫红色 | ARod | | |

基因 A 是形成花青素苷（天竺葵色素）所必需的。当 R 存在时花青素苷为芍药色素（3′-O-甲基矢车菊色素）。锦葵色素只有当基因 O 存在时才能合成。基因 D 的作用是联结一个糖分子到花色素分子位置上。

比较化学和遗传学的实验可以清楚看出：①两个亲本物种和它们杂种的花色，是由两种花青素和它们所联结的不同类型糖分子多种结合的结果。②中间色（紫红色和洋红色）来自双亲物种色素的混合。③基因 r 的分离创造出新的橙红色和粉红色类型。

例4 翠菊

翠菊舌状花的花色由花青素苷和花黄色素所决定。基本上可分成三大类——蓝色、紫红色和红色。红色花是由一组三重等位基因 Rr′r 所控制。它们分别产生飞燕草色素、矢车菊色素、天竺葵色素。M 决定花青素苷中糖苷的类型。所有含有显性基因的基因型里有两个糖分子联在花青素苷上，而隐性基因的基因型里只有一个。基因 S 具有稀释花青素苷的作用，并增加其对阳光脱色作用的敏感性，而使颜色变浅。

例5 大丽花

大丽花（$2n=64$）起源于中美洲的墨西哥地区，18 世纪首次引入欧洲时仅有两种花色，紫红色和蔷薇色。以后 100 年间几乎没有什么进展。然而 19 世纪初，当从美洲直接引入大丽花种子后，情况发生了很大变化，在短短的 12 年内，无数的新品种，包括现代大丽花的主要花色和花型突然涌现出来，其速度之快，在园艺植物的育种历史上是绝无仅有的。

用形态学、细胞学、遗传学和化学等方法对大丽花所进行的全面的研究（Lawrence，1929，1931，1934），为这个复杂的多倍体植物的起源、遗传组成、生长习性，特别是花色和花型的遗传规律提供了十分有价值的线索和知识。这些知识已成为其他栽培植物研究中的一个典型范例。

现在有 6 个大丽花原种见于栽培。根据这些原种的有记录的植物学描述，除园艺大丽花（杂种）以外，*Dahlia* 属的花色可能分成两大组：

① 从浅洋红到深洋红色，同时有象牙白色晕。

② 从橘红色到猩红色，同时带黄晕。

第一组花色是由于两种溶于细胞液的色素所决定：即象牙白黄酮构成背景色，加上浅的花青素苷，混合色便呈现洋红色；第二组的花色也是由两种色素组成，黄色的黄酮构成背景色，在上面加上深的花青素苷就呈现橘红或猩红色。

很有趣的是，目前栽培的现代大丽花同时含有两个大组的色素，这是证明大丽花为杂种起源的化学和形态学证据。

对大丽花大量花色系列的化学检验表明，如此广泛的花色变异完全是由于色素混合的结果，即两种黄酮颜色混合的比例，深浅的等级，以及花色素从浅到深的变化等。例如，浅色和深色的花青素苷在乳白（或象牙白色）底色上，分别形成洋红色和紫红色。与此相似，浅色和深色的花青素苷在黄色底色上，分别形成橘红色和猩红色。假如底色呈中间色（米黄色或樱草色），那么当花青素存在时，花色也是中间色的，如从浅到浓的深红色（根据花青素苷在花瓣中存在的深度而变化）。当黄酮和花青素二者都不存在时，花为白色。

除化学和形态学方面的证据以外，细胞学提供了更加有力的事实，说明现代大丽花是杂种起源。对减数分裂过程的研究发现，5 个原种都是同源四倍体，有明显的次级联会（secondary association）。其中 4 个种是 $2n = 32$ 个染色体（$x = 8$），只有一个是 $2n = 36$ 个染色体（$x = 9$）。从花色看它们当中 3 个属于第一组，2 个属于第二组，而现代大丽花恰好是两组大丽花染色体数目的总和（$2n = 64$，$x = 8$），是异源八倍体，即两大组大丽花的双四倍体杂种。这一结论为大丽花的细胞学观察所支持，现代大丽花的减数分裂过程中，发现特别明显的染色体的次级联会现象，可以看到 2 个二价体、3 个二价体或 4 个二价体聚成组。

大丽花花色遗传基本上按多倍体遗传规律进行。已发现的主要有 4 个决定花色的基因：Y 产生黄色，I 产生象牙色黄酮，A 产生浅色，B 产生深色的花青素。Y，A 和 B 的遗传是按四倍体的方式（异源八倍体等于双四倍体，每个基因只能有 4 个等位基因），表现典型的同源四倍体的分离比率在不同的杂交组合中分别为 5:1，11:1 或 35:1。I 的遗传也按四倍体方式进行，不过由于单显性组合和无显性组合都不形成色素而稍有变化。

尽管以上基因都是四倍体的，它们的表现方式又因基因相互作用而不同，Y 和 B 在单显性组合中是完全显性的，而且单显性组合、双显性组合、三显性组合和四显性组合在表现型上是一样的，A 的效果从单显性组合到四显性组合是累加的，符合数量遗传的法则。$AAaa$ 颜色深，$AAAa$ 比 $AAaa$ 更深，$AAAA$ 表现最深的颜色。$iiii$ 不形成色素，$Iiii$ 实际上也等于没有色素，而 $IIii$，$IIIi$ 和 IIII 才充分着色。除此之外还有一个四倍体的黄酮抑制基因 H，能不同程度地抑制这种色素，从而造成乳黄色和樱草色。主要的基因型和它们的花色列于表10-4。

在大丽花中发现的花青素苷主要有两种，即矢车菊素苷和天竺葵素苷的二糖苷。这里应当强调指出，这两种色素的差异并不是浅色与深色的差异，它们各自可以有深浅的变化。花青素可能跟黄酮和黄酮醇同时存在，也可以单独存在。前述两大组大丽花中，第一组以矢车菊色素和芹菜苷配基为主，第二组则以天竺葵色素为主。

表10-4　大丽花的花色及其对应的基因型

基因型	表型	基因型	表型
iYab	白色	iYabh	黄色
iYab	象牙色	IYabH	
iYAb	蔷薇—洋红色	iYabH	乳黄色到樱草色
IYAb	蓝—洋红色	iYAbh	杏红色
iYaB	蔷薇—紫红色	iYaBh	猩红色
IYaB	蓝—紫红色	iYaBH	深红、绯红色

不同色素的形成，有时存在显著的相互作用。例如，当黄色的黄酮大量形成时，象牙色黄酮的形成就或多或少地受到抑制。与此相似，黄酮类跟花青素类的形成也有竞争现象。在某些基因型中，黄酮类甚至完全抑制花青素的形成，相互作用的具体程度决定于所含花色基因的比例。因此，虽然大丽花只有4种花青素基因和2种黄酮抑制因子，由于基因之间的相互作用和高度多倍化，以及复等位基因的累加作用，花色的遗传是极复杂的。另外，大丽花自交不亲和性所造成的高度杂合性，也是使遗传调控过程变得更复杂的原因之一。

图10-20总结了现代大丽花起源和花色遗传规律，有说服力的试验表明四倍体大丽花原种起源于未知的古代二倍体原种（$2n=16$），现已灭绝，而异源八倍体的现代

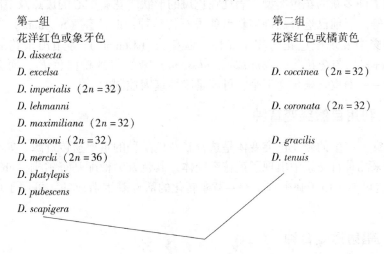

图10-20　大丽花的起源和花色基因的组成

大丽花则是通过杂交和染色体加倍形成的。

10.5.3　花色遗传的一般规律

1960 年巴利斯、汉尼、威尔逊利用经典的遗传学方法进行研究，总结了 75 种曾被研究过花色遗传规律的植物，并总结如下（表 10-5）：

表 10-5　75 种植物花色遗传规律

基因	表　型	基因	表　型
W	有色的	ww	白色的
In	非象牙白色	inin	象牙白色
Y	非黄色	yy	黄色
B	紫红色或黄紫色	bb	蓝色
P	紫红或黄紫色	pp	粉红色、蔷薇色、红色
Did	使色彩加浓	did	使色彩变淡

这 6 个基因是由上位、下位等基因相互作用组成的系列，它们的上位关系通常是：$W > In > Y > B > P > Did$。

已知绝大多数影响花色的因素是由基因控制的，而基因的作用又是高度专一化的，一个基因可能决定花青素的形成与否，另一个基因可能决定花青素性质的变化，第三个基因可能控制共同着色的黄酮的形成等。所有这些基因都表现为正常的孟德尔式遗传，有分离和自由组合现象。

10.6　花色的遗传改良

10.6.1　杂交育种

杂交育种是目前观赏植物品种改良的主要途径之一，也是创造新花色的重要方法之一，尤其是种间杂交。如尤美尔（Umiel）等在以香石竹为中心的石竹属种间杂交中，得到了许多新的花色类型，表现在色斑的形状、花瓣中心的斑点及不同色彩和亮度的组合等。目前已选育出许多新型的香石竹品种；斯蒂芬（Stephens）等在凤仙花属种间杂交中发现橙色花为完全显性；欧莫夫（Uemofe）等用山茶花的白花品种'Hatsu-Arashi'与金花茶（*Camellia nitidissima*）杂交得到粉白色 F_1，而金花茶主要的黄色素——槲皮素未传递下来，可能是隐性基因控制的。

10.6.2　利用自然突变育种

自然突变产生的新花色突变体是选育新花色品种的重要遗传资源。如在二倍体的白花仙客来品种自交系中出现了黄花突变体。其色素为柚配基查尔酮（chalcononaringenin），这可能是由于缺少查尔酮—黄酮转化的活性基因造成的，可用于培育深黄色仙客来。

10.6.3　辐射诱变育种

辐射诱变也是创造新花色的重要手段之一。单个色素合成酶基因的突变即可产生新的花色。如巴内尔（Banerji）等用 γ 射线照射 'Anupam' 菊花的生根插条，M_1 出现了花色突变的嵌合体，从中分离出了 3 个红色突变体。Venkatachalam 等在 γ 射线照射的橙粉色百日菊 M_2 中，出现了洋红、黄、红、红底白点等花色突变体，而与照射剂量无关，并在 M_3，M_4 中稳定遗传。

10.6.4 利用生物技术改良花色

观赏植物产业一直在不断开发新品种，以适应市场的需求，这些改良后的新品种具有更高的观赏价值和商业价值。被改良的性状包括花的形态和花的颜色等。到现在为止，大多数新品种都是通过传统育种方法获得的。而传统育种法存在着很多局限性，如变异率不高、杂交不亲和、育种周期长以及盲目性大等。现代生物技术的发展为克服传统育种的缺陷提供了新观念、新方法和新手段。花卉资源利用、植物组织培养到细胞杂交和基因遗传转化等均从不同的方面给花卉育种工作注入了巨大的活力。因此，各国对花卉生物技术十分重视，开展了广泛的研究，对促进世界花卉新品种的增加、品质的提高以及花卉产业化的发展均起到了重要促进作用。

基因工程已广泛应用于月季、香石竹、菊花、郁金香、百合、非洲菊（*Gerbera jamesonii*）、火鹤（*Anthurium andraeanum*）、金鱼草、石斛（*Dendrobium nobile*）、草原龙胆（*Eustoma russellianum*）、唐菖蒲和满天星等多种重要花卉（表10-6）。虽然关于决定花卉颜色的重要色素的合成研究目前还处于早期阶段，但许多研究已开始将已知的基因与控制花色的酶联系在一起。在大多数植物种类里，类黄酮是最重要的花色素，它的生物合成途径已有较为详细的研究。大多数生物合成基因以及一些调控基因已被克隆，这使得有可能用生物工程手段来改变花的颜色。遗传工程技术可以从以下几方面来改变花的颜色：

表10-6 部分导入结构基因使花色改变的植物

种类（颜色）	基因构建	表型	文献
矮牵牛（紫色）	反义 *CHS-A*	白色	Van der Krol 等 1988
矮牵牛（紫罗兰色）	正义 *CHS-A*	白色	Tanaka 等 1998
矮牵牛（紫色）	正义 *CHS-A*	白色	Ven der Krol 等 1990
菊 花（粉红色）	正义 *CHS* 反义 *CHS*	白色 浅红	Courtney Gutterson 等 1994
非洲菊（红色）	反义 *CHS* 和 *DFR* 正义 *CHS*	粉红 浅粉	Elomaa 等 1993 Tanaka 等 1998
玫瑰（红色）	正义 *CHS*	粉红	Tanaka 等 1998
蝴蝶草（蓝色） （*Torenia*）	正义 *CHS* 和 *DFR* 正义 *CHS* 和 *DFR* 反义 *CHS* 和 *DFR*	白色 淡蓝	Tanaka 等 1998
香石竹（红色）	反义 *F3H*	白色	Tanaka 等 1998
香石竹（橙红色）	反义 *F3H*	白色	Amir 等 2002
洋桔梗（紫色） （*Eustoma grandiflorum*）	反义 *CHS* 反义 *FLS*	白色 红色	Tanaka 等 1998 Karen 等 2002

(续)

种类（颜色）	基因构建	表型	文献
矮牵牛（紫色）	正义 CHS	白色或紫白相间	邵莉等 1996
矮牵牛（白色）	正义 CHS	淡黄	Davis 等 1998
矮牵牛（深紫）	正义 CHS	淡紫	
蝴蝶草（蓝色）	正义 DFR 正义 CHS 正义 F3'5'H 正义 DFR 或 正义 CHS	白色至淡蓝色 粉红色 黄色	Ken-ichi 等 2000
矮牵牛（紫色）	反义 DFR	浅粉色、白色花边	Tsuda et al., 2004
香石竹（红色）	反义 DFR	浅粉色、有花斑	Hwang et al., 2005
夏堇（蓝紫色） (*Torenia fournieri*)	ANS RNA 干扰	白色，无花斑	Nakamura et al., 2006
夏堇（蓝紫色）	F3H RNA 干扰	白色，无花斑	Ono et al., 2006

(1) 直接导入外源结构基因以改变花色

对于单基因控制的花色，如果某物种或品种本身缺少该基因，可直接导入外源结构基因改变某花色。世界上第一例基因工程改变矮牵牛花色的试验便用此法，从而创造了砖红色矮牵牛花的新花色系列。荷兰 S&G 公司将玉米 *DFR* 基因导入矮牵牛，将转基因植株自交，培育出了鲜橙色矮牵牛。用同样的原理，将非洲菊和月季 *DFR* 基因转入矮牵牛，得到了与此相似的植物花色变异。

(2) 利用反义基因和共抑制原理改变花色

抑制类黄酮生物合成基因的活性，可以导致中间产物的积累和花色的改变。对基因的沉默有不同的理论假说，如 DNA 异位配对、DNA 的甲基化、染色质的改变、反义 DNA 的抑制和共抑制。反义基因抑制（antisense suppression）方法是将某一基因反向导入植物表达载体，然后导入植物体内，这种"错误"的 DNA 转录成 RNA 之后，与内源的互补 mRNA 结合，使 mRNA 不能合成蛋白质，进而形成花色的突变。此项技术已被成功地用来抑制 *CHS* 基因的活性，从而造成 *CHS* 无色底物的积累，使花颜色变浅或成白色。另一种抑制基因活性的方法是共抑制法（sense suppression），即通过导入一个（或几个）内源基因额外的拷贝，达到抑制该内源基因转录产物（mRNA）的积累，进而抑制该内源基因表达的技术。该技术已在矮牵牛和菊花等花卉的花色修饰方面取得成功。最后，近年兴起的一种抑制基因活性的方法是用核酶（ribozyme）。核酶是具有酶活性的 RNA 分子，能特异性地切断 mRNA，从而阻止其编码蛋白的合成。因此，该技术有望用来特异性地抑制类黄酮生物合成基因的表达，从而改变花的颜色。

(3) 导入调节基因使植物内源基因活化而改变花色

当植物体内本身含有花色素代谢的结构基因，由于组织特异性或缺乏调节基因表达产物的激活而不表达时，可通过导入调节基因并使其适当表达而改变植物花色（表 10-7）。例如将花青素苷激活剂 *R* 和 *Cl* 导入拟南芥和烟草后，其白色的花冠均不

表 10-7　部分导入花青素合成相关调节基因改变花色的植物

受体植物	导入的外源基因	转基因植株表型	参考文献
拟南芥	Lc	花青素含量增加	Ramsay et al., 2003
烟草	Lc	花由粉红变成红色，花青素含量增加	Lloyd et al., 1992
番茄	Lc	番茄叶片、茎、果实中的花青素含量都有增加，并且可以当作选择标记基因应用于番茄转基因研究	Goldsbrough et al., 1996
矮牵牛	Lc	矮牵牛的叶片、茎、花冠中花青素大量积累	Bradley et al., 1998
紫苜蓿 (Medicago sativa)	Lc	叶片和茎变成红色	Ray et al., 2003
五彩芋 (Caladium spp.)	Lc	叶片由绿色变成红色	S. J. Li et al., 2005
苹果 (Malus pumila)	Lc	叶和茎中都有花青素的积累	Li et al., 2007
拟南芥、烟草	PAP、PAP2	超量表达 PAP1，PAP2，转基因植株花瓣颜色增加	Borevitz et al., 2000
烟草、番茄	Delila	番茄、烟草花瓣、茎、叶片中有花青素的积累	Mooney et al., 1995

同程度地变粉。Quattrocchio 等将一系列的花青素苷代谢的调节基因转入矮牵牛后，得到了红色的愈伤组织和粉红色的花冠。

(4) 多基因综合调控花色

花色通常是由多基因调控，要想改良花色，必须清楚每一步生化过程以及基因调控的机理，此便是花色改良的难点所在，同时也是它吸引众多研究者苦苦探索的原因所在。在众多观赏植物中，蓝色花偏少。日本大阪 Suntory 有限公司和澳大利亚 Calgene Pacific 股份有限公司目前已经培育出了"蓝色月季"。要育成蓝色月季花需要同时具备 3 个条件，即飞燕草色素的合成、黄酮醇共染剂和较高的 pH 值。飞燕草色素合成所需的 F3′5′H 酶的编码基因已被克隆，更值得一提的是在矮牵牛中确定了花瓣细胞内控制 pH 值的 6 个基因 $ph1 \sim ph6$，Chuck 等分离了 $ph6$。由此看来，用基因工程的方法培育蓝色花观赏植物已有了可行性。

思考题

1. 名词解释：
   花青素苷，助色素，花青素基因，共着色。
2. 类胡萝卜素和花青素的基本骨架分别是什么？天然类胡萝卜素和花青素有哪几种？列出其化学结构式。
3. 试述类胡萝卜素和类黄酮的不同化学结构和花色的关系。
4. 花变色的机制是什么？试举例说明。
5. 试述花色研究对观赏植物品种改良的意义。
6. 花色改良的方法有哪些？试举例说明。

推荐阅读书目

植物发育的分子机理. 许智宏, 刘春明. 科学出版社, 1998.
花色的生理生物化学. [日]安田齐. 傅玉兰, 译. 中国林业出版社, 1989.
花色之谜. [日]安田齐. 张承志, 佟丽, 译. 中国林业出版社, 1989.
园林植物遗传育种学. 程金水. 中国林业出版社, 2000.
植物花发育的分子生物学. 孟繁静. 中国农业出版社, 2000.

第11章 彩斑现象的遗传分析

[**本章提要**] 植物体上的彩斑往往会引起特殊的观赏效果。本章介绍观赏植物体上的花斑与条纹现象,分析彩斑现象的遗传规律,探讨嵌合体的遗传学问题。

在花瓣或叶片上有不同色彩的条纹或斑点,是某些园林植物的重要特点,并是构成它们观赏价值的主要组成部分。这些不同的色彩条纹的发生、繁殖和遗传有其独特的规律,并非一般的花色遗传规律所能包括。本章重点讨论观赏植物这类性状的遗传和变异。

11.1 植物体上的花斑与条纹

自然界植物体上经常会出现一些花斑与条纹,这些现象的出现往往与植物的进化过程有关。在人类花园中,由于人们有意识地选择,往往保留了较自然界更多的具有花斑与条纹的植物。其中观赏价值较大的斑纹主要集中在叶片与花瓣上。

叶片具有彩斑的观赏植物可分为花叶观赏植物和变色叶观赏植物。前者如花叶天竺葵、彩叶芋(*Caladium bicolor*)、银边吊兰(*Chlorophytum capense* 'Variegatum')等,这些植物在一般情况下,常年保持着彩斑或条纹;后者如黄栌(*Cotinus coggygria*)、雁来红(*Amaranthus tricolor*)、银边翠(*Euphorbia marginata*)等,这类植物只在适当的季节或气候条件下叶片颜色才改变或出现色斑。

花瓣上的彩斑可分为规则和不规则两大类。规则的彩斑有花环、花心(花眼)、花斑、花肋和花边等多种形式。花环是指花瓣(或花序)的中部有异色花环,如三色菊(*Chrysanthemum carinatum*)和石竹、瓜叶菊(*Pericallis hybrida*)等。花眼是花瓣基部有异色斑点,这些斑点在花上组成界限分明或不分明的"眼"或"花心",如樱草、木槿(*Hibiscus syriacus*)、扶桑(*H. rosa-sinensis*)等。花斑是指花瓣上的彩斑虽不呈现一定规则但为定型的图案,如三色堇和杜鹃花。有些花沿中脉方向具有辐射状异色条纹,如牵牛花和铁线莲(*Clematis* spp.)的某些品种,这种情况称为花肋。另一些花朵的外缘具有或宽或窄的异色镶边,如牵牛花的个别品种,称花边。不规则的彩斑是指花瓣上有非固定图案的异色散点或条纹,形成所谓的"洒金",有些花朵被划分成或大或小的两个部分,各部分具一种花色,即所谓的"二乔"、"跳枝"等。在菊花、山茶、碧桃、紫茉莉、梅花等许多花卉的品种中都有这种情形。具彩斑的花朵或叶子的类型多种多样,它们的形成原因和遗传规律也各不相同,有些还缺乏系统的研究。这里仅就目前园林上较常见的几个问题进行讨论。

11.2 规则性花瓣彩斑的遗传

规则性花瓣彩斑通常都是由稳定的基因控制的，因此规则彩斑都能在有性杂交过程中按照遗传的基本规律进行遗传传递。这里仅举两个例子说明规则性彩斑形成及遗传变异的机理。

11.2.1 花斑

三色堇及其相近物种（*Viola* spp.）的花斑具有显著的观赏价值，其中有的种由花瓣基部的色斑组成一个界限分明的中央圆斑。克劳逊（Clausen, 1958）研究了三色堇和田野堇菜（*V. arvensis*）的花斑的遗传规律。田野堇菜通常是无花斑的，但是也偶然发现个别带花斑的植株，这些少数的个体就成为研究花斑遗传的珍贵材料。他用带花斑的植株作母本，与不带花斑的植株（作父本）杂交，然后统计 F_1 和 F_2 中花斑分离的比例。他发现这种植物花斑的形成是由 2 对基因 S 和 K 控制的，同时还有 2 个抑制基因 I 和 H，专门抑制花斑的形成，不形成花斑的植株是由于有这 2 个抑制基因在起作用。三色堇通常是有花斑的，它的花斑也是由 S 和 K 基因控制的，但没有任何抑制基因，因此三色堇花斑的遗传符合孟德尔 2 对基因分离的比率（9:3:3:1）。

11.2.2 花眼（花心）

在离瓣花中花眼由花瓣基部的色斑组成，通常呈圆形或等边五角形，在合瓣花中也由筒状花基部的色斑组成。在这里我们仅举两个例子说明花眼形成的机理。

例 1 报春花属的花眼

报春花属植物的花眼有很多变化，不仅颜色，而且其大小差异也很显著，有些大到花朵直径的一半，有些则小到可以忽略不计。经研究发现，这种花眼大小是受复等位基因控制的（Crane and Lawrence, 1947）。复等位基因是指多于两个等位基因的基因群，它们的作用是累加的，因而类似数量性状的遗传规律。例如 A′ 基因抑制黄色花眼的形成，而基因 A 则仅仅限制它的直径，只有纯合隐性基因 aa 存在时，花眼才最大，A′ 和 A 对 a 都是显性（图 11-1）。

对二倍体来说，花眼的颜色是由一对基因控制的。欧洲报春（*Primula acaulis*）和朱莉叶报春（*P. juliae*）都具有黄色花眼，而西洋报春（*P. elatior*）的花眼是橘黄色的。*P. elatior* × *P. juliae* 和 *P. elatior* × *P. acaulis* 的杂种 F_1 代的个体全部都是橘黄

图 11-1 樱草二倍体复等位基因 A′，A 和 a 对花眼大小的作用

色花眼。F_2 中橘黄色与黄色花眼的比例为 3∶1，而 F_1 代回交的分离比例 1∶1，都证明花眼色素的形成是受单因子制约的。

例 2　锦葵科许多物种的花有彩斑组成的花眼

棉和草棉都是二倍体物种，有些植株在花瓣基部具有红色斑点，有些则不具斑点。据研究，这种差别至少由两对相邻的基因（G 和 S）控制。有花斑个体的基因型为 GS，而无花斑个体的基因型为 gs（图 11-2）。有花斑 × 无花斑，F_1 的遗传组成为 GS/gs，由于 GS 为显性，因此 F_1 所有个体都表现为有花斑；F_2 中有花斑对无花斑的分离比为 3∶1，而且在有花斑的植株中有 1/3 真实遗传，2/3 自交后发生分离，无花斑的植株都能真实遗传。这一结果似乎表明有花斑与无花斑性状是由一对显隐性因子决定的。

两个无花斑植株之间偶然的杂交出现了有花斑的单株。研究表明，这些偶然出现的有花斑单株，是 G 和 S 两个基因间发生交换的结果。在双杂合子 GS/gs 中发生的交换，可以导致两种重组类型 Gs/Gs 和 gS/gS 的形成，这两种基因型都是无花斑的（图 11-2）。2 个这种无花斑的植株杂交形成互补的产物 Gs/gS，是有花斑的。

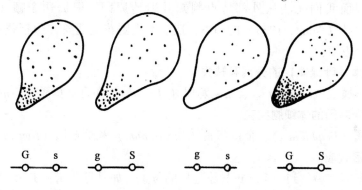

图 11-2　棉和草棉花眼的表现型（上）和相应基因型（下）
（引自 Stephens，1948）

这些例外类型的出现表明：花斑的有无是由两个紧密连锁的互补基因共同决定的，而不是由一个基因决定的。基因 G 和 S 在一条染色体上紧密连锁，但是是可分的（尽管 F_2 分离比一般为 3∶1），它们共同控制花斑色素的形成。这两个纯合隐性基因都是无花斑的，经过重新排列的双杂合子基因型为 Gs/gS，是有花斑的，这表明 G 和 S 是连锁的互补基因。从 G 和 S 在位置和功能上的相互关系的分析中可以推论：这两个基因控制着色素形成过程的两个相继步骤。

花瓣彩斑遗传的许多实例都表明，规则性彩斑通常是由稳定的基因控制的，它们按照遗传的基本规律进行遗传传递，经过人为地、有目的地进行有性杂交与选择，可以获得真实遗传的具有规则性彩斑的个体。

11.3 不规则彩斑的遗传

11.3.1 不规则彩斑出现的原因

不规则的彩斑可以大致地分为区分彩斑和混杂彩斑两种。在区分彩斑中，不同颜色的组织面积相对较大，而且比例不固定，有时两种颜色的面积大小相当，有时则悬殊。混杂彩斑则是由很多小斑点或小条纹散布在另一种颜色的底色上。区分彩斑见于紫茉莉、凤仙花和飞燕草的花瓣上以及吊兰、常春藤等部分品种的叶片上；混杂彩斑常见于美人蕉、花叶芋等很多花卉上。小片的混杂彩斑反映了在花瓣或叶片发育的较晚阶段发生（或表现）的变异，这种变异仅能影响少数细胞的着色。区分彩斑的变异则发生在花瓣或叶片发育的较早阶段，由于变异的细胞有较长的分裂时间，因而形成较大面积的彩斑。

花斑现象的起源像它们的外观一样复杂多样，外观相似的花斑甚至也可能由不同原因引起，因而我们无法从外部特点判知其遗传原因。根据达令顿（Darlington, 1971）和格兰特（Grant, 1975）的归纳，造成不规则花斑现象（包括花和叶）的原因有以下几个方面：

(1) 质体（叶绿体）的分离和缺失

如天竺葵属（*Pelargonium*）、紫茉莉属（*Mirabilis*）和月见草属（*Oenothera*）。

(2) 易变基因的体细胞突变

如翠雀属（*Delphinium*）、金鱼草属（*Antirrhinum*）和烟草属（*Nicotiana*）。

(3) 位置效应

即一个基因被易位到一个接近异染色质的位置，如月见草属和玉米。特别是转座子的转座效应导致花瓣彩斑现象，如金鱼草。

(4) 各种类型的染色体畸变

① 涉及染色体环和桥的畸变；
② 黏性染色体；
③ 染色体或染色体片段的缺失。

(5) 内层组织从嵌合体上分化出来

如天竺葵属、常春藤属（*Hedera*）和冬青属（*Ilex*）。

(6) 病毒感染

如郁金香属（*Tulipa*）和忍冬属（*Lonicera*）等。

11.3.2 质体的分离和缺失

叶子和茎上的绿白花斑因叶绿体的突变或无规律的分离而产生。叶绿体有时可以突变为缺失叶绿体的状态，从而产生白色细胞系。另外，经过一系列细胞分裂，从含有绿色和白色质体的细胞中，能分化出只含有纯绿色或纯白色质体的条纹。这种由于质体的突变或分离而形成绿白花斑叶的例子见于以下种属：假挪威槭（*Acer pseudo-*

platanus)、金鱼草、洋常春藤（*Hedera helix*）、欧洲女贞（*Ligustrum vulgare*）、紫茉莉等。

很多花叶植物，尤其具有绿色中心部分和白色（或堇色）边缘的品种，是质体缺失的结果。质体在数量上的增加靠的是自体繁殖，与细胞核无关。由于没有任何机制保证质体的均等分配，所以偶尔发现有的子细胞没有分配到叶绿体，当无叶绿体的细胞继续分裂时，便形成白化的组织或器官。突变则是形成白化组织的另一个原因。关于叶绿体的遗传，人们曾做了广泛研究。现在知道：有些情况是受基因控制的，因此是按照孟德尔方式遗传的；而有些属细胞质遗传。

11.3.3 彩斑与易变基因

花瓣不规则条纹和斑点的出现常常是因为控制色素形成的基因从等位基因的一种形式频繁地突变为另一种形式。飞燕草的花瓣有时在蔷薇红色的底色上形成紫红色条纹花斑，这种花斑就是由于控制花色的基因 a（蔷薇红色基因）的易突变性造成的（Demerec, 1931）。这种基因的正常等位基因形成蔷薇红色，但能够频繁地突变成紫红色的等位基因（A）。这种突变可能在花瓣发育的较晚阶段发生，从而形成或大或小的紫红色条纹和花斑。

另一个例子是金鱼草花瓣彩斑的形成。金鱼草中有一个花色基因（*pal*）是易变的。正常等位基因（*pal+*）形成红色花，易变的等位基因为 *pal-rec*。基因型为 *pal-rec/pal-rec* 的植株花为象牙白色，但 *pal-rec* 很容易突变成 *pal+*，从而在象牙底色上产生条状或区域状的红色组织花斑，这部分体细胞基因型为 *pal+/pal-rec*。*pal-rec* 基因的突变率随温度的升高而增加（Stubbe, 1966）。

11.3.4 彩斑的形成和位置效应

一个位于染色体常染色质区（euchromatic region）的基因，当它处于正常位置上时有正常的功能，但是一旦它被易位到另一个靠近异染色质（heterochromatin）的新的位置上时，它的功能就受到抑制。这种由于易位现象对基因造成的抑制作用可以形成花斑。月见草属的一个种波朗迪娜月见草（*Oenothera blandina*）的体细胞中有一个专门控制纯合条件下红—绿条纹花芽形成的基因 *ps*。正常情况下 *ps* 位于第 3 染色体上，在发生易位的个体中第 3 染色体与第 11 染色体互换片段，*ps* 基因也被带至第 11 染色体上。由于染色体易位，花芽表现型的颜色从绿色底色上的宽红条纹变成不均匀的浅红色条纹。用回交法可得到非易位个体，这时正常的基因功能得到恢复，当把 *ps* 基因从易位类型中转移回到它原来的位置上（3 号染色体），正常的基因功能也能恢复。这种随基因位置变化而发生的表现型变异的可逆性是位置效应造成彩斑变异的有力证据。利用这种位置效应可人为地用 X 射线处理诱发变异。

11.3.5 转座子作用导致花瓣彩斑

转座子是生物体中广泛存在的一种 DNA 片段，它可在转位酶的作用下从基因组的一个位点转移到另外一个位点。它通过 DNA 的复制和直接切除两种方式获得移动片段，然后再插入基因组中。转座子分为 2 种，一种是主动转座子，另一种是被动转座子，前者可以自主转座，后者则需要在自主转座子存在时才能转座。目前应用较多的是玉米中的 *Ac-Ds*，*En/Spm* 和金鱼草中的 *Tam3* 转座子系统。

花卉花瓣或叶片中的彩斑是非常有观赏价值的性状之一，该性状在牵牛花中研究得较为深入。牵牛花花瓣中的彩斑是由转座子引起的。此外，金鱼草花瓣彩斑也是转座子造成的。在类黄酮合成相关的结构基因和调节基因中插入一个转座子能使有色的花瓣中出现白色的花斑；而在特定基因中切除转座子，就能使白色的花瓣中出现有色的花斑。利用玉米的 *Ac* 因子转化矮牵牛，使花朵颜色由完全紫色变为出现白色花斑。分析表明，这是由于玉米的 *Ac* 因子插入到矮牵牛 *pH6* 基因内部造成的，而 *pH6* 基因的功能是影响花冠细胞的酸碱度。但是无转座子引起的花瓣花斑现象的随机性决定了其不能稳定遗传，因此要培育有经济价值的花斑品种仍然需要更深入的研究。

11.3.6 彩斑和染色体畸变

由于染色体的各种畸变而引起的彩斑现象可以从玉米的例子中得到很好的说明。这些染色体畸变主要包括以下 3 种情况：

（1）断裂—融合—桥的循环作用（breakage-fusion-bridge cycle）

如图 11-3 所示，当染色体从基因 *A* 末端的某一点断裂时，两个姐妹染色单体在断口处重新结合，这种结合在细胞分裂前期形成具有双着丝点的染色体，在后期伸展开成为具有双着丝点的染色体桥，这时基因 *A* 处于双重状态。第二次断裂若发生在图示部位，则形成两个只具有一个着丝点的染色体，并分别进入两子细胞，其中一个子细胞系具有双重的基因 *A*，另一个子细胞系则完全丧失基因 *A*，这一过程在玉米的配子体胚乳中发现过。假定基因 *A* 控制着玉米粒色素的形成，并且这个玉米是杂合的，显性基因 *A* 就在这个断裂-融合-桥循环的染色体上，那么植物体含有 *AA* 细胞的部分将着色，而另外一些部分由于细胞中缺少基因 *A* 而不着色，于是玉米籽粒呈现花斑现象。

（2）环形染色体

环形染色体在体细胞中可能严格复制，也可能不严格复制。小的环形染色体可能会在细胞分裂时丢失，具双着丝点的大染色体可以发生断裂和重新连接，并恢复只具有单着丝点染色体的子细胞。失去一个小环形染色

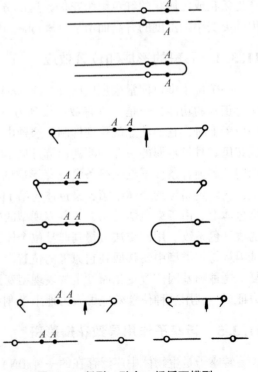

图 11-3　断裂—融合—桥循环模型

体的细胞在随后的发育中出现缺失某些基因的细胞系。这种缺失可以使环形染色体上的相应隐性基因得以表现，从而使这些细胞系在表现型上出现隐性的色彩。假如植物体某些组织的环形染色体带有控制色素形成的基因，而这种基因又是杂合的，不规则的环形染色体的出现便可形成不规则的花斑组织。玉米中有关叶子、茎和籽粒的花斑等都与环形染色体有关。

（3）黏性染色体

在细胞分裂中，有些染色体有紧密粘连在一起的倾向，从而在某些子细胞中排除了一条染色体或其中某个片段。位于这种染色体或片段上的花色控制基因也就同时被排除在该细胞系之外。玉米某些品种中出现的叶片及胚乳的花斑现象与黏性染色体有关。

11.3.7 病毒杂锦斑

有些不规则的花瓣彩斑不是由于遗传物质的差异造成的，而是由于某些病毒感染引起的病态。这种现象最初是在郁金香某些品种中发现的。被感染后形成彩斑的植株曾被作为新品种。随后的研究表明：这种彩斑是病毒感染引起的。这类彩斑可以用营养繁殖的方式加以保存，或用适当种类的病毒感染传递给其他品种，然而这种性状的表现仍然是受基因控制的。在郁金香的某些品种中，即使直接用病毒处理，也不出现这类杂锦斑，而有些品种则极易被感染而呈现花瓣彩斑。

关于这类彩斑是否值得提倡呢？这些品种往往是其他园艺植物或农作物的病源携带者。如郁金香杂锦斑病毒能引起百合属（*Lilium*）病毒病，一种十字花科植物（Brassicaceae）上发生的杂锦斑病毒造成甘蓝大面积减产。因此，在观赏植物生产中，不应提倡培育这类品种。在观赏植物进出口贸易及长途运输中应严格检疫，区分是否为病毒彩斑，防止危险病毒的传播与扩散给农、林业生产造成损失。

11.4 嵌合体的遗传

11.4.1 嵌合体及其分类

嵌合体是遗传上不同的两种植物的组织机械地共存于一个生长点的植物。由于两种组织在生长发育过程中有各种不同程度的调和，因此嵌合体可以发育成两种植物的中间类型，也可以长成"人面狮身"的植物界怪物。在有些情况下，一些嵌合体可以形成具有花斑的叶子、花朵和果实。嵌合体依据两种组织在"共同体"中所处的位置可分为3种类型，即区分嵌合体、周缘嵌合体和周缘区分嵌合体（图11-4）。

（1）区分嵌合体

植物个体的一边为一种植物的组织，而另一边则为另一种植物的组织，两种组织所占的比例可大可小，两种植物的性状同时出现在一个个体上，嫁接最初造成的嵌合体多属于这一类型。这种类型很不稳定，以后可能变为下面两种类型或在不同枝条上完全恢复亲本类型。

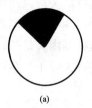 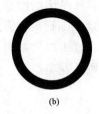 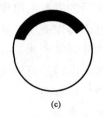

图 11-4　3 种嵌合体的比较

(a) 区分嵌合体　(b) 周缘嵌合体　(c) 周缘区分嵌合体

(2) 周缘嵌合体

整个植株的茎、叶、花、果实等器官组织，其最外一层或几层细胞为一种植物的组织，而其里面则为另一个种的组织。这种类型是由区分嵌合体演变出来的，即在区分嵌合体的两种组织交界处靠外侧一层或几层细胞长出的不定芽，并由此长成枝条，其无性繁殖后代都是周缘嵌合体。

(3) 周缘区分嵌合体

植物体外表一层或几层细胞的一部分细胞为一种植物，其余大部分为另一种植物。这种类型较少，也很不稳定。

11.4.2　嵌合体的产生

(1) 嫁接嵌合体（graft chimaeras）

嫁接嵌合体是经过人工嫁接后，在愈合处产生不定芽形成的。当接穗死亡后，在嫁接愈合处产生不定芽，这样形成的嵌合体称为人工自然嵌合体；如嫁接成活后人为切除接穗，使伤口处愈伤组织形成不定芽从而创造嵌合体，这可称为人工嵌合体。由于这两种嵌合体都是经过嫁接后形成的，故称嫁接嵌合体。

(2) 自然发生的嵌合体（autogenous chimaeras）

与嫁接嵌合体不同，自然发生的嵌合体不是人工产物。个体包含着遗传上不同的两种组织或细胞，这是由于细胞学或遗传学的原因自然发生的，和嫁接无关。这种自然发生的嵌合体起源于体细胞，是自然过程，遗传上不同的两种细胞组成了一个独立的植物。

11.4.3　嵌合体的性状表现

由于嵌合体是遗传上不同的两种植物的组织机械地共生于一体的植物，两种组织从生理上相互协调、相互依赖，而遗传上又互不影响，因此这类植物的性状表现较为奇特。这些奇特的表现往往引起园艺家的极大兴趣。下面的例子说明了嵌合体的特殊表现。

例 1　酸橙/香橼　1644 年，在美国佛洛伦斯的一个果园中发现由酸橙（*Citrus aurantium*）嫁接在香橼（*C. medica*）上的愈伤组织形成的不定芽长成一种奇特植物。在这种枝条和果皮上具有沟痕和黄色橘子条纹。经鲍尔（Bawr）等人研究，认为这是具有酸橙外皮和香橼内心的周缘嵌合体。

例2 亚当金雀花（*Cytisus adami*）是 1825 年由法国巴黎一个名叫亚当的花匠嫁接培育的嵌合体。亚当将紫花金雀花（*C. purpureus*）嫁接在金链花（*C. laburnum*）上，由于接穗死亡，在愈伤处形成像金链花的小树。

这株小树叶似金链花但叶背面没有绿色茸毛；花序也像金链花，但每朵花下面没有苞叶，而金雀花则有之；花呈中间型，为紫褐色；一般不结实，一旦偶尔结实，其种子后代全部为金链花（即与砧木相同）。亚当金雀花曾通过无性繁殖被保留下来，并栽在巴黎公园。根据后来一些学者的研究，证明这种植物是一种具有一层金雀花表皮的周缘嵌合体。其根据如下：

（1）将表皮撕去后所长出的不定芽纯粹为金链花；

（2）植株上有回复为纯粹金雀花和纯粹金链花的枝条长出；

（3）自由授粉所得后代为金链花；

（4）表皮的性状全部像金雀花，表皮以下的性状则都像金链花；

（5）金链花与金雀花的细胞核大小不同，在亚当金雀花的组织中发现有两种核大小不同的细胞。

在以后的园艺植物培育中出现了很多类似上述两例的植物体，这些嵌合体进一步丰富了观赏植物百花园。

11.4.4 嵌合体的遗传

几乎所有的嵌合体都无法稳定地遗传传递下去。

像上述的亚当金雀花以及后来得到的山楂子木瓜 [1899 年，番木瓜（*Carica papaya*）/山楂（*Crataegus pinnatifida*）] 等，用无性方法繁殖往往得到 3 种植株：接穗类型、砧木类型和嵌合体类型。因此，无性繁殖也不能保证嵌合体稳定。有性繁殖的后代，都无疑地像内层组织的物种。

正常情况下，芽、侧枝是起源于外层的，因此用茎和侧枝进行枝接、芽接、扦插等可以保持花叶的特性。然而在大多数情况下，从根系分出来的芽长成的植株是属于内层发生的，因此这一点可用来检查一个品种是否为自然发生的嵌合体。植物的生殖细胞（花粉细胞和卵细胞）都起源于内层，这就是为什么亚当金雀花的种子后代都是金链花。

11.4.5 关于嫁接杂种的争论

早期的嵌合体被人们称为嫁接杂种，但随着研究工作的深入开展，现在人们普遍接受了嵌合体不是真正的杂种这一观点，即认为在嵌合体中没有发生遗传物质的混杂。那么，通过嫁接过程是否可以产生遗传上混杂的细胞呢？

温克勒曾提出在他的试验中出现了杂种细胞。他在番茄与龙葵（*Solanum nigrum*）的互为砧木和接穗嫁接中得到了一些具中间性状的植株，其中有的植株具有 48 条染色体（番茄为 24 条，龙葵为 72 条），恰好是两者之和的一半。但后来，这种植株死掉了，没能再做进一步的研究。后来，夏庚生和克伦重复了温克勒的试验，虽然得到了很多嵌合体，但始终未能得到两种植物染色体之和的嫁接杂种（96 条染色体），也未再得到 48 条染色体的杂种。目前的学者对温氏的试验持否定态度，认为 48 条染色体很可能是由于番茄的染色体（$2n=24$）加倍而成。因为番茄割伤后所长出的不定芽是有染色体加倍的情况发生的。时至今日，尚没有人通过嫁接获得杂种。

思考题

1. 名词解释：
   规则型彩斑，不规则型彩斑，嵌合体，位置效应。
2. 简述不规则性彩斑形成的原因。
3. 如何分析嵌合体的遗传过程？

推荐阅读书目

园林植物遗传育种学. 程金水. 中国林业出版社，2000.

第 12 章　花朵直径的遗传

[**本章提要**] 花朵直径的变化导致其给人的视觉效果发生变化，产生意想不到的观赏效果。本章介绍增加花朵直径的途径；影响花朵直径的多基因系统的作用模式；多基因系统的鉴定方法。

在花卉育种过程中如何增加花朵直径是育种学家较为关心的问题，因为花朵直径是一朵花观赏价值的重要方面之一。花朵直径决定着引起人的视觉反应的有效面积，一朵花如果没有足够大的面积供人欣赏，无论其花型、花色如何奇特，也不能使人获得美的享受。

人类在数百年的花卉栽培实践中，虽然成功地把菊花、月季、百合等花卉的花径从几厘米增加到几十厘米，即几乎增加了 10 倍，但这一成就与花色、花型方面丰富多彩的成果相比仍是相形见绌的。这说明花朵直径的增加比花色、花型的改变更加困难。由于花朵面积同直径的平方成正比，增加有限的直径需要消耗较多的光合产物，因此它同色素成分变异或花瓣形状的改变是完全不同的过程，要使花朵直径成倍地增加并非易事。

12.1　增加花朵直径的途径

12.1.1　栽培措施的作用

良好的栽培条件，能使植物进行充分的营养生长，从而给花朵提供足够的营养，可以使花瓣充分伸展而显得更为丰满；此外，良好的栽培条件可使大花基因得到充分表达，从而使花朵直径增大。因此，良好的人工栽培措施是使花朵直径增加的原因之一，如果将目前人类花园中的大花品种栽种到恶劣的环境条件下，多数品种花朵的直径将减小。

然而在同样的栽培条件下，有些品种的花朵直径总是表现得很大，而另外一些品种则无论如何栽培，总是表现出小花径的特性。因此，栽培措施的改进并不能从根本上解决花朵大小的问题。

12.1.2　增加花朵直径的遗传学途径

到目前为止，利用大花品种和小花品种杂交从而获得新的大花品种是最常见的有效方法。使用这种方法时，必须是栽培群体中存在大花品种，或者说存在大花基因。此法在育种工作中虽然常常使用，但这是一条非创始性途径。

这里讨论的增加花朵直径的途径是指创始性的途径，主要包括以下几个方面：

(1) 诱发多倍体

在第7章中我们曾指出：由于细胞中染色体数目的增加，原生质增多，细胞体积也随之加大，因而造成多倍体各种器官的"巨大性"，花朵也不例外。花卉中很多好品种都是多倍体。多倍体使花朵直径增加的效果是创始性的，在菊属和大丽花属这两种花卉"巨人"的形成中起了重要作用。此外，像多倍体萱草（*Hemerocallis fulva*）、多倍体报春、凤仙花、金鱼草等都是人工诱导多倍体的成功范例。关于这个问题在育种学中有详细讨论。

(2) 诱发突变

用人工方法刺激植物体的遗传物质，从而诱发大花基因的产生，这同样是创始性途径，属于育种学范畴，这里暂不讨论。

(3) 增加重瓣性

增加重瓣性虽然不一定伴随着花朵直径的增加，但是由于增加了花朵的有效面积，从而实际上起到增加花径的同样效果，关于重瓣花的遗传规律，我们将在第13章讨论。

(4) 发掘多基因系统的潜力

花朵增大实际是花朵产量的增大，同作物产量的增加有类似之处。这类性状的变异属于连续变异，因而符合数量性状的遗传规律。本章重点讨论如何利用数量性状遗传规律发掘多基因系统的作用潜力。

12.2 花朵直径与多基因系统

伊斯特（East，1916）曾用两种花朵大小不同的长花烟草（*Nicotiana longiflora*）自交系杂交。其中一个亲本类型的花冠为长筒状，另一个为短筒状（图12-1）。杂交结果是获得了花冠筒长度居中的F_1代植株。

花朵大小这一性状在烟草中具有相对较高的遗传力，格兰特（Grant）对各代群体的花冠长度做了详细记录，并按照每3mm为一组进行分类。数据列于表12-1。

在上述试验中，大花和小花类型的杂交，产生了较大花径的F_1和F_2群体。从表现型不同的若干F_2植株又产生了若干不同的F_3家系，其中有些家系还一直追踪到F_4和F_5。像前面描述的做法一样，格兰特对每个家系和其中的个体的花朵直径都做了记载和分组，画出了它们的频率分布图。主要试验结果列于表12-1至

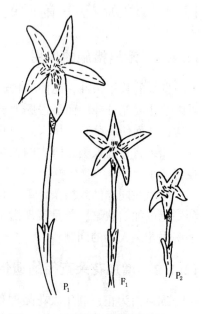

图12-1 长花烟草的花径遗传

（引自East，1916）

表 12-1　长花烟草品种间杂种花冠长度的遗传

（引自 Grant, 1975）

世代	各代花冠大小(mm)	34	37	40	43	46	52	55	58	61	64	67	70	73	76	79	82	85	88	91	94	97	100
P_1		13	80	32																			
P_2																				6	22	49	11
F_1								4	10	41	75	40	3										
F_2	61					1	5	16	23	18	62	37	25	16	4	2	2						
F_3 家系 12	46				1	4	26	44	38	22	7	1											
F_4 家系 121	44				8	42	95	38	1														
F_5 家系 1311	41			3	6	48	90	14															
F_3 家系 26	82												3	5	12	20	40	41	30	9	2		
F_4 家系 262	87											4	5	6	11	21	33	41	29	8	5	1	
F_5 家系 2621	90													2	3	8	14	20	25	25	20	8	

表 12-3 中。为了简明起见，某些家系和重复被删去了。从这些试验结果可以看出：F_1 和 F_2 两代花冠长度的平均数和式样介于两个亲本之间。F_1 在表现型上是基本一致的，而 F_2 的表现型则是高度变异的。虽然亲本类型在 F_2 中未能出现，但它们还是在以后的世代中分离出来了。几个 F_2 家系（表中仅列出两个）的花冠，表现出不同的平均值和变异幅度，这 9 个 F_2 家系的变异性普遍小于 F_2，并且至少在一个家系中其变异性在 F_4、F_5 世代中表现出下降的趋势。所有这些特点都证明品种间杂交花朵大小的遗传方式符合前面所说的数量性状的遗传规律，即花径遗传是受微效多基因系统控制的。

表 12-2　烟草属种间杂种花冠长度的频率分布

（引自 Grant, 1975）

世代 \ 长度(mm)	20	25	30	35	40	45	50	55	60	65	70	75	80	85	90
Nicotiana forgetiana（福氏烟草）						9	133	28							
N. alata（花烟草）					1	19	50	56	32	9					
F_1						3	30	58	20						
F_2	5	27	29	139	125	132	102	105	64	30	15	6	2		

根据格兰特（1975）的总结，花朵大小的遗传符合多基因假说，其要点如下：

① 当两个花朵大小不同的自交系（或纯系）亲本互相杂交时，杂种 F_1 群体的花朵表现型应当是整齐一致的，即不发生分离；

② F_2 群体的变异幅度远远大于 F_1 的变异幅度；

③ 亲本类型应当在 F_2 群体中重新出现。如果在 F_2 中未出现，应该在随后的后代中出现，如 F_3，F_4 等；

④ 在 F_2 群体的频率分布曲线上不同点的个体所产生的相应的 F_3 群体，应当表现出显著不同的花径平均值；

⑤ F_2 中不同个体产生的 F_3 群体花径具有大小不同的变异范围；

⑥ F_2 以后各代家系的变异范围，应当以 F_2 亲本花径的数量值为中心；

⑦ 在 F_2 以后的各世代中，任何家系的遗传力可以小于但不会大于产生它的那个群体的遗传力。

格兰特的假说与伊斯特的试验不谋而合，此后，在许多花卉的花径问题的研究中都得到了相似的结果。因此，挖掘多基因系统的潜力是遗传学上增加花径的有效途径。

表 12-3 杂交试验中花冠长度变异的数据分析

世代	亲本的花冠长度（mm）	后代的个体数	后代花冠的平均长度（mm）	变异系数
P_1		125	40.46	4.33
P_2		83	93.22	2.46
F_1		173	63.53	4.60
F_2	61	211	67.51	8.75
F_3 家系 12	46	143	53.47	6.99
F_4 家系 121	44	184	45.71	5.18
F_5 家系 1311	41	161	41.98	5.49
F_3 家系 26	82	162	80.20	5.93
F_4 家系 262	87	164	82.86	7.04
F_5 家系 2621	90	125	87.88	6.28

12.3 多基因系统的作用机理

12.3.1 多基因系统的组成

影响多基因系统作用方式的6个因素：

① 在一个多基因系统中的基因数；
② 多基因的连锁关系；
③ 遗传力；
④ 等位基因间的相互作用；
⑤ 基因互作的相对强度；
⑥ 基因成员的作用方向。

12.3.1.1 多基因系统的基因数

控制一个数量性状的多基因系统可能包括两个或两个以上的基因成员。当基因数目增加到一定程度时，单个基因的作用相对较小，多基因系统就被称为微效多基因系统。

如果一个多基因系统中各成员之间没有连锁关系，并且遗传力相等，不表现显性关系，那么它们的 F_2 各种表现型将依表 12-4 中所列的比率进行分离。

表 12-4　多基因系统在 F_2 群体中分离比率理论值
（在无显性、等效和加性效应的条件下）（引自 Grant，1975）

等位基因对的数量	比　率	分母数
1	1 : 2 : 1	4
2	1 : 4 : 6 : 4 : 1	16
3	1 : 6 : 15 : 20 : 15 : 6 : 1	64
4	1 : 8 : 28 : 56 : 70 : 56 : 28 : 8 : 1	256
5	1 : 10 : 45 : 120 : 210 : 252 : 210 : 120 : 45 : 10 : 1	1 024

多基因系统中非连锁基因的数量可以根据亲本类型在 F_2 中重新出现的频率来推算。设独立的多基因成员数目为 g，那么亲本类型在 F_2 中出现的机率如下（Clausen and Hiescy，1958）：

$g = 2$　　1/16
$g = 3$　　1/64
$g = 4$　　1/256
$g = 5$　　1/1 024
　⋮　　　　⋮
$g = n$　　$(1/4)^n$

假如这些基因成员具有相等的和加性的效果，这些分数可以代表出现两个亲本中任何一个的机率。但是在情况更复杂时，如果存在显性和下位关系，这些分数仅能代表隐性基因纯合体出现的机率。

假如多基因是连锁的，其分离比率将接近基因较少时所表现的比率。因此，连锁的一般效果是使复杂的多基因系统模拟较简单的基因系统。

12.3.1.2　遗传力

遗传力是由基因型差异所引起的变异在总变异中所占的百分率，而余下的百分比则是环境因子的差异所引起的。很多数量性状的遗传力是相对较低的。但是在某些情况下则是较高的，例如这两种烟草属植物的花径长度。在有显性关系的条件下，不论基因数多少，降低遗传力的效果是使表现型的频率分布变得更加连续。

换而言之，一个遗传力低的简单的多基因系统，其 F_1 表现型频率曲线表现得像一个复杂的但有高遗传力的系统（Allard，1960）。

12.3.1.3　基因互作

（1）显性作用

显性和隐性的关系在多基因系统中可以有不同程度的表现：从全部基因表现显性、部分基因表现显性到全无显性基因。显性的作用是造成 F_2 的分布曲线高峰向具有显性基因的亲本方向偏移。

(2) 等效和加性效应

在多基因系统中的个别基因可以具有等效的加性效应、不等效的加性和减性效应一起组成的综合效应。

12.3.2 多基因系统模式

假设花朵直径这一数量性状需要有一定数量的生长刺激物质，比方说 12 个单位的剂量。假定这些刺激物质是由 3 个基因组成的多基因系统控制的，那么产生这 12 个单位的刺激物质可以有 3 种不同作用方式：①等效异位多基因系统（polymeric multiple gene system），在这种系统中，3 对等位基因的每一对都产生 4 个单位的激素（4 + 4 + 4）。②非等效异位多基因系统（anisomeric multiple gene system），12 个单位的激素物质可能是由不等量的基因产物组成的（6 + 3 + 3）。③对立多基因系统（oppositional multiple gene system），这 12 个单位物质的产生是由加法和减法的总和（7 + 7 – 2）组成的。

为了讨论方便，假定其他因子固定不变，特别是假定这里只有 3 个独立的、有百分之百遗传力的基因，然后在剩下的影响因子中第一组是基因作用的相对强度和作用方向，第二组为是否存在显性，这是在每一种多基因系统内部造成变化的因素。

12.3.2.1 等效异位多基因系统模式

等效异位基因是既具有加性效应又有相同作用的多个基因（Nilsson Ehle，1909）。让 A，B，C 代表在二倍体中控制某一数量性状的 3 个独立的等效异位基因。如果这个数量性状在一个亲本中的数量值为 18，而在另一个亲本中为 6，并且这个性状具有高度的遗传力，那么，我们就可以对 F_1 和 F_2 表型分离的预期结果进行检查，在没有显性条件下可能出现不同的情况。

① 第一种情况，在所有位点上等位基因之间都不存在显性关系，那么两亲本和 F_1 的基因型以及由这些基因型决定的表现型数值将是：

P_1　　AABBCC　　6 + 6 + 6 = 18
P_2　　aabbcc　　2 + 2 + 2 = 6
F_1　　AaBbCc　　4 + 4 + 4 = 12

杂种严格介于两亲本之间。F_2 的表现型频率分布形成一个对称的钟形曲线，它的峰值在 12，而 2 个极端值分别在 18 和 6 [图 12-2（a）]。

② 第二种情况，基因 A 表现为显性遗传，但基因 B 和 C 无显性关系，故 Aa 和 AA 具有相同的数量值，而 Bb 和 Cc 同前述一样，具有中间值，亲本和 F_1 的数量值分别为：

P_1　　AABBCC　　6 + 6 + 6 = 18
P_2　　aabbcc　　2 + 2 + 2 = 6
F_1　　AaBbCc　　6 + 4 + 4 = 14

杂种 F_1 虽然还介于双亲本之间，但已偏向含有显性等位基因亲本方向 [图 12-2（b）]。

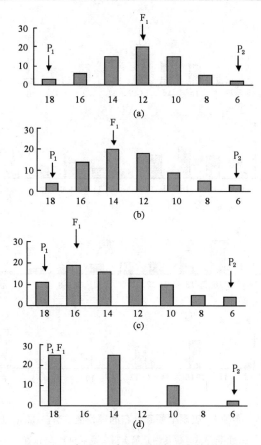

图 12-2 杂种 F_2 表现型频率分布的理论值

（引自 Grant，1976）（3 个等效异位基因）
箭头指出亲本和 F_1 的位置
（a）任何基因没有显性　（b）1 个基因是显性的
（c）2 个基因是显性的　（d）3 个基因都是显性的

③ 假如基因 A 和 B 都表现显性遗传，而基因 C 没有，那么 F_1 和 F_2 的总性状将更加倾向于显性亲本的方向 [图 12-2（c）]。

④ 如果 3 个基因全为显性基因，那么在 F_1 和 F_2 中预期的结果如 [图 12-2（d）]。

12.3.2.2　非等效异位多基因系统模式

非等效异位基因是具有加性效应但作用强度不等的多个基因，其中有些基因产生较强的效果，而另一些则较弱。同前述的等效异位基因系统特点相似，但非等效基因的各基因成员之间相互作用的力量不同，这里我们假定基因 A 具有比 B 和 C 强 2 倍的数量效果。

① 第一种情况，各基因位点都没有显性，亲本和 F_1 将具有下列数量值：

P_1　　　　AABBCC　　　9 + 4.5 + 4.5 = 18
P_2　　　　aabbcc　　　　3 + 1.5 + 1.5 = 6
F_1　　　　AaBbCc　　　　6 + 3 + 3 = 12

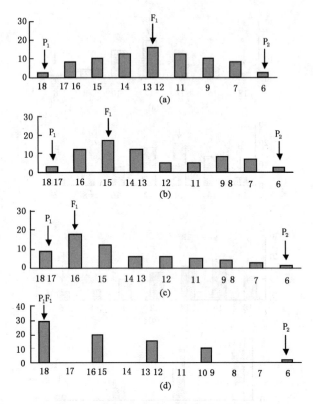

图 12-3 杂种 F_2 表现型频率分布的理论值（引自 Grant，1975）

（3 个非等效异位基因）箭头指出亲本和 F_1 的位置

(a) 无任何显性　(b) 显性在强基因　(c) 显性在 1 个强基因和 1 个弱基因　(d) 3 个基因都是显性

F_2 的频率曲线将是左右对称的，峰值在 12 [图 12-3（a）]。在这一方面，它像等效异位基因的相应情况。但是这里 F_2 具有较大数目的表现型分级，变异更加连续，曲线也变得宽而低些 [图 12-2（a）和图 12-3（a）]。

② 第二种情况，显性表现在较强的 A 基因，而其他基因没有显性，结果是：

P_1　　AABBCC　　$9 + 4.5 + 4.5 = 18$
P_2　　aabbcc　　$3 + 1.5 + 1.5 = 6$
F_1　　AaBbCc　　$9 + 3 + 3 = 15$

F_1 杂种群体偏向于显性亲本，F_2 也如此 [图 12-3（b）]。

③ 第三种情况，如果基因 A 和 B 都是显性，F_1 杂种和 F_2 某些形态类型的数量值是 16.5，也就是说偏移更大了 [图 12-3（c）]。

④ 如果 3 个基因全为显性基因，那么在 F_1 和 F_2 中预期的结果如 [图 12-3（d）]。

12.3.2.3　对立异位多基因系统模式

在一个对立异位基因系统中，某些基因成员有加性作用，另一些有减性作用，而这个数量性状是这些对立基因平衡的结果。如前述，两个亲本在 A、B、C 3 个基因上有差异，它们某一数量性状（如花朵直径）的数量分别为 18 和 6。不同的是这个性状差异是由对立基因相互作用所决定的。假定这两个亲本类型分别达到它们表型数量值是靠一个强的起促进作用的 A 基因和弱的起抑制作用的 B、C 两基因互作的结果。

① 如果它们之间不存在显隐性关系，那么它们表现型的数量值如下：

P_1　　　AABBCC　　　26 − 4 − 4 = 18
P_2　　　aabbcc　　　　10 − 2 − 2 = 6
F_1　　　AaBbCc　　　18 − 3 − 3 = 12

F_1 是严格的中间性状，而 F_2 的表型分布如图 12-4（a）所示。这里出现了最重要的现象，即有些 F_2 个体的数量值超出了任何一个亲本，这种现象称为超亲现象（transgressive segregation）。如果这一数量性状是花朵直径，杂种第二代可以分离出比大花品种花朵更大的花和比小花品种花朵更小的花。这是因为亲本中原有的基因平衡被打破了，而新的基因组合产生了新的平衡：

F_2　　　AAbbcc　　　26 − 2 − 2 = 22
　　　　　aaBBCC　　　10 − 4 − 4 = 2

② 假如基因 A 是显性的，另外两个 B 和 C 不存在显性关系，F_1 的数量值为：

F_1　　　AaBbCc　　　26 − 3 − 3 = 20

这是更加有意义的现象，不仅某些 F_2 个体，而且 F_1 的所有个体都在表现型上超过了亲本 [图 12-4（b）]，这种现象称为杂种优势（heterosis）。这种情况是任何育种学家都向往的结果。

③ 当基因 A 和 B 都是显性时，杂种 F_1 和 F_2 也都是超亲的，虽然不如上述情况那么强烈，F_2 的分离如图 12-4（c）所示。

④ 当基因 B（或者 B 和 C）为显性基因时，见图 12-4（d）、（e）图解。

⑤ 当所有 3 个基因都是显性时，F_1 的数值与携带显性基因的亲本重合，F_2 的分布更强烈地倾向于显性亲本，超过前述任何情况 [图 12-4（f）]。

总之，F_2 代超亲分离现象的发生，展现了多基因相互作用的线索，从而使我们了解了微效多基因系统的作用机理。在花卉育种中，挖掘多基因系统的潜力是增加花朵直径的重要的创始性途径之一。

12.4　多基因系统的鉴定

正如上一节所述，通过多基因系统的基因重组，配合严格的选择淘汰，超过现有亲本类型的大花品种是完全可以培育出来的。图 12-5 所示即为一典型例子：百合科种间 [宜昌百合（*Lilium leucanthum*）× 湖北百合（*L. henryi*）] 杂种在花型上介于两亲本之间，花瓣不如湖北百合卷得那么厉害，但有了明显改进，而花朵直径比双亲都大，杂种在花朵直径上超过双亲，而花型上（卷曲度）介于二者之间（根据 Adwand, Judith and Mckae, 1976）。

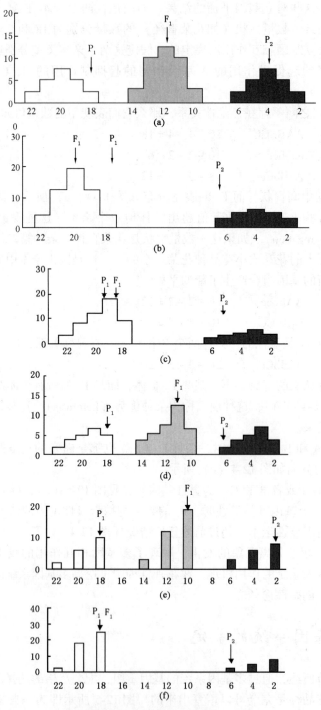

图 12-4 F$_2$ 杂种群体表现型分离的理论值（引自 Grant，1975）

（3 个不相等的、独立的具有对立效应的基因）箭头指出亲本和 F$_1$ 的位置

(a) 无显性　(b) 1 个强基因是显性　(c) 1 个强基因和 1 个弱基因是显性的

(d) 1 个弱基因为显性　(e) 2 个弱基因为显性　(f) 所有基因都是显性的

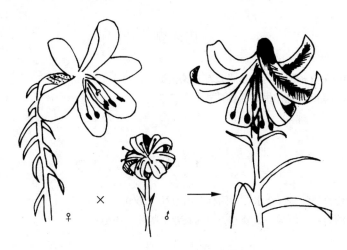

图 12-5 百合种间杂种的超亲现象
♀宜昌百合　♂湖北百合

然而在实际育种育种工作中，如何确定一个多基因系统的组成情况以发掘其内在潜力呢？下面举一个实例说明多基因系统的鉴定方法。

介代花属的球吉利（*Gilia capitata*）具有短花柱，另外一个种沙漠吉利（*G. chamissonis*）具有长花柱，将两者杂交，其 F_1 的花柱长度偏离中心，倾向于球吉利的方向（表12-5）。

表 12-5　介代花属种间杂种柱头长度的遗传

（引自 Grant，1976）

世　代	柱头长度（mm）													n
	0.3	0.4	0.5	0.6	0.7	0.8	0.9	1.0	1.1	1.2	1.3	1.4	1.5	
PG.（*C. capitata*）	+	+												
PG.（*C. chamissonis*）												+	+	
F_1				+	+									
F_2			1	11	43	57	33	24	3	2	1		1	176
B_1（*ca×ch*）×*ca*	1	3	9	1	1	1								16
B_2（*ca×ch*）×*ca*				3	1	3				1	1			9

F_2 代的柱头长度分离成连续的系列。一个亲本类型的单株在176个群体中重新出现，说明介代花属这2个物种在柱头长度上的差异，是由于3对或4对基因的差异引起的。F_2 各种类型的频率分布偏向短花柱的亲本。这种偏移也同样见于回交世代，见表12-5。这种偏移并不很大，大约相当于图12-3（b）。这表明显性基因是为 *G. capitata* 所有，并且仅有一部分基因（约1/3）为显性的加性基因。

上述为介代花属种间杂种柱头长度的遗传。这是一个既具有加性效应同时又在某一位点上有显性的试验实例。同样，通过设计合理的有性杂交试验，可鉴定决定某一数量性状的多基因系统的组成情况，从而指导大规模的花卉杂交制种生产。

思考题

1. 试述增加花朵直径的遗传学途径及其理论依据。
2. 举例说明多基因系统作用的 3 种模式。

推荐阅读书目

园林植物遗传育种学．程金水．中国林业出版社，2000．
植物花发育的分子生物学．孟繁静．中国农业出版社，2000．

第 13 章　花发育的遗传调控

[**本章提要**] 花器官的发生是显花植物生长发育过程的重要环节。本章介绍花发育的概念；环境因素、内部因子和生长调节物质对植物成花的影响；花转变的顺序和基因对成花的控制；植物成花过程中各因子之间的互作等内容。

开花是高等植物个体发育的中心环节，也是植物从营养生长转向生殖生长，实现世代交替的关键环节。在植物个体发育中，花的分化是从生殖生长开始的。首先在合适的环境条件下营养分生组织转变为花序分生组织（inflorescence meristem）；然后花序分生组织转为花分生组织（floral meristem）；继而由花分生组织产生花器官原基；最后产生花器官，也即人们所看到的千姿百态的花。植物成花过程既受自身遗传特性的制约，又受多种内外因子的影响。早期对植物的成花研究多限于一些生理现象的描述，未能从根本上解释植物成花的机理。分子生物学技术的引入为植物成花机理的研究提供了快速而有效的手段。

13.1　花发育概述

13.1.1　花发育的概念

植物的发育是从胚开始的。地下部分由根尖发育形成，地上器官则是由茎尖发育而来。茎尖分生组织是茎尖的主要部分，处在不同个体发育阶段的分生组织具有不同的属性，植物地上部分茎、叶、花的发育实质上就是茎尖分生组织的属性不断改变的过程。茎尖分生组织在不断向上伸长生长的同时，逐渐转化为各种器官原基，如叶芽原基和花芽原基。其中最重要的变化就是从营养生长向生殖生长的转变，从分生组织的属性看，则是从营养型向生殖型的转化。其中，分生组织的发育最终停止在花器官原基的发育阶段，丧失不断形成新的分生组织和新器官的能力，这就是花芽的决定性。

从形态发生的角度看，高等植物的成花过程可分为 4 个阶段：花序分生组织的形成（花序发育）、花分生组织的形成（花芽发育）、花器官原基的形成（花器官发育）和花器官发育成熟（花型发育）；就植物分生组织由营养型向生殖型转变的过程来看，成花也可划分为 2 个阶段：由茎尖分生组织转变为花分生组织阶段和花原基的形成阶段，即成花诱导阶段和花器官发育阶段。这 2 个阶段既受环境影响，也受遗传调控。从遗传上看，前者受成花计时基因控制，后一阶段受植物的同源异型基因*（homeotic gene）调控（图 13-1）。

13.1.2 研究花发育的模式材料

花发育的主要问题是分生组织属性改变的遗传机理。高等植物研究的模式植物是拟南芥（*Arabidopsis thaliana*）。这是一种十字花科植物，株型较小，生命周期相对较短，人工条件下很容易获得突变体；此外，其基因组相对较小，重复序列少，遗传背景较清楚，因此被广泛用于分子遗传学研究。由于其花部特征明显，也是研究花器官发育的极好材料。

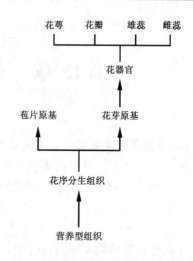

图 13-1 高等植物分生组织属性的转化示意

此外，金鱼草、矮牵牛、烟草、豌豆和玉米等也常被用来进行花发育研究。通过对结构和功能相似的基因进行表达模式的研究发现，控制花发育的遗传机理基本一致，说明成花过程具有遗传保守性。对这些植物进行研究所得到的结果对其他有花植物的成花研究有一定参考意义。

13.1.3 花发育的各个阶段

（1）成花诱导

植物分生组织由营养型向生殖型转变的过程受植物内外环境的控制。首先，植物自身必须达到生长发育的感受态阶段。植物生活周期的遗传程序是：先进行营养生长，因为茎的生长和叶的形成是植物捕获光能、进行光合作用所必需的。这种需求导致植物具有一定的对外界环境条件不敏感的营养生长时期，一般称为幼年期（juvenile phase）。此期间，无论所给予的环境条件如何，植物不能形成花。幼年期的长短是植物竞争策略之一，是植物种和品种遗传程序的一部分；植物完成了幼年期之后，进入成年期（adult phase），既具备了感受环境因子开花的能力，也达到了花熟态或称感受态（ripeness to flower competence）。此时，一旦接受成花诱导，植物分生组织将由营养型向生殖型转变；如果没有成花诱导，植物将处于成年营养期。诱导植物成花的环境因素包括温度、光照和生理调节物质。植物自身则有一个生长期控制子（controller of phase switching，COPS）。

（2）花序分生组织的形成

植物在遗传因子和环境作用下顶端分生组织转化为花序分生组织，然后由花序分生组织产生一系列的花序。植物在开花诱导信号产生后花序分生组织是如何决定的

---

* 同源异型基因：同源异型（homeosis）是指同一有机体的某一结构被另一不同的结构完全或部分取代的现象。同源异型突变（homeotic mutation）泛指分生组织不正常发育而产生异型的器官或组织。控制同源异型化的基因即引起同源异型突变的基因称为同源异型基因（homeotic gene）。

呢？实际上成花决定并不是在接受开花诱导信号之后才起始的。植物在营养生长时，有性发育程序受到抑制，而当开花发育信号及环境信号存在时，这种抑制会被消除，有性发育程序被激活。有性发育的决定早于营养分生组织向花序分生组织的形态转换。对大豆、烟草等的实验证明，只有处于某一特定发育时期的腋芽才能对亚适度（suboptimal）以下的诱导信号产生应答，而老一些或嫩一些的腋芽则继续营养发育。

植物做出开花的决定后，茎端分生组织的结构开始发生变化。首先是茎端分生组织增大，形成1个更为突出的圆顶。一般认为，在中心圆顶形成时，已预示着营养分生组织转换为花序分生组织。花序分生组织在解剖上略为不同于营养分生组织，主要是肋状区显得大一些；然后，圆顶逐渐平坦，第一个花萼原基从两侧边起始形成，出现双嵴结构；随后，一系列的花器官原基从分生组织中心的平坦区产生，这便是花序分生组织的雏形。

花序分生组织的分化方式决定花序的最终形态。如果按花序的增殖潜力可分为有限花序和无限花序2种。但有些（单花）物种的花序分生组织只停留很短的时间，就转化为花分生组织，只形成1朵顶花。有限花序分生组织一般只形成2个侧端分生组织后就形成顶花，侧端分生组织同样分别产生2个次级侧分生组织后形成顶花，依此类推。无限花序则不同，花序分生组织分化成中心区和外周区2个功能区，中心区分裂缓慢，是产生新的分生组织的源泉，作为最初的细胞库；而外周区形成花器官原基。形成的第1朵花是最基部的花，其余的花向顶发育，花的数目从理论上看是无限的。

(3) 花分生组织的形成

花分生组织的功能是形成花，花分生组织的决定与花序分生组织的决定是彼此分离的过程。花分生组织是产生花器官原基的所在，从结构上看与花序分生组织无差别，但功能不同。花分生组织没有有限和无限之分，当它产生雌蕊器官后即中止分化，因此所有花分生组织都显示有限生长模式。一般来说，具无限花序的花序分生组织中心区不断维持花序分生组织活性，由它产生的侧生分生组织才转变为花分生组织。

(4) 花器官原基的形成

当花原基分成产生不同器官的同心区域后，在每个区域中的细胞进一步平周分裂产生花器官原基。在花器官特征决定基因逐渐决定花原基命运的同时，器官的空间相对位置以及数目似乎是独立决定的。引起花原基细胞数目增加的突变导致花器官数目的增多，这表明花器官位置（同轮）依赖于空间机制；在每一轮中，花器官的距离是确定的，如果在某一轮中细胞数目增多，则产生较多的花器官。在花发育的分子遗传学研究中，对花器官的发育研究最为深入，并且已有较为成熟的实验模型——ABC模型和四因子模型指导有关的研究工作。

(5) 花器官发育成熟

显花植物的花因种属的不同而具有不同的花型。在花发育中，细胞分裂与每种花器官的分化均密切相关。萼片、花瓣、雄蕊及心皮均具有特定的形状和细胞模式，它们之间的这些差异均来自细胞分裂的控制。花型是由花的对称性决定的。金鱼草中受对称性影响的花器官主要是轮Ⅱ上的花瓣和轮Ⅲ上的雄蕊，在这2轮的花器官中，同一轮内位置不同的器官具有不同的形状。

13.2 影响植物成花的因素

植物由营养生长向生殖生长转换的过程称为成花诱导（flowering transition）。高等植物的成花诱导过程由自身遗传因子和外界环境因素两方面决定，是开花基因在时间和空间上顺序表达的结果。根据外界环境和内部遗传因子对植物成花的影响，从时间顺序上一般将植物成花分为4步：首先，植物应答外界环境信号，开花时间基因控制从营养生长转向生殖生长转变；第二步，外界环境信号激活花分生组织决定基因；第三步，花分生组织决定基因活化不同区域的花器官决定基因；第四步，花器官决定基因激活下游的器官构造基因，最后形成各轮花器官。植物在一定诱导条件下从营养生长向生殖生长转变的关键是成花的诱导过程。

遗传学试验表明，成花诱导过程受光周期途径（photoperiod pathway）、春化途径（vernalization pathway）、赤霉素途径（GA 途径，gibberellic acid pathway）和自主促进途径（autonomous pathway）等多种途径调控。各种途径根据外部环境条件和内在生理条件的变化通过调节开花途径共同控制的整合基因（如 *SOC*1，*FT* 和 *LFY*）激活或抑制下游花序分生组织基因和花器官基因的表达控制开花过程（图13-2）。植物在开花过程中很大程度上受到温度、光照、营养条件以及内源信号传导机制等多方面影响，任何条件的变动都会给开花诱导过程带来不同程度的影响。

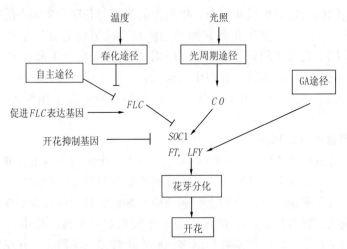

图 13-2　高等植物成花的遗传调控途径

13.2.1 环境条件对植物成花的控制

在植物分生组织由营养型转向生殖型的过程中，几乎每一个环境条件都能改变植物的成花反应。分生组织在适宜条件下的转换过程称为成花诱导。成花诱导到花分化启动是花芽形成和发育的关键阶段，环境对成花的调控方面目前研究最多的是温度和光照。

13.2.1.1 光周期对植物开花的影响及机理

（1）光周期对植物开花的影响

光周期（photoperiod）现象是指日照长短控制植物开花的现象。在植物由营养生长转向生殖生长的过程中光周期有重要作用。根据成花转变对光周期的反应，人们将植物大致分为3种类型：即短日性植物（short-day plant，SDP）、长日性植物（long-day plant，LDP）和日中性植物（day neutrul plant，DNP）。叶片接受光周期诱导，并将这种信号转变为可以传递的生物信息。研究发现，经光周期诱导后叶片内出现相关蛋白和核酸的变化。现已证明：光在植物由营养生长转向生殖生长过程中的作用与光受体有关。目前发现的光受体至少有3种：光敏色素（phytochrome，phy）（红光-远红光受体）、隐花色素（cryptochrome，cry）（蓝光-紫外光受体）和UV-B光受体，又称紫外线B类受体。

（2）光周期相关基因的研究

目前，利用分子生物学技术已从不同植物中分离出多种光敏色素蛋白的基因，其产物及功能见表13-1。

表13-1 光控调节植物开花的基因

基因	功能作用	突变体表型
PHYA	红/远红光受体	开花延迟
PHYB	红光受体	花期提前
PHYD	红光受体	phyb 缺失植株花期提前
PHYE	红光受体	phya，phyb 双突变体花期提前
CRY1	蓝光受体	昼夜节律失调
CRY2	蓝光受体	昼夜节律失调
ZTL	Lov，F盒，kelch repeats	生物钟和开花时间缺陷
FKF	Lov，F盒，kelch repeats	生物钟和开花时间缺陷

通过突变体和转基因植物的研究表明，这些基因在光形态发生中具有重要作用。但目前除了 PHYA 和 PHYB 研究得较清楚外，其他基因的具体功能尚不清楚。因此，对于光敏素和隐花色素在调节植物生长发育的信号传导过程中的生理生化作用有待进一步研究。

此外，光调控基因间并不是完全独立的。在活细胞中通过融合蛋白开花信号的转录反应表明，CRY2 和 PHYB 之间的作用是受光影响的。cry2 和 phyb 突变体开花对不同光波光照的反应说明 CRY2 和 PHYB 对开花调控作用正好相反。

（3）光信号传导的生化反应

光信号传导的最初步骤包括：①光受体通过光调节酶而传导光信号给其他分子；②通过改变构型再与信号配体发生互作而实现信号传递。作为光调节酶，光敏素本身可作为一种激酶。Frankhauser通过酵母研究证明 CRY1 能被 PHYA 磷酸化，在红光下和蓝光下比在黑暗中更有效,且以依赖红光和远红光的可逆方式发生在体内。此外还证明了 PKS1(光敏色素激酶底物)能同 PHYA 的 Pr 和 Pfr 结合,但 Pfr 比 Pr 在 PKS1 磷酸化中更具激酶活性,同时光敏色素还可调节其他蛋白激酶的活性。此外光受体能进入细胞核并与核蛋白互作。亚细胞定位研究表明:PHYA 和 PHYB 在黑暗时主要分布在细胞质中,但在光下转移到细胞核中。拟南芥 CRY1 和 CRY2 也是核蛋白,可影响光调节基因的表达。

(4)光周期诱导成花的遗传调控途径

1729 年法国天文学家梅林(Mairan)观察到植物进行"睡眠运动",并认为这种运动是受植物内生系统控制的。1 个多世纪后,费弗尔(Pfeffer)发表了关于菜豆叶片运动的论文,指出菜豆叶片在白天呈水平方向,夜间下垂,这种睡眠运动也称为感夜性。综合多种生物的观察结果表明:此类内生节律的周期不是准确的 24 h,而是围绕此数值上下波动,因此称为近似昼夜节律,也称为生物钟(biological clock)。

生物钟本身是连接生物体内外环境的调控子,其组分在许多生物有机体中是相似的。植物的生物钟系统由 3 个功能组分所构成:一个根据环境信号来控制振荡器的输入途径;一个中央振荡器,它控制并产生近似 24h 的昼夜节律振荡(circadian rhythm);一个产生与昼夜节律一致的振荡器输出途径。3 个组分并不是截然分开的,它们总是相互联系、相互影响,并在各组分之间存在着重叠。中央振荡器主要由 3 个蛋白构成,分别是 CCA1、LHY 和 TOC1。CCA1 和 LHY 是含有 1 个 Myb 结构域的转录因子,TOC1 也可能是一个转录因子,这 3 个蛋白之间形成了一个负反馈环,TOC1 激活 CCA1 和 LHY 的转录表达,而 CCA1 和 LHY 反馈抑制 TOC1 的转录表达。TOC1 具有双重作用,它既是生物钟中央振荡器的组分,又参与光信号的输入过程。生物钟系统还包括有一个阀门效应器,这个阀门效应器主要由 ELF3 组成,ELF3 编码富含谷氨酸残基的核蛋白,它位于光信号转导途径的下游;这种阀门效应,缓冲了光信号的输入,ELF3 蛋白能结合到 PHYB 上,抑制了 phyB 介导的节律基因的表达,从而抑制晚上的光信号传入,使生物钟的振荡器处于一种不稳定的状态,不断地产生振荡信号。TOC1/ELF4 转录产物一起诱导 LHY/CCA1 的转录(图 13-3)。CO 作为钟输出基因在昼夜节律钟(circadian clock)和开花之间起介导作用,CO 蛋白直接诱导 *FT* 的表达。近年来的研究表明:*FT* 的表达产物从叶片运输到顶端分生组织,促进植物成花。*FT* 的表达产物有可能就是人们多年来苦苦寻求的成花素(florigen)。

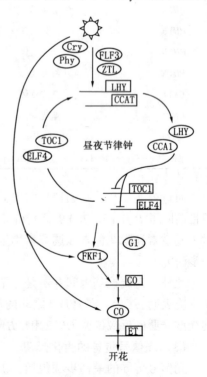

图 13-3 拟南芥光周期诱导成花的昼夜节律钟系统示意(引自赵林等,2006)

光敏色素、隐花色素都是生物钟光信号输入的受体，隐花色素（cry1 和 cry2）属于蓝光/近紫外光受体，光敏色素有可能是红光信号进入生物钟的媒介。试验表明 phyB 主要在较强的红光下充当生物钟光信号的光受体，而 phyA 只是在低强度的红光和蓝光下充当光受体，且 phyB 介导的光信号不仅影响生物钟的光输入途径，并且直接影响生物钟振荡器下游输出途径的组分。在低强度蓝光下，cry1 作为 phyA 下游的一个信号转导组分；在中等强度蓝光下，phyA 失去作用，cry1 和 cry2 充当光受体，介导了生物钟的光输入过程；在高强度蓝光下，cry2 失去作用，仅剩下 cry1 充当生物钟光信号的受体。现已发现的位于光受体下游的生物钟的调节因子主要有：GI，ZTL，FKF1 和 DET1 等，这些调节因子在不同的途径中介导了光信号的输入过程。

生物钟使高等植物维持近似于 24 h 的昼夜节律，它主要通过光受体接收光信号，通过一系列的信号转导途径，在中央振荡器中不断地产生振荡，最后通过输出途径控制基因的节律性表达、花瓣的开放、气孔运动、光合能力、分生组织活力、根的生长、离子吸收、叶片二氧化碳的交换和 PEP 羧化酶的活性等。开展对生物钟的调节因子的研究对更好地了解光周期诱导植物成花的机理具有重要的意义。

13.2.1.2 春化作用对成花的影响及分子机理

在低温需求型植物的生长初期，若给予一定时期的低温处理，可大大加快其开花速率，可在当年结实，得到正常的种子，这种低温诱导或促进植物成花的效应叫春化作用（vernalization）。关于春化过程的机理，大部分学者认为，在低温春化过程中形成了某种促进开花的物质。尽管在一些植物中证实了一些物质的存在，但目前尚未分离出普遍适用的物质。

（1）春化现象生理生化的研究

试验表明：春化作用的进行与核酸和蛋白质的代谢密切相关。在对许多植物进行春化处理的试验中都发现有相关 RNA 出现，这种现象说明春化处理可诱导某些基因的启动或关闭，而这些基因最终诱导花的形成。冬小麦低温处理时可以观察到新的分子量蛋白质的出现，而未经低温处理的冬小麦的幼苗中则没有，这表明这些蛋白质是低温诱导产生的。Burn 等用甲基化试剂处理需春化植物时发现：春化引起 DNA 的去甲基化，使得赤霉素生物合成中的一个关键酶基因得到表达，从而导致花的发生。一些试验已表明，DNA 的甲基化在确定或维持分生组织的不同发育状态中起作用。

（2）春化相关基因的研究

春化作用的去甲基化假说是在基因水平上对春化作用机制的新的解释，但仍缺乏直接证据。而春化基因的分离为解决这个问题提供了最有力的证明。种康等利用差异筛选法从冬小麦中克隆了几个与春化相关的基因（*VER*203，*VER*17），通过反义基因技术，发现转基因植株成花过程明显被抑制，因此 *VER*203 很可能是控制春化过程的关键基因之一。Sun 等发现将基因 $RiTL^{-DNA}$ 插入菊苣（*Cichorium intybus*）基因组，转基因植株在无需春化的条件下当年开花。因此 $RiTL^{-DNA}$ 直接或间接影响植物对春化的需要。目前已发现拟南芥的 *Fy*，*Fpa*，*Fve*，*Fe* 等 5 个基因为对春化作用敏感的基因。豌豆中至少有 8 个春化基因控制开花。

因此,春化过程可能是植物直接接受外界信号后,逐步产生应答反应而完成成花决定的过程,是有关的开花基因解除阻遏而表达的过程。

13.2.2 内部因子对成花的影响

植物开花的环境控制是在植物建立了成花感受态的基础上进行的。只有植物完成了幼年期之后才能感受外界环境的诱导。各种植物的幼年期长短不同,对光周期和温度诱导的敏感性也不同。大多数光周期植物没有明显的幼年期,但也随着年龄的增加对日长的敏感性增加。对温度诱导敏感的植物中有些是在种子萌发期即可感受温度诱导的一年生植物,也有具有明显的幼年期的二年生及多年生植物,多数木本植物具有典型的幼年期。许多试验证明,促进开花的物质是在叶中产生并运输到芽中,使叶芽转变为花芽,因此,叶对成花有重要影响。

13.2.3 生长调节物质对开花的影响

植物生长调节剂现已广泛应用于花卉生产中的开花调控。IAA 等生长素在短日下大幅度抑制菊花开花。赤霉素可使一些需低温植物在常温下抽薹开花,使一些短日植物在长日下开花。

多胺作为具有活性的物质,在植物成花转变中起调控作用;多胺对浮萍开花的抑制作用随浓度而增加,其中精胺作用最大,腐胺最小。精胺使烟草薄层细胞培养时产生花芽,亚精胺导致烟草营养体成花,促进苹果的花发生。外源供给多胺有利于石竹试管苗成花。但多胺对花芽分化的作用机理,目前还没有统一的说法。乙烯也具有抑制开花的作用。

Luckwill 提出激素的平衡变化可导致与成花有关的基因解除阻遏。而激素如何使基因活化是激素调节成花的关键所在。研究认为,组蛋白可限制染色质上的基因表达,使 DNA 不能转录成 mRNA,而激素则可与这种基因阻遏物-组蛋白结合,而使 DNA 暴露出来作为转录模板。在开花信息到达茎顶端以后,DNA 合成出现高峰,同时组蛋白含量降低至最小,而后又迅速增加,且总蛋白量与组蛋白平行,所以激素在转录和翻译水平上发挥作用,主要通过对蛋白质或酶的合成和酶的活性的调节来调节植物的成花。

13.3 花转变的顺序和基因对成花的控制

开花是复杂的形态建成过程,是植物体内各种因素共同作用并同环境因子相互协调的结果。其中基因起着决定性作用。现代分子生物学已开展了成花基因的研究,结果表明:开花是成花基因表达的结果。目前已分离出与控制花型、花色有关的基因。这些研究为阐明花芽分化机理和从分子水平调控成花提供了依据。

植物完成成花诱导后花的发育分 2 个阶段:首先是茎的分生组织转变为花的分生组织;然后是花模式的形成和花器官的形成。在成花时顶端分生组织经历各种变化,但成花转变的特性相似。如呼吸基质及一些酶活性增加,呼吸速度增大,蛋白质、氨基酸组分的改变等。现代分子遗传学研究证明植物花发育中开花阶段有全新的一组基因表达。目前利用模式植物拟南芥和金鱼草等分离出多种影响开花的基因。植物控制开花过程的基因可根据其作用阶段的不同分为开花决定基因和器官决定基因。开花决定基因控制茎顶端分生组织转化为花分生组织，即花的诱导过程。这些基因的表达影响开花的早晚。通常将参与诱导的基因分成2类：与开花时间有关的基因和分生组织特异基因（meristem identity gene）。

13.3.1 植物开花的遗传调控

13.3.1.1 开花时间决定基因

在植物开花过程中有一类基因可以不受日照长度的影响，它们的表达足够触发开花，这一类基因称为开花时间决定基因。拟南芥中一些突变体（如 fca，fpa，ld，fy）对春化作用反应强烈，但在非光周期诱导下延迟开花，而相应的野生型开花与春化作用和光周期无关，这些基因被认为自主促进植物成花。CO 是从拟南芥中分离出的开花时间决定基因。用地塞米松处理的 CO：GR 融合基因转入植株后转基因植株迅速成花，甚至在野生型植株非开花时间进行处理也得到同样的结果，这说明 CO 基因的足够表达可触发开花。

13.3.1.2 花序分生组织决定基因

植物在遗传因子和环境作用下顶端分生组织转化为花序分生组织。遗传研究发现 emf 突变体可以不经过营养生长阶段，在种子萌发后即可成花。与其他早花和晚花突变进行的双突变分析表明：该基因对其他开花时间基因均表现上位效应，可见 EMF 基因在植物发育中起着极其重要的作用，它可能是植物从营养生长转向生殖生长的中心控制因子。$TFL1$ 基因抑制花分生组织的形成，它的突变使叶减少，花序分生组织提前出现。$TFL1$ 还在花序分生组织中负调控 LFY 和 $AP1$ 的活性。

13.3.1.3 花分生组织基因

在花分生组织特异基因的作用下，花序分生组织产生花分生组织。目前在拟南芥和金鱼草中发现了许多参与花分生组织决定的基因（表13-2）。

花分生组织决定基因之间也是相互影响、相互作用的。$lfy/ap1$ 双突变体中所有花原基均转变成花序，表明 LFY 和 $AP1$ 在花分生组织决定中具叠加效应。$ap1/cal$ 双突变体中，花分生组织全部转化为花序分生组织，结果在花的着生部位形成一簇分生

表 13-2 花分生组织决定基因

基因	突变体表型	功能作用
LFY/FLO	花向花序的部分或全部转变	参与花分生组织决定及花瓣和雄蕊特征
AP1	花器官腋部产生一级或多级花分生组织	参与花分生组织决定及萼片与花瓣的形成
CAL	纯合突变体与野生型无明显差别	参与花分生组织决定

组织，但 cal 纯合突变体表现型与野生型无明显差异，CAL 的功能缺失可能被 AP1 所补偿。因为 ap1 单突变体的花分生组织与 ap1/cal 双突变体的花序分生组织相同，所以，在花分生组织决定阶段 CAL 可大部分代替 AP1。但在决定花器官特征上 CAL 不能代替 AP1 的功能，因为 ap1 单突变体中，一、二轮花器官不能正常发育。在 ap1/cal 双突变体中，LFY RNA 水平显著下降，而 ap1 单突变体的 LFY RNA 保持正常水平，表明 CAL 功能之一可能是促进 LFY 的表达。lfy/ap1/ca1 三突变与 lfy/ap1 双突变体的表现型相同，说明在 LFY 功能失活的情况下，CAL 的表达与否对突变体的表现型没有影响。

研究表明 LFY 和 FLO 基因所编码的蛋白在氨基酸末端存在中央酸性区域及富含脯氨酸的区域，表明它们可能具有转录活化因子的功能。LFY 蛋白在植物细胞核中的特异性定位也支持了上述推测。在野生型植物中，LFY RNA 最早出现于花序分生组织下侧即将产生花原基的部位，但花序分生组织中无表达。随着花分生组织的形成，LFY RNA 的表达量逐渐增加并分布于整个花分生组织中。当花器官原基开始出现时，中央部位的表达大部分消失。LFY 似乎是已知最早的成花分子标记，因为 AP1 和 CAL 的表达均发生于 LFY 表达开始后不久。转基因研究发现，LFY 的超量表达对花的结构无本质上的影响，但导致枝条向花的转变，使植株早开花；LFY 的活性在亲缘关系很远的植物间是相当保守的，而通过导入 LFY 基因，有可能调节开花时间。

AP1 基因和 CAL 基因所编码的蛋白均含有 MADS 区，同源性达 76%，这一结果表明这 2 个蛋白可能识别相似的 DNA 序列及调控类似的靶基因。AP1 所编码的蛋白含有 1 个与酵母和人的转录因子高度同源的 DNA 结合区，说明 AP1 蛋白属于转录激活因子。

13.3.1.4 花器官发育的基因

花分生组织形成后，随着花器官原基的产生，花器官发育基因被活化。通过对拟南芥和金鱼草花器官突变体的研究，建立了花器官发育中的同源异型基因作用的 ABC 模型。在这一模型中有 A，B，C 3 类基因参与了 4 种花器官特征的决定。每类基因均在相邻的两轮花器官中起作用，即 A 型基因在 1，2 轮表达，B 型基因在 2，3 轮表达，C 型基因在 3，4 轮表达。因此在 1，4 轮中，A 和 C 分别单独决定萼片和心皮的形成，而 A 和 B 及 B 和 C 2 组基因的作用分别决定 2，3 轮花瓣和雄蕊的特征。矮牵牛中发现决定胎座和胚珠中央分生组织特征的 FBP7 和 FBP11 基因，并将其列为 D 基因，这是 ABC 模型的延伸。

AG 基因是第 1 个从拟南芥中克隆的花同源基因，其产物含有 MADS 区。AG RNA 在内 2 轮花器官中特异性积累，其表达最早发生于萼片原基形成时期将产生雄蕊和心皮的部位，此后在该两处均一表达。花发育后期，AG RNA 不存在。AP3 也属于 MADS 盒基因，其表达时期与 AG 相同。AP3 RNA 除在花瓣和雄蕊中积累外，还存在胚珠和外珠被中，但关于 AP3 在胚珠中的发育尚不清楚。B 型 PI 也是含有 MADS 盒的基因，在花瓣和雄蕊原基中特异表达。

金鱼草中 DEF 和 GLO 2 种蛋白以杂二聚体的形式与酵母的 MADS 位点结合。

AP3 和 *PI* 也具类似的特点,它们可能以杂二聚体的形式进一步启动下游基因的表达。

AP1 也是 MADS 盒基因家族中的成员之一,具有决定花分生组织和器官的双重功能。*AP2* 不属于 MADS 盒基因。*AP2* 蛋白含有一个具有 68 个氨基酸的重复序列,叫做 *AP2* 区。*AP2* RNA 在各轮花器官及茎叶中均有积累,但对营养器官的表现型没有影响。

A,B,C 模型中,A 类基因与 C 类基因互相阻遏。*ap2* 单突变体中,外两轮花器官通常发育为心皮和雄蕊,而 *ap2/ag* 双突变体的 1,2 轮花器官分别发育为叶和雄蕊状花瓣。这表明 *ap2* 突变体的外两轮花器官中有 *AG* 基因起作用。同样 *ap2/ag* 双突变体的内轮花器官发育为雄蕊状花瓣和叶,而 *ag* 单突变体的内轮花器官为花瓣和萼片。*AP2* 在 *ag* 突变体的内轮花器官中发生了表达。在 A,B,C 3 种花器官决定基因全部失活的三突变体中,所有花器官通常均发育为叶的形状,证实了花器官为变态的叶子的理论。

13.3.2 花器官发育的遗传调控模型

13.3.2.1 ABC 模型

典型双子叶植物的花从外向内由花萼、花瓣、雄蕊、心皮 4 轮结构组成。科学家通过对拟南芥和金鱼草花器官突变体的研究建立起了经典 ABC 模型。它阐明了 A,B,C 3 类花器官特征基因(floral organ identity genes)[也称为同源异型基因(homeotic genes)]如何控制 4 轮花器官发育。每类基因均在相邻的 2 轮花器官中起作用:A 类基因控制花萼的发育,C 类基因控制心皮的发育,A 类和 B 类共同控制花瓣的发育,B 类和 C 类共同控制雄蕊的发育。在拟南芥中 A 功能由 *AP1*、*AP2* 和 *LUG* 决定;B 功能由 *AP3* 和 *PI* 决定;C 功能由 *AG* 决定。金鱼草中 A 功能由 *SQUA* 决定;B 功能由 *DEF* 和 *GLO* 决定;C 功能由 *PLE* 决定(图 13-4)。

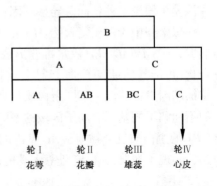

图 13-4 花器官发育的 ABC 模型示意

13.3.2.2 ABCD 模型和 ABCDE 模型

随着新的突变体的出现,ABC 模型不断得到补充、发展和完善。人们在研究矮牵牛时发现了决定胎座和胚珠中央分生组织特征的 *FBP7* 和 *FBP11* 基因并将其列为 D 类基因,并提出了 ABCD 模型。

进一步研究发现:拟南芥的 *SEPALLATA*1(*SEP*1)、*SEPALLATA*2(*SEP*2)和 *SEPAL-LATA*3(*SEP*3)基因对于花瓣、雄蕊和雌蕊的形成不可缺少,扶郎花中发现了雄蕊发育所必需的花器官同一性基因 *GRCD* I,同时在水稻桨片和雄蕊中发现其正常发育所需的 *OSMADS*1。针对这些产生另一种花同源异型功能的基因,Gunter Theiben 提出 E 功能,把它们命名为 E 类基因,并进而提出 ABCDE 模型。

13.3.2.3 四因子模型

ABC 模型不断扩展，导致其对称性、简单性消失和模型中字母在不同概念中的含义的混乱，E 功能基因的出现更加重了问题的严重性，此时 ABC 模型存在的基础已失去，四因子模型(quartet model)应运而生(图 13-5)。

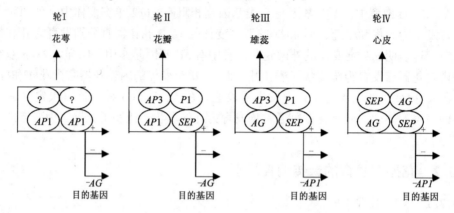

图 13-5　拟南芥花器官决定的四因子模型
"＋"激活作用；"－"抑制作用；"?"未知蛋白质

该模型假设 4 种花同源异型基因(或基因产物)的不同组合决定不同花器官的特征。在拟南芥中蛋白质复合物 AP1-AP1-?-? 决定萼片形成，AP1-AP3-PI-SEP 决定花瓣形成，AP3-PI-AG-SEP 决定雄蕊形成，AG-AG-SEP-SEP 决定心皮形成。这些蛋白质复合物(可能是转录因子)通过粘着在特异目标基因的启动子上激活或抑制不同的器官特征基因发挥功能。不同蛋白质复合物和 DNA 序列(可能是 CarG-boxes)之间亲和力的不同和不同基因启动子区域的不同决定了蛋白质复合物和目标基因的相互选择。含 AP1 的蛋白质复合物抑制 AG 基因的表达，含 AG 的蛋白质复合物抑制 AP1 基因的表达，实现了经典 ABC 模型中 A 功能和 C 功能的拮抗。

13.4　植物成花过程中各因子之间的互作

在植物成花过程中，各种因子之间并不是孤立存在的。环境与遗传因子之间、基因与基因之间通常都发生互作。

CO 是开花计时基因，足够量时可触发植物开花。CO 在长日下比短日下表达量高，它的表达受 CRY2 的正调节。AG 的功能也受光周期影响，短日下 ag 突变体的花分生组织的异常比长日下严重。自然界中含 FRI 及 FLC 显性等位基因的拟南芥表现出晚花特性，但这种特性可被春化作用改变，使花期提前。

据目前研究结果推测：早期发生作用的花分生组织决定基因可能是器官决定基因的活化因子。lfy 突变体中，AP3 和 PI 表达水平显著降低，说明 LFY 蛋白可能是这些基因的正调控因子。AG 基因在 lfy 突变体中表达量也降低，而 lfy/ap1 双突变体中 AG

的正常表达被完全打乱。*ap1* 单突变体中 *AG* 的表达时间不变,而 *ap1/cal* 双突变中 *AG* 表达推迟。这些结果表明,*LFY*,*AP1* 和 *GAL* 对 *AG* 的活化功能具部分重叠性。

开花计时基因 *GI*,*CO*,*GA1*,*FCA* 和 *FVE* 基因是 *LFY* 基因活化和功能所必需;*FWA*,*FT*,*FE* 是应答 *LFY* 所必需;*FWA*,*FT* 是活化 *AP1* 所需;*VRN1*,*VRN2* 解除 *FRI*,*FLC* 对开花的抑制;*AP1* 与 *EMF* 相互抑制。

因此,植物生长的转变主要是通过基因间抑制和解抑制相互作用及环境的相互协调来完成的。

13.5 成花逆转现象

植物完成成花诱导（flowering transition）,其顶端分生组织开始稳定的生殖生长。但是如果环境条件不适应,植物可能从生殖生长逆转回营养生长,这种现象称为成花逆转（flowering reversion）。通常认为开花是单向过程,一旦启动则将完成整个过程,要人为中断非常困难。成花逆转为成花决定和成花过程提供了一个分段研究的机会,而且在生产实践上也有重要的指导意义。

13.5.1 成花逆转现象的类型

成花逆转现象包括 3 种类型：花逆转（floral reversion）,花分生组织重新回复到营养分生组织,重新长叶;花序逆转（inflorescence reversion）,花序轴上分生组织不再形成花芽,而是长出带叶的营养枝条;部分开花（partial flowering）,开花植株上长出营养芽,重新恢复营养生长。

(1) 花逆转

观赏植物上发生花逆转的实例有很多。菊花的"柳芽头"现象就是典型的成花逆转现象。发生花逆转时,花分生组织从花分生状态转变到营养生长状态,顶端分生组织在花结构形成开始以后回复到叶片的形态。将处于花发育阶段的短日植物凤仙花（*Impatiens balsamina*）的栽培品种'Rose',从短日条件移至长日条件下,其叶腋处的花即逆转。在非诱导的长日条件下施用赤霉酸（GA3）可诱导这种凤仙花开花,如不继续经常使用赤霉酸也会导致开花逆转。通过改变短日时间的长短也可以得到不同类型的花逆转。再如凤仙花品种'Dwarf BushFlowered',对其植株进行 5d 或更多一些日数的短日诱导,此后移至非诱导的长日条件下,即可以得到整个系列的逆转类型,逆转类型与其移至长日条件前短日处理日数正相关,5 个短日可引起较为一致的逆转响应。不同物种花逆转的诱导因素各异：裂叶牵牛在高温和 γ 射线作用下发生花逆转;琉璃繁缕（*Anagallis arvensis*）为 1 个长日处理;在草莓（*Fragaria × ananassa*）花发端期间施马来酰肼可以导致花逆转;对甜橙（*Citrus sinensis*）施用 GA3 可引起尚未分化的萼片顶端出现花逆转;一种伽蓝菜属植物（*Kalanchoe* sp.）的花芽在组织培养条件下可发生花逆转;接受短日光周期诱导的苍耳（*Xanthium sibiricum*）植株可以通过去顶、摘心或随后的局部去芽引起逆转,植株的逆转情况随着诱导刺激物的浓度和芽的去除程度而变化,经过 7 个短日照诱导的光周期处理后连续 4 次作去顶几乎全部逆转，如诱导植株的叶片全保留，则仅需 3 个诱导光周期就可逆转。

（2）花序逆转

经长日诱导开花的白芥（*Sinapis alba*）植株在弱光和非诱导的短日照下发育变慢，经一段时间的"刹车"后可发生逆转。紫苏（*Perilla frutescens*）植株从短日条件移至非诱导的长日条件下时，其顶端继续生长，恢复叶的分化，花序位于植株基部和顶端营养器官之间。经春化诱导的菊花其花序在长日条件不能继续发育，去除其花序下面的侧枝，或切下花序并使花序单独发根，可使头状花序上形成正常情况下不能出现的苞叶，并可从小花处长出枝条（有时为叶状），发育成次级花序。临界光周期下生长的草木樨（*Melilotus officinalis*），其花序上产生叶片，形成营养花序。长日植物二色金光菊（*Rudbeckia bicolor*）在短日和高温（32℃）条件下，植株上形成营养花序。在小于 12h 的短日条件下，植株不能开花，从而形成莲座叶。木本植物的花序逆转由成熟状态到童期的转变频率很低。施用赤霉酸，可使正在开花的洋常春藤枝条逆转到童期状态。这种转变伴随着叶序、顶端结构、生长速率的变化使整个顶端由生殖发育状态转变成营养生长状态。由上可以看出，无论是光周期敏感植物还是日中性植物，都可通过适当的条件诱导花序逆转。一般来说，引起逆转的条件同促进开花的条件相反。

（3）部分开花

Garner 和 Allard（1920，1923）的研究发现：大豆品种'Biloxi'经短日诱导开花后，如果遇到夏季的长日照，其生殖发育会受到抑制并有大量分枝产生。韩天富等（1998）的工作也表明，开花后的大豆品种'自贡冬豆'移到长日条件（>15h）下，其植株生殖发育停止，原有花荚大部分脱落，少数存留的荚果发育迟缓，主茎中、上部叶腋处产生大量新的分枝，恢复到以营养生长为主的状态，有些研究者也将这种逆转形式称为整株逆转（whole-plant reversion）。

13.5.2 成花逆转现象的研究方法

对成花逆转现象进行研究的方法主要是利用组织培养和利用具有明显成花逆转现象的植物。短日植物凤仙花是研究成花逆转比较成熟的材料，它在开花过程的任何阶段转入长日照处理即发生逆转；然后将已逆转的植物再经短日照处理后仍能再次开花。此外，菊花、莴苣（*Lactuca sativa*）、常春藤等植物，其成花决定过程在花发育到一定阶段才完成，此前成花途径与营养途径同时存在，因此也可以用来进行成花逆转处理而得到成花逆转现象。

用已经完成成花决定的花芽、花序、花轴、花丝等外植体或未完成成花决定的营养体如顶芽等为材料，通过调整培养基中各组成成分，可研究培养条件对成花逆转的效应。在组织培养中一般经过以下几个步骤：外植体—脱分化—愈伤组织—再分化—完整植株。植物细胞具有全能性，任何一个未高度分化的细胞都具有形成完整植株的能力，但是来源于不同部位的外植体成花能力不同。例如，来源于已完成成花决定的花器官部位的外植体，如花序轴、花柄、花丝等可以在适合的培养条件下直接分化出花芽，但是改变培养基可使细胞朝营养生长方向发育，表明离体细胞的成花决定的稳定程度是相对的，一般来说脱分化的程度与保持成花决定的稳定程度呈反比。

13.5.3 造成成花逆转现象的原因

现有研究表明，造成成花逆转的主要原因有环境条件、完成成花决定的程度和基因突变。成花逆转是植物对环境条件变化的一种应答。不同种类植物中，逆转由不同的因素引起，也可由多个因素引起。一般来说，引起逆转的环境因素与诱导成花决定的条件相反；成花决定态并不是整个组织的所有细胞同时获得的状态，因而成花逆转同植物完成成花决定的程度具有密切关系。研究证明，成花决定完成不彻底的植物在非诱导条件下才有逆转发生的可能。如茼蒿（*Chrysanthemum coronarium*），由于成花决定是在苞叶开始形成之前完成，故苞叶形成之前没有完全形成成花决定，所以在苞叶形成之前进行逆转处理能够使之发生逆转，以后则不能发生逆转。环境因素和成花决定程度与成花逆转的关系可以用图 13-6 来表示。

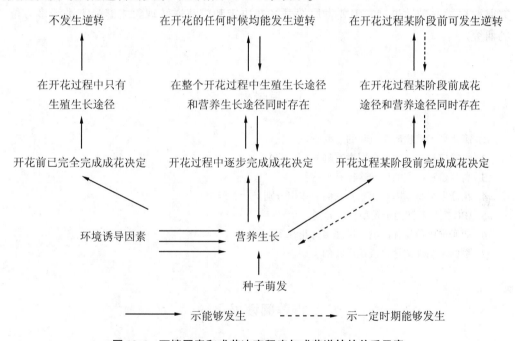

图 13-6　环境因素和成花决定程度与成花逆转的关系示意

13.5.4 基因突变与成花逆转现象

除外界因素外，与花发育有关基因的突变，也会造成成花逆转。逆转的程度与发生突变的基因数量以及这些基因在野生型植物成花中的作用强弱有关。一个极端反证例子是 *EMF*，它是激活营养生长所必需的基因，对生殖生长起抑制作用，所以 *emf* 突变体在种子萌发后很快进入生殖生长并产生花序分生组织，而无需经过营养生长阶段。

Pouteau 等（1997，1998）分别用处于营养生长、开花、逆转状态的植株，研究与金鱼草 *FIM* 基因同源的 *Imp - FIM* 基因在凤仙花顶端分生组织中的转录模式，发现

Imp – FIM 基因可在花瓣原基中高水平表达。在营养生长和逆转植株的顶端分生组织中,此种基因可在叶原基中表达。他们认为逆转植株中开花状态的丧失并非由花瓣中 *Imp – FIM* 基因的转录所引起;对模式植物拟南芥花器官发育的分子生物学研究表明,茎端分生组织特性基因对转向生殖发育的分生组织的命运具有决定作用(Nissen and Weigel,1997)。其中 *LFY/ FLO*,*AP1/ SQUA*,*CAL*,*AP2*,*UFO* 等基因的突变常使花序和花结构向枝条转变。在 *lfy* 突变体中,早期发生的花可被侧枝所取代,后期发生的花则转变为叶片,这些叶片的叶腋内产生具有枝条特性的花。*ap1* 突变体虽可形成正常花原基,但花原基发育形成的花具有枝条特性;在金鱼草中 *flo* 突变体的花序侧生分生组织产生无限性二级枝条而不是花,二级枝条会形成三级枝条。*Squa* 突变体还表现出花与分枝的转变。拟南芥菜和金鱼草的 *lfy/ flo*,*ap1/ squa* 突变体的花序和花结构与长日诱导的大豆逆转花序和逆转花的结构类似。

目前,应用分子生物学与经典遗传逆转分析相结合的方法对成花逆转现象进行研究已取得了突破性进展,但要彻底揭开开花决定和成花逆转现象之谜尚需进行多方位的研究。

思考题

1. 简述高等植物成花过程的主要阶段。
2. 影响植物成花的环境因素有哪些?
3. 高等植物成花的诱导途径有哪些?
4. 花分生组织基因有哪些?它们的作用分别是什么?
5. ABC 模型和四因子模型有何异同?
6. 如何利用花发育的遗传机理培育花卉新品种?
7. 举例说明观赏植物成花逆转的类型。

推荐阅读书目

园林植物遗传育种学. 程金水. 中国林业出版社,2000.
植物花发育的分子生物学. 孟繁静. 中国农业出版社,2000.

第14章 重瓣性的遗传和花型的发展

[**本章提要**] 重瓣花产生的丰满之美是人类在花园中创造的最重要的育种成就之一。本章介绍花被的发生和进化趋势；重瓣花的起源；重瓣花的遗传；花型的发展趋势。

植物花朵的观赏价值主要由四大要素决定，即花色、花径、花型和花香。从整个花卉利用的角度来看，还应包括开花期、开花延续期、抗性、株型等多种要素。花瓣是观花植物的主要观赏部分。对某些含有香精油的花卉（如玫瑰、茉莉），花瓣又是经济价值的重点所在。因此，了解花瓣数目的变异，重瓣性的发生和遗传规律对花卉育种具有重要意义。此外，花瓣的数量和形状对花型的发展或进化有重要影响，实际上，花型是花瓣特征的集体效果，研究花型是离不开花瓣及其重瓣性的。除花瓣外，还有其他组成花型的要素，它们的组合变化构成千变万化的花型。花型要素的组合既有本身的局限性，又受科属特征的制约，因此十分复杂。但只要我们掌握选择的惯性、有机体的保守性和适应饰变沿最小阻力线原则，对一些重要花卉花型发展的现状是可以理解的，而这种理解对今后花卉的花型育种工作也将是很有意义的。

14.1 花被和雄蕊的进化趋势

花被（perianth）是花瓣和花萼的总称。在讨论花瓣的重瓣性和花型进化之前有必要了解花被在自然进化中的发生和进化趋势。通过下面陆续讨论的连续变异和选择的惯性（selective inertia），我们会了解到自然进化中已经发生了的变化趋势将在一定程度上影响栽培植物的遗传和变异，影响花的重瓣性和花型的进化。

14.1.1 花被的进化趋势

(1) 花被是进化上的新事物

从系统进化的角度看，一朵花上最新的部分是花被。花被和雌雄蕊（孢子叶）在自然进化中都是叶的同源器官，或者通俗点讲都是叶子变来的，但雌雄蕊发生的年代更古老。远在蕨类植物出现时就出现了孢子叶的原始形态。裸子植物问世时，雌雄蕊是新生事物，可是当被子植物主宰植物王国以后，五彩缤纷、美丽夺目的花被才开始出现，其主要功能是吸引昆虫授粉和更好地保护花朵中的子房。这种从一开始以装饰为目的的新器官，是被子植物最主要的特征，也是被子植物最显著的变异趋势之一。叶器官的瓣化是现代园艺植物花型进化中仍然保持着的变异趋势之一，这一点将在下面讨论。在叶器官瓣化这一进化趋势中，后来又有一股逆流，即由于某些特殊自然条件的发生，有的虫媒花改变为风媒花，从而导致一些植物（如杨柳等）的花瓣退化。

（2）花被进化的第二种趋势是花萼和花瓣的分化

被子植物中较原始的花被类型是由螺旋状排列的苞片状物和花萼组成的，如木兰属植物。在这些植物中萼片和花瓣的区分是不明显的，唯一引人注目的变化是花被以鲜艳的色彩吸引昆虫传粉。花被分化成外层起保护作用的花萼系统和内层起吸引昆虫作用的花瓣系统，在被子植物进化中可能发生过不止一次，即在不同的科属中从不完全相同的途径达到相同的目标。花萼是由茎最上端的叶子演变而来，而花瓣则是由花萼演变的。大多数的马齿苋科植物，其花被由2片"花萼"和5片"花瓣"所组成。这2个"萼片"无论从形态结构上还是从组织结构上看都与茎最上部的叶子很相似。因此，至少在马齿苋科植物中，花萼可能是由叶子变来的，类似的例子还可以从番杏科植物上看到。

（3）花被进化的第三种趋势是合瓣花的形成和合萼的发生

萼片联合形成合萼，花瓣联合形成合瓣，都曾在被子植物的不同科属的进化系统中重复地出现过多次。萼片和花瓣的合生现象可以分别独立地进行，两者也可以在一个植株上同时发生。有的花萼基部联合成杯状、钟状或圆筒状，但花瓣是分离的，如罂粟科、木棉科、锦葵科植物。有的花萼是分离的，但其花瓣却是联合的，如紫金牛科、马钱科和龙胆科的某些属的植物。

上述合萼和合瓣的不同组合按一般常识是难以理解的，因为假定某些内部因素控制着器官的合生，那么合萼和合瓣两种过程之间似乎应该有相关关系。上述现象可以用适应饰变沿最小阻力线（adaptive modification along the lines of least resistance）的理论加以解释。自然（或人工）选择加在花萼上的选择压力（selective pressure）和加在花瓣上的选择压力可能是十分不同的，因为它们在花朵上的功能是不同的。

花萼的功能是保护幼嫩的花器官免于干燥和冻害，也防止昆虫的蚕食。完成这些功能或提高其效率，可以通过几种不同的途径来实现。例如，可以增加萼片生长的宽度，从而使它们互相抱合或搭接，提供数层而不是一层覆盖物。也可以用特化的苞片覆盖整个花序，或者用完全合生的花萼，极端的例子是形成一种保护性的帽状物，如桉属和花菱草属植物。对任何具体的植物进化路线来讲，出现哪一种情况决定于开始增加选择压力时萼片或苞片的预先适应（preadaptation）的程度，或者决定于原始群体中某种基因出现的机会。

花冠的功能既吸引传粉者，又有助于提高授粉作用的效率。从这个意义上讲，延长合瓣花花筒长度的意义是不难理解的。可是另一方面，导致花瓣基部合生的居间分生组织的形成问题却是个难点。花瓣基部联合的杯状花或轮状花（如珍珠菜属 Lysimachia）从功能上几乎跟形状相同花瓣完全分离的花之间没有什么区别。因此，这种情况的出现可能仅仅是有利于花冠基部居间分生组织形成的基因偶然发生的结果。

在花瓣（或花萼）的联合和分离问题上，植物生理学知识可以提供更好的解释。某些生理因素是导致器官居间分生组织形成的重要条件，特别是各种植物激素。十分有趣的事实是花瓣较强的居间合生趋势伴随着花冠增大的趋势，如旋花科〔马蹄金属（*Dichondra*）、土丁桂属（*Evolvulus*）、旋花属（*Convolvulus*）]、报春花科（Primulaceae）[珍珠菜属（*Lysimachia*）、报春花属（*Primula*）]、景天科（Crasulaceae）、百合科（Liliaceae）植物。我们可以假定在花原基形成的早期阶段，一个很小的分生组织所包含的植物激素物质的量要比一个大的分生组织少得多。因此，一个花瓣最初的居间分生组织不仅导致了花瓣（或花萼）的合生，而且也会促进花瓣生长和花朵的增大，这样，引起居间合生的基因可能具有多效性。但是这一假定还需要进一步的研究。

（4）花被进化的第四种趋势是由辐射对称花被向两侧对称花被转变

花朵由辐射对称向两侧对称转变在许多进化路线上独立地发展着。其变异数量之多超过其他任何花被构造的变异，绝大多数两侧对称花的变化可以在一个科的范围内发生。植物分类学家的研究表明，在现代植物分类系统的科或目的水平上仅发现 10 种独立起源的对称变异，在科内不同属间却发现 25 种，甚至有的属内不同种间也可以看到这类两侧对称的变异，如虎耳草属（*Saxifraga*）、克美莲属（*Camassia*）和烟草属。以上这些事实说明有利于两侧对称的基因变化更容易引起器官合生（如花瓣）的基因突变。

着生在总状花序或其他延长状花序上的小花，由于着生位置总是在花序轴的一侧，所以它们多少有些向外侧倾斜，处于下方的一个花瓣或花冠的一个裂片如果长得稍长而且平展，给授粉昆虫的着陆和停留准备一个"站台"，这一微小的变异将产生很大的选择压力来保存和发展这个变异，并最终导致两侧对称花的形成。有的植物在这个下唇花瓣的上方，花药与花冠贴生，或柱头向上偏移，从而使异花授粉效率更高。

花的两侧对称和总状花序或类似花序的相关性在许多植物上都被发现过。经常可以看到总状花序上着生辐射对称小花的植物。这说明小花侧生对两侧对称花的发生是必需的，但不是决定的条件。另一方面，有些顶生的（非侧生的）两侧对称花常常（不是所有的）发生在一些科里，这些科里有的属具有侧生的两侧对称花。这些植物很可能起源于古代侧生的两侧对称花的祖先。

这里讨论这些花被自然进化趋势的目的，不是为了研究分类学和自然进化，而是为了预测今后花卉花型进化的可能发展方向。由于叶器官的瓣化是被子植物发展的主流，花卉品种的重瓣化就不应该有严重的障碍，因为它是符合进化潮流的。另一方面，两侧对称比合瓣更容易发生，因此从目前辐射对称的花卉（如月季、山茶、芍药、牡丹等）中，选育出两侧对称的新花型不是没有可能的。

14.1.2　雄蕊的进化趋势

雄蕊与花被的关系十分密切，它们不仅协调一致完成授粉过程，有时雄蕊可以直接变成花瓣，成为花卉观赏价值的组成部分之一。在自然进化中，雄蕊发生了以下 5 种主要变异倾向（Stebbins，1974）。

（1）花丝延长

通过花药下部的居间分生组织的活动，或花丝细胞本身的延长，达到使花药伸出花冠便于传粉的目的。

(2) 雄蕊数目的改变

雄蕊数目有的增加，有的减少。花药数目很多的种属，常常在别的特征方面相当专化，蔷薇属大多数物种每朵花具有 100 个以上的雄蕊，有的多达 300 个以上。绝大多数有大量雄蕊的物种，它的花是扁平的，具有少量或者没有花蜜。因此，这些植物是以超过授粉实际需要的过量花粉来取胜的。

减少雄蕊数量的趋势远远超过增加雄蕊的趋势。从花与授粉昆虫相互作用的观点来看，这是可以预期的结果。减少雄蕊一般是从无定数的大量雄蕊缩减到一定数量的少数雄蕊，其数目通常是花瓣与花萼数目的总和（Stebbins, 1974）。

(3) 雄蕊不育化

通过对孢原组织分化的抑制，或雄蕊变成花瓣，从而使雄蕊失去形成花粉的能力。雄蕊的不育化或瓣化在花卉育种中是常见的变异现象，由此形成了无数的花型（如芍药、牡丹）。但是多少有些出乎花卉育种家意料之外的事实是，这种现象在被子植物自然进化中也同样存在。因此，这不完全是人工选择的结果。这一事实使我们认识到植物的自然进化和花型的人工进化两者之间是紧密联系的。

(4) 花丝合生成雄蕊柱

雄蕊柱的形成对花柱和子房起到保护作用，如锦葵科植物。由于某些花卉，如扶桑的雄蕊柱硕大而鲜艳，高高地伸出花冠，起到吸引昆虫的作用，这种装饰性不仅有利于吸引昆虫，同样也有利于人们的观赏。

(5) 雄蕊贴生于花冠

这种贴生（adnation）开始于花丝分生组织和花冠分生组织分化以前。它的自然选择价值在于把花药放在一个固定的位置上，以便于昆虫的传粉。

14.2 重瓣花的起源

目前的研究认为重瓣花有以下 4 种不同的起源方式：积累起源、重复起源、雌雄蕊瓣化起源和花序起源。4 种方式在某些情况下可能有交叉，又因不同的物种而有所差异，但都是创造性的起源方式。这里不包括单瓣花同重瓣花杂交而选出新的重瓣花品种的重组方式。

14.2.1 积累起源的重瓣花

单瓣花的花瓣数目一般是固定的，并在加减一两个花瓣的范围中变动。在人工选择的条件下，从多一两个花瓣的单株开始，经过若干代的选择，可使花瓣数目逐年增加，直至最后形成重瓣花（Huether, 1968, 1969）。在 1 年生植物掌叶吉利（*Linanthus androsaceus*）上进行的试验，提供了一个很好的例子。在花荵科（Polemoniaceae）中，有 16 个属的几百种植物，它们的花冠裂片数是以 5 为基数的，很少有例外。然而在一些 1 年生植物如 *Linanthus*（掌叶吉利属）和 *Gilia*（介代花属）的自然群体中总会发现一个或几个花朵，违背以 5 为基数的规律，它们的花冠裂片或者有 6~7 个，或者为 4 个。这种偏差不是由于发育的意外"事故",而是由于广泛存在的处于隐藏状态的遗传变异库(pool of hidden genetic variability)的表露。Huether 以掌叶吉利花部多一两个裂片或少一个裂片的单株为基础,向增加裂片数和减少裂片数两个方面,连续进行了 5 个世代的选择(图 14-1),结果在增加裂片的方向上,所有单株都可看到多于 5 个裂片的花朵,其中某些单株多达 8~9 个之间。在减少裂片的方向上的选择,不如在增加裂片的方向上选择那么成功,但是也获得了有意义的结果。

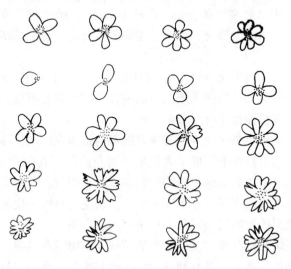

图 14-1　掌叶吉利花冠裂片数目变异示意(引自 Stebbins, 1974)
上排:正常 5 基数的花朵,及其自然群体中花冠裂片数的差异
下 4 排:经过 5 代选择之后,花冠裂片数目的极端变异类型的差异

这些结果说明掌叶吉利的 5 基数花的基因型并非在所有相关位点上都是纯合的。相反,它代表了一种基因平衡的状态。由于某种未知的原因,这种平衡状态的稳定性具有较强的适应性并为自然选择所保留。然而这种适应性可能不决定于 5 基数本身,而是决定于与这种基数有关的发育过程。这一结论是根据下列事实提出来的。首先,对昆虫在这种植物花上传粉情况的仔细观察发现,不同裂片数目的花没有差别。由于花冠的功能是吸引昆虫传粉,4 或 6 个裂片的花出现频率很低的原因不能用假设它们本身有某种弱点的理由来解释。

其次,增加裂片方向的选择所获得的植株,生长得相对较慢、较弱,这种情况一直延续到开花以前。很显然,花冠裂片数目的变异是同这种植物的生长速度和强壮程度相关的。

14.2.2　雌雄蕊起源的重瓣花

雌雄蕊起源的重瓣花在重瓣花中占有十分重要的地位,一些重要的花卉,如芍药、牡丹、睡莲(*Nymphaea tetragona*)、木槿、蜀葵(*Althaea rosea*)等都有这种重瓣花。这种起源的特点是伴随着雄蕊或雌蕊的消失或退化,花瓣数目增加。所增加的新花瓣一般由外向内逐渐变小,直到出现花瓣和雄蕊的过渡形态。有的还残留着花丝或花药的痕迹，仅仅花丝变成花瓣状。这种过渡在睡莲上表现得最为明显。

雌蕊和雄蕊瓣化的倾向是有差别的。在两性花中雌雄蕊相邻着生。雄蕊在外轮，紧接着花瓣的内侧。在原基分化上是依萼片、花瓣、雄蕊和雌蕊的顺序进行。因此，首先发生瓣化的常常是雄蕊然后才是雌蕊。有的仅瓣化到雄蕊为止，有的则雌雄蕊全部变成花瓣，完全丧失结实能力，只有靠营养繁殖方式传宗接代。雌蕊瓣化程度的差异，不完全是因为由外向内顺序的不同，或它们在花中所占位置的差别造成。在某些单性花卉中［如球根秋海棠（*Begonia tuberhybrida*）］，雌雄花并蒂而生，但两朵花的瓣化状况却不同，一朵完全瓣化，变成了漂亮的重瓣花，另一朵却原封不变，继续保持正常的可育性。

雌雄蕊在一系列生理生化特性上是相对立的，它们在氧化-还原势、pH值、所含生理活性物质的种类如植物激素或激素的前体等方面都有明显的差别。这些差别说明雌雄蕊瓣化的过程可能是十分复杂的。

下面用进化论的观点来讨论一下雌雄蕊起源的重瓣花问题。许多植物在进入了人类的花园之后，在人工选择下形成了大量的重瓣花品种，其中有不少失去了可育性，成为只有依靠园艺技术才能繁衍种族的附庸品。从表面看，这种发展趋势完全是对自然进化的一种反动，然而实际上并不完全如此。从花被自然进化的角度来看，被子植物的器官有两种重要的发展趋势同我们讨论的问题有关。

第一，具有装饰性的花瓣的发生和发展是被子植物的新事物，对吸引昆虫传粉有重要作用，对植物的自然进化是有利的。现代园艺品种的重瓣花是装饰性的，与自然进化的趋势是一致的。

第二，雄蕊数目的变化趋势，如前节所述，进化以减少雄蕊数目为主要方向。无固定数目的螺旋状排列的大量雄蕊（如木兰花）逐渐向有固定数目的少数雄蕊（如百合）方向发展。现在园艺植物的重瓣花也是向减少雄蕊的方向发展，因而也符合自然进化的趋势。在自然条件下植物必须保留最低限度的雄蕊数，以保持种系发展。而在园艺栽培中，这个最后保留条件变得不那么重要了，它在选择上失去意义。因此，形成了许多不育的品种，但是可育性和前述那两种自然进化趋势到底是不同的过程。事实上，它们是在彼此独立地发展着。换句话说，尽管已经到了不育的程度，雄蕊数目减少和花瓣数目增加的趋势还在继续。

又如鸢尾和美人蕉等植物的花器官的构造。这些花的构造基本上是在自然选择的条件下形成的，它们在雌雄蕊瓣化的同时仍然保留着可育性。这些植物以事实说明花蕊的花瓣化和不育性之间并不存在必然的联系。在合理选择标准指导下，可以用人工方法创造出雌雄蕊瓣化而又可育的新品种。

由上述情况可见，花蕊起源的重瓣花的发生和发展，不能说是完全与自然进化相违背的。实际上，花卉品种的进化和发展仍然在自然规律允许的范围之内进行，完全违背自然进化规律的花型是不可能发展的。

14.2.3 花序起源的重瓣花

花序起源的重瓣花是由单瓣小花组成的花序。最突出的例子是菊科的头状花序。

它包含多数管状小花，当最外一轮管状小花延伸和扩展成舌状或管状花瓣（称盘边花或辐射花，ray florets），而其余的小花（称盘心花，disc florets）保持不变时，就是单瓣花。当盘心花的一部分或全部也变成舌状或管状花瓣时，就被称为重瓣花。同自然界花朵进化的趋势一样，小管状花的瓣化伴随着雄蕊的减少或丧失，因此只剩下雌蕊。舌状花的雌蕊是可育的，授粉后一般可以结实；而管状花的雌蕊，当管瓣过长（如菊花的某些品种）时则一般不能结实，这在很大程度上可能是由于管状的花瓣过长而妨碍了授粉的缘故。

花序起源的重瓣花也可以是积累起源的。在选择条件下，盘边花的数目呈跃变式的增加，即大部分或全部盘心花同时瓣化，形成托桂型或球形的全重瓣花。这种情况下，不仅雄蕊丧失，有时连雌蕊也失去而变得完全不育。这在菊花和翠菊中时有所见。人们在波斯菊（*Cosmos bipinnata*）的选种中曾获得跃变式的全重瓣类型，其观赏价值大幅度提高而且生活力并不降低，但这一变异由于雌雄蕊的丧失而导致不育。

14.2.4　重复起源的重瓣花

这种类型多见于合瓣花中，如重瓣曼陀罗和毛地黄（*Digitalis purpurea*）等，它的特点是多数为两层（少见三层者）合瓣花，其内层完全重复外层的结构和裂片基数等，而花的其他组成部分，如雄蕊、雌蕊、萼片等一般不减少。这种重瓣花是真正的"重瓣"花。我们对它的发生机制知道得很少，推测可能是花瓣原基早期重复所致。

除以上 4 种不同类型的重瓣花之外，可能还有混合起源的类型。如花序起源的重瓣花也有以积累方式增加重瓣性的。雌雄蕊起源，有时也以积累的方式变异。

14.3　重瓣花的遗传

各种类型的重瓣花，包括单花的和花序的，无疑都是由遗传基础控制的。但是必须明确指出，重瓣性强弱也受环境的制约。开花早期因为营养条件较差，重瓣性特点不能充分表现，这在铁线莲上表现尤为突出，在植株没有充分生长以前，重瓣品种也开单瓣花。菊花的许多管瓣品种也有类似情况，当土质贫瘠或于初花、晚花时期，重瓣品种的花心部分出现一些可育的正常小花，因此可以利用这一特点进行有性杂交育种。

一般来讲重瓣性是一种隐性性状。因此，当品种为纯合体时表现重瓣，而杂合体表现单瓣。当这种杂合体的单瓣花自交或相互授粉时，我们可以预期分离比率为 3/4 单瓣、1/4 重瓣。然而，在某些芽变的单瓣（ever sporting single）类型中，那些不含有双隐性等位基因（recessive allele）的花粉粒死亡，所以当杂合体之间杂交时，它们产生大约 50% 的单瓣和 50% 的重瓣植株。重瓣类型的种子发芽比单瓣早，而且生长更强健。因此，可以在幼苗的早期阶段选出大多数重瓣类型，这对温室早期催花和供应切花的商业经济有重要意义。在菊科花卉中（如大丽花），重瓣性的遗传表现为明显的数量性状遗传规律，即从单瓣到重瓣出现一系列过渡类型（图 14-2）。

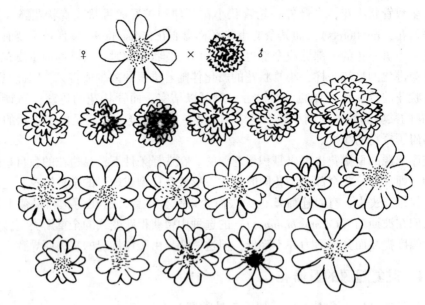

图 14-2 大丽花花型变化示意

14.4 花型的发展趋势

14.4.1 花型的概念及其主要类别

这里将讨论的是花卉的花型而不是花形。花形是花朵的形态，是植物分类学用以测定植物亲缘关系的重要依据。花形是自然选择的产物，有丰富的多样性，因此不是本章讨论的重点。

花型是观花植物（包括草本和木本）花朵形态的变异类型，是不同植物和不同花形之间的某些共同特点。花型一般不用作植物分类的依据，但具有园艺学和经济学的价值。例如，前节讨论的单瓣花和重瓣花就是两种花型。它们不是某一种植物所特有的特点，而是许多植物和花形的共同特点。荷花的重瓣花和曼陀罗的重瓣花在花形上有天壤之别，但它们在园艺花型上却属于一类。同理，荷花的台阁型和芍药的台阁型，牡丹的托桂型和菊花的托桂型，香豌豆的皱瓣型和矮牵牛的皱瓣型等，在植物分类上和花形上都是完全不同的。

由此可见，不同植物、不同形状的花朵可以归入同一花型，以满足园艺栽培中对花型分类的特殊需要。我们初步归纳了为两种或两种以上花卉所共有的花型，主要有以下9种：

①单瓣型　只是一轮花瓣的单花，或只有一轮放射花的篮状花序，不论这一轮花瓣是离瓣还是合瓣，是舌状还是管状瓣。如君子兰和菊花的'帅旗'。

②重瓣型　花瓣两轮以上，从半重瓣（复瓣）到全重瓣，有一系列过渡类型，如菊花和牡丹的一些品种。

③皱瓣型　与平展的花瓣相对照，其花瓣有皱折、波纹或扭曲，如香豌豆、矮牵

牛。平展瓣为隐性性状，皱瓣为显性性状。

④管瓣（匙瓣）型 与普通舌状花相对照，其花瓣为管状或匙状，如菊花和翠菊的各种管状花类型。

⑤垂瓣型 与普通直立的花瓣相对照，其花瓣柔软或因较长而下垂，如鸢尾和菊花的某些品种。

⑥覆瓦型 相邻花瓣逐渐变短排列整齐，呈有规律的几何图案状。如山茶和凤仙花的某些品种。

⑦台阁型 全花可区分为上下两花，在两花之间有时有退化的雄蕊，显然是由两个花叠生的结果，如芍药和荷花的某些品种。

⑧托桂型 全重瓣，但花朵的外轮花瓣显著地比内轮的长。如牡丹和翠菊的某些品种。

⑨球型 全重瓣，但外轮和内轮的花瓣近乎等长，因此，全花略呈球状或半球状，如菊花和芍药的某些品种。

花卉的花型是十分丰富的，这里所举 9 种实际上仅是花型分类的第一级标准，是花型的大类或群。在这些类或群之下，每一种花卉当中还可以有许多小花型，并因植物种类而异。随着园艺事业的发展，目前的一些小花型也可能发展成为一大类，因此，以上所列 9 种第一级花型不是固定不变的。

14.4.2 花型要素的组合及其局限

由上节可见构成花型的要素是多种多样的，主要有以下特征：花朵直径同高度（长度）的比率，花瓣多少、形状和不同花瓣之间的相对长度等。这些要素的不同排列组合可以构成千差万别的花型。现以两种大丽花杂交结果说明这种排列组合的具体情况。

花型不同的大丽花杂交后，花型要素（花瓣多少和花径大小）重新组合。大花、单瓣×小花、重瓣→大花、重瓣和小花、单瓣及一系列过渡类型（根据 Grant & Lawrence 修订）。

当花型要素的各基因不连锁时，这些要素可以通过杂交而重新自由组合，从而选出理想的新花型和一系列过渡类型。两个花型的差别越大，其过渡类型越多，预期的理想花型也就相对减少。根据我国菊花育种的经验，用相近的花型杂交（如用细管型的品种同中管型的杂交），既可对原有花型有所改进，又不会出现过多杂乱的过渡类型。由于花型要素中的大多数是数量性状，又由于可能存在的基因连锁，花型要素之间的重组是有很大局限性的。这里引用安德逊（Anderson，1939）的一个杂交试验来说明这种局限性。烟草属的两个物种在花形上的差异涉及 3 个花型要素，即：花冠筒的长度、花冠檐的直径和花冠半裂片的深度（图 14-3）。花烟草的特点是长的花筒，宽的冠檐和深的裂片，而长花烟草则相反，有短的花筒，窄的冠檐和浅的裂片。

如果以上 3 种花型要素在这个种间杂种 F_2 代可以自由组合的话，那么，各种极端类型的花朵形态应该如图 14-4（a）所描述的那样呈现广泛的变异。但是实际上从 347 株杂种 F_2 中所观察到的组合类型如图 14-4（b）所示，很显然，花型要素之间的

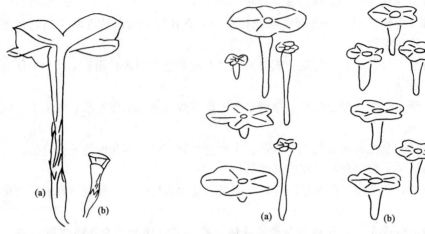

图 14-3　*Nicotiana alata*（a）和 *N. longiflora*（b）

图 14-4　烟草种间杂交 *Nicotiana alata* × *N. longiflora* 的 F_2 群体
（a）预期花型要素的组合　（b）实际观察到的组合

重组受到了很大的局限，理想的花型并未出现。

这种重组的局限性很大程度上是由于连锁遗传，基因多效性也是限制因素之一。如果是前一种可能性，即属于连锁遗传，那么在增大 F_2 群体数的情况下可望有一定比率的基因交换发生。另外，要获得数量性状的极端类型的组合需要相当大的 F_2 或 F_3 群体。因此，要得到理想的花型，不投入较大的人力物力，不栽培成千上万的杂种苗是不大可能的。

14.4.3　科、属性状对花型发展的影响

任何花卉都可能在花型上产生变异并发展出新花型。一种花卉出现何种变异，发展成何种新花型的可能性最大，对花卉育种家和栽培家来说，如果能有个基本的估计是十分有益的。

在观察中外名花多姿多彩的花型之后，我们一定会发现，不同科属花卉的花型除有一些共同性（如皱瓣型、重瓣型等）之外，更多的还是特殊性。下面几个使人迷惑不解的问题就是由这种特殊性引起的：为什么像月季这样一个品种资源极为丰富的花卉，却含有相对较少的花型？如缺少垂瓣型、管瓣型、台阁型和托桂型？山茶和芍药稍胜一筹，有台阁型和托桂型，但也缺少管瓣型和垂瓣型等。另如为什么水仙的花型与副冠的变异有关？为什么菊科的花卉有些属只有舌状瓣的品种，而有些属则只有管状瓣的品种？另一些品种为什么既有舌瓣也有管状瓣？类似的问题还可以举出很多。

不同花型在不同科属中的特殊性是偶然的事件还是有内在的规律呢？很明显，这种内在原因就是科或属的特性对花型发生的制约作用。

月季、山茶和芍药都属于离瓣花，与菊花（合瓣花）的遗传基础十分不同，因此不容易发生管状花。再如豆科植物中缺少单朵大花的遗传基础，所以即使被称为"大花种"的香豌豆，同其他真正大花的花卉（如芍药或月季）相比，仍显得袖珍。可见花型的发展趋势，离不开植物在自然进化中的发展趋势。科、属特性影响花型发

展最显著的例子是菊科花卉。

14.4.3.1　菊科花卉花型发展的两种倾向

常见的菊科花卉很多，主要的有以下各属：藿香蓟属（*Ageratum*）、一点缨属（*Emilia*），也称一点红属、矢车菊属（*Centaurea*）、菊属（*Chrysanthemum*）、翠菊属（*Callistephus*）、天人菊属（*Gaillardia*）、大丽菊属、波斯菊属（*Cosmos*）、百日菊属（*Zinnia*）、向日葵属（*Helianthus*）、金盏花属（*Calendula*）、雏菊属（*Bellis*）、非洲菊属（*Gerbera*）、木茼蒿属（*Argyranthemum*）、金鸡菊属（*Coreopsis*）、瓜叶菊属（*Pericallis*）、紫菀属（*Aster*）、金光菊属（*Rudbeckia*）和万寿菊属（*Tagetes*）等。这些菊科花卉在花型发生发展上有这样一种现象：一个品种的盘心花一经具有了舌状重瓣花方向发展的趋势后，例如从单瓣发展成舌状半重瓣（复瓣）就不易再产生发达的管状花瓣了。反之，盘心花一经产生了发达的管状（匙状）花瓣后，如菊花的托桂型，就不易再产生发达的舌状花瓣了。也就是说，一个品种的盘心花，不会同时具有发达的管状花和发达的舌状花。这两种不同性质的瓣化倾向使菊科的某些花卉，如菊花和翠菊形成两个截然不同的品种系列，管状重瓣花系列和舌状重瓣花系列。

在考查菊科各属花卉重瓣花类型发生趋势的基础上，我们发现，菊属和翠菊属在上列不完全的名单中大体上处于两种瓣化倾向的过渡位置。在它们前面的几个属，藿香蓟属、一点缨属和矢车菊属全部观花品种的盘心花或放射花都呈管状瓣化的倾向，在它们后面的3个属，天人菊属、大丽菊属和波斯菊属，只有个别的品种或种（如矢车天人菊）表现管状瓣化的趋势，而名单中更靠后面的各属，则全部呈舌状瓣化的倾向。也就是说，在这个菊科花卉（属）的名单中，盘心花瓣化的倾向是从前到后逐渐由管状重瓣花过渡到舌状重瓣花的。菊属、翠菊属恰好处在这种过渡的转折点上，兼具两种瓣化的倾向，发展出两个重瓣花系列。

这种不同倾向的根源是什么呢？如果用人们不喜欢管状花型的大丽花和百日菊品种，也不喜欢舌状花型的一点缨和矢车菊品种，因而没有选择它们做理由来解释，显然是不能令人满意的。我们认为，这种不同发展倾向可以用本节的标题加以概括，即受科属特性的影响。我们知道，菊科各属在自然进化中分为舌状花亚科和管状花亚科。舌状花亚科中各属植物，花序上的全部小花都是舌状花（可育）。管状花亚科中，有一些属，其花序上全部小花都是管状花，而另一些属的盘心花是管状花，而放射花则是假舌状花（单性或不育）。一般认为舌状花亚科是由管状花亚科进化而来的。菊科植物各属之间的亲缘关系或进化顺序尚无定论，品种发展的倾向性可能和它们在自然进化顺序中的位置有密切关系。我们知道，一般品种性状是不能作为种属分类依据的，但是品种发生发展的倾向性则是另外一回事了，它是种或属的特性而不仅是品种特性，既然品种的发生发展是在科、属特性的基础上进行的，那么，它的规律性或倾向就不能不带上科、属系统发育的烙印。在管状花亚科中，愈接近舌状花亚科的属，出现舌状重瓣花的可能性就愈大；反之，愈接近全管状花（背离舌状花亚科）的各属，出现管状花重瓣花的可能性就愈大。当然，这不是说一种倾向占优势的属里绝对不可能育出另一种倾向的品种。但是可以预见，如果可能的话也应该从单瓣的品种开始着手。

科属特性影响花型发展的倾向性可以用达尔文的连续变异的理论来说明。即一种变异一经开始，只要条件不变，这种变异就会沿同一方向继续发生和加强。这是达尔文从物种进化水平上的解释。但这一解释从现代遗传学和进化生物学的角度来看仍然是不够的。

14.4.3.2 进化的限向现象

进化的限向现象（evolutionary canalization）是现代进化论对连续变异现象的一种解释，也是理解花型发展倾向性的理论基础。所谓进化的限向性，指群体对新环境适应的倾向性是由先前适应辐射（adaptive radiation）所造成的结果和特点所规定的。因此，生物的连续变异具有了渐成的（epigenesis）特点，每个相续变异的性质，严格地为先前发生的变异所制约。

进化的限向性包括以下3条基本原理：选择的惯性、有机体的保守性和适应饰变（adaptive modification）沿着最小阻力线的原则。

(1) 选择的惯性

选择的惯性原则是指为建立起一种新的适应性的基因组合所需要的选择强度，要比维持或修饰一个已经建立了适应机制所需要的选择强度大得多。换句话说，创造新的变异倾向比巩固老的变异倾向需要更大的选择压力。

这一原则可用下面简单的数学模式来说明。首先假设某一个具有适应结构的基因型是由5个独立分配的基因位点所决定的，但每个基因位点只有一个等位基因是形成那种适应结构所必需的（在异交的群体中每个基因位点通常有两个或两个以上的等位基因）。

这5个基因位点和它们的等位基因可用a1a2，b1b2，c1c2，d1d2和e1e2来表示，为了计算的方便，我们假定a1，b1，c1，d1和e1 5个等位基因的组合产生那种适应结构，每个基因的频率为$P=0.95$，那么，每个基因位点的第二个等位基因（它们的出现表示变异倾向的发生）的频率则为$q=0.05$。如果a2…e2当中任何一个处于纯合状态，这种个体即发生微小变异，由于4/5的有关基因还存在，原来老的适应结构或老的倾向性还大体上保存着。如果这个变异是有益的变异，它将在老的倾向性的基础上稍加修饰，如果是不利变异则被淘汰。这种个体的发生频率是$5q^2$或0.0125，即1%~2%。

另一方面，如果要产生一种新的适应结构或新的倾向性，那就需要a2…e2全部5个基因位点都处于纯合或杂合状态，这种机会的频率则为3.1×10^{-7}，由此可见，在5个基因位点的情况下，一种全新倾向发生的机会要比在老倾向的基础上逐步变异的机会小几千倍。即使这种微小的机会终究也可能变为事实，因为群体内杂交也会打破这一有利的基因组合。

总之，涉及多基因性状时，花型发展的最大可能性是通过少数基因取代的办法来逐步修饰，而不是完全地、一下子重组原有的基因型。

只由一个基因位点控制某一性状（质量性状）的情况也是有的，如果这一性状与花型有关，那么等位基因的突变可以突然形成新花型。这种新花型和它的原始花型之间不会有中间过渡类型。相反，在前述多基因遗传的情况下，新花型和原始花型之间将有一系列过渡类型。在 5 个基因位点中从只含有一对纯合基因 a2a2，到含有两对 a2a2，b2b2，直到含有全部 5 对纯合基因 a2a2，b2b2，c2c2，d2d2 和 e2e2，上述情况就是连续变异的实质。从选择的角度看，我们就称之为选择的惯性。

（2）有机体的保守性

实际上，有机体的保守性（conservation of organism）也就是选择的惯性的结果。如果下一个简单的定义的话，那就是当一个复杂的组织结构，或一个综合的生物合成途径，一旦变成为某一生物群体中成功的、适应性的本质部分，那么这个部分最精华的特点在后代群体中将是保守的（Stebbins，1977）。

从进化上看，这个原则具有双重含义。一方面，它回答了生物学家对现代综合进化理论经常提出的具有挑战性的问题，即：环境条件的随机波动怎样能同随机发生的突变基因重组相互作用，从而不断增加有机体的复杂性呢。由很多基因相互作用所决定的某一有机体的结构，一旦在那个群体中确立，其他能破坏或削弱这种结构的突变或重组就很容易被排除。简而言之，一个结构形式一旦形成，就能成为发生更复杂结构的基础。

第二方面，有机体的保守性可以解释为什么某一科或属的特点能够长期保存，尽管它可能被多方修饰过。如水仙属副冠的多种变异发展成一系列品种。有机体的保守性还可能受基因多效性的影响，高等生物的大多数基因具有多效性，可以预期某些位点在影响适应性的同时，还可能影响某种结构特点。因此作为有机体整体的倾向，不容易被无保留地扭转。

总之，有机体的保守性表现为有机体的许多复杂的适应性结构或倾向在造成这些结构的强大的选择压力停止以后很久还继续存在着。

（3）适应饰变沿最小阻力线的原则

适应饰变沿最小阻力线（adaptive modification along the lines of least resistance）的原则是指生物在自然选择条件下所留下来的变异常常是沿着最节省的方向，或者最少扰乱原有复杂结构的方向发展。典型的例子是对 3 种不同植物在选择条件下增加种子数量的途径的比较。这 3 种植物是郁金香、奶油花（*Ranunculus acris*）和向日葵。

郁金香的花着生在单生花朵的顶端。通常一个鳞茎只能生一枝花茎，因此，要通过增加每株花朵数量的途径来增加种子产量，将需要强烈地改变茎的结构。它的大朵花是严格 3 基数的，形成 1 个 3 室子房，相当于 3 个心皮。增加心皮数或室数，也将意味着彻底改变花的结构。另一方面，无数的胚珠是子房内居间分生组织活动的结果。增加这些分生组织的数量从而增加每室的胚珠数显然是一条最小消耗的路线，也是最少改动整株和花部结构的路线，即最小阻力线。

奶油花的大花着生在单独的茎端，要通过形成花序来增加花数将涉及较大的结构改造，这一点与郁金香相同。奶油花的心房只产生一粒种子，增加每个心皮的种子数就涉及这种高度特化的和完善的心皮结构。另一方面奶油花的心皮数没有严格的基数（不像郁金香），增加每个雌蕊群的心皮数就成为最小阻力的一个方向。因为增加心皮数目仅仅涉及增加花朵分生组织的数量，以增加心皮原基。

向日葵的花又是另一种情况。它的小花是高度定型的结构，每一朵小花只长一粒种子。通过任何方法增加每朵小花的种子数都将涉及花朵结构的大幅度改变。另一方面，每个头状花序上小花数目却不是定型的，增加小花数目不涉及根本结构的改变，因而是阻力最小的。育种学家也正是沿这一路线改进品种和提高种子产量的。

适应饰变沿最小阻力线的原则、选择的惯性和有机体的保守性三者是统一的。因为选择的惯性造成了有机体的保守性，而只有不从根本上破坏其保守性（或老的倾向）才会遇到最小的阻力。

由于这3条原则，进化的方向就被限制在一定的方向上前进，这就是进化的限向现象。但是这里必须强调指出，方向的限制者是先前的变异，或者说先发生的变异（当然是被自然或人工选择所保存了的变异）限定着后发生变异的选择价值。也就是说生物自身的昨天决定其今天，生物体今天的结构会影响其明天的结构。

进化的限向现象为连续变异的研究提供了理论依据，因而也就为本章所讨论的花型发生发展问题提供了可靠的依据。

思考题

1. 花被和雄蕊的进化趋势有哪些？
2. 重瓣花起源的主要方式有哪些？
3. 什么是花型？花型与花形的区别是什么？
4. 进化的限向现象及其基本原理是什么？

推荐阅读书目

遗传学原理．[美] E. J. 加德纳．科学出版社，1987.
植物遗传育种学．蔡旭．科学出版社，1988.
遗传学．刘祖洞，江绍慧．高等教育出版社，1986.
园艺植物遗传学．沈德绪．农业出版社，1985.
花色的生理生物化学．[日] 安田齐．1973.
花色之谜．[日] 安田齐．中国林业出版社，1976.
Verne Grant. Genetics of Flowering Plansts. 1975.
林木遗传学基础．朱之悌．中国林业出版社，1990.
植物体细胞遗传学．张冬生．复旦大学出版社，1989.
中国花经．陈俊愉，程绪珂．上海文化出版社，1990.
普通遗传学．方宗熙．科学出版社，1978.

第 15 章　抗性遗传

[**本章提要**] 使人类花园中的植物具有抵御各种不良生境的能力并开出美丽的花朵是花卉育种工作的重要内容。本章介绍植物抗逆性的概念，植物对病害和虫害、干旱和盐碱、寒冷和高温以及大气污染等生物胁迫和非生物胁迫因子的适应反应和遗传机理。

15.1　植物对逆境的反应

在园林植物栽培应用和花卉生产中，植物经常会遇到不适宜的环境条件，如植物的迁地保护，观赏植物的引种驯化、集约化栽培等。当植物生长发育的环境条件发生变化时，其生命活动常常会受到干扰。有些情况下，植物会表现出异常的现象，影响观赏植物的应用或降低花卉产量。因此，如何提高植物对环境的适应能力，降低逆境条件对植物的伤害是观赏植物育种工作的重要内容。

15.1.1　环境胁迫

植物的生存依赖于它们对环境的适应能力。这些适应性表现在它们受环境影响时对外界信息作出的应答反应以及相关基因表达的模式。植物接受环境因子的诱导，有些是防御基因得到表达，通过这些基因产物如植物抗生素、各种水解酶以及富含脯氨酸的糖蛋白抑制剂来抑制病原增殖；有些是通过基因表达产生小分子调节物，改变细胞渗透势，从而增强植物抗胁迫能力；有些是通过调整生长发育节律度过危难时期。

环境中任何不利于植物生长发育的因素均称为胁迫。环境胁迫包括两个方面：生物胁迫和非生物胁迫（图 15-1）。植物对不适宜的环境条件的适应和存活能力称为植物的抗性。

15.1.2　植物对环境胁迫的反应

很多因素决定了植物对环境胁迫的反应：植物的基因型、发育环境、胁迫持续的时间和严重程度、植物暴露在胁迫中的次数，以及多种胁迫的附加和协同效应（图 15-2）。植物通过多种方式对环境胁迫作出反应，如果无法对严峻的胁迫作出补偿将导致植物死亡。

15.1.3　植物耐受或逃避胁迫的机制

植物为了生存，衍生出了各种适应机制。植物的抗逆性机制可以分为两大类：逃避（avoidance）机制，即防止接触胁迫；耐受（tolerance）机制，即使植物可以抵抗

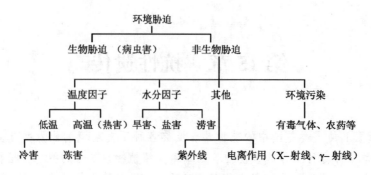

图 15-1　植物的环境胁迫

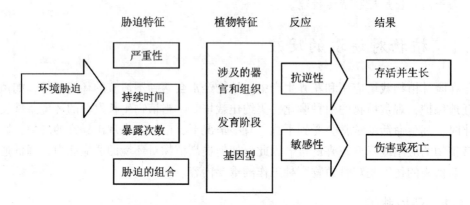

图 15-2　植物对环境胁迫的反应

（引自 B. B. 布坎南，2004）

胁迫。不同基因型的植物可以在不同程度的胁迫下生存。如沙漠植物的深根系和内陷气孔是由基因型决定的组成型抗胁迫性状，不论植物是否处在干旱胁迫中，它们都会表达。这些性状构成了植物的适应性（adaptation），即经过进化而使物种获得了对环境的适应度。植物的其他抵抗机制是通过顺应（acclimation）获得的，即生物个体对环境因素改变作出的适应调节。在顺应过程中，一个生物体改变它的体内稳定状态（homeostasis），即稳态生理来顺应外部环境的改变。在遭遇胁迫前的一段时间里的顺应可以增强原本脆弱的植物个体的抗性。无论是由于顺应还是由于基因型决定的性状，成功的抗胁迫机制都可以使植物在原来可以使之致死的环境条件下存活下来。

15.1.4　胁迫反应中的基因表达模式

胁迫诱导的代谢变化和发育变化通常是由于基因表达模式的改变造成的。胁迫反应是从细胞水平开始识别的。这种识别可以激活信号传导途径，从而在个体细胞内及整株植物中传递。最终通过转录因子的作用使基因表达发生变化，在细胞水平上由整株植物整合成一种反应，来改变植物的生长发育和繁殖能力。胁迫持续的时间和严重性决定了植物响应的程度和时序。相当多的证据表明：植物胁迫反应的调控涉及 Ca^{2+} 等第二信使和激素——特别是脱落酸（ABA）、茉莉酮酸和乙烯。植物对胁迫作出反应时，一些基因表达得更为强烈，而有些基因受到阻抑。胁迫诱导基因的蛋白产物通常会积累起来以应对不良环境。这些蛋白的功能及其表达调控机制是目前植物抗胁迫机理研究的一个重要课题。

15.1.5 提高植物抗逆性的育种工作

随着全球环境的恶化和人类生存危机的出现，近年来各国科学家对植物适应性状的研究正在加强，论著逐渐增多。1993年出版了由12个国家的50多位专家编写的《植物和作物胁迫手册》，对盐渍化和干旱胁迫对植物的危害和植物的反应方式、机理、耐盐性以及作物的遗传改良策略等研究进展做了总结。1992年，欧共体资助建立了Interdrought网络，有分子生物学、植物生理学和遗传学的有关专家参加，每年召开一次讨论会，交流植物抗逆性研究进展。目前的研究已经使人们获得了很多有关抗逆机理的结果，尤其是有关农作物抗逆性研究取得了丰硕的成果。农作物抗逆性育种工作也取得了很好的成绩。目前对园林植物抗逆性的研究相对较少，尤其是对园林植物抗逆机理的理解更多地来源于对农作物的认识。

随着我国园林事业的飞速发展，迫切要求有更多的植物能在城市中应用。因此，需要提高植物的抗逆性，使其适应城市环境，从而丰富园林中的植物素材，提升园林的品质。在花卉生产方面，大规模的集约化生产要求花卉在不降低原有观赏品质的前提下提高抗逆性，以适应不同地域的生长环境和防止危险性病虫害的发生，从而使花卉生产达到国际领先水平。

15.2 园林植物抗病性

15.2.1 园林植物病害

植物正常生长和发育，都要求有一定的外界生活条件。当外界环境能够满足植物的一定要求时植物就能正常生长发育；反之，植物会产生2种反应：或者产生某些可遗传变异被迫适应这个异常的生活条件；或者是植物的生理活动受到扰乱，其细胞、组织、器官受到影响，甚至整株死亡。植物由于受到外来因素干扰而超越其适应范围，导致植物不能正常生长发育，表现为变色、变态、腐烂、畸形、局部或整株死亡的现象称为植物病害。

植物发生病害首先表现在生理上。如核糖核酸的合成、酶的活动、呼吸、水分和营养物质的代谢等方面受到一系列的干扰，但这些变化通常不易被察觉，这些生理活动进一步发展，会导致园林植物组织形态的变化。如菊花青枯病（*Pseudomonas solanacearum*）是细菌侵染植株根茎引起的维管束病害，植株在幼苗期感病，水分代谢平衡被打破，造成上部叶片突然失水萎蔫下垂，根部变褐腐烂，最后植株枯死。又如风信子（*Hyacinthus orientalis*）细菌性软腐病发生原因就是寄生物分泌的酶把植物细胞间的中胶层溶解了，使细胞离散并且死亡，植物组织解体，同时流出汁液。

引起植物发生病害的原因统称为病原，包括土壤、气象、光照、营养条件等非生物因素，以及真菌、细菌、病毒、线虫和寄生性种子植物这些生物因素。其中由非生物因素引起的病害称为非侵染性病害，如杜鹃花（*Rhododendron* ssp.）在北方生长叶片黄化。由生物因素引起的病害称为侵染性病害，如菊花锈病。

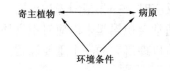

图 15-3　寄主植物、病原和环境条件三者之间的相互关系

植物受到病原的作用或侵害时，就会产生一定的抵抗反应，植物与病原之间发生着激烈的斗争。在这个激烈的斗争中，如果环境条件有利于植物而不利于病原，病害过程就可能延缓甚至终止，反之，病害持续发展。由此可见，寄主植物、病原和环境条件三者之间的相互关系是植物病害发生发展的基础，并且这 3 个因素是动态变化的（图 15-3）。

某些园林植物尽管发生了病害，但却提高了观赏价值，如郁金香由于感染某种病毒而在花瓣上形成碎锦斑。但绝大多数病害导致园林植物不能正常生长，观赏价值也大大降低。因此，在生产中应采取综合技术防治病害发生。

15.2.2　植物抗病性

15.2.2.1　概念与分类

目前防治园林植物病害的主要方法包括栽培管理措施、生物防治、化学防治以及物理机械防治等。无论从经济还是从生态学角度看，提高寄主抗病性是防治病害的最佳选择。

植物抗病性是植物生长发育的一个特性，是指寄主植物与病原生物间相互作用所表现出的抗病现象。植物与抗病性有关的形态、结构和生理生化特征称为植物抗病表型。根据寄主植物变异与病原物变异的相关性把抗病性分为垂直抗性和水平抗性两类。垂直抗性又称单基因抗性或小种专化性抗性，是指寄主与病原之间有特异的相互作用。植物的某一品种对病原的某一小种或某些小种具有抗性，但对其他小种则无抗性。垂直抗性是由单基因控制的性状，它受环境影响不大，比较稳定，但对病原的变异不稳定，易于消失。水平抗性又称广谱抗性或非小种专化性抗性，是指寄主与病原之间无特异的相互作用，即某一品种可抗病原的不同小种。水平抗性是由多基因控制的性状，它对病原的变异稳定，在病害流行过程中，能够减缓病害发展速度，持久抵抗大面积病害发生，但受环境影响较大，不稳定。

根据寄主植物对病原物侵染的反应把抗病性分为具有过敏反应的抗病性和无过敏反应的抗病性。植物受病原物侵染后，细胞、组织快速死亡的现象称为过敏反应（hypersensitive response，HR）。多数研究者把 HR 看成植物抗病性的重要标志。

15.2.2.2　影响植物抗病性的因素

植物抗病性是寄主与病原物在一定环境条件中相互作用的结果。因此影响植物抗病性的因素可从以下三方面来理解：

(1) 植物本身抗病性的差异

植物抗病性本身有强弱之分,其抗病性状由单基因或多基因控制。如果这些基因发生突变或基因所在染色体发生结构或数量的变化均有可能导致植物抗性的增强或减弱,有的甚至完全消失。例如在某种病害大范围流行后,有极少数植株表现健康,那么这几株植株很可能是发生了遗传物质的改变,从而增强了抗病性,这时可对这些植株进一步培育选择以获得抗病性强的品种。

寄主植物不同品种之间,抗病性存在差异。例如菊花锈病,在上海地区调查发现,'京白'、'朝阳红'、'新兴金白'感病较重,而'舞姬'、'桃金山'、'浩田油白'感病较轻。育种家常利用不同品种间抗病性不同,结合其他综合性状进行杂交,以获得可能由于植物体内的基因型改变而导致的抗病性变异,从中选出抗病品种。

(2) 病原物的变异

植物抗病性育种是一个长期的过程。除了寄主植物本身抗病性发生变异之外,病原物也会发生变异。这就不难理解为什么某一抗病品种推广不久,就由抗病变为感病,这并不是品种丧失了抗病性,而是病原小种发生了变异成为另一生理小种,使植物感病。因此抗病品种的培育不是一劳永逸的。

当受到许多基因的综合影响时,植物的抗病性呈现复杂的表现。病原物的单点突变,对许多生理过程中的某一个可能是有害的,但不可能对很多的生理过程都起作用。与此相反,当抗病性是依靠一对基因控制寄主的一个过程或几个过程的时候,病原物通过有性重组使遗传物质突变,那么很可能只要有一步突变,或在病原物中有一个基因的重新组合,结果就会导致宿主受害。品种抗病性的衰退或丧失常与病原物小种区系的消长有密切关系。

(3) 环境条件

寄主植物、病原以及二者之间的相互作用均受环境条件的影响。环境影响寄主的生长发育和生理状态,能增加其感病性或抗病性。环境同时也影响病原物,能促进或抑制其发育。当环境条件利于植物生长而不利于病原物时,病害就不会发生或受到抑制,而当环境条件利于病原物而不利于植物时,病害发生发展。

病原物对寄主植物的侵染过程也直接受到环境条件的影响,尤其是会受到小气候的影响。湿度是最重要的一个因子。真菌孢子萌芽都需要高湿度,湿度越高对孢子萌芽越有利,藻状菌的游动孢子和能动的细菌在水滴中最适宜侵染。但是土壤湿度过高对土壤中病原物的侵入不利。温度对孢子萌发的影响远不如湿度那样严格,但能够影响菌丝的生长速度。

极端的环境条件如高温、短光波射线、有毒物质等都有可能引起寄主植物抗病性的变异或病原物的寄生性和致病性的变异。

15.2.2.3 植物抗病性遗传

大量研究表明,植物抗病性在多数情况下属于核遗传,极少数为胞质遗传,还有一定的核质互作。控制抗病性遗传的基因有单基因和多基因 2 类,它们都属于核遗传。单基因抗性有显性、部分显性和隐性等类型。它控制的抗病性属于质量性状,抗病感病的界限识别清楚，便于对后代进行选择，所以通过杂交和回交很容易获得抗病品种。但是植物的单基因抗性可能由于病原新小种的出现而失去抗性，所以虽然表现高度抗病，但抗性不稳定，往往由高抗品种变为高感品种。多基因控制的抗病性属于数量性状，它是多个单基因微效反应的指示性状。目前对多基因抗性中的单个遗传组分的数量和性质尚不完全了解，但它与通常意义上的抗病基因没有关系。虽然水平抗性程度不及垂直抗性，但由于它对病原菌不同小种都表现抗性，所以抗性稳定。

植物抗病性遗传是遗传学的一个特殊领域，它所研究的不是一种生物的特征，而是寄主与病原物相互作用的特征。植物抗病性是针对病原的某种或某些小种而言。如果某病原物对某一植物侵染会导致该植物的死亡，则称该植物与该病原之间是相容的（亲和的）。有的植物会对一些特定的病原产生抗性，如果被侵染的植物通过体内的一系列生理生化反应来抵御外源侵入，则称该植物与病原是不相容的（不亲和的）。

（1）基因对基因假说

1947年，Flor证明了亚麻（*Linum usitatissimum*）对真菌病原 *Mekampsora lini* 的抗性是由寄主和病原菌之间一对相对应的基因所控制，这为植物与病原菌相互作用的基因对基因假说提供了实验基础。也为后来的病原菌的无毒基因（avirulence gene, *avr* 基因）和与之相对应的植物的抗性基因（resistance gene, R 基因）的克隆提供了理论依据。

Flor假定：如果寄主中有调节抗病性的基因，那么病菌中也有1个相应的基因调节致病性。寄主中如果有2或3个基因决定抗病性，那么病菌中也有2或3个基因决定无毒性。在这里寄主的抗病基因（R）和病菌的无毒基因（A）是显性的，而寄主的感病基因和病菌的毒性基因是隐性的。只有具有抗病基因（R）的植物品种与具有无毒基因（A）的病菌小种互作时才表现抗性，其他情况均表现为感病。因此，可以说寄主植物的抗病性（即不亲和性）是寄主与病原菌特异性互作的结果。通常，寄主植物中的抗病基因用 R 代表，感病基因用 r 代表，病菌的致病基因中 P 代表无毒性，p 代表有毒性（其关系见表15-1）。

表15-1 基因对基因相互作用
（引自程金水等，2000）

	P_	pp
R_	抗	感
rr	感	感

（2）植物垂直抗性遗传

① 单基因抗病遗传　单基因抗性是抗病性遗传中最简单的，一般符合孟德尔遗传规律。在抗真菌性病害中，大多数品种的单基因抗性属于显性遗传，少数品种对一些病害的单基因抗性属于隐性遗传或不完全显性遗传。有时同一抗性基因对病菌某些小种是显性，对另一些是隐性。植物抗病毒病害中抗性基因多属于隐性基因。

② 2~3对抗性基因的遗传　按基因间作用方式分为以下3种类型：

基因独立遗传　2~3对基因分布在不同染色体上，或在同一条染色体上但2个位点间距离很远。如果这些基因抵抗同一病原，则品种表现抗性时可能发生重叠现象，即表现抗性强化作用。

复等位基因　某些寄主对专化性强的病菌的抗性基因常具复等位性，每个等位基因抗不同的小种谱，具有不同的表现效应。所以具有2个不同的抗性等位基因的杂合体能抗更多小种，抗性强而稳定。而纯合个体每个位点上只含有 1 个抗病基因，只抗少数小种。

基因连锁 同一染色体上 2 个位点的抗性基因距离小于 50 个遗传单位，表现为连锁遗传。抗同一病害的各个基因间连锁，表现出广谱抗病性；抗不同病的基因间连锁，可用以培育多抗性品种。抗性基因与其他性状基因连锁，这个连锁的基因如果不影响品种经济性状，可考虑用来作为植株抗性的标记基因，如果表现为不良性状则这个抗性基因毫无利用价值。

(3) 植物水平抗性遗传

关于植物水平抗性的发生有两种假说：一种假说认为水平抗性是垂直抗性被埋没的结果，即由于病原物毒性基因的突变使寄主的某一垂直抗性基因被克服，但寄主-病原物的亲和性并未因此而完全恢复，抗病性仍部分残留，遂成为水平抗性。但是该假说不能解释在自然条件下产生和发展起来的水平抗性，有许多并不存在任何抗病基因；另一种观点认为水平抗性是累积形成的，即感病品种通过自然或人工施加选择压力使其逐步增加抗病性。一般认为水平抗性是由多基因控制的，近年有关植物水平抗性遗传的研究很少涉及具体基因数。

15.2.2.4 植物抗病基因工程

植物抗病基因工程是提高植物抗病性，使植物更有效地抵抗病害的基因操作技术。这一技术与传统抗性育种相比，具有周期短、目的性强、效率高等优点。植物抗病基因工程的关键是必须克隆出植物抗病基因（表 15-2）。迄今已发现几百个单基因分别对真菌、细菌、病毒、线虫和其他昆虫具有抗性，应用于抗性育种的已有 200 多例。

表 15-2 已克隆出的植物抗病基因

(引自刘进元、丛靖莉、潘明翔，1997)

抗病基因	克隆策略	来源植物	病原体	无毒基因
Hm1	转座标记	玉米	*C. carbonurn*	无
Pto	图位克隆	番茄	*P. syringae* pv. tomato	*avrpto*
Xa21	图位克隆	水稻	*X. oryzae* Pv. oryzae	未知
PRS2	图位克隆	拟南芥	*P. syringae* pv. tomato	*avrRpt2*
RPM1	图位克隆	拟南芥	*P. syringae* pv. maculicola	*avrRpm1* &*avrB*
Prf	图位克隆	番茄	*P. syringae* pv. tomato	*avrpto*
N	转座标记	烟草	TMV	未知
L6	转座标记	亚麻	*M. lini*	未知
Cf-9	转座标记	番茄	*C. fulvum*	*avr9*
Cf-2	图位克隆	番茄	*C. fulvum*	*avr2*

(1) 鉴定分离抗病基因

根据 DNA 编码序列高度保守区域设计 PCR 简并引物或通过图位克隆和转座标记法分离抗病基因。这几种技术都有一定的局限性，需进一步改良和发展。

(2) 克隆抗病基因

目前常用的方法有：用抗病基因序列作为探针来筛选植物基因组文库或 cDNA 文库；用识别特定抗病基因的抗体来分离同源基因克隆；用计算机数据来鉴定表达序列标签（ESTs）以发现同源序列等。

(3) 将抗病基因通过遗传转化在种间实行抗性转移

番茄 Pto 基因转化烟草的工作目前已获得成功。但是因为抗病基因产物必须与防卫体系中其他成分相协调才能发挥功能，所以并不是所有情况下抗病基因在种间的转移都能传递抗病性。

利用抗病基因来构建广谱、持久抗性有两个较为理想的策略：一是鉴定病原菌的致病性，然后克隆或设计能识别上述特性的抗病基因；二是构建诱导型启动子控制下的表达某一病原菌 avr 基因的植株。

植物抗病基因很可能起源于植物正常发育所必需的基因，也可能与哺乳动物免疫基因有共同进化来源。新抗病基因可以通过错配、基因内或基因间重组以及基因复制等机制产生。基因重组使植物面对迅速进化的病原菌群体具有选择优势。

植物抗病基因工程在花卉抗病品种选育中应用越来越广泛。现已有用农杆菌介导法将病毒外壳蛋白基因转入百合以培育抗病毒品种的研究报道。已获得香石竹叶脉斑驳病毒外壳蛋白基因 cDNA 并对其进行了测序，初步确定了该基因。相对于抗病毒病基因工程，抗真菌和细菌病害的基因工程比较落后，病原菌与寄主植物间的相互识别和作用机制没有完全掌握，遗传背景有的还不清楚，目前的研究还处于基因分离阶段。

中国是世界园林之母，园林植物种质资源极其丰富，尤其是野生种质资源中有许多抗病性很强的种类，只有充分了解这些抗逆性资源，并结合现代科学技术积极开发利用，园林植物才会更加丰富多彩。

15.3 植物抗虫性

15.3.1 概念

园林植物承担着城市绿化与美化的重任，然而城市中园林植物种类丰富、立地条件复杂、生长周期长、小气候环境多样化，为害虫繁衍提供了有利条件。1984 年普查已知危害我国园林植物的害虫共 8 260 种（上海园林学会，1990），这些害虫危害园林植物的根、茎、叶、花、果等部位，影响园林植物的观赏价值和城市绿化面貌。

防治园林植物害虫的重要措施之一是推广抗虫品种。这不仅是最经济有效的方法，而且由于减少了农药的使用，避免了城市生态环境受到破坏，使人居环境更加安全和谐。

植物抗虫性是指植物能避免、阻碍、限制或局限昆虫的侵害和伤害，或者通过快速再生而恢复虫伤的耐害特异能力。

植物抗虫性机制分为抗选择性、抗生性和耐害性三方面。抗选择性是指植物不具备引诱产卵或刺激取食的特殊化学或物理性状，昆虫不趋于产卵、少取食或不取食，或者植物具有拒避产卵或抗拒取食特殊化学或物理性状，或者昆虫的发育期与植物发育期不适应而不被危害的属性。植物抗生性是指植物不能全面满足昆虫营养上的需要，或含有对昆虫有毒的物质，或缺少一些对昆虫发育特殊需要的物质，昆虫取食后发育不良，生殖力减弱甚至死亡，或者由于昆虫的取食刺激而在伤口部位产生化学或组织的变化而抗拒昆虫继续取食的属性，植物抗生性是植物主要的抗虫性机制。植物耐害性则指植物被昆虫取食后具有很强的增长能力以补偿伤害带来的损失。

15.3.2 植物抗虫性遗传

植物抗虫性的表现与稳定性，取决于植物的基因型、昆虫基因型以及植物与昆虫在不同环境条件下在遗传上的相互作用。

15.3.2.1 植物抗虫性遗传的基因调控模型

植物抗虫性遗传有 3 种基因行为：

(1) 主基因与寡基因抗性

这些基因也称为垂直基因，控制质量性状。用抗虫与感虫亲本杂交，在 F_2 代或以后世代表现明显的孟德尔式遗传分离。例如，苹果棉蚜危害苹果、梨（*Pyrus* spp.）、山楂、花楸（*Sorbus* spp.）和榆树（*Ulmus pumila*）具有一个抗虫的单显性基因 *Er*。

(2) 微效基因或多基因抗性

具有这种类型抗虫基因时，在抗虫和感虫亲本杂交后子代的分离群体中，从感虫到抗虫表现连续变异，即这类基因控制数量性状。例如，植物抗棉铃虫性的遗传属于数量遗传。

(3) 寡基因与多基因结合控制的抗性

即多基因能增强寡基因的表达，称为"修饰因子"。

15.3.2.2 植物抗虫基因的表达

植物抗虫性是其个体内全部基因表达的综合效应，与抗虫性有关的基因可以用不同方式表现其作用：

(1) 等位基因内的表现

①隐性基因控制抗虫性　研究玉米对在穗丝上取食的拉丁根叶甲（*Donacia* sp.）成虫的抗性遗传，发现在一个品种中控制抗性的是一个单隐性基因。

②显性基因控制抗性　如一个名为 *Smn* 的单显性基因控制苹果对红劣蚜的抗性。

③不完全抗性　高粱对麦二叉蚜（*Schizaphis graminum*）的抗性由一个不完全显性单基因控制。

(2) 等位基因间的表现

①互补　2 或 2 个以上基因共同支配性状的表现，仅具有其中一个无效。

②加性　两个非等位基因控制同一性状，并能增强其他各基因的效应。

③上位性　一个基因抑制另一个基因的表达。

15.3.2.3 "基因对基因"概念

Flor 首先提出基因对基因的关系，之后 Person 等又进一步详细说明，即寄主中每有 1 个抗虫的主基因，在寄生物中都有 1 个相应的致害力基因。如果寄主植物具有抗虫基因，昆虫在相应基因位点上有 1 个非致害力等位基因，则植物表现抗虫；如果昆虫在相应位点上有 1 个致害力基因，则植物是感虫的。

在黑森麦瘿蚊中已鉴定出 4 个致害力基因，而且它们都与小麦植株中的 4 个抗性基因相对应。因此昆虫生物型对每 1 个小麦品种的致害力都是由特定位点上的隐性致害力基因的纯合性控制的，这些致害力基因皆与小麦控制抗性的特定显性基因相对应。

随着分子生物学的迅速发展，植物的抗虫机制研究已经深入到分子水平。研究人员利用 RFLP 标记和 RAPD 标记建立了许多植物如火炬松（*Pinus taeda*）、白豆杉（*Pseudotaxus chienii*）、甘蔗、杨树（*Populus* spp.）、苹果、桃、桉树（*Eucalyptus* spp.）等的遗传图谱，并对植物的生长性状、经济性状及抗性进行了分析。

15.3.2.4 抗虫基因工程

有史以来，人和昆虫间就一直存在着对食物和纤维的竞争，只是到了 20 世纪，在人们发现了某些植物所固有的防御方式后才育成了抗虫植物。20 世纪 80 年代以来，以基因工程手段培育抗虫新品种越来越受到国内外的重视。到目前为止，已经从微生物及植物本身分离到了一些有效的抗虫基因，并由此获得了大量的转基因抗虫植物。

目前开展的最广泛和最有潜力的抗虫基因工程是苏云金杆菌（*Bacillus thuringiensis*, *Bt*）毒蛋白基因。*Bt* 毒蛋白是在芽孢形成过程中构成伴孢晶体的最主要的蛋白，可在昆虫幼虫的肠道中水解酶作用下转化为小分子的毒素多肽而对多种昆虫有很强的毒杀作用。自从 *Bt* 毒蛋白基因导入烟草和番茄并表达、表现出抗虫特性以来，已相继获得了抗虫的转基因玉米、水稻、甘蓝、棉花、杨树等。

除 *Bt* 毒蛋白基因外，比较成功的是蛋白酶抑制剂基因。蛋白酶抑制剂能抑制昆虫消化系统中的蛋白酶，从而抑制蛋白酶的降解，导致昆虫消化不良而影响其生长发育，甚至死亡。Hinder 等将编码豇豆胰蛋白酶抑制物（CpTI）的基因转入烟草后，明显增强了转基因烟草对烟草夜蛾幼虫的抗性。

此外，外源凝集素基因、昆虫毒素基因、淀粉酶抑制剂基因、几丁质酶基因和核糖体失活蛋白基因也被导入植物，以研究其抗虫作用，获得抗虫性植物新品种。

15.4 低温胁迫与园林植物的抗寒性

低温寒害是一种重要的自然灾害，将许多珍贵园林植物，如山茶、梅花、蜡梅（*Chimonanthus praecox*）、玉兰（*Magnolia denudata*）等引种到北方地区后，其常受到寒潮袭击。另外，低温也是影响切花生产的主要因素之一，为了克服低温的影响，达到周年生产的目的，除了采用一些局部控温措施外，培育耐低温品种是根本途径。目前，抗寒性育种已经成为园林植物育种的一个重要的方向，长期以来已经育成不少抗寒的新品种，这对节省能源、避免和减少寒害造成的损失起了重要作用。

15.4.1 植物对低温胁迫的适应

抗寒性是植物在对低温寒冷环境的长期适应中，通过本身的遗传变异和自然选择获得的一种抗寒能力。寒冷的温度可以产生一种类型的缺水胁迫，冰冻对细胞水分有显著的影响。在给定的温度下，冰的化学势要小于液态水，而且细胞外冰的蒸汽压也小于细胞质或液泡中水的蒸汽压。随着冰开始在细胞间隙形成，胞内的水即沿水势梯度的降低方向穿过细胞质膜，流出细胞，到胞外的冰上。因此，冰冻将使胞内缺水。一些耐冻植物通过抑制胞外冰的形成从而阻止细胞质中形成有破坏性的冰晶。另一项耐冻机制是抗冻蛋白在质外体中积累，以减缓结冰，因此可以延缓细胞脱水。

植物在低于冰冻温度的环境下存活是由一类特殊的基因控制的。很多重要的园林植物，包括梅花、牡丹和茶花，都不能抵挡低于冰点的温度。但有些植物如雪莲花（*Saussurea involucrata*）、绿绒蒿可以在比冰冻温度更冷的环境下存活，有些甚至可以生活在 −40℃ 以下。但是，这些植物在生长季节并不耐冻。抗冻能力形成于寒冷驯化（cold acclimation）过程，即一种对冻结前较低却不致结冰的温度反应。植物接受驯化后适应零下温度的机制是目前研究的热点。拟南芥可以适应寒冷，它已成为这类研究的模式植物之一。在 1~5℃ 的温度范围放置 1~5d 后，拟南芥就可以在 −8~−12℃ 的温度中存活。这使它成为一个研究植物耐冻机制形成的好模型。其他模式物种也可用于北纬零下温度中存活植物的研究。植物耐冻机制是育种工作中对植物进行低温驯化的基础。

15.4.2 植物耐冻的生理机制

目前研究发现了植物耐冻性的形成时发生的几个过程：膜的稳定性，糖、渗透调节剂和抗冻蛋白的积累以及基因表达的多种变化。

15.4.2.1 膜的稳定性

膜是冰冻致伤的主要部位。由结冰导致的损伤很多都与细胞脱水使膜受伤有关。当冰冻导致的脱水使质膜与叶绿体等细胞器的膜彼此靠近时，膜的结构会改变。细胞膜的稳定性被破坏是损伤的基本原因。还有证据表明，冰冻反应中会发生氧化胁迫和蛋白质变性。冻结的速率、冰晶形成的温度和冻结的亚细胞定位都可以强烈地影响细胞受损伤的程度。耐冻性的发展包括多项机制，其中之一与膜脂组分的变化有关，包括膜磷脂中脂肪酸去饱和程度的增加和多种膜固醇及脑苷脂丰度的变化。另外改变影响膜特性的蛋白质的结构也会对提高植物抗寒性有作用。

15.4.2.2 渗透调节剂和冷调节蛋白的作用

目前人们已知，耐冻性的形成会伴随有蔗糖及其他单糖的积累。糖可以保护膜系统，糖的正常积累可以帮助植物应对低温胁迫，如，拟南芥中脯氨酸等其他渗透调节剂仅在耐冻性形成后才会积累，因此它们不是主要的决定因素。拟南芥的组成型耐冻突变株 Eskimol 可以过量积累糖和脯氨酸。

人们在分析相应蛋白质的理化性质时发现，有些蛋白质与植物的耐寒性密切相关，称为冷调节蛋白（cold-regulated protein，CORP）和冷驯化蛋白（cold acclimation protein，CAIP）。CORPs 是指在低温驯化下产生的一类特异性蛋白，与植物的抗寒力密切相关。1985 年 Guy 等首先在菠菜中发现此类蛋白。此后，随着蛋白质分离、提纯和分析技术的发展，现已发现多种 CORPs，研究的植物材料已达 30 多种，如菠菜、紫花苜蓿、冬小麦、杨树、桃树、乌饭树（*Vaccinium bracteatum*）、金银花（*Lonicera japonica*）等，但研究大多集中在农作物上，针对观赏植物研究较少。

对大量 CORPs 的结构进行氨基酸测序分析，发现它们在结构上有一定的相似性，即：一级结构富含亲水性氨基酸（Gly，Thr，His 等），并含有重复单元；二级结构以 α-螺旋为主。这些 CORPs 的结构决定了它们大多具有极强的亲水性、高度的柔性和流动性以及热稳定性。

CORPs 的特殊结构，决定了其在提高植物抗寒力中的功能。通过对 CORPs 与已知蛋白序列的比较分析，推测 CORPs 可能具有以下作用：①与抗冻脱水有关，增强细胞抗冰冻脱水能力；②保护酶行使正常功能；③本身就是具有调节功能的酶，可导致代谢的改变，进一步合成能提高抗寒力的物质；④可能是低温信号传导系统的组成部分，参与低温信号的传导；⑤有类似于鱼类抗冻蛋白（antifreeze protein，AFP）的功能，可降低冰点，抑制冰晶的形成或者重结晶。

15.4.2.3 植物耐冻机制和基因表达

遗传学研究结果表明，植物的抗寒性是由多基因控制的数量性状。抗寒性基因是一种诱导性表达基因，只有在一定条件下，主要是低温和短日照的作用下，才能表现成为抗寒力。在抗寒基因表达之前，抗寒性强的植物也是不耐寒的。抗寒基因表达为抗寒力的过程，就是抗寒性提高的过程，即抗寒锻炼。从 20 世纪 80 年代中期人们首次观察到菠菜的基因表达在冻结温度下发生变化至今，人们已鉴别出了众多应答低温处理的基因。如冷调节基因（cold-regulated gene，*cor*）是一种诱发性基因，只有在特定的条件下（如低温、短日照等）才能启动表达，产生冷调节蛋白，进而发展为植物的抗寒力。研究发现除冷驯化外，外源 ABA、热激、盐胁迫、缺水、机械创伤等逆境胁迫均能诱导 CORPs 生成。这些逆境条件对 *cor* 的诱导调控是否存在某种共同机制或内在联系，目前还不清楚。

很多受低温调控的基因都包含脱水应答元件（dehydration responsive element, DRE）DRE，转录激活蛋白 CBF1（C-重复结合因子，C-repeat binding factors 也称 DREBP，或 DRE 结合蛋白）可以结合 DRE。在酵母中 CBF1 的功能是转录激活蛋白，它包括一个 60 个氨基酸的 DNA 结合结构域，研究发现该结构域在 APETALA2、AIN-TEGUMENTA 和 TINY 等其他植物转录因子中也存在。CBF1 的基因已被克隆。它在拟南芥里的组成型表达使不抗寒植株中所有 *cor* 基因的转录丰度增加，从而提高了其耐冻性。转录激活蛋白 CBF1 的过量表达，较之 COR15a 单独的过量表达更能增加低温耐性。这些结果表明：在低温耐性形成中寒冷调控基因的作用，也开启了未来利用转录因子过量表达来保护植物免受冻害的研究之门。

目前，植物抗寒基因工程中较成熟的途径是导入抗冻基因。较多使用的是将鱼类的抗冻蛋白基因导入植物中。目前已培育出耐寒番茄并进入大田试验阶段，转基因的马铃薯也已进入田间试验阶段。其他基因工程植物的田间释放工作正迅速发展，抗寒基因工程将取得进一步发展。

15.5　热胁迫与植物的耐热性

长期生长在特定的温度范围内生活的植物，在自然进化和驯化培育的过程中，对温度调节保持着严格的适应能力，并以特定的遗传基因传递下来。当植物生长环境的温度升高到一定值时，植物体内生理生化代谢过程发生一系列变化，温度过高导致伤害。对植物生长产生影响的温度指标包括植物体温、土壤温度和空气温度。植物体温的改变取决于其所处的环境温度的变化。通常情况下，空气温度往往占据主导地位，土壤温度和植物温度处于从属地位。

15.5.1　热胁迫特征反应与热害

暴露于过热环境中的植物会表现出一系列特征性的细胞反应和代谢反应，其中很多在所有生物中都是保守的。热胁迫的特征反应是正常蛋白质的合成减少，一类新的蛋白质，热激蛋白（heat shock protein，HSP）增加。当植物处于比其最适生长条件高 5℃时，我们即可通过蛋白质双向电泳技术观察到 HSP。

热害是指由于植物体所处环境中温度过高所引起的植物生理性伤害。高温逆境对植物的直接伤害作用除改变基因表达模式外，还会使蛋白质变性，生物膜结构破损，使植物体内生理生化代谢紊乱，同时，扩大植物与环境间的温差，使植物对水分的蒸腾需求量加大，造成失水萎蔫或灼伤，以致组织、器官或植株坏死。因此，植物热害往往与生理干旱并存，共同伤害植物体。通过对大肠杆菌、酵母和拟南芥的研究，人们已经获知了植物高温存活时所必需的生理生化反应。

15.5.2　植物的耐热性

植物能够忍耐高温逆境的适应能力通称为耐热性。不同地域范围的植物的耐热性各异。原产于热带和亚热带的植物，如台湾相思（*Acacia confusa*）、合欢（*Albizia julibrissin*）、'代代'（*Citrus aurantium* 'Daidai'）、茶花、楠木（*Phoebe zhennan*）、金柑（*Fortunella japonica*）、柚（*Citrus maxima*）、桉树、橡胶树（*Hevea brasiliensis*）等的抗热性较强，它们的老叶暴露在50～55℃的高温环境中0.5h才出现轻度伤害；原产于温带和寒带地区的植物，如刺槐（*Robinia pseudoacacia*）、紫丁香（*Syringa oblata*）、紫荆（*Cercis chinensis*）、五角枫（*Acer pictum* subsp. *mona*）、悬铃木（*Platanus* spp.）和白杨等的抗热性较差，在35～40℃时便开始遭受热害。在同一地区生长的不同类型的植物，以硬叶木本植物的耐热性最强，肉质植物次之，蕨类和草本植物再次之，水生植物最弱。在不同环境条件下生长的植物，以喜光植物的耐热性较强，耐荫植物的耐热性较弱。对于同一株植物，不同器官或组织的耐热性也有很大的差异，以根系对高温胁迫表现最为敏感，尤其是吸收根；生殖器官次之，如越冬芽的花芽原基及开放花器中的子房；叶片的耐热性稍强，其中老叶的耐热性又强于幼叶；枝干的耐热性较强，并以老龄木质化者最耐高温。

除了植物种类本身潜在的遗传性以外，某些植物特有的形态解剖特征和生理生化代谢特性都直接影响耐热性的强弱。如生长在炎热沙漠地带的仙人掌类植物，叶片多退化，肉质茎较发达，能贮存大量的水分，因此它们能忍耐高温干旱逆境，具较强的耐热性。植物在长期的驯化适应过程中，对环境温度都有一定的忍耐能力。常见的表现形式有避热性、御热性和耐热性3种。其中，植物的御热性和耐热性都有一定的忍受限度。当超过了这个限度后，植物体内就不可避免地发生一系列的生理生化变化，致使植物遭受不同程度的伤害，并相应表现出一定的生理病症，严重时可导致植株死亡。

如果把植物事先置于非致命性的高温（即许可高温 permissive high temperature）中数小时，植物可以获得耐热性。获得耐热性的植物可以在原本使之致命的高温中存活下来。研究发现：在适应过程中植物合成出了一些新生的蛋白质。但植物这种适应高温的能力是有一定限度的。

15.5.3 植物抵御热害的方式

植物在长期的生存适应中，获得了许多不同的结构和代谢方式以抵御热害。这些均属于植物自身的遗传特性。

(1) 隔热结构

隔热结构是一些高等植物（尤其是树木）在形态解剖上具有的保护有机体的特征结构。例如落叶松（*Larix gmelinii*）、马尾松（*Pinus massoniana*）、桦树（*Betula* spp.）和山杨（*Populus davidiana*）等树木的多年生树干上，都有一层很厚的树皮，起着隔热保护层的作用，能使外表皮的热量向内层传递的能力大大降低。仙人掌等肉质植物外表有一层很厚的角质层，也具有很好的隔热保护作用。

(2) 降低热辐射作用的结构

植物体温的升高，除了受气温的影响外，还与叶群所接受的太阳热辐射直接有关。有些植物叶片革质发亮，或叶面密生绒毛，使植物体表具有良好的反射和过滤作用，植物体温不会因太阳光照剧烈而过快地上升。还有一些植物的叶片垂直分布，叶绿体向光排列，当气温和光照增强时，折叠的叶片可以减少光的吸收量，而减少热害。

（3）降低体内含水量

有些植物原生质的黏滞性很大，细胞透性很小，束缚水含量很高，增强了原生质的抗凝聚能力；由于细胞内自由水含量少，植物新陈代谢速率缓慢，同样可以增强耐热性。如长期生长于沙漠中的旱生植物，都属于这种类型。

（4）改变蒸腾作用

植物在高温下，蒸腾作用加剧，消耗大量水分。由于水的气化吸热很大，随着蒸腾失水，可以降低植物体温度 2～5℃。同时，还可以降低植物群落周围的小气候环境温度。因此，一般情况下蒸腾效率高的植物受热害的影响较小，但在过分干旱而供水不足的情况下出现高温天气时，植物降低蒸腾作用，能保持植物体内有较高的含水量，这样反而有利于御热。

（5）降低生理代谢

大部分越夏植物在炎热的夏季生长发育几乎停止，甚至落叶休眠，体内生理代谢作用相应降低，这也是植物抵御热害的一种自身适应性的表现。

15.5.4　热激蛋白的特性

热激蛋白（HSP）在植物御热中发挥重要作用。一些主要的 HSP 在绝大多数生物中是保守的，它们中很多作为分子伴侣行使功能，参与热变性蛋白的重新折叠。HSP 分为 5 大类，分别由其大致分子量命名。植物热激反应的一个独特的方面是低分子量的 HSP（smHSP）很丰富。植物中有 5 类 smHSP，分别分布于植物的不同区室内：两类在细胞质中，一类在叶绿体中，一类在内质网中，一类在线粒体中，可能还有一类在尚未界定的膜区室中。所有种类的 smHSP 的 C 端都与脊椎动物眼睛晶状体的 α-晶体蛋白有相似性。

很多编码 HSP 基因的表达都受一个转录因子控制，该转录因子识别一段保守的启动子序列。热激转录因子（heat shock factor，HSF）是组成型表达的，但是必须在热胁迫中激活才能识别其靶 DNA（即热激元件，heat shock element，HSE）。HSE 由数个 5bp 的重复序列，即 nGAAn 交替排列而组成。一个受 HSP 调控的启动子在紧邻 TATA 盒的位置可能包含 5～7 个这样的重复。很多 HSE 都有这样的元件，5'- CTnGAAnnTTCnAG- 3'。大多数植物的 HSF 仅能以三聚体的形式与 DNA 结合，热胁迫是三聚化的必要条件。HSF 的寡聚化和 DNA 结合结构域在不同生物中都是保守的，三聚化作用依赖于一种亮氨酸拉链构象的存在，它是位于 DNA 结合结构域附近的疏水七重复。这些机理提示我们利用转录因子调节的基因工程可以改良植物以提高其御热能力。

15.6　植物对水分胁迫的耐受能力

15.6.1　环境条件诱导的缺水

当植物中水分过少，或可利用的水的数量或质量难以满足植物需求时，植物就会受到水分胁迫的影响。很多环境条件可以导致植物缺水。如降雨量减少造成的干旱；盐生环境中高盐浓度使植物根系难以从土壤中吸收水分；低温导致的水分胁迫等。植物在遭受冻害时，细胞失水，在细胞间隙形成冰晶，从而引起细胞脱水。在水分良好的时候植物也会表现出缺水症状，如中午时分由于过分蒸腾导致细胞失去膨压，使植物表现出萎蔫现象。因此，很多因素可以导致植物对缺水的胁迫反应，包括缺水持续的时间，起始速度以及植物先前缺水而顺应了水分胁迫的可能性。

在一些干旱和半干旱的地区，由于地下水蒸发强烈，把盐分带到土壤表层，使地下水所含有的盐分残留在土壤表层，加上降雨量小，土壤表层的盐分越来越多，特别是一些易溶解的盐类，如 $NaCl$，Na_2CO_3，Na_2SO_4 等，结果形成盐渍土壤。海滨地区海水的倒灌也可使土壤表层的盐分升高。习惯上把以 Na_2CO_3，$NaHCO_3$ 为主要成分的土壤称为碱土，以 $NaCl$，Na_2SO_4 为主要成分的土壤称为盐土，但两者常同时存在，不易绝对划分，因此实际上把盐分过多的土壤统称为盐碱土。旱害和盐害不仅在发生上有联系、两者对植物的损伤都因导致土壤溶液水势下降使细胞失水，甚至死亡。因此，旱和盐合称渗透胁迫。实验中也常用 $NaCl$ 溶液灌溉的方法对植物进行渗透胁迫定量研究。

15.6.2 水势和相对含水量

水势（water potential，Ψ_w）可以用来评价一个细胞、一个器官或整株植物"水化"的程度。植物的 Ψ_w 等于各种势能的总和。溶质势（solute potential，Ψ_s）等于溶解在水中的各种溶质颗粒化学势的总和。水势随溶质浓度增加而降低。压力势（pressure potential，Ψ_p）反映了环境施加于水的物理强度。当水处于负压时，Ψ_p 小于0MPa（兆帕），Ψ_w 也减小。相反，正压可以使水势增加。水势可以简写为：

$$\Psi_w = \Psi_s + \Psi_p$$

水势可用于预测液态水进出植物细胞的方向。跨膜（如质膜、液泡膜或其他细胞器膜）水势差将决定液态水流动的方向。水会自发地由高水势区域流向邻近的低水势区域。假设把一个植物细胞放置在一烧杯纯水中，水势差将使细胞吸水，直至细胞膨胀，质膜挤压细胞壁而施加正压。这种膨压将一直增加，直到膜两侧水势相等、水的净运输为零时为止。

如果把同样的植物细胞放在高盐溶液中，水将从细胞中流出，直至膨压消失，原生质体脱离细胞壁，细胞致死。注意：这个细胞将继续脱水直至它同外界溶液达到平衡。同时，那些无法快速代谢的胞内溶质浓度变高。这些因素共同作用，降低了细胞的水势。但是，如果质壁分离（即无膨压）的细胞中溶质浓度变得高于外部介质，质膜两侧的水势梯度则将帮助水进入细胞。结果，稀释了胞内溶质（Ψ_w 增加），而且随着原生质体扩张，膨压得以恢复。当细胞内外 Ψ_w 达到平衡时，水的净流入将停止。进出细胞的水分运动依赖于质膜两侧的水势梯度。水自发地沿着化学势梯度移动。在植物细胞中，这种化学势由压力和浓度参数确定。水要从胞外进入细胞必须要求胞外水势比胞内高。

相对水含量（relative water content，RWC）可以评价植物的水分状态。

相对水含量 = [(鲜重 – 干重)/(膨胀重量 – 干重)] ×100%

当根部吸收的水分量基本上等于叶片失去的水分量时，正进行蒸腾作用的叶片的相对水含量一般在 85%～95% 的范围变动。当某器官的相对水含量低于临界值，该组织就面临死亡。临界相对水含量值依物种和组织类型变化，通常低于 50%。一般情况下，相对水含量将随水势降低而降低。但是，能进行渗透调节的植物可以在较低或不断降低的水势下保持较高水平的相对水含量，这是值得注意的一个现象。

15.6.3 渗透调节在水分胁迫中的作用

只有当根部水势低于周围土壤水势时，植物才可以从土壤中吸水。植物根部必须建立一个水势梯度，以使水从土壤流向根部表面。一些植物对水分胁迫高度敏感，土壤水势过低将使其萎蔫。但是另一些植物却可以忍受干旱或盐性条件而没有明显的膨压消失。很多耐旱植物可以调节它们的溶质势以抵消暂时或长期的水分胁迫。这个过程称作渗透调节，它是植物细胞中溶质颗粒数目净增的结果。渗透调节可使根系水势低于土壤水势，从而使水可以沿势能梯度从土壤流向植物。渗透调节在帮助植物适应干旱或盐性条件中起着关键的作用。理论上，渗透调节可能影响一些代谢变化：如改变离子吸收速率、降低低分子质量有机化合物的同化作用，或增加它们的合成。

15.6.4 植物对水分胁迫作出的反应

15.6.4.1 可混溶溶质的作用

很多植物在水分胁迫时是以合成可混溶溶质的方式渡过危难的。可混溶溶质，即亲和性渗透调节剂，是一类化学性质各异的有机化合物，它们都高度可溶，而且即使在高浓度下也不影响细胞代谢。当植物细胞内的溶质浓度增加时可以保持细胞主动积累溶质，降低水势，促使水流入细胞。植物中广泛存在有机渗透调节剂的合成和积累，但特定的可混溶溶质在不同物种的分布有所不同，许多植物都能积累脯氨酸，但四价铵化合物——丙氨酸甜菜碱却仅见于白花丹科（Plumbaginaceae）的一些属的代表植物中。增加溶质浓度的一种机制是化合物的不可逆合成，如甘氨酸甜菜碱。其他可混溶溶质的浓度是通过合成和分解的共同作用来维持的。多糖可以分解为单糖以对胁迫做出反应。胁迫一旦消失，这些单体又可以重新多聚合成，以促进渗透调节迅速而可逆地进行。

细胞中很多离子在高浓度时都会对植物的代谢过程产生不利影响。可能是通过与辅因子、底物、膜及酶等相结合或改变其性质来实现的。另外，很多离子可以进入蛋白质的水化层并促进其变性。与之相反，可混溶溶质在生理条件下通常呈电中性，即非离子或两性离子状态，它们往往阻隔在大分子的水化层之外。

除固定的电荷特性外，活跃于渗透调节过程中的化合物还有着不同的分布模式，以维持细胞中多种被膜包围的区室内的水势平衡。占成熟植物细胞体积 90% 的液泡，趋向于积累某些带电离子和溶质，如果这些物质出现在细胞质中就会干扰代谢。但是，细胞质中的可混溶溶质却可以使细胞溶胶同液泡达成渗透平衡。例如，在受到盐分胁迫的菠菜叶中，液泡液里很少或没有甘氨酸甜菜碱，而这种可混溶渗压剂在胞质溶胶和叶绿体中的浓度却可超过 250mmol/L。

植物中积累可混溶溶质还有一项额外的功能，即尽量减少非生物胁迫对植物的影响。体外试验中，很多这类化合物都可以直接抵消离子的有害干扰作用。例如，甘氨酸甜菜碱可以防止核酮糖二磷酸羧化酶-加氧酶的盐诱导失活和光合系统 II 中产氧复合物的去稳定作用。山梨醇、甘露醇、肌醇和脯氨酸在体外还可以清除羟基。

植物基因工程提供了一个直接验证可混溶溶质的适应意义的机会。通过向植物中导入编码一些酶的基因，使之合成出对渗透保护剂的合成很关键的酶。对这些转基因植物进行分析，可以获知可混溶溶质积累的增加和植物抗旱抗盐的渗透调节能力。正在进行的试验让人们看到了抗胁迫栽培植物未来发展的希望。

提高耐旱性的生物技术手段通常包括：对特定渗压剂生物合成途径的分析以及随后对该途径中酶活性的操纵。目前，人工合成的化合物有：脯氨酸、四价铵的甘氨酸甜菜碱和多元醇类。

15.6.4.2 植物对盐分胁迫的反应

盐分胁迫对植物造成的伤害是多方面的。土壤中盐分过多使土壤水势下降，导致植物不能吸水，形成渗透胁迫，植物遭受生理干旱，从而受伤害。离子胁迫伤害是当土壤中 Na^+、Cl^- 离子浓度升高时，高浓度的 Na^+、Cl^- 对细胞产生伤害，使细胞膜结构功能发生改变，Na^+ 取代了细胞膜上的 Ca^{2+}，膜的稳定性降低，发生渗漏，即离子胁迫伤害。盐胁迫还会引起次生营养亏缺胁迫及植物对一些矿质元素的吸收。例如，在 NaCl 存在下，引起植物对 K^+ 的吸收减少。水势变化和盐害共同影响膜的透性，由于膜透性的变化进而影响细胞内的各种生理代谢过程，包括核糖核酸-蛋白质代谢的变化，代谢过程的改变会进一步作用于膜的结构功能，最终以能量代谢失调而使细胞和组织死亡。

植物对过度盐碱抵御的基本方式有两种，一是逃避盐害，二是忍耐盐害。不同植物逃避盐害的方式不同，包括：①泌盐植物：植物吸收盐分以后，不积累在体内，而是通过盐腺排出体外，如柽柳（*Tamarix chinensis*）、匙叶草（*Latouchea fokiensis*）、瓣鳞花（*Frankenia pulverulenta*）；②稀盐植物：植物生长快，吸收多，能把吸进体内的盐分稀释，如用激素促进这类植物加速生长，抗盐性能提高；③聚盐植物：植物具有肉质茎，体内有盐泡，能将原生质内的盐分排到盐泡里去，使细胞的渗透压增加，就可提高吸收水分和养分的能力，如盐角草（*Saliconia europaea*）和碱蓬（*Suaeda glauca*）；④拒盐植物：植物细胞的原生质对盐分的透性很小，并在液泡内积累有机酸、可溶性糖和其他物质，渗透压较高，能从外界吸水，如长冰草（*Agropyron elongatum*）。如果增加细胞内 Ca^{2+}，可以降低细胞膜的透性，减少 K^+、Na^+ 等一价离子的吸收。耐盐是植物体通过生理或代谢上的适应，忍受已进入细胞的盐类，这种方式无论是对盐生植物或非盐生植物的抗盐能力都具有非常重要的意义。对这些植物的表型进行分析，并获得相应基因型的信息，是获得抗旱、耐盐碱植物的希望所在。

在盐渍条件下，盐生和非盐生植物都要受到渗透胁迫的伤害，而它们耐盐的重要对策之一是渗透调节。在许多盐生植物中，主要依靠从外界介质中吸收和积累大量无机盐离子进行渗透调节，避免脱水，防止盐害。盐生植物能在外界胁迫下吸收过量的盐离子，把大部分盐离子积累到液泡中，从而提高液泡中盐的浓度，降低细胞水势，以适应外界盐胁迫所造成的低水势，使植物可以在较高渗透条件下吸水，保持膨压以进行正常生长；另外叶细胞中的盐分积累在液泡中，原生质和细胞器保持在低盐浓度下，以免干扰酶和代谢系统的功能，这对盐生植物在盐碱地中的生长具有重要的保护作用；细胞质内进行渗透调节的主要物质是可溶性有机物。非盐生植物在液泡中积累盐离子数量有限，它们是依靠合成脯氨酸、甜菜碱及一些糖类和有机酸进行渗透调节以适应盐渍环境。脯氨酸在抗盐作用中除了改变渗透压外，可能还有保护蛋白质避免变性的作用。甜菜碱与脯氨酸一样在植物细胞的渗透调节中具有重要作用。甜菜碱是一种有效的对细胞质无毒的渗透剂，其作用主要是平衡细胞内高浓度的盐分，以避免细胞质脱水。不同的抗盐性植物均含有特殊的细胞溶质，科属间存在差异，如藜科植物在盐渍条件下的产物是甜菜碱，白花丹属（*Plumbago*）则为 β-丙氨酸三甲内酸，车前科为山梨醇。

盐生植物体内积累大量盐分，但是其酶和蛋白质合成结构和甜土植物一样对盐敏感。细胞内离子浓度分析表明，不论是像碱蓬一类盐积累型的，或是有专门泌盐表皮毛的如滨藜（*Atriplex patens*），盐分主要集中积累于中央大液泡，细胞内分室性的渗透调节使细胞达到比外界更低的水势，保证继续吸水并维持生长所需的膨压，同时避免细胞质受到盐的损伤。近年来很多甜土植物的体外培养细胞研究通过在逐级加大 NaCl 浓度的培养基中继代，筛选到各种耐盐细胞系。细胞内 Na^+ 和 Cl^- 含量随适应能力增加呈直线上升，定位主要也在液泡，同时有蔗糖、脯氨酸等有机溶质大量积累。可见，不论是盐生植物还是甜土植物，包括离子细胞内分室性的渗透调节是植物抗旱抗盐的共同细胞机制。

大量品种筛选的结果表明，品种间耐盐能力差别很大。有的植物如海生碱蓬能在高于海水盐分的条件下正常生长、繁殖。在观赏树木中，柽柳耐盐性极强，它们吸收盐分后，能通过腺体将盐分泌出体外。苦楝（*Melia azedarach*）、臭椿（*Ailanthus altissima*）、乌桕（*Sapium sebiferum*）、榆树等也具有一定的耐盐能力。紫穗槐（*Amorpha fruticosa*）、皂荚（*Gleditsia sinensis*）、泡桐（*Paulownia fortunei*）、侧柏（*Platycladus orientalis*）、柞木（*Xylosma racemosum*）、刺槐等也可以在盐碱土上生长。植物种间、种内抗逆性的丰富多样性，为培育高抗性花卉品种提供了可能性。

15.6.5 水分胁迫与植物基因表达调控

15.6.5.1 多基因协同作用

无论是离体培养的植物细胞还是完整植物，无论是栽培植物还是野生植物，对渗透胁迫作出应答的基因都不止一个，往往是组成若干个小成员数的基因家族。分子生物学研究的结果与抗逆性经典遗传分析的早期结果一致——证明植物抗旱性和耐盐性涉及很多基因。德沃拉克（Dvorak）等测定了中国春小麦和其耐盐近缘种长穗偃麦草（*Elytrigia elongata*）的各种异源附加系和替换系的耐盐性，证明偃麦草耐盐主基因分别定位在 3E，4E 和 7E 3 对染色体上，表现出加性遗传效应。另外还有几个非加性的基因也起作用。提出偃麦草在逐渐适应土壤盐渍化过程中逐步固定一些相互独立位点的显性突变。冰叶日中花（*Mesembryanthemum crystallinum*）是原产地中海沿岸的一种肉质盐生植物。温特（Winte）和温韦勒特（Von Willert）发现用 0.5mol/L 的 NaCl 灌溉或土壤干旱能诱导午时花进行 CO_2 暗固定并促使苹果酸含量上升，表明光合途径由 C_3 型转变为景天酸代谢途径，即 CAM 途径。CAM 植物夜间开放气孔进行 CO_2 的吸收和固定，白天气孔关闭减少蒸腾失水，这是一种对环境的适应。整个光合途径由 C_3 转变为 CAM 要花费约 2 周的时间，是一个十分复杂的过程。Meyer 等通过基因组直接筛选，估计午时花的盐适应涉及的基因数大于 100 个。

15.6.5.2　水分胁迫诱导的基因表达

当植物缺水时对其他胁迫会更敏感。光照下，植物主要通过蒸腾作用散热，而蒸腾作用受干旱和盐分抑制。因此，热胁迫通常会伴随缺水。水分胁迫还会使活性氧物质增加，并使植物对病原体更敏感。在缺水诱导的基因产物中，主要用于尽量降低其他胁迫的影响，有几种基因编码的蛋白质可能具有多种胁迫的相关功能。

一些种子蛋白可能起保护营养组织免遭胁迫的作用。LEA 蛋白（late-embryogenesis-abundant protein）最初被认定是在种子成熟和干化阶段诱导表达的基因产物。现在人们知道，在植物处于包括缺水在内的多种胁迫时，植物营养组织中某些基因产物的数量会增加。大多数 LEA 蛋白都高度亲水，这与它们在细胞质中的定位一致。除此之外，它们中很多成员的氨基酸组成都有偏向性，富含丙氨酸和甘氨酸，而缺乏半胱氨酸和色氨酸。大多数 LEA 蛋白的体内活性目前未知。转基因水稻和酵母显示 LEA 蛋白的过量表达可以提高它们对特定缺水胁迫的抗性。LEA 蛋白包括 5 个不同的家族，分别命名为第一组至第五组。这个分类体系可以帮助人们对很多名称完全不同的相似蛋白质进行比较。一旦这些基因产物的功能确定以后，这些蛋白质就可能会重新命名以表明它们的生物活性。

渗透蛋白是一种含量丰富的碱性蛋白质，被发现于已适应干旱的烟草培养细胞中。一个渗透蛋白基因的转录至少可受 10 种信号诱导，如 ABA、乙烯、植物生长素、烟草花叶病毒侵染、盐分、缺水、严寒、紫外线、创伤和真菌感染。但仅在乙烯处理、真菌感染、或适应缺水或盐分后，渗透蛋白才会积累到有效数量。人们尚不清楚，该蛋白是否对耐盐性有作用。

缺水反应中诱导的很多基因产物是在转录水平上调控的。部分基因是受缺水产生的渗透胁迫反应诱导的，人们已经鉴定出了它们胁迫诱导表达所充分必要的 DNA 元件以及结合这些元件的转录因子。某些胁迫诱导基因受 ABA 的调控。ABA 是一种植物激素，它在缺水及低温反应时增加。ABA 在应对水分胁迫的一些反应中起作用，在气孔关闭和基因表达诱导的反应中更为显著。ABA 合成突变实验显示，拟南芥、玉米、番茄都需要 ABA 浓度增加来表达一些缺水诱导的基因。在 ABA 缺乏的番茄突变株中，有 4 个基因只能在外源 ABA 供应时才能表达；这些基因的产物为 2 个 LEA 蛋白，1 个脂转运蛋白和 1 个组蛋白 H1 的胁迫诱导同工体。

在那些参与 ABA 诱导基因表达的基因中，人们认定有几个参与了与 ABA 信号转导有关的磷酸化和去磷酸化过程。在对 ABA 不敏感的拟南芥突变株研究中发现了

*AB*11 和 *AB*12 基因，人们认为它们编码了蛋白磷酸酶，并可使缺失 2C 型蛋白磷酸酶——PCT1 的酵母突变体功能互补。*AB*11 作用于气孔关闭和特殊基因的诱导。参与 ABA 应答基因表达调控的还有一个酪氨酸激酶，它近似于促分裂原活化蛋白激酶。另外，ABA 以及导致细胞缺水的实验条件还诱导了很多其他的激酶，包括 MAPK 途径的成员。但是，这些激酶的功能及其相应的信号转导途径还不清楚。

因为 ABA 并不能调节所有的胁迫诱导基因，那么必然还有别的信号参与对缺水的反应。而且，有几个缺水诱发的基因表达并不需要 ABA 诱导，它们可能由不同的或相互作用的信号转导途径调控。

一些特殊的顺式作用元件和反式作用因子促进了应答于 ABA 和缺水的转录。小麦基因有一个包括 CACGTG 的 DNA 元件，在水稻原生质体瞬时表达体系中转入的报告基因其 ABA 诱导表达必需这个 DNA 元件。把多个拷贝的该 ABA 应答元件与最小的 CAMV35S 启动子融合后，它可驱动报告基因受 ABA 诱导表达。有趣的是，人们还在其他很多受环境条件调控的基因中发现了 ACGT 核心元件，当然这些环境条件并非只有 ABA 诱导。人们发现有一种 bZIP 型的转录因子，会与 ABRE 相结合。该蛋白的特点是有一个邻近亮氨酸七重复区的碱性结构域。

还有一种叫做偶联元件的启动子序列和 ABRE 一起控制 ABA 应答基因的表达。受 ABA 调控的大麦基因 *HVA*22 和 *HVA*1 分别包含 CE1 和 CE3 元件。人们认为这些 CE 元件可结合不同的转录因子，因此使植物可以独立激活每一个 ABA 应答基因的转录。CE 可能会有助于人们对 ABA 诱导的基因表达的组织特异模式进行深入地了解。

由 ABA 调控的特定基因的表达需要另一个转录因子家族，即在拟南芥中分离得到 AB13 和在玉米中分离得到 VP1。通常在发育阶段的种子中发现它们的产物 AB13 和 VP1。并非所有缺水应答基因都由 ABA 诱导。部分干旱应答 DNA 元件，只作用于由缺水和低温调控的拟南芥基因的转录。

15.7 水涝对植物的作用

15.7.1 水涝和缺氧

水分过多会阻碍氧气进入土壤，以致根和其他器官无法进行呼吸作用。像大多数真核生物那样，植物是专性需氧的，氧气是线粒体电子传递链的最终电子受体。正常的需氧条件下，植物可以通过糖酵解、三羧酸循环和氧化磷酸化氧化己糖，通常氧化 1mol 己糖可以产生 30mol ATP。氧气缺乏时，ATP 产量骤减，因为糖酵解 1mol 己糖只能生产 2mol ATP。随着线粒体中 ATP 生产受到抑制，胞内 ATP 和 ADP 的比率会降低。更有意思的是，与水涝相关的缺氧也会阻止植物从土壤中获得足够的水分。

排水畅通的疏松土壤中氧浓度与大气浓度相当，但是氧在水中的扩散系数却比空气中要低 4 个数量级。灌溉和降水过程中，水分替代了土壤中的气体，因此降低了土壤和空气间的气体交换速率。很多因素都影响到根细胞中的氧供应，包括土壤孔隙度、水分含量、温度、根部密度以及竞争性藻类和需氧微生物的存在。根部组织中氧浓度也根据根部深度、根厚度、胞间气体间隙的体积和细胞代谢活性而变化。

植物或细胞的氧气状态可分为常氧、低氧或无氧。为在短时水涝中存活，植物必须产生足够的 ATP，再生 NADP 和 NAD，同时要避免毒性代谢产物的积累。短时间的缺氧可能引起发育反应，会促进植物对低氧或无氧条件的适应。

15.7.2 植物的耐涝能力

根据对缺氧时期的耐受能力，植物通常可分为湿地型、耐涝型或水涝敏感型。湿地植物有特殊的解剖结构、形态及生理特征，使其能在水生环境或渍水土壤中生存。水生环境呈现多种挑战，植物以不同方式去适应它们。生活于湿地环境可促使植物根部下表皮加厚，以减少氧气流向无氧土壤而损失掉。为帮助氧气从未淹结构向淹没的根系中转动，从而保持需氧代谢及生长，一些植物进化出了特殊的结构：通气组织从下胚轴或茎长出的不定根、皮孔、周皮上用于气体交换的开口、浅根以及向地性生长的浅根。

受水淹时，湿地植物改变细胞代谢以增加存活的机会。例如，水稻通过增加乙醇发酵来应付短暂的缺氧。水稻通气组织的形成是组成型的，水涝可进一步促进其形成。淹没在深水中的水稻秧苗，会促使不定根的生成，同时还可以加速茎的延伸，使茎叶得以在水环境以上建立。线粒体形态也会有所改变，使其内膜上的功能电子传递链复合体和线粒体基质上参与三羧酸循环的酶类仍得到保持。稗（*Echinochloa crusgali*）在被淹时的生长能力，应归功于其活跃的糖酵解和部分行使功能的三羧酸循环产生的 ATP。

与此相反，其他的湿地植物，如生长于沼泽地的单子叶植物菖蒲（*Acorus calamus*），通过下调代谢来应对低氧条件，这使它们利用贮存于根状茎的淀粉可以保持近于静止状态数月。很多湿地植物的幼苗都可以抵挡长时期的无氧，而且水稻和稗草等植物的种子，甚至可以在厌氧环境中部分萌发，虽然它们的后续发育需要氧气。

耐涝植物可以暂时而非长期地忍受无氧。和湿地植物种类一样，它们在短期水涝中通过厌氧代谢产生 ATP。大多数情况下，根的延伸受到抑制，蛋白质合成的总速率降低，基因表达模式显著改变。根据不同的基因型和发育阶段，耐涝植物的幼苗可以在无氧条件下存活 3~5d。如果植物幼苗在经历无氧条件前就变得含氧量较低，则其耐涝能力会提高。低氧会促使具有皮层通气组织的不定根和节间根形成，这是植物对含氧量低的土壤的一种适应。

水涝敏感植物在无氧条件下会受到损伤。虽然和耐涝植物一样，乙醇的生产会增加，但是过量积累乙醇会导致其细胞质酸化，这些植物将很快死于水涝。氧气丧失时，水涝敏感植物的蛋白质合成显著减少，线粒体发生降解，细胞分裂和延长受到抑制，离子运输陷于混乱，根部分生组织的细胞死亡，这些植物不能发育出根部的通气组织，在无氧条件下存活通常不能超过 24h。

15.7.3 植物耐涝的机理

研究人员已经广泛地分析了以下 3 种植物幼苗对水涝的快速代谢反应：番茄、玉米和水稻。水涝激发了这些植物糖酵解通量的增加，即巴斯德效应。遭受水淹的器官中，韧皮部的蔗糖或葡萄糖直接进入糖酵解过程。被水淹的水稻胚芽鞘还可以水解贮存的淀粉以获取更多的糖。

糖酵解的产能步骤通过将 NAD^+ 还原为 NADH 来生产少量的 ATP。为了在缺乏线粒体呼吸时保证糖酵解顺利进行，糖酵解的底物 NAD^+ 必须通过发酵反应再生。在缺氧的植物组织中，糖酵解的主要终产物是乳酸和乙醇；丙氨酸、琥珀酸和氨基丁酸也可能形成。这些特殊终产物的相对丰度依植物物种、基因型、组织和缺氧持续时间及严重性而异。

生成乳酸和生成乙醇的发酵都产生 NAD^+。但是，乳酸会降低细胞质 pH 值，乙醇则不会。根据戴维斯-罗伯茨关于乳酸脱氢酶（LDH）/丙酮酸脱羧酶（PDC）稳定假说，厌氧代谢受 pH 敏感酶类活性的调控。按照这种模式，糖酵解最初产生的丙酮酸将转化为乳酸，该反应由 LDH 催化，生理 pH 值即为此酶的最适条件。乳酸的产生可以再次氧化 NADH，但其也会降低细胞质 pH 值。随着细胞溶胶酸化，LDH 逐渐受到抑制，而另一个酶 PDC 得到活化。PDC 的最适 pH 值要低于正常的胞质。因此，乳酸的积累最终激发了丙酮酸向乙醛的转化。随后，乙醇脱氢酶还原乙醛为醇，同时氧化 NADH 为 NAD^+。与乳酸不同，乙醇在细胞内是中性分子，它可以通过质膜扩散。因此，转变生成乙醇可以使胞质稳定在一个微酸的范围内。一些植物中，通过苹果酸到乳酸或乙醇的转化以及由带一个质子的丙酮酸产生两性的丙氨酸和 γ-氨基丁酸，胞质 pH 值也可以得到维持。

在短暂淹没时，耐涝植物可以激发乙醇发酵，避免细胞质酸中毒。乙醇的生成对于避免细胞质酸中毒的作用已在耐涝的玉米上得到体现。ADH1 是需氧条件下生长所不需要的酶，ADH1 有缺陷的玉米突变体较其野生型对水涝更为敏感。该突变体会积累乙醛，而且细胞质 pH 值的降低比野生型更为迅速和持久。但是，并非所有产生乙醇的植物都能忍受短时的氧气丧失。豌豆等水涝敏感型植物可以快速而显著地上调 ADH 的活性，却仍会死于水涝。这是因为乳酸积累及无法将过量质子隔绝于液泡中，结果导致细胞质酸中毒。

自然界中，低氧状态通常发生于受淹渍的根部。如果将玉米或水稻幼苗先置于低氧条件，再移至无氧环境，它们的存活率会显著增加，继续延长细胞的能力也有较大地提高。低氧预处理会使己糖激酶、果糖激酶、丙酮酸激酶及糖酵解和乙醇发酵过程中其他酶类的特异活性增加。该适应的另一重要特征是植物形成了将细胞质中乳酸输送至周围环境的能力，这进一步显示了避免细胞质酸中毒是植物在低氧条件下存活的一个主要因素。

15.7.4 植物对水涝的适应反应

15.7.4.1 通气组织的形成和茎的延伸

通气组织为根和空中器官间的气体扩散提供了管道，它们可由细胞的死亡及溶解、细胞不经萎陷而分离或溶生及裂生的联合作用形成。水稻和玉米的通气组织是溶生的，它最有可能源于程序性细胞死亡。

在很多湿地植物中，通气组织的形成属于幼年植株的正常发育过程，它开始于水涝前，在水涝反应中又得到进一步的发展。具有通气组织的植物可以维持其淹没在无氧环境的根部细胞中 ATP 的高水平合成。水稻等植物通气组织的形成削弱了低氧状态的严重性，有助于被水淹的根部的生长。非湿地植物中，当水涝抑制了现有根的生长或致其死亡时，新生根就会发生于初级根的靠上部分、下胚轴上，或者从空气-水/空气-土壤界面以上的节间开始发育。这些新生根构成通气组织，帮助氧从植物中空部分向缺氧的根部组织运输。

低含量的氧会刺激乙烯的生成，这种激素可以促使根皮层中央部位通气组织的形成。无氧根部中通气组织的发育比低氧根部中的少，因为氧气是乙烯合成必需的。1-氨基环丙烷-1-羧酸合酶和 ACC 氧化酶参与乙烯的生物合成途径，在低氧反应中它们在玉米根尖里的丰度显著增加。研究人员通过使用乙烯合成的抑制剂和乙烯作用的拮抗物以及将需氧根暴露于外源乙烯中，确定了乙烯在通气组织发育中的作用。通气组织的发育还与一个由乙烯诱发的 Ca^{2+} 信号有关，此过程人们还未完全了解。乙烯的产生和这个 Ca^{2+} 信号激发了根皮层中央部位细胞的死亡。在低氧根部中至少有 2 个细胞壁降解酶大量出现或合成，它们也很可能参与了通气组织的形成。

15.7.4.2 水涝敏感植物的偏上生长

乙烯还与深水水稻品种的水涝反应有关，这些水稻可以在 4m 深的水下生长。水淹植物幼苗会增加乙烯生产，随后就会出现 ABA 的浓度降低，以及植株对植物激素赤霉素的反应性增强等现象。随后，居间分生组织中细胞分裂增加，茎节间的细胞延长也有增加。因此，水涝反应中乙烯的产生，可以帮助植物叶片保持在被水淹的稻田水面以上。

15.7.4.3 植物对氧气丧失的感知

植物对水涝的反应既包括代谢和基因表达模式的暂时改变，也包括长期的发育反应。氧气缺乏迅速使 ATP 减少、NADH 增加和细胞质 pH 值降低。这些因素中的任何一种或全部都可能参与信号转导过程。乙烯及 ABA 等植物激素也与低氧信号的转导有关。另外，植物具有类血红蛋白，但它们是否可以参与感知氧气丧失还不清楚。在培养的玉米细胞中组成型表达一个大麦血红蛋白的反义基因，会使血红蛋白含量和维持 ATP 浓度的能力都降低，这暗示血红蛋白可能会在适应低氧条件中起作用。

越来越多的证据显示，Ca^{2+} 可能是转导氧信号、改变基因表达和促使通气组织形成的过程中一个重要的第二信使。无氧条件可激发玉米原生质体中细胞质 Ca^{2+} 的迅速增加。这种 Ca^{2+} 的流动对 *Adh* 转录本的增加可能是必需的。研究人员用水母荧光蛋白对胞质浓度进行荧光显示，证实了拟南芥的无氧反应在枝条及子叶中有双向 Ca^{2+} 流动，而在根部没有。研究者认为：Ca^{2+} 作为第二信使参与植物对冷热胁迫和其他许多刺激的反应，它在信号转导中的作用是目前研究的一个焦点。

15.7.5 水涝与基因表达

在玉米幼苗的根部中，无氧会使基因表达模式及活性发生快速而显著的改变，其中包括总蛋白合成降低 70%。低氧条件下蛋白质合成也会减少和改变，但程度较低。在无氧组织中观察到的蛋白合成模式的改变是基因表达的转录调控及转录后调控的结果。虽然大多数基因表达在氧丧失的反应中受到抑制，但有一系列重要基因的表达却上调。已知的在无氧根部大量合成的蛋白质中，大多数都是与蔗糖及淀粉降解、糖酵解和乙醇发酵有关的酶类。数个编码某种酶的同型酶基因在需氧和无氧细胞中表达有差异，因为它们启动子的序列有所不同。

玉米和拟南芥中 Adh 基因的启动子已得到鉴定。这 2 个物种的启动子都包含功能性的顺式作用元件，是在低氧和无氧的细胞中表达所必需的。这些元件包括厌氧应答元件（ARE）和 G 盒型基序。在单、双子叶低氧诱导转录的很多基因的启动子区域中都发现有厌氧应答元件。人们已确定了 2 种与拟南芥 Adh 基因的 G 盒相互作用的转录因子。对 Adh 启动子进行硫酸二甲酯足迹实验和 DNase 超敏分析，已显示出与转录活性相关的组成型及动态修饰 DNA-蛋白质相互作用，并提供了关于 Adh 基因的染色质高级结构的信息。

基因表达的变化并不仅仅受转录控制的作用。很多在需氧根部中表达的基因在无氧条件下也会转录，其转录水平与需氧时大致相当；但其 mRNA 却很少进行翻译。与此相反，Adh 基因的 mRNA 在无氧细胞中高效翻译。玉米 Adh 基因的 mRNA 在低氧条件下的翻译依赖于 mRNA 5'非翻译区和 3'非翻译区特殊序列的存在。很多正常细胞内蛋白合成的减少，反映了它们的 mRNA 翻译起始的失败。翻译机制的变化，包括翻译因子和核糖体蛋白质的磷酸化，可能会使无氧细胞中一系列胞内 mRNA 更高效地翻译。

15.8 环境污染与氧化胁迫

15.8.1 环境污染造成的氧化胁迫

15.8.1.1 环境污染对植物的伤害

随着人类文明的发展，环境问题越来越突出，环境污染成为人类面临的最迫切的问题之一。环境污染物的种类很多，主要有大气污染和土壤污染。世界卫生组织（WHO）把空气中存在的一些如 SO_2，NO_X，O_3，碳氢化合物等物质以及由它们转化成的二次污染物，当它们的浓度和作用时间达到足以引起动、植物和人体健康或建筑物等物品损伤时，称为大气污染。土壤污染物主要包括镉、铜、砷、农药等。这些污染物对植物的危害方式以及危害程度各不相同，即使同一种污染物对不同植物的影响也不一样。

据分析，环境中的污染物多达 400 多种，对植物影响较大、较普遍的是空气污染。污染物有硫氧化物、氮氧化物、臭氧、氟化物等有害气体及烟尘、粉尘等颗粒物。按对植物的毒性可分为：①毒性强的，如氟化氢、臭氧等；②毒性中等的，如硫氧化物（SO_2、SO_3、硫酸雾）、氮氧化物（二氧化氮、一氧化氮、硝酸雾）；③毒性弱的，如氨、氯化氢、硫化氢等。

硫氧化物一般来自矿物燃烧，SO_2 是我国当前最主要的污染物。不同植物对 SO_2 的敏感度是不同的，常见的敏感植物有菠菜、黄瓜、紫花苜蓿、香豌豆等；抗性植物有玉米、水蜡（*Ligustrum obtusifolium*）、丁香、木槿、紫藤（*Wisteria sinesis*）、枫树等。植物的不同发育阶段对 SO_2 的敏感度也不同，一般幼叶生长旺盛，气孔开放较大，SO_2 较易侵入，而未展开的幼叶和衰老的叶片受到的影响相对较小。

目前在大中型城市，光化学烟雾造成的污染越来越引起人们的注意。北京的主要污染物已变为汽车尾气和矿物燃料烟尘混合型。光化学烟雾在我国研究报道的较少。汽车尾气的污染主要成分为一氧化碳和烯烃类碳氢化合物类的气体混合物，在阳光中的紫外线作用下发生光化学反应，产生臭氧（O_3）、醛类（RCHO）和过氧乙酰硝酸酯（PAN）等有害物质，称为二次污染物。这些气态的污染物与大气中的粒状污染物（水蒸气、硫酸、硝酸液滴、烟尘等）形成稳定的气溶胶，称为光化学烟雾。不同的光化学烟雾对植物的危害不同。臭氧主要是危害成熟叶片栅栏组织的细胞质膜，改变其渗透性，使细胞质外渗、类脂的过氧化和叶绿体被破坏等，臭氧对植物危害的症状主要表现在成熟叶上，嫩叶上很少发现可见症状。由于臭氧主要破坏叶片的栅栏组织，因而受害叶片上经常出现点刻般的褐色斑点，严重时对下层海绵组织细胞也会产生影响，斑点透过叶片，使其黄化，甚至褪成白色。如光化学物质（臭氧，硝酸过氧化乙酰 PDN）对矮牵牛危害较大，危害症状为叶片上出现灼烧状斑点，影响观赏性及其生长。氮氧化物能被植物同化，对植物毒性较小。对臭氧敏感的园林植物有紫丁香、女贞属（*Ligustrum*）、银槭（*Acer saccharinum*）、鹅掌楸（*Liriodendron chinense*）、一球悬铃木（美国梧桐）（*Platanus occidentalis*）、臭椿等；抗性植物有百日草、一品红、天竺葵、凤仙花属（*Impatiens*）、金鱼草、杜鹃花、云杉（*Picea asperata*）等；中间类型有秋海棠、菊花、山茱萸（*Cornus officinalis*）、雪松（*Cedrus deodara*）等。

15.8.1.2 氧化胁迫的机理

氧化胁迫是指那些促使形成各类活性氧物质的条件，而活性氧物质会损害或杀死细胞。导致氧化胁迫发生的环境因素包括大气污染、二氯百草枯等氧化剂型除草剂、重金属、干旱、冷热胁迫、创伤、紫外线和可以诱发光抑制的高强光照条件。氧化胁迫还会在病原体感染反应和衰老过程中发生。

各类活性氧物质（ROS）形成于特定的氧化还原反应、线粒体及叶绿体电子传递链所致的氧气不完全还原或水的不完全氧化。单线态氧（$^1O_2$）的形成可随之刺激其他 ROS 的产生，如过氧化氢（H_2O_2）、超氧化物阴离子（$O_2^{·-}$）和羟基（$OH^·$）及过氧羟基（$O_2H^·$）等自由基。当电子从光合系统直接传递到氧气时，超氧化物阴离子还会在叶绿体中产生。这些活性分子，尤其是 $HO^·$，对脂类、核酸和蛋白质有着很强的破坏性。植物通过数个亚细胞区室中的抗氧化剂防御系统来清除和处理这些活性分子。当这类防御无法阻止 ROS 增长的自动氧化反应时，细胞最终就会死亡。

抗氧化剂防御系统包括非酶类和酶类抗氧化剂。这些化合物和酶并非一致分配，因此防御系统在特定的亚细胞区室中有所不同。植物中主要的抗氧化剂种类是抗坏血酸、还原型谷胱甘肽、α-生育酚和类胡萝卜素，多胺和类黄酮可在一定程度上保护植物免受自由基损伤。抗坏血酸-谷胱甘肽循环是质体中的主要抗氧化剂途径，质体中在光合电子传递等正常的生化过程中产生 ROS。叶黄素玉米黄质的放热可以使光合器获得对氧化破坏的额外保护。固氮植物根瘤中也产生 ROS，它们可由酶类抗氧化剂清除。对抗氧化剂和抗氧化酶浓度的调控构成了避免氧化胁迫的一项重要机制。

15.8.1.3 臭氧对植物造成的氧化伤害

臭氧对植物的负面影响包括降低光合作用的速率，损伤叶片、枝条和根部生长减缓，衰老加速以及作物减产。虽然人们在为减少臭氧的产生而不懈努力，但这种污染物一直是作物减产的主要诱因。未受干扰地区的对流层臭氧浓度在 0.02~0.05 μL/L 之间变动，而在受污染的城市环境中，这一数字高达 0.40μL/L。植物在高臭氧环境中存活的能力明显不同。它们采用逃避或耐受机制抵抗臭氧。逃避包括关闭气孔对臭氧进行物理隔离。耐受则是由会诱导或激活抗氧化剂防御系统的生化反应产生的，也可能由各种修复机制产生。抵抗也受那些导致氧化胁迫的环境因子及植物或其器官发育阶段的影响。在高浓度 CO_2 中生长的植物里，臭氧的损害减轻，这可能是抗氧化剂防御机制增强的结果。虽然臭氧诱导的损伤可以增加植物对病原体的敏感性，但看似矛盾的是，植物暴露于臭氧中却可以上调受超敏反应和系统获得性抗性诱导的抗氧化剂酶类，从而诱发对病原体的抗性。

最有可能的臭氧的毒性机制是，气孔吸收臭氧，使质膜中脂类和蛋白质受到氧化性破坏，同时产生自由基或其他活性中间体，发生损伤。臭氧可以同质外体流中的乙烯及其他链烯反应，生成 $O_2^{·-}$，$HO^{·}$ 和 H_2O_2。质外体中未发生分解的 ROS 和臭氧将与膜脂反应产生活性脂质过氧化物酶，它可以维持 ROS 的形成。膜受到破坏后，有些臭氧和 ROS 可以成功地进入胞质，它们就将促进胞内自由基的进一步产生。臭氧激发的质膜损伤会改变离子运输，增加膜的通透性，抑制 H^+ 泵的吸收，瓦解膜的势能，以及增加对质外体 Ca^{2+} 的吸收。在细胞内部，ROS 和受损害的生物分子可以引发抗氧化剂防御系统。臭氧会激发由创伤诱导的乙烯生成和水杨酸积累。这2种激素作用于不同的信号转导途径，从而诱导基因表达和代谢的变化。

臭氧的损伤作用机制有所不同，这取决于植物暴露在臭氧中是急性的、慢性的还是反复性的。可以用"臭氧剂量"这个术语来综合描述暴露的持续时间及水平。在很多物种中，对臭氧致伤的耐性是以数量性状遗传的。

臭氧对植物代谢作用的影响表现在迅速抑制光合作用，叶绿体蛋白质的合成发生改变。一些植物中，慢性暴露于臭氧中会减少成熟叶片组织里的核酮糖二磷酸羧化酶/加氧酶（Rubisco）的丰度。Rubisco 的减少是蛋白质降解增加的结果，它也有可能与 *rbcS* 和 *rbcL* mRNA 的转录、积累和翻译有关。在马铃薯中，*rbcS* 和 *rbcL* 转录水平的降低会紧接着在诱导乙烯合成之后发生，这表明基因表达可能受到这种植物激素产生的胁迫所调控。在对氧化胁迫的另外2种形式，即高强光照和氧化剂型除草剂的反应中，也观察到 Rubisco 大亚基的降解。

在很多物种中及在很多条件下，都已观察到臭氧对叶绿体的影响。这些研究一致证明，光合作用能力与以下一种或多种因素有关：PSI，PSII 或 Rubisco 活性降低，Rubisco 稳态浓度减少，PSII 的 D1 蛋白周转增加和可能的光抑制。

15.8.2 植物抗氧化作用的机理

很多植物中，臭氧暴露和其他氧化胁迫可以刺激抗氧化代谢物合成，并可以提高抗氧化酶的活性。具有耐性或适应性的植物，可能有更高浓度的抗氧化因子，以尽量减少 ROS 的损害。

为研究抗氧化酶在氧化胁迫耐性中的作用，将这些蛋白在转基因植物中过量表达。结果表明：亚细胞区室化对抗氧化代谢物在解毒中的作用产生影响。相同的生化功能经常由不同的、在空间上隔开的抗氧化系统完成。例如，过氧化氢酶（位于细胞溶胶、乙醛酸循环体及过氧化物酶体中）和抗坏血酸过氧化物酶都可以清除 H_2O_2。区室化作用对细胞功能相当重要，抗氧化酶编码基因的过量表达并非必定可以提高耐胁迫性。如果其他氧化剂清除机制是限制性的，或者过量表达使 ROS 的生成增多或清除减少，单一抗氧化剂或抗氧化酶浓度的增加就可能无法保护植物组织。但在某些情况下，一个或更多抗氧化酶的过量表达可以保护植物免受氧化胁迫的伤害。

细胞能否在受到高浓度自由基处理的特定亚细胞区室中成功诱导功能性解毒系统是植物能否耐受氧化胁迫的关键。有一些证据表明抗氧化酶的过量表达可以使植物对多种诱因引起的氧化胁迫产生耐性，这些诱因包括病原体、百草枯和渗透胁迫。对抗氧化剂防御系统进行遗传改造将很有可能成功地增强观赏植物对不利生长条件的耐性。

思考题

1. 植物生长受到的环境胁迫主要表现在哪几方面？
2. 试述病原物的变异与植物抗病性的关系。
3. 试述园林植物抗寒的遗传机理及主要的育种途径。
4. 为什么植物的抗旱性和抗盐性常结合在一起研究？
5. 试述植物抗病性与植物抗虫性的含义。
6. 影响植物抗病性遗传的因素有哪些？
7. 影响植物抗虫性遗传的因素有哪些？
8. 水平抗性与垂直抗性的特点以及二者的联系与区别怎样？
9. 如何利用我国丰富的园林植物抗性资源进行观赏植物的抗性育种？试举例说明。

推荐阅读书目

遗传学. 2 版. 浙江农业大学. 中国农业出版社，1999.
园林植物遗传育种学. 程金水. 中国林业出版社，2000.

分子植物病理学. 王金生. 中国农业出版社, 1999.

园艺植物育种学. 曹家树, 申书兴. 中国农业出版社, 2001.

园艺昆虫学. 韩召军, 杜相革, 徐志宏. 中国农业大学出版社, 2001.

植物科学进展. 第一卷. 李承森. 高等教育出版社, 1997.

植物抗虫育种. ［美］马克斯维尔, 等. 翟凤林, 袁士筹, 张发成, 等译. 农业出版社, 1985.

园林植物保护学（病害部分）. 上海园林学校. 中国林业出版社, 1990.

植物生物化学与分子生物学. ［美］B.B. 布坎南, W. 格鲁依森姆, R.L. 琼斯. 瞿礼嘉, 等校译. 科学出版社, 2004.

参考文献

蔡旭. 1988. 植物遗传育种学［M］. 北京：科学出版社.
陈俊愉，程绪珂. 1990. 中国花经［M］. 上海：文化出版社.
陈章良. 2000. 基因的故事［M］. 北京：北京大学出版社.
程金水. 2000. 园林植物遗传育种学［M］. 北京：中国林业出版社.
戴朝曦. 1998. 遗传学［M］. 北京：高等教育出版社.
丁巨波. 1991. 染色体结构的变异［M］. 北京：农业出版社.
方宗熙. 1984. 普通遗传学［M］. 第五版. 北京：科学出版社.
郭平仲. 1993. 群体遗传学导论［M］. 北京：中国农业出版社.
郭文明. 1981. 生物遗传与变异［M］. 北京：人民教育出版社.
黄欲泉，樊正忠，陈彩安. 1989. 遗传学［M］. 北京：高等教育出版社.
季道藩. 2000. 遗传学［M］. 北京：中国农业出版社.
李宝森，胡庆宝. 1991. 遗传学［M］. 天津：南开大学出版社.
李惟基. 2002. 新编遗传学教程［M］. 北京：中国农业大学出版社.
梁红. 2002. 植物遗传与育种［M］. 北京：高等教育出版社.
刘国瑞，等. 1984. 遗传学三百题解［M］. 北京：北京师范大学出版社.
刘祖洞，江绍慧. 1986. 遗传学［M］. 北京：高等教育出版社.
孟繁静. 2000. 植物花发育的分子生物学［M］. 北京：中国农业出版社.
沈德绪. 1985. 园艺植物遗传学［M］. 北京：中国农业出版社.
王亚馥，戴灼华. 2001. 遗传学［M］. 北京：高等教育出版社.
吴鹤龄. 1983. 分子遗传学简介［M］. 北京：北京大学出版社.
徐晋麟，徐沁，陈淳. 2001. 现代遗传学原理［M］. 北京：科学出版社.
许智宏，刘春明. 1998. 植物发育的分子机理［M］. 北京：科学出版社.
杨业华. 2000. 普通遗传学［M］. 北京：高等教育出版社.
张冬生. 1989. 植物体细胞遗传学［M］. 上海：复旦大学出版社.
张玉静. 2000. 分子遗传学［M］. 北京：科学出版社.
赵寿元，乔守怡. 2001. 现代遗传学［M］. 北京：高等教育出版社.
浙江农业大学. 1999. 遗传学［M］. 2版. 北京：中国农业出版社.
安田齐. 1989. 花色的生理生物化学［M］. 傅玉兰，译. 北京：中国林业出版社.
安田齐. 1989. 花色之谜［M］. 张承志，佟丽，译. 北京：中国林业出版社.
布坎南 B B.，格鲁依森姆 W.，琼斯 R. L. 2004. 植物生物化学与分子生物学［M］. 瞿礼嘉，等译. 北京：科学出版社.
加德纳 E J. 1987. 遗传学原理［M］. 北京：科学出版社.
特怀曼 R. M. 2000. 高级分子生物学要义［M］. 陈淳，徐沁，译. 北京：科学出版社.

索 引

索引 I 英文名词索引
（按字母顺序）

4-coumaric acid 185
4-coumaroyl-CoA 185

A

accessory chromosome 15
acclimation 256
acylated anthocyanin 179
adaptation 256
adaptive modification 252
adaptive radiation 252
additive effect 72
additive gene 39
adult phase 226
aglycone 177
allele 29
allopolyploid 105
amount of heterosis 80
amphidiploidy 106
aneuploidy 106
angiosperm 172
anisomeric multiple gene system 218
anthocyanidin 177
anthocyanin 177
anthoxanthin 179
antifreeze protein, AFP 266
antipodal cell 24
antisense suppression 200
apigenin 181
assortative mating 77
atavism 38
aurone 177

autogenous chimaera 210
autonomous pathway 228
autopolyploid 105
average gene effect 72
avirulence gene 260
avoidance 255

B

back cross 30
base substitution 140
beads on-a-string model 16
behavioral isolation 160
betalaines 182
betanin 182
betaxanthin 182
biological clock 230
bivalent 20
breeding value 73

C

caffeic acid 179
calyx 171
carotene 180
carotenoid 173
cell differentiation 3
centimorgan, cM 56
centromere 13
Cepaea nemoralis 157
chalcone 177
character 26
chiasma 51
chiasma terminalization 21

chiasmatype hypothesis 51
Chlamydomonas reinhardtii 88
chloroplast 88
chromatid interference 60
chromatin 12
chromosome 12
chromosome aberration 97
chromosome interference 60
chromotosome 17
cinnamic acid 179
circadian clock 230
circadian rhythm 230
cis-acting element 137
cis-trans test 136
codominance 38
codon 129
coefficient of coincidence, C 60
cold acclimation 265
cold acclimation protein, CAIP 266
cold regulated gene, COR 266
cold-regulated protein, CORP 266
complementary gene 38
complementary test 136
complete dominance 37
condense tannis：pro-anthocyanin 177
conservation of organism 253
contrast character 26
controller of phase switching, COPs 226
co-pigmentation 190

corolla 171
coumaric acid 179
criss-cross inheritance 47
crossing over 51
cryptochrome, cry 229
cryptogamic plant 172
cyanidin 178, 185
cyaniding glycoside 184
Cynops orientalis 167
cytochrome C 166

D

dark repair 143
day neutral plant, DNP 229
degeneracy 129
deletion 97
delphinidin 178, 185
delphinidin glycoside 184
deoxyribonucleic acid, DNA 2
dihydrokaempferol, DHK 184
dihydromyricetin, DHM 184
dihydroquercetin, DHQ 184
dioecism 50
Diplococcus pneumoniae 6
diplotene 21
dominant character 27
dominant effect 72
Donacia 263
double fertilization 23
double monosomic 106
Drosophila melanogaster 6
Drosophila willistoni 158
duplicate gene 39

E

egg 2
epigenesis 252
epistatic dominant gene 39
epistatic recessive gene 39
Equus africanus 161
Equus caballus 161
eriodictyol 185

Escherichia coli 119
euchromatic region 206
Euglena sp. 89
eukaryote 11
eukaryotic cell 11
euploid 104
evolutionary canalization 252
evolutionary tree 166
excision repair 143
exon 136

F

female gametic nucleus 24
fertility-restorer 93
fertilization 22
ferulic acid 179
first cousins 77
first filial generation 27
fitness 151
flavandiol 177
flavone 177
flavonoid 176
flavonol 177
floral meristem 225
floral organ identity gene 235
floral reversion 237
florigen 230
flowering reversion 237
flowering transition 228
frame shift 140
full-sib 77

G

gamete 2
gametic isolation 160
gene 6
gene block 56
gene cluster 168
gene family 136
gene locus 140
gene mapping 56
gene mutation 109

gene pleiotropism 40
genetic code 128
genetic distance 163
genetic factor 28
genetic identity 163
genetics 5
genotype 3
geographic speciation 161
geographical isolation 161
gibberellic acid pathway 228
glycoside 177
graft chimaera 210
group 161
gymnosperm 172

H

half-sib 77
haploid 105
heat shock element, HSE 269
heat shock factor, HSF 269
heat shock protein, HSP 267
heredity 2
hermaphroditic 49
heterochromatin 206
heterosis 80
heterozygote 30
hirsutidin 178
Holmes Rib grass virus, HRV 121
homeostasis 256
homeotic gene 235
homologous chromosome 14
homozygote 30
house keeping genes 139
hybridization 77
hypersensitive response, HR 258

I

inbreeding 77
incomplete dominance 37
individual development 3
inflorescence meristem 225
inflorescence reversion 237

inhibiting gene   40
inner perianth   171
interactive effect   72
interchromosomal recombination   54
interference, *I*   60
intergenic suppression   142
interphase   17
intrachromosomal recombination   52
intragenic suppression   142
intron   136
inversion   99
inverted repeat   99

J

jumping gene   136
juvenile phase   226

K

kaempferol   181
kinetochore   13

L

law of genetic equilibrium   147
law of independent assortment   33
law of segregation   32
leptotene   19
lethal gene   38
leucoplast   85
light repair   142
linkage group   56
linkage map   56
locus   29
long-day plant, LDP   229
luteolin   180

M

macrogamete   2
maintainer   92
major gene   68
male gamete   2
male sterility   91
male sterility line   92

malonyl-CoA   185
malvidin   178
map distance   56
map unit   56
master genome   87
megasporocyte   24
meiosis   19
meristem identity gene   233
metaphase   18
microsporocyte   24
minor gene   63
mitosis   17
monoecism   49
mononemy   16
monosomy   106
morphogenesis   3
mosaic dominance   38
multigenic effect   40
multiple alleles   38
multiple coiling model   17
mutation   97
myricetin   181

N

naringenin   185
negative interference   60
Neurospora crassa   6
neutral mutation   169
non- assortative mating   77
non-chromosome stripe, NCS   87
non-homologous chromosomes   15
nonsense mutation   142
nucleolus organizing region, NOR
   14
nucleosome   17
nullisomy   106

O

operator   139
operon   138
operon model   138
oppositional multiple gene system

   218
outer perianth   171
overdominance   38
overlapping genes   136

P

pachytene   20
Pan troglodytes 166
paracentric inversion   99
parental combination   33
parental generation   27
partial flowering   237
particulate inheritance   28
patrolling enzyme   142
pelargonidin   178, 185
pelargonidin glycoside   184
peonidin   178
pericentric inversion   99
petunidin   178
phanerogam   172
phenocopy   3
phenotype   3
phenylalanine   185
photoperiod   229
photoperiod pathway   228
photoreactivating enzyme   142
phylogenesis   165
phylogenetic tree   166
phytochrome, phy   229
plasma gene   86
point mutation   140
polar nuclei   24
polygene hypothesis   63
polygenic inheritance   63
polymeric multiple gene system   218
polyploid   105
polysome   133
polyspermy   107
pool of hidden genetic variability
   245
population mean   70
preadaptation   242

pressure potential   270
probability   35
prokaryote   11
prokaryotic cell   11
prophase   18
pseudo-dominance   98
pseudogene   168
Pseudomonas solanacearum   257
Punnett square   34

Q

qualitative character   62
quantitative character   62
quantum speciation   161
quercetin   181

R

random drift theory   169
recessive allele   247
recessive character   27
reciprocal cross   27
recombination   33
recombination repair   143
regulator gene   137
relative water content, RWC   270
reproductive isolation   160
resistance gene   260
reverse transcriptase   135
ribosome   130
ripeness to flower competence   226

S

satellite   14
Schizaphis graminum   263

secondary constriction   14
secondary association   196
segregation   27
selection coefficient   151
selective inertia   241
selective pressure   242
self-pollination   31
sense suppression   200
sex-linked inheritance   47
short-day plant, SDP   229
sickle cell anemia   6
sister chromatids   20
solenoid   17
solute potential   270
somatic cell   28
somatic doubling   107
spectrophotometer   176
sperm   2
spermatophyte   172
split gene   136
sporophyte   24
standard deviation, SD   70
standard error   70
standard error of the mean   70
striped iojap trait   89
structure gene   137
supergene   56
supernumerary chromosome   15
supersolenoid   17
synapsis   20
synonymous code   130

T

telomere   14

temporal isolation   160
test cross   30
tetrad   21
Tobacco mosaic virus, TMV   120
tolerance   255
trans-acting factor   137
transcription   130
translation   130
translocation   101
transposable element   136
transposon   136
true breeding   27

U

unisexual   49

V

variance   69
variation   2
vernalization   231
vernalization pathway   228

W

water potential   270
whole-plant reversion   238

X

xanthophyll   180

Z

zygote   28
zygotene   20

索引Ⅱ 中文名词索引

（按汉语拼音顺序）

4-香豆酸 185
4-香豆酰-CoA 185

A

阿魏酸 179
埃型条斑 89
矮牵牛素 178
暗修复 143

B

白色体 85
半同胞 77
伴性遗传 47
孢子体 24
保持系 92
报春花素 178
北美拟暗果蝇 158
被子植物 172
苯丙氨酸 185
臂间倒位 99
臂内倒位 99
变异 2
标准差 70
标准误 70
标准误均值 70
表现型 3
表兄妹 77
丙二酰-CoA 185
不完全显性 37
布奈特棋盘格 34
部分开花 237

C

操纵基因 139
操纵子 138
操纵子模型 138
测交 30

查尔酮 177
长日性植物 229
常染色质区 206
超级基因 56
超螺线管 17
超数染色体 15
超显性 38
成花逆转 237
成花素 230
成花诱导 228
成年期 226
赤霉素途径 228
串珠模型 16
春化途径 228
春化作用 231
纯合体 30
雌配子 2
雌雄同花 49
雌雄同株 49
雌雄异花 49
雌雄异株 50
次级联会 196
次缢痕 14
粗线期 20
重叠基因 136
重复基因 39
重组合 33
重组修复 143

D

大孢子母细胞 24
大肠杆菌 119
单倍体 105
单体 106
单线性 16
倒位 99
等位基因 29

等效易位多基因系统 218
地理隔离 161
地理物种形成 161
点突变 140
动粒 13
端粒 14
短日性植物 229
断裂基因 136
对立等效易位多基因系统 218
多倍体 105
多基因假说 63
多基因效应 40
多基因遗传 63
多级螺旋模型 17
多聚核糖体 133
多重受精 107

E

二氢槲皮素 184
二氢山奈酚 184
二氢杨梅素 184

F

反交 27
反式作用因子 137
反向重复 99
反义基因抑制 200
反转录酶 135
反足细胞 24
返祖现象 38
方差 69
飞燕草素 178
飞燕草素苷 184
非等效易位多基因系统 218

非染色体变异 87
非同源染色体 15
非整倍体 106
肺炎双球菌 6
分光光度计 176
分离 27
分离定律 32
分生组织特异基因 233
分子种系发生 165
符合系数 60
负干扰 60
复等位基因 38
副染色体 15

G

概率 35
干扰 60
感受态 226
个体发育 3
共同着色 190
共显性 38
共抑制法 200
光激活酶 142
光敏素 229
光修复 142
光周期 229
光周期途径 228
果蝇 6
过敏反应 258

H

寒冷驯化 265
合子 28
核仁组织区 14
核糖体 130
核小体 17
黑猩猩 166

胡萝卜醇 180
胡萝卜素 180
槲皮素 181
互补测验 136
互补基因 38
花萼 171
花分生组织 225
花冠 171
花黄色素 179
花逆转 237
花器官特征基因 235
花青素苷 177
花青素苷元 177
花序分生组织 225
花序逆转 237
黄酮 177
黄酮醇 177
黄烷双醇 177
恢复系 93
回交 30
霍氏车前病毒 121

J

基因 6
基因簇 168
基因定位 56
基因多效性 40
基因集团 56
基因家族 136
基因间抑制 142
基因均效 72
基因内抑制 142
基因突变 109
基因位点 140
基因型 3
基因座 29
极核 24
加性基因 39
加性效应 72
假基因 168
嫁接嵌合体 210
间期 17

减数分裂 19
简并性 129
碱基替换 140
渐成的 252
交叉 51
交叉端化 21
交叉型假设 51
交叉遗传 47
交换 51
结构基因 137
锦葵素 178
近交 77
进化的限向现象 252
进化树 166
精子 2
菊花青枯病 257

K

咖啡酸 179
看家基因 139
抗冻蛋白 266
抗性基因 260
颗粒式遗传 28

L

拉丁根叶甲 263
莱茵衣藻 88
类胡萝卜素 173
类黄酮 176
类群 161
冷调节蛋白 266
冷调节基因 266
冷驯化蛋白 266
厘摩 56
连锁群 56
联会 20
镰状细胞贫血症 6
链孢霉 6
量子式物种形成 161
陆地蜗牛 157
驴 161
卵 2

卵核 24
螺线管 17
裸子植物 172

M

马 161
麦二叉蚜 263
密码子 129
木樨草素 180

N

内含子 136
内花被 171
耐受 255
拟显性 98

O

噢哼 177
偶线期 20

P

配子 2
配子隔离 160

Q

前期 18
切除修复 143
亲代 27
亲组合 33
芹菜素 181
全同胞 77
缺失 97
缺体 106
群体均值 70

R

染色单体干扰 60
染色体 12
染色体变异 97
染色体干扰 60
染色体间重组 54

染色体内重组 52
染色体图 56
染色质 12
染色质小体 17
热激蛋白 267
热激元件 269
热激转录因子 269
日中性植物 229
溶质势 270
蝾螈 167
肉桂酸 179

S

山奈酚 181
上位效应 72
芍药花素 178
生长调控子 226
生物钟 230
生殖隔离 160
圣草酚 185
时间隔离 160
矢车菊素 178
矢车菊素苷 184
饰变 3
适合度 151
适应辐射 252
适应饰变 252
适应性 256
受精 22
数量性状 62
双单体 106
双二倍体 106
双价体 20
双受精 23
双线期 21
双隐性等位基因 247
水势 270
顺反测验 136
顺式作用元件 137
顺应 256
四分体 21
随机漂移理论 169

索 引

随体 14

T

糖苷 177
糖苷配基 177
逃避 255
体内稳定状态 256
体细胞 28
体细胞染色体加倍 107
天竺葵素 178
天竺葵素苷 184
甜菜红苷 182
甜菜红素类 182
甜菜黄素 182
调节基因 137
跳跃基因 136
同型交配 77
同义密码 130
同源多倍体 105
同源染色体 14
同源异型基因 235
突变 97
图距 56
图距单位 56
脱氧核糖核酸 2

W

外花被 171
外显子 136
完全显性 37
微效基因 63
无毒基因 260

无义突变 142

X

细胞分化 3
细胞色素 C 166
细胞质基因 86
细线期 19
酰化花青素 179
显花植物 172
显性上位基因 39
显性效应 72
显性性状 27
相对含水量 270
相对性状 26
香豆酸 179
镶嵌显性 38
小孢子母细胞 24
行为隔离 160
形态建成 3
性状 26
雄配子 2
雄性不育 91
雄性不育系 92
选择的惯性 241
选择系数 151
选择压力 242
巡回酶 142

Y

压力势 270

烟草花叶病病毒 120
眼虫 89
杨梅素 181
叶绿体 88
移码 140
遗传 2
遗传变异库 245
遗传距离 163
遗传密码 128
遗传平衡定律 147
遗传同一性 163
遗传学 5
遗传因子 28
异染色质 206
异型交配 77
异源多倍体 105
抑制基因 40
易位 101
隐花色素 229
隐花植物 172
隐性上位基因 39
隐性性状 27
柚皮素 185
有机体的保守性 253
有丝分裂 17
幼年期 226
育种值 73
预先适应 242
原核生物 11
原核细胞 11
原色素苷 177

Z

杂合体 30
杂交 77
杂种优势 80
杂种优势量 80
真核生物 11
真核细胞 11
真实遗传 27
整倍体 104
整株逆转 238
质量性状 62
致死基因 38
中期 18
中性突变 169
种系发生树 166
种子植物 172
昼夜节律 230
昼夜节律钟 230
主基因组 87
主效基因 68
转录 130
转译 130
转座元件 136
转座子 136
着丝粒 13
子一代 27
姊妹染色体 20
自花授粉 31
自然发生嵌合体 210
自由组合定律 33
自主促进途径 228

索引Ⅲ 植物拉丁名称索引

（按字母顺序）

A

Acacia confusa 267
Acer pictum subsp. *mono* 268
Acer pseudoplatanus 206
Acer saccharinum 280
Acorus calamus 276
Aegilops ovata 16
Ageratum 251
Ageratum conyzoides 187
Agropyron elongatum 272
Agropyron cristatum 113
Ailanthus altissima 273
Albizia julibrissin 267
Allium cepa 92
Allium sativum 113
Althaea rosea 245
Amaranthus tricolor 203
Amorpha fruticosa 273
Anagallis arvensis 237
Anthurium andraeanum 199
Antirrhinum majus 7
Antirrhinum 206
Arabidopsis thaliana 89
Arachis hypogaea 43
Argyranthemum 251
Aster 251
Atriplex patens 273

B

Begonia tuberhybrida 246
Begonia spp. 187
Bellis 251
Beta vulgaris 93
Betula spp. 268
Bougainvillea spectabilis 171
Brassica napobrassica 107

Brassica oleracea 163
Brassica pekinensis 91
Buxus sinica 172

C

Caladium spp. 201
Caladium bicolor 203
Calendula 251
Callistephus 251
Callistephus chinensis 15
Camassia 243
Camellia japonica 15
Camellia nitidissima 198
Camellia sinensis 105
Cannabis sativa 50
Carica papaya 211
Cedrus deodara 280
Celosia cristata 15
Centaurea 251
Centaurea cyanus 187
Cercis chinensis 268
Chimonanthus praecox 265
Chlorophytum capense 'Variegatum' 203
Chrysanthemum 251
Chrysanthemum ×*morifolium* 1
Chrysanthemum carinatum 203
Chrysanthemum coronarium 239
Cichorium intybus 231
Citrullus lanatus 105
Citrus medica 210
Citrus aurantium 210
Citrus aurantium 'Daidai' 268
Citrus maxima 268
Citrus sinensis 237
Clematis spp. 203
Commelina communis 12

Compositae 177
Convolvulus 243
Coreopsis 251
Cornus officinalis 280
Cosmos 251
Cosmos bipinnata 247
Cotinus coggygria 203
Crassulaceae 243
Crataegus pinnatifida 211
Cucumis sativus 39
Cucurbita moschata 39
Cyclamen persicum 15
Cymbidium spp. 1
Cyperaceae 177
Cytisus adami 211
Cytisus laburnum 211
Cytisus purpureus 211

D

Dahlia pinnata 15
Datura stramonium 41
Daucus carota var. *sativa* 93
Delphinium 206
Delphinium grandiflorum 114
Dendrobium nobile 199
Dianthus caryophyllus 15
Dianthus barbatus 41
Dianthus chinensis 26
Dichondra 242
Digitalis purpurea 247

E

Epilobium hirsutum 85
Epilobium luteum 85
Ecballium elaterium 50
Echinochloa crusgali 276
Elytrigia elongate 273

Emilia 251
Epilobium 85
Eucalyptus spp. 264
Euphorbia marginata 203
Euphorbia pulcherrima 171
Eustoma russellianum 199
Evolvulus 243

F

Fortunella japonica 268
Fragaria × *ananassa* 237
Frankenia pulverulenta 272

G

Gaillardia 251
Gerbera jamesonii 199
Gesneriaceae 177
Gilia 244
Gilia capitata 223
Gilia chamissonis 223
Gladiolus gandavensis 15
Gleditsia sinensis 273
Glycine max 39
Gossypium arboreum 162
Gossypium herbaceum 162
Gossypium spp. 92

H

Haplopappus graxilis 15
Hedera 206
Hedera helix 207
Helianthus 251
Helianthus annuus 40
Hemerocallis fulva 214
Hevea brasiliensis 268
Hibiscus rosa-sinensis 203
Hibiscus syriacus 203
Hippeastrum rutilum 15
Hordeum vulgare 93
Humulus lupulus 50
Hyacinthus orientalis 257
Hydrangea macrophylla 41

I

Ilex 206
Impatiens 280
Impatiens balsamina 237
Iris tectorum 171

K

Kalanchoe 237

L

Lactuca sativa 238
Larix gmelinii 268
Lathyrus odoratus 38
Latouchea fokiensis 272
Ligustrum 280
Ligustrum obtusifolium 280
Ligustrum vulgare 207
Liliaceae 243
Lilium henryi 221
Lilium lancifolium 105
Lilium leucanthum 221
Lilium brownii var. *viridulum* 15
Lilium longiflorum 95
Linanthus 244
Linanthus androsaceus 244
Linum usitatissimum 260
Liriodendron chinense 280
Lonicera 206
Lonicera japonica 266
Lupinus polyphyllus 187
Lycopersicon esculentum 40
Lysimachia 242

M

M. cardinalis 55
Magnolia denudata 265
Malus pumila 201
Matthiola glabra 84
Matthiola incana 84
Meconopsis spp. 187
Meconopsis sp. 187

Medicago sativa 201
Melia azedarach 273
Melilotus officinalis 238
Mentha piperita 105
Mesembryanthemum crystallinum 274
Mimulus lewisii 55
Mirabilis 206
Mirabilis jalapa 37

N

Narcissus 24
Narcissus tazetta var. *chinensis* 105
Nelumbo nucifera 15
Nicotiana forgetiana 215
Nicotiana 206
Nicotiana longiflora 214
Nicotiana alata 215
Nicotiana tabacum 65
Nyctaginaceae 171
Nymphaea tetragona 245

O

Oenothera 206
Oenothera blandina 207
Ophioglossum 15
Oryza sativa 25

P

P. cerasifera 106
P. domestica 106
P. elatior 204
P. juliae 204
P. verticillata 106
Paeonia lactiflora 15
Paeonia suffruticosa 1
Panicum miliaceum 113
Papaver rhoeas 193
Papaver somniferum 192
Paulownia fortunei 273
Pelargonium 206
Pelargonium spp. 187

Pelargonium hortorum　203
Pericallis　251
Pericallis hybrida　203
Perilla frutescens　238
Petroselinum crispum　173
Petunia hybrida　15
Pharbitis nil　114
Phaseolus vulgaris　26
Phoebe zhennan　268
Picea asperata　280
Pinus massoniana　268
Pinus taeda　264
Pisum sativum　5
Platanus occidentalis　280
Platanus spp.　268
Platycladus orientalis　273
Plumbaginaceae　271
Plumbago　273
Plumbago capensis　187
Polemoniaceae　244
Populus davidiana　268
Populus spp.　264
Portulaca grandiflora　7
Primula acaulis　204
Primula floribunda　106
Primula kewensis　106
Primula minima　56
Primula　243
Primula sieboldii　195
Primulaceae　243
Prunus mume　1
Prunus persica　23
Prunus spinosa　106
Pseudotaxus chienii　264
Pyrus spp.　263

R

Ranunculus acris　253
Raphanus sativus　42
Rhododendron spp.　194
Robinia pseudoacacia　268
Rosa chinensis　15
Rosa rugosa　111
Rudbeckia　251
Rudbeckia bicolor　238
Rumex angiocarpus　50

S

Saccharum officinarum　50
Sagittaria sagittifolia　41
Salicornia europaea　272
Salvia splendens　15
Sapium sebiferum　273
Saussurea involucrata　265
Saxifraga　243
Scrophulariaceae　177
Secale cereale 15
Setaria italica var. *germanica*　5
Silene aprica　49
Sinapis alba　238
Solanum nigrum　211
Solanum tuberosum　163
Sorbus spp.　263
Sorghum bicolor　5
Spinacia oleracea　87
Strep tocarpus sp.　195
Suaeda glauca　272
Syringa oblata　268

T

Tagetes　251
Tamarix chinensis　272
Taraxacum mongolicum　41
Triticum aestivum　5
Tulipa　206
Tulipa gesneriana　15

U

Ulmus pumila　263

V

Vaccinium bracteatum　266
Verbena bonariensis　187
Verbena hybrida　82
Verbena officinalis　195
Vicia faba　89
Viola arvensis　204
Viola tricolor　7
Viola odorata　192
Viola philippica　193

W

Wisteria sinensis　280

X

Xanthium sibiricum　237
Xylosma racemosum　273

Z

Zea mays　6
Zinnia　251
Zinnia elegans　105

索引Ⅳ 植物中文名称索引

（按拼音顺序）

A

矮牵牛 15
矮小报春 56
桉树 264

B

八仙花 41
白菜 91
白豆杉 264
白花丹科 271
白花丹属 273
白芥 238
百合 15
百合科 243
百日草 105
百日菊属 251
稗 276
瓣鳞花 272
半支莲 7
报春花科 243
报春花属 243
滨藜 273
冰草 113
冰叶日中花 274
菠菜 87
波朗迪娜月见草 207
波斯菊 247
波斯菊属 251

C

彩叶芋 203
菜豆 26
蚕豆 89
苍耳 237
草莓 237

草棉 162
草木樨 238
草原龙胆 199
侧柏 273
茶树 105
菖蒲 276
长冰草 272
长花烟草 214
长穗偃麦草 273
常春藤属 206
柽柳 272
臭椿 273
雏菊属 251
刺槐 268
翠菊 15
翠菊属 251
翠雀 114
翠雀属 206

D

大豆 39
大丽花 15
大麻 50
大麦 93
代代 268
冬青属 206
杜鹃花 194
段模草 50
多花报春 106
多叶羽扇豆 187

E

鹅掌楸 280
二色金光菊 238

F

番木瓜 211

番茄 40
非洲菊 199
风信子 257
凤仙花 237
凤仙花属 280
扶桑 203
福氏烟草 215

G

伽蓝菜属 237
甘蓝 163
甘蔗 50
刚毛柳叶菜 85
高粱 5
瓜叶菊 203
瓜叶菊属 251
光滑紫罗兰 84

H

好望角苣苔 195
荷花 15
合欢 267
黑刺李 106
黑麦 15
红花沟酸浆 55
湖北百合 221
胡萝卜 93
虎耳草属 243
花楸 263
花荵科 244
花生 43
花烟草 215
桦树 268
黄瓜 39
黄花柳叶菜 85
黄栌 203
黄杨 172

火鹤 199
火炬松 264
藿香蓟 187
藿香蓟属 251

J

鸡冠花 15
稷 113
假挪威槭 206
伽蓝菜属 237
碱蓬 272
介代花属 244
金柑 268
金光菊 238
金光菊属 251
金花茶 198
金鸡菊属 251
金链花 211
金银花 266
金鱼草 7
金鱼草属 206
金盏花属 251
景天科 243
菊花 1
菊苣 231
菊科 177
菊属 251
卷丹 105

K

克美莲属 243
苦苣苔科 177
苦楝 273

L

辣薄荷 105
蜡梅 265

兰花　1
蓝茉莉　187
梨　263
琉璃繁缕　237
刘易斯沟酸浆　55
柳叶菜属　85
柳叶马鞭草　187
龙葵　211
卵穗山羊草　16
轮花报春　106
萝卜　42
落叶松　268
绿绒蒿　187

M

马鞭草　195
马铃薯　163
马蹄金属　243
马尾松　268
曼陀罗　41
毛地黄　247
玫瑰　111
梅花　1
美女樱　82
棉　92
牡丹　1
木槿　203
木茼蒿属　251

N

奶油花　253
南瓜　39
楠木　268
拟南芥　89
女娄菜　49
女贞属　280

O

欧芹　173
欧洲报春　204
欧洲慈姑　41
欧洲李　106

欧洲女贞　207

P

泡桐　273
喷瓜　50
啤酒花　50
瓶尔小草属　15
苹果　201
蒲公英　41

Q

牵牛花　114
秋海棠　187
丘园报春　106
球根秋海棠　246
球吉利　223

R

忍冬属　206

S

三色堇　7
三色菊　203
莎草科　177
沙漠吉利　223
山茶　15
山杨　268
山楂　211
山茱萸　280
芍药　15
麝香百合　95
石斛　199
石竹　26
矢车菊　187
矢车菊属　251
匙叶草　272
蜀葵　245
树棉　162
水稻　25
水蜡　280
水仙　105
水仙属　24

睡莲　245
粟　5
酸橙　210
蒜　113

T

台湾相思　267
唐菖蒲　15
桃　23
天人菊属　251
天竺葵　187
天竺葵属　206
甜菜　93
甜橙　237
田野堇菜　204
铁线莲　203
茼蒿　239
土丁桂属　243

W

豌豆　5
万寿菊属　251
莴苣　238
乌饭树　266
乌桕　273
芜菁油菜　107
五彩芋　201
五角枫　268

X

西瓜　105
西洋报春　204
仙客来　15
纤细单冠菊　15
香橼　210
香堇菜　192
香石竹　15
香豌豆　38
橡胶树　268
向日葵　40
向日葵属　251
小麦　5

须苞石竹　41
萱草　214
玄参科　177
旋花属　243
悬铃木　268
雪莲花　265
雪松　280

Y

鸭跖草　12
亚当金雀花　211
亚麻　260
烟草　65
烟草属　206
盐角草　272
雁来红　203
洋常春藤　207
洋葱　92
杨树　264
叶子花　171
一串红　15
一点缨属　251
一品红　171
一球悬铃木（美国梧桐）
　　280
宜昌百合　221
银边翠　203
银边吊兰　203
银槭（糖槭）　280
樱草　195
罂粟　192
樱桃李　106
油菜　107
柚　268
虞美人　193
榆树　263
郁金香　15
郁金香属　206
玉兰　265
玉米　6
鸢尾　171
月季　15

月见草属 206
云杉 280

Z

皂荚 273
柞木 273
掌叶吉利 244
掌叶吉利属 244
珍珠菜属 243
朱顶红 15
朱莉叶报春 204
紫丁香 268
紫花地丁 193
紫花金雀花 211
紫花苜蓿 201
紫荆 268
紫罗兰 84
紫茉莉 37
紫茉莉科 171
紫茉莉属 206
紫苏 238
紫穗槐 273
紫藤 280
紫菀属 251